PHP8
MySQL
網頁程式設計自學聖經

PHP8/MySQL Web Development Bible

關於文淵閣工作室

常常聽到很多讀者跟我們說：我就是看您們的書學會用電腦的。是的！這就是我們寫書的出發點和原動力，想讓每個讀者都能看我們的書跟上軟體的腳步，讓軟體不只是軟體，而是提升個人效率的工具。

文淵閣工作室是一個致力於資訊圖書創作三十餘載的工作團隊，擅長用循序漸進、圖文並茂的寫法，介紹難懂的 IT 技術，並以範例帶領讀者學習程式開發的大小事。我們不賣弄深奧的專有名辭，奮力堅持吸收新知的態度，誠懇地與讀者分享在學習路上的點點滴滴，讓軟體成為每個人改善生活應用、提升工作效率的工具。舉凡應用軟體、網頁互動、雲端運算、程式語法、App 開發，都是我們專注的重點，衷心期待能盡我們的心力，幫助每一位讀者燃燒心中的小宇宙，用學習的成果在自己的領域裡發光發熱！我們期待自己能在每一本創作中注入快快樂樂的心情來分享，也期待讀者能在這樣的氛圍下快快樂樂的學習。

文淵閣工作室讀者服務資訊

如果您在閱讀本書時有任何的問題，或是有心得想與我們一起討論、共享，歡迎光臨文淵閣工作室網站，或者使用電子郵件與我們聯絡。

文淵閣工作室網站 **http://www.e-happy.com.tw**

服務電子信箱 **e-happy@e-happy.com.tw**

Facebook 粉絲團 **http://www.facebook.com/ehappytw**

總 監 製	鄧文淵	責任編輯	黃信溢
監 督	李淑玲	執行編輯	黃信溢
行銷企劃	**David · Cynthia**	企劃編輯	黃信溢

前言

隨著科技的發展，現在的前端開發技術可以說是日新月異，各種不同的程式語言以及開發框架百花齊放，讓人目不暇給，但是讓人很意外的，PHP 在這個領域裡一直占據了一個十分重要的位置。根據 TIOBE (http://www.tiobe.com/) 每季針對全世界工程式師最愛使用的程式語言排行榜顯示，PHP 長久以來一直穩定的名列在前 10 名的位置。而 W3Techs.com 的研究報告也指出，全球有八成的網站互動程式是使用 PHP 進行開發維護！這些結果都證明了 PHP 無可撼動的地位。

經過長久的等待，2020 年底我們終於迎來了新版本 PHP8 的降臨，對於長久以來關心的開發者來說，都會感到十分的興奮想要一探究竟。但對於許多想要學習 PHP 進行互動網頁開發的初學者來說，似乎就又多了些疑慮與徬徨。因此，本書針對於 PHP8 想要進行自學或是精進的使用者，由淺入深、循序漸進地安排每個學習環節，讓整個課程都能在詳細而適當引導下，完成每個主題的學習。

本書針對 PHP8 的學習進行詳細的設計與規劃，包括了：

- 快速建置全新 PHP8、MySQL 與 MariaDB 環境布署，學習開發超上手。
- 扎實的程式說明、詳細的範例導引、實用的熱門專題，三位一體，所向無敵！
- 兼容不同版本的語法差異，無痛接軌原有學習經驗。
- 物件導向開發新領域，實例應用快上手。
- 詳細說明 PHP 資料庫應用新方式：包括 MySQLi 函式、物件與預備語法，並進一步應用 PDO，打造更有效率、更安全的應用程式。
- 面對資安新挑戰，介紹跨站腳本攻擊、跨站請求偽造以及 SQL 注入等常見的網站攻擊方式，並說明 PHP 如何在程式中進行防護的實際方式。
- 全方位專題實作，讓學習者能由實戰中發揮學習的成果。

希望藉由我們的規劃，無論是初學者或是已經有程式基礎的人，都可以快速進入狀況，甚至在未來開發時遇到不同問題的挑戰時，書中詳細與豐富的內容都能提供最好的參考與支援。讓我們一起邁向 PHP8！

文淵閣工作室

學習資源說明

本書範例檔案下載

為了確保您使用本書學習的完整效果，並能快速練習或觀看範例效果，本書在範例檔案中提供了許多相關的學習配套供讀者練習與參考，請讀者線上下載。

1. **本書範例**：每個資料夾放置各章範例的完成檔案，供您操作練習時參考或是先行測試使用。

2. **延伸練習解答**：本書的習作題型包括是非題、選擇題、問答題與實作題。本檔案內容為是非題、選擇題、問答題的解答，類型為 PDF，在閱讀前請安裝 Adobe Acrobat 閱讀器或相關軟體。

3. **教學影片**：針對於熱門的開發主題，提供了行動購物網站製作與 LINEBot 聊天機器人開發教學影片，提供讀者延伸學習。

相關檔案可以在碁峰資訊網站免費下載，網址如下 (**注意：是 http，不是 https**)：

http://books.gotop.com.tw/download/ACL067000

檔案為 ZIP 格式，讀者自行解壓縮即可運用。檔案內容是提供給讀者自我練習以及學校補教機構於教學時練習之用，版權分屬於文淵閣工作室與提供原始程式檔案的各公司所有，請勿複製做其他用途。

專屬網站資源

為了加強讀者服務，並持續更新書上相關的資訊內容，我們特地提供了本系列叢書的相關網站資源，您可以由文章列表中取得書本中的勘誤、更新或相關資訊消息，更歡迎您加入我們的粉絲團，讓所有資訊一次到位不漏接。

- ■ **藏經閣專欄**　http://blog.e-happy.com.tw/?tag= 程式特訓班
- ■ **程式特訓班粉絲團**　https://www.facebook.com/eHappyTT

目錄

Chapter 03

PHP 程式基礎語法

Chapter

05

函式的使用

陣列的使用

Chapter 10 Cookie 與 Session

Chapter

11

物件導向程式設計

Chapter

12

MySQL 資料庫使用與管理

Chapter

13

SQL 語法的使用

Chapter

14

PHP 與 MySQL 資料庫

Chapter 15 專題：網路留言版的製作

Chapter 16

專題：會員系統的製作

Chapter

17

專題：網路相簿的製作

Chapter 18

專題：購物車的製作

01

CHAPTER

認識 PHP 與 MySQL

PHP 是一種伺服器端網頁程式語言，可嵌入於 HTML 中來運行。

MySQL 則是一個小型關聯式資料庫系統，被廣泛地應用在網際網路上的中小型網站，甚至大型商業網站中。

PHP 與 MySQL 皆為開放原始碼的軟體，不僅在學習上門檻最低，在部署建置可執行伺服器的成本也最低，運行效能卻遠遠超過預期，在這幾年的推廣下已經成為許多個人或是企業在開發網頁應用程式時喜愛並信賴的組合。

⊙ 關於網站應用程式的開發

⊙ 認識 PHP 與 MySQL

⊙ 當 PHP 遇上了 MySQL

1.1 關於網站應用程式的開發

有越來越多的網站都將內容的更新視為最重要的工作，如何快速又即時的進行網站的更新，就必須依賴網站應用程式的開發。以下我們將介紹網站應用程式與一般網站的差異，並說明運作原理。

1.1.1 網站建置的趨勢

目前網路傳遞訊息的媒體，有一半以上是藉由網頁的顯示來達成。有許多網站提供的訊息是以靜態的方式來完成，所有的主頁內容都是固定不變，更新只能靠手動的編輯才能完成。但是有越來越多網站提供了互動溝通的服務，讓所有的瀏覽者不再是被動的接受資訊，而是更進一步的對網頁的內容提供意見，參與討論。

但是這樣的技術並不是一種單純的程式語言，它能藉著一種通用的標準模式，與其他伺服器主機上的資源銜接，而其中最常使用的資源，就是資料庫。

1.1.2 關於標準網站

標準網站，又稱為靜態網站，它是由一組相關的 HTML 網頁和檔案存放在執行網站伺服器的電腦上所組成的，一般這樣的網頁也稱為靜態網頁。

網站伺服器是提供網頁的軟體，會對網頁瀏覽器所發出的要求做出回應。當使用者在網頁上按一下連結、在瀏覽器中選擇書籤或在瀏覽器的「網址」方塊中輸入 URL 並按一下「移至」時，便會產生網頁要求。

當網站伺服器接到靜態網頁的要求時，伺服器會讀取並找到網頁，然後將它傳送到要求的瀏覽器，如下圖所示：

▲ 標準網站的運作方式

1.1.3 認識互動網站

互動網站，一般又稱為動態網站。當網站伺服器接到對標準網頁的要求時，伺服器會直接將網頁傳送到提出要求的瀏覽器，不做進一步的修改。但是網站伺服器接收到對動態網頁的要求時，反應則不相同：它會將網頁傳送到負責完成網頁的特殊軟體擴充功能，這個特殊軟體稱為應用程式伺服器。

單純處理動態網站的原理

一般應用程式伺服器的執行方式是直接讀取網頁上的程式碼，根據程式碼中的指示完成網頁，然後再將程式碼從網頁移除。應用程式伺服器會將靜態網頁傳回網站伺服器，後者則將該網頁傳送到提出要求的瀏覽器，瀏覽器在網頁到達時所取得的資料是純粹的 HTML，不過已經是經過更新的結果。下面是處理過程的總覽：

▲ 單純處理動態網站的原理

這裡的動態表現是根據瀏覽器端的要求來回應處理後的結果，這樣的方式較為單純而直接。應用程式伺服器另一種更為進階的執行方式，即是連結資料庫。

連結資料庫處理動態網站的原理

應用伺服器還可以進一步讓您使用資料庫的伺服器端資源，在動態網頁中程式設計師可以指示應用程式伺服器從資料庫擷取資料，並將其插入網頁的 HTML 中。從資料庫擷取資料的指示稱為資料庫查詢。查詢是由搜尋準則所組成，這些準則是以稱為 SQL（結構化查詢語言）的資料庫語言表達。

▲ 連結資料庫處理動態網站的原理

什麼類型的網站適合使用網站應用程式？

了解網站應用程式的特性與原理之後，您可能不禁要問：什麼類型的網站適合使用網站應用程式呢？分析如下：

1. **為了讓使用者在內容豐富的網站上輕鬆快速地找到資訊**：有許多網站提供了相當豐富的網站資料，它們可以利用網站應用程式來開發，根據使用者的需求，為使用者提供搜尋、組織和瀏覽內容的功能。

▲ 標準網站的運作方式

2. **收集、儲存和分析使用者所提供的資料**：在過去，許多資料的傳遞是透過電子郵件傳送給用戶，或以其他類型應用程式的形式處理。網站應用程式可以將資料直接儲存到資料庫，還可以將資料擷取出來，建立網站報告以提供分析。

3. **更新經常變更內容的網站**：網站應用程式可以除去網頁設計師需要經常更新網站的負擔。如新聞編輯人員之類的內容提供者可以為網站應用程式提供內容，網站應用程式即可自動更新網站。

▲ 互動網站的運作方式

1.2 認識 PHP 與 MySQL

PHP 容易學習和使用，已成為開發大型網站及網頁應用程式的主要語言之一。MySQL 可安裝在大部分作業系統中，對於個人或是企業原有的作業環境並不會造成配置上的困擾。

1.2.1 互動程式語言的主流：PHP

PHP (PHP：Hypertext Preprocessor)，是一種伺服器端網頁程式語言，可嵌入於 HTML 中來運行。由於 PHP 容易學習和使用，又集合 Java、C、Perl…等多種程式語言的優點於一身，成為開發大型網站及網頁應用程式的主要語言之一。

PHP 原名為「Personal Home Page」，1994 年一位程式設計師 Rasmus Lerdorf 為了取代原來以 Perl 程式開發的個人網頁所發展出來的網頁程式語言。最初的 PHP 是一些 CGI 程式的集合，主要用來顯示 Rasmus Lerdorf 個人網頁上的履歷和統計網站流量。不久之後 Rasmus Lerdorf 擴充了這些 CGI 程式，加入了許多功能，並且改稱做 PHP/FI (Personal Home Page / Forms Interpreter)。

▲ PHP 官方網站：http://www.php.net

1995 年 Rasmus Lerdorf 正式公佈了 PHP/FI，希望透過社群的力量來增強 PHP/FI 的功能，並且幫忙進行除錯的工作，此時 PHP 的版本為 2.0。一直到 1997 年，兩位任職於 Technion IIT 公司的以色列程式設計師 Zeev Suraski 和 Andi Gutmans 改寫了 PHP 的編譯引擎，並在 2008 年完成新的編譯引擎測試，並將 PHP 的版本正式更新到 3.0，PHP 也改稱做 PHP: Hypertext Preprocessor。

在 1999 年，Suraski 和 Gutmans 再度改寫了整個 PHP 3 的核心，將 PHP 的版本更新到 4.0，此時的 PHP 的核心為 Zend 引擎，同年他們在以色列成立了 Zend Technologies 公司協助開發 PHP。PHP 5 經過長時間的開發，在 2004 年 7 月正式釋出，PHP 的 Zend 引擎也更新為 2.0。到此 PHP 的改版動作已經進入語法的修正與錯誤的更正，較少針對根本上的架構進行調整。儘管 PHP 在語法的改版上進展緩慢，但對於網站開發的影響力卻是持續不墜，甚至越來越大。根據 W3Techs (https://w3techs.com/technologies/details/pl-php) 的報告指出，截至 2022 年 10 月為止，目前全球有 77.4% 的網站是使用 PHP 開發的。

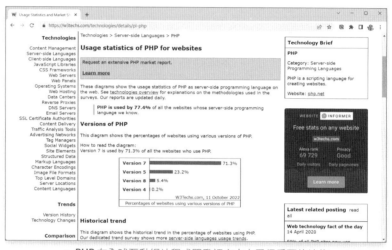

▲ PHP 在全球互動網站程式開發語言中占了很重要的地位

隨著越來越多指標性網站採用 PHP 進行網站的開發，執行上的效能就成為開發者重視的焦點。如 Facebook 就因為想改善網站的執行效能，改寫了 PHP 的編譯引擎的作法，此舉也讓 PHP 的維護開發團隊進行反思。2014 年開始有一群 PHP 的開發者進行 PHP 語言的重構動作，專案計劃命名為：PHP NG (PHP New Generation)。再重新檢視 PHP 的原始架構與程式碼後進行改寫，測試的結果竟然將效能大幅提升了 30%。這個突破也因此獲得 PHP 開發社群的支持，進而成為 PHP 改版的基礎。

PHP 8 在程式語法中增加了新的資料型別、新的應用函式等，不過要注意的是，許多語法內容並沒有向下相容，所以在應用時必須要注意其中的差異，以免造成不必要的問題。

PHP 8 的來臨代表了一個新世代的更替，讓我們一起來學習吧！

1.2.2 PHP 的特性

開放的程式碼

PHP 為了藉助社群的力量來更新並增強核心的功能,自釋出以來即開放程式碼,也是自由軟體基金會所認可的自由軟體。任何人都可以自由的使用、複製、研究、修改 PHP 所釋放的程式碼內容。

免費使用

所有人不僅可以免費使用 PHP 語法所提供的資源,甚至執行環境大多也是免費的。在網路發展的領域中,許多人都將 PHP 納入 LAMP 架構的其中一部分,所謂的 LAMP 是指 Linux、Apache、MySQL 以及 PHP 所組成的網路環境。在這個環境下,提供了許多安全、可靠的網頁應用程式。

資源廣泛

因為 PHP 程式碼的開放並且允許免費使用,所以在許多技術性社群都會以 PHP 為主要撰寫與討論的對象,並且會開放與分享許多 PHP 相關的技術文件與教材,讓 PHP 的使用者能夠很輕易的為許多開發上的問題取得最佳解法。許多網頁應用程式也利用 PHP 做為開發的程式語言,舉凡留言版、討論區、部落格、電子商務等不同的網站類型,都有使用 PHP 開發並廣為流行的軟體出現,例如 WordPress、Joomla、Xoops … 等,都是其中表現搶眼的佼佼者。

▲ 使用 PHP 開發的互動網站軟體

使用者多

PHP 是全世界最受歡迎的伺服器端程式語言，跨平臺的特性更是讓 PHP 廣為流傳，加上 GD、PDFLib、PEAR 等重要模組，讓應用的層面更趨完善，也更深更廣。

目前世界上已經有超過千萬台伺服器安裝了 PHP，也因為 PHP 程式在開發上方便，使用上簡易，並且能輕易的在許多平台上部署，讓越來越多個人或是企業選擇使用。這個數字也證明了 PHP 的確是一個值得深入研究的程式語言。

1.2.3 認識 MySQL

關於 MySQL

MySQL 是一個開放程式碼的資料庫系統，開發者為瑞典公司：MySQL AB。在 2008 年 MySQL AB 公司為昇陽公司 (Sun Microsystems) 併購，隨後在 2009 年甲骨文公司 (Oracle) 收購昇陽公司，MySQL 因此成為 Oracle 旗下產品。

▲ MySQL 官方網站：http://www.mysql.com

MySQL 一直以來就因為效能高、成本低，擁有相當好的相容性，所以成為市場上最流行的開源資料庫，被廣泛地應用在網際網路上的網站上。

MySQL 的特性

1. MySQL 是一個開放程式碼的資料庫。

2. 可跨平台應用在多種作業系統中，如：FreeBSD、Linux、Mac OS、Novell Netware 及 Windows 等多種作業系統。

3. 可供多種程式語言連接使用，如：C、C++、C#、Delphi、Java、Perl、PHP、Python 和 Ruby 等。

4. 支援多工多用戶使用，可充分利用 CPU 資源。

5. 支援 SQL 語法查詢，有效地提高查詢速度。

6. 支援多國語言，常見的編碼如中文的 GB 2312、BIG5，日文的 Shift_JIS 等。

7. 提供 TCP/IP、ODBC 和 JDBC 等多種資料庫連接途徑。

8. 提供用於管理、檢查、優化資料庫操作的管理工具。

MySQL 流行的原因

MySQL 與其他的大型資料庫例如：Oracle、DB2、SQL Server 等相比，雖然因為規模小、功能也有限，但是絲毫沒有減少它受歡迎的程度。原因就是對於一般的個人使用者和中小型企業來說，MySQL 提供的功能已經綽綽有餘，而且由於 MySQL 是開放程式碼的軟體，因此可以大大降低整體擁有成本。

MySQL 可以安裝在大部分常見的作業系統中，對於個人或是企業原有的作業環境並不會造成配置上的困擾，又能靈活的搭配開發語言。這對於想要整合資料庫到原有資源的個人或企業，無疑是一個最好的選擇。

MySQL 使用上的隱憂

MySQL 在 2009 年被甲骨文 (Oracle) 公司收購後，即大幅調漲 MySQL 商業版的售價，而且甲骨文公司宣佈不再支援另一個自由軟體專案：OpenSolaris 的發展，導致自由軟體社群界對於甲骨文公司是否還會繼續支持 MySQL 之中唯一的免費版本：MySQL 社群版 (MySQL Community Edition) 的運作有所隱憂。因此原先一些使用 MySQL 的開源軟體與網站逐漸轉向其它的資料庫。例如維基百科 (https://wikipedia.org) 已於 2013 年宣布將從 MySQL 遷移到 MariaDB 資料庫。

目前 MySQL 的授權分成收費的標準版、企業版等商業版，與免費的社群版。

一般說來，MySQL 在以下情況下需要購買商業版：

1. 如果在非開源專案中使用 MySQL。

2. 需要甲骨文公司提供 MySQL 的技術支援。

3. 使用 MySQL 企業版工具或外掛程式。

4. 修改 MySQL 原始碼並庐為非開源的軟體。

如果只是安裝、修改並使用 MySQL，或者是軟體中不內含 MySQL，需要使用者自行安裝 MySQL，或者使用 GPL 協定的開源軟體產品中內含了 MySQL，在這些情形下就可以使用免費的社群版 MySQL。

1.2.4 MariaDB 的出現

關於 MariaDB

MariaDB 資料庫管理系統是 MySQL 的一個分支,主要由開源社群在進行維護的動作,運作上採用 GPL 授權許可。MariaDB 資料庫誕生的最主要原因,就是甲骨文公司收購了 MySQL 後修改了 GPL 授權的內容,讓許多人對於甲骨文公司是否會繼續支持 MySQL 開放程式碼的政策感到憂心,因此這個社群採用分支的方式來避開這個風險。

▲ MariaDB 官方網站:**http://www.mariadb.org**

MariaDB 資料庫管理系統是由 MySQL 的創始人麥克爾·維德紐斯 (Michael Widenius) 主導開發,MariaDB 的出現目的是為了避免 MySQL 關閉開放的風險,所以其應用上完全相容 MySQL,包括 API 和命令列,讓 MariaDB 能夠輕鬆成為 MySQL 的代替品。

MariaDB 的發展

MariaDB 出現是因為要接替 MySQL,所以完全相容於 MySQL,甚至開發以來的版本編號也依循 MySQL,一直到 5.5 版。但是從 2012 年 11 月 12 日起釋出的 10.0.0 版開始,MariaDB 不再依照 MySQL 的版本號碼。MariaDB 10.0.x 版是以 5.5 版為基礎,加上移植自 MySQL 5.6 版的功能和自行開發的新功能。

 本書所使用的資料庫基本上以 MySQL 為主,讀者仍可視個人的需求選擇 MariaDB,值得高興的是:書中所說明資料庫的使用方式並不會因為資料庫的不同而有所改變。

1.3 當 PHP 遇上了 MySQL

經過本章對於 PHP 與 MySQL 的背景介紹，相信您對於 PHP 與 MySQL 一定有了更進一步的了解。以下將依這些特性來說明選擇 PHP 與 MySQL 來開發網站的互動網頁的理由。

學習門檻最低

PHP 與 MySQL 皆為開放程式碼的軟體，所以在軟體的取得上不會有什麼困難，建置一個學習或是開發的環境就相對簡單。這對於有心想要往網頁應用程式開發的人來說，不啻是個天大的好消息。

雖然不是每個人都有閱讀進而修改 PHP 與 MySQL 程式碼的能力，但是藉由社群的力量，對於 PHP 與 MySQL 程式的修正、更正甚至擴充都能有較好的維護，讓使用或開發的人員享受到最好的結果。

PHP 與 MySQL 在網路及市場上相關的教材與應用程式非常的多，無論是學習的突破或是技術的精進都能在最快的時間、最少的投資下得到最好的效果。

建置成本最低

開發出來的成果，一定要有表現的舞台。建置一個使用 PHP 與 MySQL 所開發的網站應用程式的環境擁有最低的建置成本，您可以在沒有壓力的狀況下輕鬆展示您的作品。

若企業基於安全及穩定的考量下，希望執行的環境有更好的設備及較大的頻寬，無論是自行架設或是租賃專屬主機，都會因為使用 PHP 與 MySQL，而降低整體建置成本。

理想的運行成果

無論是在 Windows 或是 Linux 的系統下，PHP 與 MySQL 都能夠勝任網頁應用程式的服務。經過多年來的推展，這個組合已經在世界上多數的伺服器中穩定的執行。除了在中小型網站的運行，也不乏大型的網站應用，在不斷的升級精進下，它們的強大效能獲得許多人的喜愛與信任。

不要再遲疑了，快跟著本書的內容一起來學習 PHP 與 MySQL 吧！

一、是非題

1. ( ) 藉由網路傳遞訊息的媒體中，有一半以上是藉由 LINE 達成。

2. ( ) 標準網站，我們又稱為靜態網站，它是由一組相關的 HTML 網頁和檔案存放在執行網站伺服器的電腦上所組成的，一般也稱為靜態網頁。

3. ( ) 靜態網頁的內容是不會在要求網頁顯示時變更。

4. ( ) 互動網站，一般又稱為動態網站。網站伺服器接收到對動態網頁的要求時，將網頁傳送到應用程式伺服器，根據程式碼中的指示完成網頁再傳回到提出要求的瀏覽器。

5. ( ) 應用程式從資料庫擷取資料的指示稱為資料庫命令。

二、選擇題

1. ( ) 下列何者類型的網站不適合使用網站應用程式？
   (A) 為了讓使用者在內容豐富的網站上輕鬆快速地找到資訊。
   (B) 單純的展示固定的資料。
   (C) 收集、儲存和分析使用者所提供的資料。
   (D) 更新經常變更內容的網站。

2. ( ) 下列何者不在 LAMP 的架構中？
   (A) Lotus　(B) Apache　(C) MySQL　(D) PHP

3. ( ) 下列何者不是 PHP 的特色？
   (A) 開放原始碼　(B) 價格低廉　(C) 資源廣泛　(D) 使用者多

4. ( ) PHP 的核心引擎稱為？
   (A) V6　(B) Zoo　(C) Zend　(D) Turbo

5. ( ) MySQL 能夠安裝在什麼系統中？
   (A) Windows　(B) Linux　(C) Mac OS　(D) 以上皆可

打造 PHP / MySQL 的運作環境

無論學習何種網頁程式語言,第一件事就是要建置一個可以測試運作程式的環境,這對於學習或開發都是最重要的一件事。

部署執行程式的環境會讓程式設計師更了解伺服器運作與程式碼之間的關係,對於開發程式時會有更大的幫助。

⊙ 部署程式環境前的注意事項
⊙ 安裝 XAMPP
⊙ Apache、MySQL、PHP 的調整
⊙ 程式編輯器:Visual Studio Code

2.1 部署程式環境前的注意事項

學習網頁程式第一件事就是要建置測試運作程式的環境,這對於學習或開發都是最重要的一件事。許多人容易忽略這一塊而直接閱讀程式碼的教學與內容,先將環境搞定才能事半功倍喔!

2.1.1 寫在部署之前

無論學習何種網頁程式語言,第一件事就是要建置一個可以測試運作程式的環境,這對於學習或開發都是最重要的一件事。許多人很容易忽略這個部分而直接閱讀程式碼的教學與內容,先將環境搞定才能事半功倍!

另外一點,部署執行程式的環境會讓程式設計師更了解伺服器運作與程式碼之間的關係,因為許多功能或是程式產生的錯誤都是因為環境設定所造成的,若能更進一步學習環境的建置,對於程式設計師在撰寫程式時會有更大的幫助。

2.1.2 如何部署 PHP 的程式?

PHP 程式必須要在支援 PHP 的網站伺服器才能運作,使用者不能直接選按網頁檔案來執行瀏覽。所以在執行 PHP 程式之前必須擁有一個伺服器空間。那可麻煩了,聽起來事情好像有點複雜,要如何才能擁有一個伺服器空間呢?沒關係,您可以在自己的電腦上先模擬,將自己的電腦架設成一個伺服器。這聽起來似乎又更頭痛了,還沒寫程式前竟然要先架主機?

在作業系統下佈置執行 PHP 的環境,最完整的流程如下:

首先安裝網站伺服器,接著再安裝 PHP 讓網站伺服器可以執行 PHP 的程式碼。最後安裝 MySQL 資料庫系統,讓網站程式能夠達到互動的需求。

這個設定過程說實話真的有些難度,而且很複雜。是不是有什麼樣的軟體,可以在安裝後一次搞定這個複雜的流程呢?以下我們將介紹如何利用 XAMPP 打造一個適合 PHP 執行的伺服器環境,讓您能夠輕鬆的進入 PHP 的天空。

2.2 安裝 XAMPP

由許多人的經驗中得知,安裝網站伺服器是相當不容易的事, 尤其是如果要再安裝 PHP、MySQL,甚至支援其他語法的環境就更加困難了,使用 XAMPP 即可快速打造伺服器環境進行開發測試。

2.2.1 認識 XAMPP

XAMPP 不僅含了 MySQL(MariaDB)、PHP 及 Perl 等軟體在其中,又能輕易在不同平台上安裝,使用者只要下載、解壓縮、安裝後再啟動就可以了。

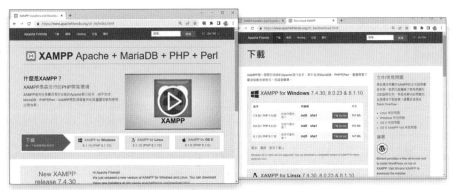

▲ XAMPP官方網站:http://www.apachefriends.org

XAMPP 目前提供了 Linux、Windows、OSX 不同作業系統的版本,除了可以輕易的安裝與移除之外,最重要的是 XAMPP 是完全免費的,對於 PHP 程式學習者來說,真是不可多得的好軟體。

XAMPP 除了內建 Apache、PHP 與 MySQL(MariaDB) 之外,還支援了 Perl 語法。除此之外,還提供了 FTP Server、SMTP Server,甚至還有 Tomcat Server 等服務,如果您不嫌主機設備陽春,是可以真實上線成為全方位的網頁伺服器。

2.2.2 XAMPP 的安裝與啟動

以下將以 Windows 環境來說明如何安裝 XAMPP,建議讀者可以自行由官方網站下載安裝檔案。以下將以 XAMMP 的目前最新的安裝程式來進行說明,因為版本不同可能步驟會有些不同,在安裝時可以參考以下的內容。

安裝 XAMPP

1 在 Windows 系統中預設是開啟使用者帳戶控制 (UAC) 功能,但對於 XAMPP 的設定文件在寫入時會產生干擾,所以在執行安裝檔案開始時,會 顯示這個訊息建議使用者停用使用者帳戶控制功能,請按 **確定** 鈕繼續安裝。

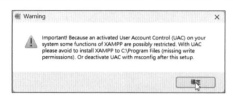

2 接著進入安裝對話方塊,在閱讀完歡迎畫面後按 **Next** 鈕,接著請保留預設 要安裝的元件後按 **Next** 鈕。

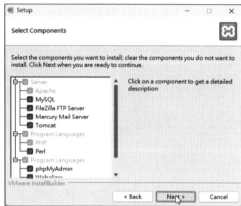

3 請保留預設的安裝路徑「C:\xampp」後,按 **Next** 鈕。接著會進行安裝的動 作,完成後會進入這個畫面告知,按 **Finish** 鈕完成安裝的動作。

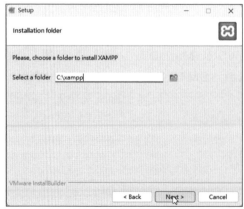

啟動 XAMPP

完成了 XAMPP 的安裝後，必須利用 XAMPP 的控制面板來啟動服務。

1 XAMPP 安裝完成後會顯示對話方塊詢問是否要啟動 XAMPP 的控制面板，按 **是** 鈕。接著要選顯示語系，請保留預設選項後按 **OK** 鈕。

2 進入 XAMPP 控制面板後，在 Modules 中可以顯示能夠控制的服務，其中最重要的是 Apache 及 MySQL。

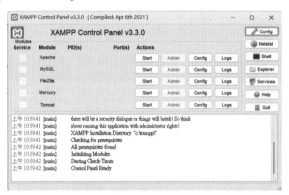

3 分別按下 Apache 與 MySQL 後的 **Start** 鈕來啟動網站伺服器及資料庫伺服器。若啟動成功，在該服務名稱後會顯示 Running，代表該服務成功運作中。

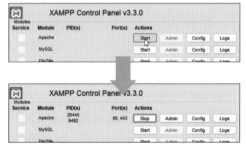

4 建議您在開發程式時可以開啟這個 XAMPP 控制面板，方便檢視與調整程式執行的環境。要特別注意在關閉該面板時，已經啟動的服務並不會停止，也不會影響程式的執行。

測試 XAMPP

在 XAMPP 控制面板中啟動了 Apache 網站伺服器及 MySQL 資料庫的服務後，現在馬上來看看網站是否已經可以運作。

1 請開啟瀏覽器，在網址列輸入「http://localhost/」後按 **Enter** 鍵進行瀏覽，若顯示了 XAMPP 的歡迎畫面，即代表所安裝的伺服器已經正常運作。

2 在預設頁面的右上方有幾個重要的連結，其中 **PHPinfo** 可以檢視目前 PHP 版本及環境的頁面，**phpMyAdmin** 可以進入 MySQL 的網頁版的管理介面。

啟動、停止或重新啟動 XAMPP 的服務

當伺服器因為調整設定或是修改內容時，常需要執行啟動 (Start)、停止 (Stop) 及重新啟動 (Restart) 的動作，此時要再開啟 XAMPP 控制面板進行調整。

由 **開始** 鈕 \ **所有應用程式** \ **XAMPP** \ **XAMPP Control Panel** 開啟 XAMPP 的控制面板，建議可以在桌面新增捷徑。

1 在服務名稱後顯示執行緒列 (PID(s)) 與埠位 (Post(s)) 代表該服務運作中，可按下名稱後方的 **Stop** 鈕停止服務的運作。

2 若要重新啟動，只要按下服務名稱後的 **Start** 鈕來重新啟動即可。

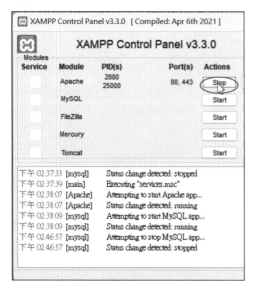
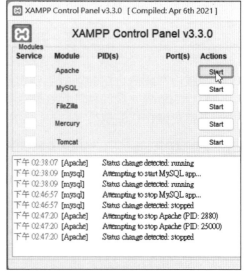

2.3 Apache、MySQL、PHP 的調整

XAMPP 雖然安裝方便，但因為需求不同，對於 Apache、MySQL 與 PHP 都會有一些設定值的調整，以下將針對一些重要的調整進行操作與說明。

2.3.1 設定 Apache 網站伺服器

修改網站根目錄

XAMPP 使用的網站伺服器是 Apache，預設的網站伺服器根目錄位於 <C:\xampp\htdocs\> 中，也就是如果要新增網頁到網站中顯示，都必須放置在這個目錄之下。但是您會發現這個路徑不僅太長也不好記，使用起來相當不方便。

在本書的規劃中，我們希望所有的作品都放置在 <C:\htdocs> 資料夾中，那要如何更改網站的根目錄到這個資料夾呢？請先在本機新增 <C:\htdocs> 資料夾，接著就需修改 Apache 網站伺服器的設定檔：<C:\xampp\apache\conf\httpd.conf>。但好消息來了，在 XAMPP 控制面板中可以快速開啟這個檔案，設定上相當方便：

1 請進入 XAMPP 的控制面板，按下 Apache 項目後的 **Config** 鈕，選取 **Apache (httpd.conf)** 項目即可開啟設定檔，當然您也可以直接使用 **記事本** 程式在這個位置開啟設定檔來進行編輯。

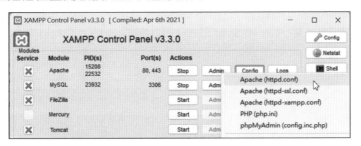

2 在記事本按 **編輯 \ 尋找** 開啟 **尋找** 對話方塊。輸入「DocumentRoot」後按 **找下一個** 鈕來搜尋。預設網站根目錄 (DocumentRoot) 為 "C:/xampp/htdocs" 資料夾，請將設定值修改為："C:/htdocs"。

3 繼續按下 **尋找** 對話方塊的 **找下一個** 鈕來搜尋要修改的設定字串，第二個設定的地方是根目錄權限，請將路徑改為目前的根目錄："C:/htdocs"。

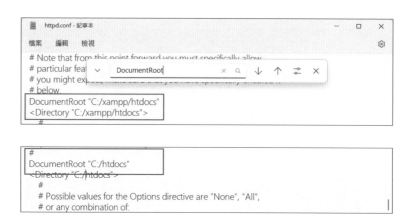

測試 Apache 設定檔修改的結果

設定完畢之後，請儲存並關閉這個檔案。在更改任何一項設定後，必須將 Apache 網路伺服器重新啟動才會生效，進入 XAMPP 的控制面板：

1 按下 Apache 名稱後方的 **Stop** 鈕停止服務的運作。

2 再按下 Apache 名稱後的 **Start** 鈕來重新啟動即可。

為了要測試修改是否成功，在這裡我們要實際製作一個簡單網頁，放置在剛才所更改的網頁根目錄裡，試試看有沒有辦法使用瀏覽器來瀏覽。

1 請開啟 **記事本** 程式製作一個單純的網頁來測試，如下圖將 PHP 程式輸入。

```php
<?php phpinfo();?>
```

2 按 **檔案\儲存檔案** 來儲存這個網頁。請將這個檔案命名為 <index.php>，而儲存的位置就是 <C:\htdocs>。

3 開啟瀏覽器並輸入本機網址及新增的網頁名稱：「http://localhost/index.php」。瀏覽器果然正確地顯示我們剛剛完成的網頁，以及該網站目前 PHP 的相關資訊。

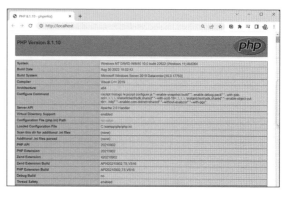

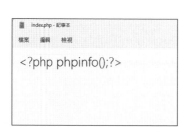

2.3.2 MySQL 的安全性設定

MySQL 與 phpMyAdmin 安全性的問題

MySQL 資料庫最高權限管理員的帳號為 root，預設的密碼是空白的。任何人都能在沒有密碼的狀態下利用 root 來連線。雖然在本機上測試是很方便，一旦真的要上線營運，在安全性上就有很大的顧慮。所以為管理員 root 帳號設定密碼，是加強安全性最基礎也最重要的動作。

利用 phpMyAdmin 的網頁程式來管理 MySQL 資料庫是相當方便的，所以XAMPP 在安裝時也一併將 phpMyAdmin 附加進來。但是目前 root 帳號的密碼是空白的，只要任何人知道 phpMyAdmin 程式的網址，即可長驅直入由遠端管理你的資料庫。使用者在沒有驗證的動作下，即可開始編輯資料庫的內容，如此一來在安全性上會有很大的問題。所以在實務操作上，建立 phpMyAdmin 資料庫管理頁面的環境時，要先為 MySQL 設定管理者帳號 root 的密碼。

進入 XAMPP 的控制面板後，按下 MySQL 服務後的 **Admin** 鈕即可進入 MySQL 網頁版的管理介面：**phpMyAdmin**，沒有任何的控管。

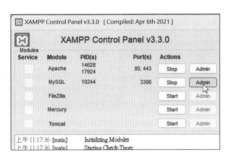

> **註** XAMPP 中 phpMyAdmin 的預設網址為：「http://localhost/phpmyadmin」。

在 phpMyAdmin 中設定 MySQL 的密碼

1 請先確認 MySQL (MariaDB) 正在執行，接著按下一旁的 **Shell** 鈕進入命令提示視窗。在這個視窗中能使用命令指令來修改 XAMPP 的設定。

2 可以使用 mysqladmin 的指令來修改 MySQL (MariaDB) 最高權限管理員的密碼：

```
mysqladmin --user=root password "密碼"
```

例如：您要將最高權限管理員的密碼修改為「1234」，指令如下：

```
mysqladmin --user=root password "1234"
```

設定完畢後請在瀏覽器的網址列輸入：「**http://localhost/phpmyadmin**」直接進入 **phpMyAdmin** 的管理頁面。此時的狀況就不像剛才一下子就進入管理畫面，而是顯示錯誤的訊息，表示連線的主機、帳號或是密碼出現問題。

接著要修正 phpMyAdmin 中的設定，把新增的密碼加到設定檔中。

1 開啟 XAMPP 控制面板後按 Apache 後的 **Config / phpMyAdmin(config.inc. php)** 開啟 phpMyAdmin 的設定檔進行編輯。

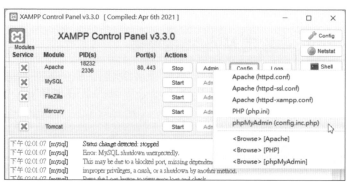

2 尋找設定檔中密碼的設定處，將剛才的密碼加在設定之中，如下圖。

```
$cfg['Servers'][$i]['password'] = '1234';
```

設定完畢之後關閉編輯器儲存設定，由網址：「http://localhost/phpmyadmin」即可順利進入 phpMyAdmin 的管理畫面。

在 phpMyAdmin 中修改 MySQL 的密碼

如果要修改 root 的密碼也是十分簡單，此時就必須要利用到 phpMyAdmin。

1 登入管理畫面後，請選取上方的 **使用者帳號** 連結。

2 此時會列示所有的使用者，請選按表格最下方使用者 root 的 **編輯權限**，進入設定頁面後按 **Change password** 連結。

3 進入 **更改密碼** 區後在 **密碼** 及 **確認密碼** 欄中輸入要修改的密碼後按 **執行** 即可完成密碼的修改。

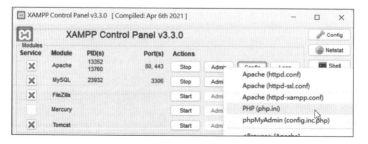

修改成功後，重整頁面時因為密碼已經調整，phpMyAdmin 會再次顯示無法連接的畫面，請再修正 phpMyAdmin 中的設定，把修改的密碼加到設定檔中。

2.3.3 PHP 環境的設定與修改

<php.ini> 對於 PHP 來說十分重要，程式執行時網頁伺服器都會遵守 <php.ini> 檔的設定對 PHP 網頁進行處理，一旦設定有誤或者不同，都會造成程式執行上的錯誤。在之前範例中利用 phpinfo() 函數來顯示目前 PHP 在系統上的設定頁面，其實就是顯示 <php.ini> 的內容，在該頁面中可以看到目前該主機 PHP 環境設定。

在設定 PHP 環境時這個頁面也相當重要，因為無論您操作了什麼動作，或是修改了什麼地方，都可以在這個頁面中查詢到調整的結果是否生效，所以一定要特別注意。

php.ini 的修改與生效

1 請進入 XAMPP 的控制面板，按下 Apache 項目後的 **Config** 鈕，選取 PHP (php.ini) 項目即可開啟設定檔，當然您也可以直接使用 **記事本** 程式在這個位置開啟設定檔來進行編輯。

2 例如,在 XAMPP 中,PHP 程式預設使用的時區與目前系統不同,若希望程式日期時間與目前所在地符合,就必須調整才會正確的執行。

目前預設是「Europe/Berlin」,請將設定值更改為「Asia/Taipei」:

```
date.timezone=Asia/Taipei
```

接著儲存 <php.ini>,最後重新啟動網站伺服器即可生效。

php.ini 中建議的修改與設定

為了 PHP 程式在執行上時適用性與安全性的考量,建議您參照檢查以下幾個設定值,有必要時請加以修改,讓 PHP 的環境更利於程式的執行與開發。

1. **register_globals**:register_globals 的設定對於安全性有很大的影響,它能決定網站是否能藉由網頁表單的傳送將參數註冊為全域變數,但是如此一來卻給了駭客入侵的機會,請保持設定為 **Off**。

```
register _ globals = Off
```

2. **display_errors**:display_errors 決定是否要將執行的錯誤訊息顯示在使用者的瀏覽器上,對於程式的開發相當有幫助,若是正式上線的網站就建議關閉。

```
display _ errors = On
```

3. **error_reporting**:在 PHP 中錯誤報告分為好幾個等級,如警告、錯誤訊息與提醒。其中警告與錯誤訊息對於程式除錯有較為重要的影響,提醒有時只是一些不影響程式的注意事項。目前預設的等級是:

```
error _ reporting = E _ ALL & ~E _ DEPRECATED & ~E _ STRICT
```

但是這樣的條件太過嚴謹,在開發程式的階段建議您將所有錯誤報告的內容都顯示,除了提醒事項。

```
error _ reporting = E _ ALL & ~E _ NOTICE
```

2.4 程式編輯器：Visual Studio Code

選擇一套適合的編輯軟體，不僅能讓您在使用時發揮較好的效率，還能減少錯誤的產生。

PHP 程式檔案都是純文字的內容，其實使用一般的文書編輯器，如記事本即可以勝任。但是在撰寫程式碼的編輯過程有許多注意事項，當程式碼複雜程度提高，在開發、維護或管理時就相對產生更高的難度。選擇一套適合的編輯軟體，不僅能讓您在使用時發揮較好的效率，還能減少錯誤的產生。

2.4.1 選擇 PHP 的編輯軟體

一個好的 PHP 編輯軟體，應注意是否有以下的功能：

1. **顯示行號**：讓編輯程式的過程中能立即找到所屬的程式行，與其他人溝通或是除錯時能有較好的辨識。

2. **顏色或文字高亮提示**：對程式碼中不同資料類型或是函式名稱，都能以不同的顏色或變化標示，增加閱讀及維護的效率。

3. **PHP 語法及函式功能提示**：因為 PHP 的函式很多，其中要代入的參數與語法也很多款，使用的頻率卻很高。若能在使用時出現該函式的格式提醒，便能加速函式的輸入，也可以降低錯誤的發生。

4. **自動完成的功能**：無論是 HTML、JavaScript 或是 PHP 的標籤都是成對的。當在輸入開始標籤時，程式若能自動完成結束標籤，便能夠加速程式的開發。另外，每個標籤都有相當多的屬性，若能在編輯標籤的同時，即可顯示屬性及屬性值的選項，並在選取時自動完成，對於開發者將有很大的幫助。

5. **導入專案開發概念**：撰寫網站時，就能將所有相關的頁面統一管理。

6. **雙位元字元的支援**：對於使用中文、日文、韓文 ... 等的程式設計師是十分重要的，否則可能在存檔的同時，讓寫好的程式內容遭到破壞。

7. **內建除錯工具**：撰寫程式時難免會有邏輯或是語法錯誤的時候，若有內建的除錯工具，不僅能快速找出程式的錯誤，也能提高開發的效率。

8. **有檔案上傳或是作品預覽的功能**：這雖然不是相當必要的功能，但若能整合在編輯器中，對於程式開發及維護，會有很大的幫助。

2.4.2 讓人驚豔的編輯器：Visual Studio Code

Visual Studio Code 是一個輕量級但功能強大的程式碼編輯器，可以跨平台適用於 Windows、macOS 和 Linux 等不同的作業系統上，不僅開放原始碼，所有開發者都能免費的下載、安裝與使用。

Visual Studio Code 的開發生態系相當完整，不僅在內建環境上就支援 JavaScript、TypeScript 和 Node.js，更為其他的程式語言提供了完整的開發工具，例如：C++、C#、Java、Python、PHP、Go、.NET 等，都能在其中獲得相關的支援。

Visual Studio Code 提供了強大的除錯工具，內建版本控制機制，還有完整的開發環境功能，例如：程式碼語法突顯、程式碼自動完成、程式碼導引和重構與程式碼片段等，都能幫助開發者在編輯時更加得心應手。它還支援用戶自訂組態，例如改變主題顏色、程式碼字型、鍵盤捷徑等各種屬性和參數。

Visual Studio Code 藉由延伸模組的方式擴展應用範圍，使用者可以根據需求安裝不同功能的延伸模組強化放大編輯器的功能，這也是許多人對它愛不釋手的原因，也讓 Viusal Studio Code 成為程式設計師開發時的首選。

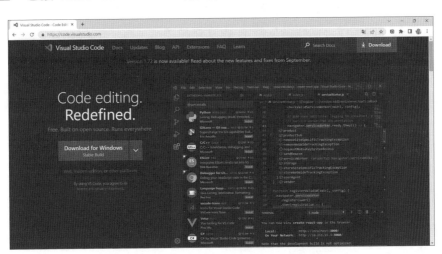

▲ Visual Studio Code (https://code.visualstudio.com)

2.4.3 Visual Studio Code 的安裝

以下將以 Windows 環境來說明如何安裝 Visual Studio Code，建議讀者可以自行於官方網站下載安裝檔案。下面是目前最新的安裝程式說明，由於版本不同可能步驟會有些不同：

1 請於官網 (https://code.visualstudio.com) 下載最新版的安裝程式，執行後進入安裝對話方塊。在閱讀完 **授權合約** 內容後選取 **我同意**，按 **下一步** 鈕。

2 **選擇目的資料夾**，建議維持預設安裝的路徑，按 **下一步** 鈕。

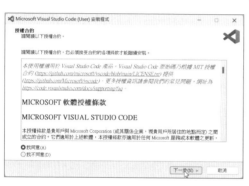

3 **選擇「開始」功能表的資料夾**，請維持預設值後按 **下一步** 鈕。

4 **選擇附加的工作**，建議追加核選 **建立桌面圖示**，方便未來使用。其餘請維持預設值後按 **下一步** 鈕。

5 完成了設定後，可以看到準備安裝的畫面，請按 **安裝** 鈕開始進行，過程中可以看到安裝的進度。

6 安裝完成後，會看到畫面預設核選 **啟動 Visual Studio Code**，請按下 **完成** 鈕啟動 Visual Studio Code 進入程式的畫面。

未來使用者就可以由 Windows 的 **開始 / 所有應用程式 / Visual Studio Code**，或是桌面上的圖示捷徑來啟動編輯器。

2.4.4 Visual Studio Code 的基本設定

當完成了 Visual Studio Code 的安裝後，在進行程式碼編輯前，有些基本設定要先進行，以方便未來使用。

安裝中文語言套件

首次啟動 Visual Studio Code 後，介面顯示的語言預設是英文。Visual Studioi Code 會自動偵測系統語言，如畫面右下角會顯示 **安裝語言套件以將顯示語言變更為中文 (繁體) 訊息方塊，請按 安裝並重新啟動 (Install and Restart)。**

等 Visual Studio Code 重新啟動後可以看到使用介面的語言已經切換為中文了！

設定使用資料夾

無論在編輯何種程式語言，如果是在檔案總管中找到程式碼檔案，再以編輯器開啟的工作流程是非常沒有效率的。Visual Studio Code 內建檔案總管功能，可以直接管理資料夾與檔案，讓開發者在單檔或專題開發時更加順手。

根據本書的規劃，所有的範例預設都將以 <C:\htdocs> 為根目錄，各章的作品將以資料夾的方式整理在這個資料夾之下，建議你可以先將本書範例檔案整個複製到這個資料夾之下。

在 Visual Studio Code 中可以利用檔案總管的功能，將 <C:\htdocs> 資料夾開啟在畫面中直接瀏覽，並進行編輯。設定的方式如下：

1 請按下側邊欄圖示 **檔案總管**，按下 **開啟資料夾** 鈕。

2 在 **開啟資料夾** 中選取「C:\htdocs」後按 **選擇資料夾** 鈕。

3 Visual Studio Code 的 **檔案總管** 視窗即會將該資料夾開啟在功能視窗中，開發者可以開啟相關的資料夾，並選按程式碼檔案於右方編輯區中開啟並進行編輯。

2.4.5 PHP 相關設定及延伸模組

Visual Studio Code 功能強大，對於不同的程式語法幾乎都能放置在同一個編輯環境中進行開發，而功能不足之處又能藉由延伸模組升級進化編輯器的功能。以下，就針對 Visual Studio Code 在進行 PHP 編輯時的相關設定及延伸模組，進行介紹及說明。

進行 PHP 相關設定

1. 請由 **檔案 / 喜好設定 / 設定**，或快速鍵 **Ctrl + ,** 開啟設定視窗。

2. 在搜尋欄位中輸入：「PHP」，即可看到相關的設定值。

3. 核選「Suggest:**Basic** 」，開啟對於 PHP 語法的建議。

4. 核選「Validate:**Enable** 」，開啟內建 PHP 驗證。

5. 設定「Vaildate:**Run** 」為「onSave」，在檔案儲存或輸入時執行內建執行器。

6. 設定「Vaildate:**Executable Path** 」PHP 本機執行檔的路徑，按 **settings. json 內編輯** 連結開啟檔案進行編輯。

XAMMP 的 PHP 執行檔路徑預設在 <C:\xampp\php\php.exe>，請加入以下設定：

```
"php.validate.executablePath": "C:\\xampp\\php\\php.exe"
```

特別注意：路徑符號「\」要加上脫逸符號變成「\\」才能正確顯示喔！

進行 PHP 相關延伸模組安裝

請按下側邊欄圖示 ⊞ **延伸模組**，在功能視窗的搜尋欄輸入：「PHP」，即可看到許多與 PHP 相關的延伸模組清單。

選取清單中的選項，即可在右方延伸模組的詳細說明，如果要安裝可以直接按清單選項後的 **安裝** 鈕或詳細說明區上方的 **安裝** 鈕，即可完成。

以下推薦幾個 PHP 常用的延伸模組進行說明：

1. **PHP Extension Pack**

   這個模組其實是個套裝模組，其中包含了 **PHP Debug** 以及 **PHP IntelliSense** 二個延伸模組。**PHP Debug** 是用來協助 PHP 的除錯，而 **PHP IntelliSense** 可以對 PHP 語法加上進階的自動完成與語法重構的輔助。

2. **Open PHP/HTML/JS In Browser**

   PHP 開發時常需要利用瀏覽器來檢視結果。但每次測試時都必須手動打開瀏覽器後再輸入本機測試的網址才能完成，流程太過麻煩。而 **Open PHP/HTML/JS In Browser** 能夠設定測試主機的路徑，並且指定使用的瀏覽器，用按鈕或快速鍵就能將目前的檔案顯示在瀏覽器上，真是太方便了。請先完成延伸模組安裝完畢之後，按下詳細畫面的 ⚙ **/ 擴充設定** 進入設定畫面。設定及使用的步驟如下：

1 **Alternative Document Root Folders** 是設定「http://localhost」網址在本機的實體根目錄路徑，請按 **新增項目** 鈕進行設定。

2 目前範例預設是以 <C:\htdocs> 為本機根目錄，請輸入設定值後按 **確定** 鈕完成設定。

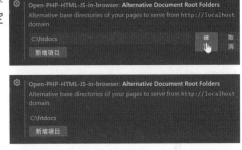

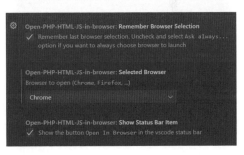

3 核選 **Remember Browser Selection**，第一次執行會詢問使用的瀏覽器，接著就會記住你的選項了。

4 在 **Selected Browser** 選取 **Chrome** 為預設瀏覽器。

5 請 核 選 **Show Status Bar Item**，在編輯器的狀態列就會顯示 **Open In Browser** 的選項。

完成設定後，請開啟一個 PHP 程式檔到編輯區，此時可以選按編輯器的狀態列的 **Open In Browser** 選項，或按快速鍵 **Ctrl + F6**，即會將目前的檔案用瀏覽器開啟在設定的本機網址中，真是太方便了！

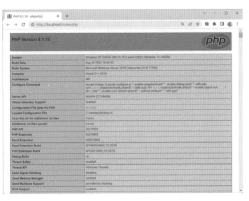

一、是非題

1. (　　) 無論學習何種網頁程式語言，第一件事就是要建置可以測試運作程式的環境，對於學習或開發都是最重要的一件事。

2. (　　) 程式設計師不用了解如何部署執行程式的環境，因為環境設定不會造成功能或是程式產生的錯誤。

3. (　　) 使用者可以直接選按 PHP 程式網頁檔案來執行瀏覽。

4. (　　) PHP 程式只能安裝在 Apache 網站伺服器上，其他的網站伺服器並不支援。

5. (　　) MySQL 資料庫能夠安裝在大部分的作業系統中，不需要擔心系統不符的問題。

二、選擇題

1. (　　) 佈置執行 PHP 的環境時，下列何者不是流程之一？
   (A) 架設網站伺服器　　(B) 安裝 PHP
   (C) 安裝 MySQL　　(D) 以上皆是

2. (　　) XAMPP 是一個相當容易安裝的 Apache 擴充版本，下列何者不是它包含的內容？
   (A) PHP　(B) MySQL　(C) Perl　(D) 以上皆是

3. (　　) MySQL 在安裝完畢後，最大的安全顧慮是？
   (A) 沒有管理工具　　　　(B) 資料庫沒有內容
   (C) root 帳號沒有設定密碼　(D) 以上皆是

4. (　　) 一個好的 PHP 編輯軟體不需要什麼功能？
   (A) 編輯畫面顯示行號　(B) 好用的繪圖功能
   (C) 專案概念的導入　　(D) 雙位元字元的支援

5. (　　) phpMyadmin，這是一套以什麼程式開發的 MySQL 資料庫管理程式？
   (A) PHP　(B) ASP　(C) JSP　(D) ASP.net

PHP 程式基礎語法

PHP 是一種被廣泛應用的網頁程式語言，它可嵌入到 HTML 中，適合互動網站的開發。

本章的重點在於介紹 PHP 基本的語法結構，變數、常數的使用以及資料型別，最後說明運算子與運算元的應用。對於學習 PHP 的學員來說，熟悉這些重要的內容對於 PHP 來說，是十分重要的基本功夫。

- ⊙ PHP 的語法結構
- ⊙ 變數的使用
- ⊙ 常數的使用
- ⊙ 資料型別
- ⊙ 運算子與運算式
- ⊙ 表單資料的傳送與接收
- ⊙ 程式引入檔

3.1 PHP 的語法結構

PHP 是一種被廣泛應用的網頁程式語言,它可嵌入到 HTML 中,尤其適合互動網站的開發。

3.1.1 將 PHP 程式嵌入在 HTML 頁面中

PHP 如何嵌入到 HTML 頁面中呢?以下是一個簡單的範例:

程式碼:startphp.php	儲存路徑:C:\htdocs\ch03

```
<!DOCTYPE html>
<html>
<head>
    <meta charset="UTF-8">
    <title>我的第一個PHP程式</title>
</head>
<body>
    <?php echo "嗨, PHP您好!"; ?>
</body>
</html>
```

執行結果	執行網址:http://localhost/ch03/startphp.php

▲ PHP 程式的內容嵌入在 HTML 頁面中

在這個範例中,可以看到整個 HTML 文件並不是完全使用程式產生,其中只有需要利用 PHP 程式處理的部分嵌入程式碼。**PHP** 程式碼被特殊的起始標籤和結束標籤包圍,當伺服器在處理該文件時,只有遇到嵌入的部分才會進行編譯,再將結果與原來的文件結合。

以這個範例來說，或許您覺得利用 JavaScript 也能得到相同的結果。這是事實，但其中最大的差異是：JavaScript 程式碼是在客戶端的瀏覽器運行，而 PHP 程式碼的處理是在伺服器端。

如此一來，若是以 JavaScript 完成的結果頁面，客戶端能夠藉由原始碼得知整個程式運作的細節與內容，但若是以 PHP 建立的頁面因為編譯處理都是在伺服器端運行，客戶端只能被動接收結果，因此無法得知其背後程式碼是如何運作。

3.1.2 PHP 的標籤

在文件中，PHP 程式碼會被特殊的起始標籤和結束標籤包圍，目的就是為了與一般的內容區隔，在編譯時伺服器即可針對程式碼進行處理。以下的方式能為 PHP 程式碼加入區隔的標籤：

```
<?php
    ... 程式碼內容
?>
```

> **注意** 為什麼有的 PHP 程式碼可以省去最後的「?>」？
>
> 若是在程式檔案中，只有單純的 PHP 語法，可以省去最後的「?>」。原因是避免在編輯 PHP 程式時不小心又加入空白字元或是空行，導致程式執行的錯誤。

3.1.3 PHP 的語法規定

PHP 的程式是由敘述及陳述式組合而成，請注意並依循下列的語法規定，就可以讓程式易於閱讀維護。

英文大小寫不同

PHP 的程式中設定變數或是常數時，英文的大小寫是不同的。例如 $myVar 與 $myvar 即代表不同的變數。不過 PHP 中的結構控制敘述、註解與內建函式名稱並不區分英文大小寫，例如 IF 與 if 不會因為大小寫不同而無法執行功能。

結尾分號

PHP 每一行程式結束時都要加上「;」代表完成，沒有加則出現錯誤訊息。不過結構控制敘述、註解不必加上結尾分號來代表結束，因此不在限制的範圍內。

註　PHP 的單行敘述也可不加分號，例如：`<?php echo "你好！" ?>`。

註解符號

在 PHP 程式碼中，可以利用註解的加入幫助開發人員了解程式的內容，增加維護或更新時的方便性。

1. 在 PHP 程式碼中，可以利用「//」符號標示該行以後的內容為註解，例如：

程式碼：phpinfo1.php	儲存路徑：C:\htdocs\ch03

```php
<?php
    // 顯示目前 php 的環境設定。
    phpinfo();
?>
```

2. 您也可以利用「#」符號來標示單行的註解內容，例如：

程式碼：phpinfo2.php	儲存路徑：C:\htdocs\ch03

```php
<?php
    # 顯示目前 php 的環境設定。
    phpinfo();
?>
```

3. 但若是要加入的註解內容較多，需要使用到多行的時候，可以利用「/*.....*/」來包圍整個註解的內容，例如：

程式碼：phpinfo3.php	儲存路徑：C:\htdocs\ch03

```php
<?php
    /*
    顯示目前 php 的環境設定。
    若要修改設定內容，請調整 <php.ini> 設定檔。
    */
    phpinfo();
?>
```

3.1.4 PHP 程式的保留字

PHP 程式為了敘述與陳述式的需求，定義了一些具有特定意義及功能的文字，來執行或表達程式的內容，這些文字就被稱為「保留字」。在開發程式時必須注意這些保留字出現的時機，在變數、常數或類別命名時若是誤用，常會發生意想不到的結果。

以下是 PHP 程式常用的保留字：

PHP 常用保留字				
__halt_compiler()	abstract	and	array()	as
break	callable	case	catch	class
clone	const	continue	declare	default
die()	do	echo	else	elseif
empty()	enddeclare	endfor	endforeach	endif
endswitch	endwhile	eval()	exit()	extends
final	finally	fn（從 PHP 8.4 開始）	for	foreach
function	global	goto	if	implements
include	include_once	instanceof	insteadof	interface
isset()	list()	match（從 PHP 8.0 開始）	namespace	new
or	print	private	protected	public
readonly (as of PHP 8.1.0) *	require	require_once	return	static
switch	throw	trait	try	unset()
use	var	while	xor	yield
yield from				

其實 PHP 中還有預設的內建函數名稱、常數與類別，在設定變數或定義自訂函數時都要盡量避免使用。

3.2 變數的使用

在程式開發中，變數的使用是相當重要的一個動作。在 PHP 程式中使用變數時並不需要，可在使用時直接命名即可。

3.2.1 變數的命名原則

變數的功能就像用來存放資料的箱子。變數在命名時要注意以下的原則：

1. 變數的命名必須以「$」符號做為開頭，之後再加上變數名稱所組成。

2. 變數是由英文字母或「＿」底線符號開始，接著是任意長短的文字字元、數字或底線。

3. 特別注意：第一個字元不可以使用數字，當然不建議以中文來進行命名。

狀況	可以使用的字元
變數第一個字元可用字元	_，a~z，A~Z，0x7f ~ 0xff
變數第一個字元後可用字元	_，a~z，A~Z，0~9，0x7f ~ 0xff

4. 變數名稱是有英文大小寫之分的，例如 $myVar 與 $myvar 就會被視為不同的變數。

5. 變數不能使用保留字當作變數名稱。

以下是幾個正確的變數命名方法：

```
$myVar
$ _ myVar
$myVar1
$my _ Var
```

以下是幾個錯誤的變數命名方法：

```
$1myVar    // 以數字開頭。
$ 我的變數   // 不建議使用中文。
```

3.2.2 指定變數值的方式

在 PHP 中定義變數時並不需要設定資料型別,只需要指定該變數的值,在編譯時 PHP 會根據設計者指定的變數值自動判定或是轉換資料的型別。

一般來說,設計者可以使用等於 (=) 符號來指派變數的值,而且會以最後一次定義或是經過運算、組合後的值作為該變數的值。例如:

```
$myVar = 12;        // 指定變數 $myVar 為數值 12。
$myVar = 6+12*12;   // 指定變數 $myVar 為四則運算後的結果 150。
$myVar = "PHP";     // 指定變數 $myVar 為字串 "PHP"。
$myVar = True;      // 指定變數 $myVar 為布林值 True。
```

關於變數的資料型別,將在本章稍後詳細說明。

3.2.3 全域變數與區域變數

一般來說,變數在指定值後,在整個程式中都能讀取並使用變數的值,我們稱為**全域變數** (global variable)。但若是應用在函式 (function) 中的變數,僅能在函式的區域中使用,我們稱為 **區域變數** (local variable)。

在 PHP 的程式中,全域變數的有效範圍僅限於主要程式中,不會影響到函式中同名的變數,也就是全域變數與區域變數互不侵犯。若要變數能由主要程式的範圍通透到函式中,就要將變數進行全域的宣告。

3.2.4 預設變數的使用

PHP 為執行程式的需求，提供了大量的預設變數供設計時使用。這些變數的內容包含了來自伺服器環境及使用者輸入的變數。在使用上，預設變數皆為全域變數，能在主要程式中任何地方使用。

以下是各種常見的預設變數：

預設變數	說明	
$GLOBALS	將程式範圍中所有定義的全域變數儲存為資訊陣列	
$_SERVER	存放網頁伺服器或目前的程式環境的資訊陣列	
	PHP_SELF	目前網頁的虛擬路徑
	SERVER_NAME	目前網頁的伺服器名稱
	SERVER_PROTOCOL	請求頁面時通信協議的名稱和版本。如：HTTP/1.0。
	REQUEST_METHOD	目前網頁請求變數的方法。如：GET、POST。
	DOCUMENT_ROOT	目前網頁所在的網站根目錄
	HTTP_HOST	目前網頁的伺服器位置
	REMOTE_ADDR	目前網頁客戶端的 IP 位址
	REMOTE_PORT	目前網頁客戶端的連接埠位
	SCRIPT_FILENAME	目前網頁的絕對路徑
	SERVER_PORT	目前網頁伺服器端連接埠位
$_ENV	存放 PHP 執行環境相關的資訊陣列	
$_GET	存放以 GET 方式傳入的資料陣列	
$_POST	存放以 POST 方式傳入的資料陣列	
$_SESSION	存放註冊的 SESSION 的資訊陣列	
$_COOKIE	存放註冊的 COOKIE 的資訊陣列	
$_FILES	存放以 POST 方式上傳檔案的資訊陣列	
$_REQUEST	存放以 GET、POST、COOKIE 和 FILES 方式提供給程式的資訊陣列。	

程式碼：php_prevars.php　　　　　　　　　　　　儲存路徑：C:\htdocs\ch03

```php
<?php
    echo "目前網頁的虛擬路徑為:";
    echo $_SERVER['PHP_SELF'];
?>
```

執行結果　　　　　　　　　執行網址：http://localhost/ch03/php_prevars.php

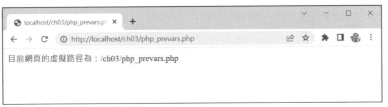

▲ 利用預設變數顯示伺服器資訊

3.3 常數的使用

常數是不會因為程式執行而改變其中的儲存值，PHP 除了內建一些常數外，也允許程式執行時另外再定義各種常數。

3.3.1 定義常數

常數定義的方式

在 PHP 中可以使用下列的函式來定義常數：

```
define( 常數名稱 , 常數值 [, 大小寫是否區分 ])
```

例如，若在程式中要應用到圓周率來計算面積相關的數據，可在程式中定義一個常數來儲存，方式如下：

```
define("Math _ PI", 3.14, True);
```

如此一來只要在程式中應用到 Math_PI 進行計算，PHP 即會視其值為 3.14。

常數預設是區分大小寫的，所以在定義時可以不寫第 3 個參數，如下：

```
define("Math _ PI", 3.14);
```

另外，也可以使用 const 關鍵字進行常數的宣告，方式如下：

```
const 常數名稱 = 常數值
```

程式碼：**php_constants1.php**　　　　　　　　　　　　儲存路徑：**C:\htdocs\ch03**

```php
<?php
    define('eHappy'," 文淵閣工作室 ");
    const eHappyUrl = "http://www.e-happy.com.tw";
    echo " 您好，歡迎光臨 ".eHappy." 的網站 <br>";
    echo " 網址為:".eHappyUrl;
?>
```

執行結果　　　　　　　執行網址：http://localhost/ch03/ php_constants1.php

▲ 使用常數定義頁面中常用但不變的資訊

常數的特性

常數與變數其實在使用上大同小異，但是常數在使用上特別的地方有下列幾點：

1. 常數名稱並不需要加上「$」符號。

2. 常數能使用 define() 函式或 const 關鍵字進行定義。

3. 常數的值只接受標量型別 (布林值、整數、浮點數、字串) 的資料型別。

4. 常數不受有效範圍的限制。

5. 常數在整個程式中僅能定義一次，也不能取消定義。

6. 常數一經定義即不能更改，也不能進行計算。

3.3.2 預設常數及魔術常數

預設常數

在 PHP 程式中，可以使用預設常數取得執行中程式碼或 PHP 的相關資訊。以下是常見的預設常數：

預設常數	說明
PHP_VERSION	目前 PHP 運行的版本
PHP_OS	目前伺服器的作業系統

程式碼：php_constants2.php　　　　　　　儲存路徑：C:\htdocs\ch03

```php
<?php
    echo "目前系統的 PHP 版本為:";
    echo PHP _ VERSION;
?>
```

目前系統的 PHP 版本為：8.1.6

▲ 使用預設常數能取得程式碼或 PHP 的相關資訊

魔術常數

在 PHP 中提供了魔術常數，這些常數的值會隨著它們在代碼中的位置改變而改變。這些特殊的常數不區分大小寫，如下：

魔術常數	說明
__LINE__	取得運行程式的行號
__FILE__	取得文件在本機的路徑與檔名
__DIR__	取得文件在本機的路徑。除非是根目錄，否則目錄路徑名稱不包括最後的「/」符號。(PHP 5.3 新功能)
__FUNCTION__	目前函數的名稱 (PHP 4.3.0 新增)。自 PHP 5 起返回的函數名稱即是原定義名稱，英文字母區分大小寫。
__CLASS__	取得類別的名稱 (PHP 4.3.0 新增)。自 PHP 5 起返回的類別名稱即是原定義名稱，英文字母區分大小寫。
__METHOD__	取得類別的方法名稱 (PHP 5.0.0 新增)。返回的方法名稱即是原定義名稱，英文字母戈區分大小寫。
__NAMESPACE__	取得區分大小寫的命名空間名稱 (PHP 5.3.0 新增)。

程式碼：php_constants3.php　　　　　　　儲存路徑：C:\htdocs\ch03

```php
<?php
    echo "目前執行檔案的路徑為:";
    echo _ _ FILE _ _ ;
?>
```

執行結果　　　　　　　執行網址：http://localhost/ch03/ php_constants2.php

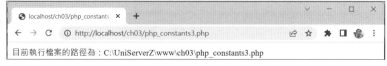

目前執行檔案的路徑為：C:\UniServerZ\www\ch03\php_constants3.php

▲ 使用魔術常數取得檔案路徑

3.4 資料型別

資料型別對於 PHP 程式在處理變數時十分重要，因為型別的定義決定了該變數所佔用記憶體的空間、資料的處理範圍及程式處理資料的方法。

3.4.1 PHP 程式中的資料型別

在 PHP 程式中變數的型別並不需要事先宣告，它會在設定變數值時自動決定。

PHP 的變數有 8 種資料型別：

1. **標量型別**
   - 布林值 (bool)
   - 整數 (integer)
   - 浮點數 (float, double)
   - 字串 (string)

2. **複合型別**
   - 物件 (object)
   - 陣列 (array)

3. **特別型別**
   - 資源 (resource)
   - 空值 (NULL)

以下就這些資料型別進行詳細的說明。

3.4.2 布林值 (bool)

布林值 又稱為邏輯型別，當變數資料的值只有是 (True)、否 (False) 二種選擇時，即可採用這種資料型別，通常應用在判斷某些狀況是否成立。在 PHP 程式中布林值的結果不分英文大小寫，true、True 或 TRUE 都代表是，而 false、False 或 FALSE 都代表否。

布林值可以轉換為其他的資料型別：若為數值時，True 值為 1，False 值為 0；若為字串時，True 值為 "1"，False 值為 "0"。

3.4.3 整數 (integer) 與浮點數 (float)

關於整數

整數 為不包含小數的數值,其數值範圍可以是正整數、零及負整數。在 PHP 中整數資料型別的大小範圍是依作業系統而定,以 32 位元的環境來看,整數的資料範圍為 -2,147,483,648 ~ 2,147,483,647。

整數可以指定為 10 進位、8 進位及 16 進位數值,其中 8 進位在指定數值時必須要在前面加上零:「0」,而 16 進位在指定數值時則要在前面加上零與 x:「0x」。

例如:

```
$a = 10    //10 進位的整數
$a = 010   //8 進位的整數
$a = 0x10  //16 進位的整數
```

關於浮點數

浮點數 為包含小數的數值、雙精數或實數,資料大小也是依作業系統而定,以 32 位元的環境來看,整數的資料範圍為 1.7E-308 ~ 1.7E+308。浮點數的表示方法可以是小數或是科學記號。

例如:

```
$a = 1.234;
$a = 1.2e3;
$a = 7E-10;
```

3.4.4 字串 (string)

字串 是由字母、數字、文字、符號所組合而成,在 PHP 中可以使用下列 4 種方法來表示:

1. **單引號 (')**:在字串的前後加上單引號 ('),所包含的內容即為字串。

2. **雙引號 (")**:在字串的前後加上雙引號 ("),所包含的內容即為字串,字串中的變數會被視為變數編譯。

3. **heredoc 語法結構**：以「<<<」符號後加上識別名，分行後再加上字串內容，最後以新的一行加上識別名結尾，字串中的變數會被視為變數編譯。

4. **nowdoc 語法結構**：建置的方式與 heredoc 相同，不同的是識別名要加上單引號 (')，字串中的變數不會被編譯而是直接輸出。

單引號表示法

在字串的前後加上單引號 (') 所包含的內容即為字串。例如：

程式碼：php_string1.php	儲存路徑：C:\htdocs\ch03

```php
<?php
    echo '我是一個字串';
?>
```

執行結果	執行網址：http://localhost/ch03/php_string1.php

▲ 單引號表示法顯示字串

但是若遇到字串的內容包含了單引號，就必須在出現單引號前再加上一個反斜線 (\)，如此一來，在編譯時即不會將單引號顯示處誤判為字串結束之處。例如：

程式碼：php_string2.php	儲存路徑：C:\htdocs\ch03

```php
<?php
    echo 'How are you? I\'m fine, thank you.';
?>
```

執行結果	執行網址：http://localhost/ch03/php_string2.php

▲ 單引號表示法，解決字串中出現單引號的方法

在 PHP 的字串中，反斜線 (\) 被稱為 **跳脫字元 (escapes)**。但若在字串中要顯示反斜線而不想被誤判為跳脫字元時，該怎麼辦呢？此時就必須以二個反斜線來表示，例如：

程式碼：php_string3.php　　　　　　　　　　儲存路徑：C:\htdocs\ch03

```php
<?php
    echo 'PHP 的安裝路徑在 C:\\PHP\\ 中。';
?>
```

執行結果　　　　　　　　執行網址：http://localhost/ch03/php_string3.php

▲ 單引號表示法，解決字串中出現反斜線的方法

雙引號表示法

在字串的前後加上雙引號（ " ）所包含的內容即為字串。這個方式與單引號表示法類似，例如：

程式碼：php_string4.php　　　　　　　　　　儲存路徑：C:\htdocs\ch03

```php
<?php
    echo "我是一個字串";
?>
```

執行結果　　　　　　　　執行網址：http://localhost/ch03/php_string4.php

▲ 雙引號表示法顯示字串

而雙引號中的字串內容遇到單引號時就不會有誤判的情況，但是遇到雙引號時，仍然必須要利用跳脫字元來避免錯誤，例如：

程式碼：php_string5.php　　　　　　　　　　儲存路徑：C:\htdocs\ch03

```php
<?php
    echo" 這裡是一個 ' 字串 '。<br />";
    echo" 這裡是一個 \" 字串 \"。";
?>
```

執行結果　　　　　　　　　　執行網址：http://localhost/ch03/php_string5.php

▲ 雙引號表示法跳脫字元的應用

以下是幾種字串在雙引號表示法中常見的跳脫字元的使用方法：

跳脫字元	代表意義	跳脫字元	代表意義
\"	雙引號 (")	\\	反斜線 (\)
\$	錢字符號 ($)	\n	換行 (LF，0x0A (10))
\r	歸位 (CR，0x0D (13))	\t	定位 (HT，0x09 (9))
\v	垂直定位 (VT，0x0B (11))	\f	換頁 (FF，0x0C (12))
\{ 與 \}	左大括號 ({) 與右大括號 (})	\[與 \]	左括號 ([) 與右括號 (])
\[0-7]{1,3}	以 8 進位表示某一個字元	\x[0-9a-fA-F]{1,2}	以 16 進位表示一個字元

單引號與雙引號表示法的不同

字串的單引號與雙引號表示法最大的不同，就是雙引號表示法字串中的變數會被視為變數編譯，而單引號表示法字串中的變數會視為一般字串。例如：

程式碼：php_string6.php　　　　　　　　　　儲存路徑：C:\htdocs\ch03

```php
<?php
    $myLanguage = "PHP";
    echo '我最喜愛的網頁程式是 $myLanguage <br />';
    echo "我最喜愛的網頁程式是 $myLanguage";
?>
```

▲　單引號與雙引號表示法的不同

程式剛開始宣告變數 $myLanguage 的值為字串：PHP，若將該變數置入單引號表示法的字串中顯示，會直接輸出變數名稱；若將該變數置入雙引號表示法的字串中顯示，會直接輸出變數的值。

若是字串的變數結構較為複雜，建議可以使用「{ ... }」括號將變數包含起來。

```
$myLanguage = "PHP";
echo "我最喜愛的網頁程式是 {$myLanguage}";
```

heredoc 語法結構表示法

若編輯的字串內容較多，建議使用 heredoc 語法結構表示法來定義字串。其格式是在變數定義一開始為「<<< 」符號加上自訂的名稱，結尾時也要以自訂名稱表示字串結束，格式如下：

```
$ 變數名稱 = <<< 自訂名稱
        字串內容 ...................
        ...........................
自訂名稱 ;
```

請注意以 heredoc 語法結構表示法定義字串時，起始的自訂名稱後不要放置任何字元，結尾的自訂名稱一定要放在行首，結尾後方也不要加入任何字元。在定界符號表示法中，變數會被編譯而顯示變數的值，而內容可以直接使用 HTML 語法。

其中最特別的是：字串中並不需要考慮跳脫字元的使用，可以直接使用所有特殊的符號及字元。對於字串內容較多，輸入時難以顧及內容中特殊符號的狀況相當受用。

程式碼：php_string7.php	儲存路徑：C:\htdocs\ch03

```php
<?php
$myLanguage = "PHP";
//heredoc 語法結構表示字串
$showStr = <<<Msg
        我最喜歡的網頁程式語言是：$myLanguage <br />
        許多學生都說："It's easy, It's good."
Msg;
echo $showStr;
?>
```

執行結果	執行網址：http://localhost/ch03/php_string7.php

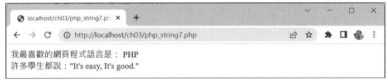

▲ heredoc語法結構表示法

注意　heredoc 語法結構使用易見的錯誤

在使用 heredoc 語法結構時，常會犯的錯誤如下：

1. 以定界符號表示法定義字串時，起始的自訂名稱後不要放置任何字元，其中要特別注意是否有空白字元。

2. 結尾的自訂名稱一定要放在行首，之前不能有任何空白。

3. 結尾符號後方也不要加入任何字元，其中要特別注意是否有空白字元。

nowdoc 語法結構表示法

如果要在頁面上顯示程式的原始碼，使用 heredoc 語法結構表示法就不適當了，此時可以使用 nowdoc 語法結構表示法。它的使用方式與 heredoc 幾乎是相同的，不同的是 nowdoc 對於內容中變數及跳脫字元不會進行編譯，而是直接顯示字串內容。格式如下：

```
$ 變數名稱  =  <<<' 自訂名稱 '
          字串內容 ..................
          ...........................
自訂名稱 ;
```

請注意以 **nowdoc** 語法結構表示法定義字串時，起始的自訂名稱後前後要加上單引號 (')，結尾的自訂名稱就不用。

程式碼：php_string8.php	儲存路徑：C:\htdocs\ch03

```php
<?php
$myLanguage = "PHP";
//nowdoc 語法結構表示字串
$showStr = <<<'Msg'
          我最喜歡的網頁程式語言是：  $myLanguage <br />
          許多學生都說："It's easy, It's good."
Msg;
echo $showStr;
?>
```

執行結果	執行網址：http://localhost/ch03/php_string8.php

▲ nowdoc語法結構表示法

3.4.5 其他型別

1. **陣列 (array)**：陣列通常被使用在定義大量相關的資訊在同一變數中，以序列或鍵值的方法儲存或取得值。

2. **物件 (object)**：在 PHP 中可以利用類別 (class) 創造物件，物件可以視為一個容器，這個容器包含了與該物件相關的變數與函數。

3. **資源 (resource)**：資源通常是利用特殊的函數所傳回代表該資源的值，建構的方法包含了如檔案處理、資料庫處理或繪圖處理等動作的內容，所以是無法由其他的資料型別轉換而來的。

4. **空值 (NULL)**：當想將變數的內容歸零或是清除時，常會將其值賦予一個空值。

3.4.6 型別的轉換

在程式中可以使用 gettype() 取得變數的資料型別，格式如下：

```
gettype( 變數名稱 )
```

如果需要進行資料的型別轉換，您可以利用以下的關鍵字進行轉換：

關鍵字	說明
(int), (integer)	將資料型態轉換為整數
(bool), (boolean)	將資料型態轉換為布林值
(float), (double), (real)	將資料型態轉換為浮點數
(string)	將資料型態轉換為字串
(array)	將資料型態轉換為陣列
(object)	將資料型態轉換為物件
(unset)	將資料型態轉換為空值 (NULL)

也可以使用 settype() 進行資料型別的轉換，格式如下：

```
settype( 變數名稱 , ' 資料型別 ')
```

程式碼：**php_datatype.php**　　　　　　　　　儲存路徑：**C:\htdocs\ch03**

```php
<?php
$a = 123.45;
$a = (string)$a;
echo $a."<br>".gettype($a)."<br>";
settype($a, 'integer');
echo $a."<br>".gettype($a);
?>
```

執行結果　　　　　　　　執行網址：**http://localhost/ch03/php_datatype.php**

```
← → C  ⓘ http://localhost/ch03/php_datatype.php

123.45
string
123
integer
```

3.5 運算子與運算式

在開發 PHP 的程式時，大都是建構一行行的運算式來執行運算及邏輯判斷的動作，去獲取所需的結果。在這裡將會對於 PHP 中程式運算的功能做詳細的說明。

3.5.1 什麼是運算子與運算式？

在程式設計中必須使用變數或常數儲存或是代表一些資料，再將這些資料經過邏輯判斷與演算去得到所需的結果，建構整個流程的內容即是運算式。**運算式** 是由 **運算元** 與 **運算子** 所組合而成，其中運算子是指運算的方式 (以符號來代表)，運算元是用來運算的資料。例如：

```
$a + $b
```

在這個運算式中，加號 (+) 是運算子，代表的是運算的方式。而 $a 及 $b 是運算元，因為它是運算式中用來運算的資料。

3.5.2 字串運算子與指派運算子

字串運算子

在 PHP 程式語法中必須使用字串運算子「.」執行字串連結的動作。

程式碼：php_operater1.php	儲存路徑：C:\htdocs\ch03

```php
<?php
    $a = " 我最喜歡的程式是:";
    $b = "PHP";
    echo $a . $b;
?>
```

執行結果	執行網址：http://localhost/ch03/php_operater1.php

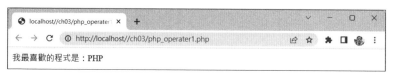

▲ 字串運算子將字串連接

指派運算子

在程式設計中需要指定一個值給變數時，就必須使用指派運算子：「=」。

在 PHP 程式中「=」不代表等於，而是將指派運算子右方的值存入左方的變數中。若右方的是一個運算式，也是在計算出結果後再將值存入左方的變數中。

程式碼：php_operater2.php	儲存路徑：C:\htdocs\ch03

```php
<?php
    $a = 5;
    $b = $a + 5;
    echo $b;
?>
```

執行結果	執行網址：http://localhost/ch03/php_operater2.php

▲ 指派運算子計算結果

3.5.3 算術運算子

在程式中執行加減乘除的動作。以下是 PHP 的算術運算子：

符號	說明	範例	運算結果
+	加法	6 + 4	10
-	減法	6 - 4	2
*	乘法	5 * 5	25
/	除法	12 / 4	3
%	餘數	5 % 3	2

使用算術運算子適用一般四則運算的規則：計算仍依循先乘除後加減的順序、括號中的算式先運算、進行除法運算時，不能將數值除以 0。

程式碼：php_operater3.php　　　　　　　　　儲存路徑：C:\htdocs\ch03

```php
<?php
    echo "(1+2+3+4+5)/5=";
    echo (1+2+3+4+5)/5;
?>
```

執行結果　　　　　　　　執行網址：http://localhost/ch03/php_operater3.php

▲ 算術運算子的計算結果

3.5.4 複合運算子

複合運算子可以結合字串、指派運算子與算術運算子，是簡化運算式的一種方法。以往在程式中常會將舊的變數值加上另一個值再帶回原變數，例如：

```php
$a = $a + 1;
```

利用複合運算子即可以將運算式改寫為：

```php
$a += 1;
```

應用相同的方式，PHP 中常見的複合運算子有：

符號	說明	範例	運算結果
+=	加法指派	$a += $b	$a = $a + $b
-=	減法指派	$a -= $b	$a = $a - $b
*=	乘法指派	$a *= $b	$a = $a * $b
/=	除法指派	$a /= $b	$a = $a / $b
%=	餘數指派	$a %= $b	$a = $a % $b
.=	字串連接指派	$a .= $b	$a = $a . $b

程式碼：php_operater4.php	儲存路徑：C:\htdocs\ch03

```php
<?php
    $a = 3; $b = 5;
    $a += $b;
    echo $a;
?>
```

執行結果	執行網址：http://localhost/ch03/php_operater4.php

▲ 複合運算子的計算結果

3.5.5 遞增 / 遞減運算子

在開發的過程中，常需要讓變數的值遞增或是遞減 1，過去的寫法常是：

```php
$X = $X + 1      // 將 $X 的值加 1
$Y = $Y - 1      // 將 $Y 的值減 1
```

在 PHP 程式中可以利用遞增 / 遞減運算子達到這樣的效果：

符號	說明	作用	範例	運算結果
++	遞增	將變數值加 1	$a = 5; $a++; echo $a;	6
--	遞減	將變數值減 1	$a = 5; $a--; echo $a;	4

程式碼：php_operater5.php	儲存路徑：C:\htdocs\ch03

```php
<?php
    $a = 5; $a++;
    echo '$a = '. $a .'<br />';
    $b = 6; $b--;
    echo '$b = '. $b;
?>
```

執行結果　　　　　　　　執行網址：http://localhost/ch03/php_operater5.php

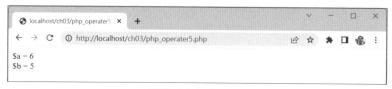

▲　遞增、遞減運算子的計算

但是該符號放置在變數前後會有不一樣的效果，其意義如下：

示範	說明	作用
++$a	前置遞增	先把 $a 增加 1，再傳回 $a 的值。
$a++	後置遞增	先傳回 $a 的值再把 $a 增加 1
--$a	前置遞減	先把 $a 減去 1，再傳回 $a 的值。
$a--	後置遞減	先傳回 $a 的值再把 $a 減去 1

程式碼：php_operater6.php　　　　　　　儲存路徑：C:\htdocs\ch03

```php
<?php
    echo '$a = 1<br />';
    $a = 1;
    echo '$a++ = '.$a++.'<br />';
    $a = 1;
    echo '++$a = '.++$a;
?>
```

執行結果　　　　　　　　執行網址：http://localhost/ch03/php_operater6.php

▲　遞增運算子前置後置的差異

3.5.6 比較運算子

比較運算子會將運算式二邊的運算元加以比較，再將結果以布林值回傳。

以下是 PHP 中的比較運算子：

符號	說明	範例	運算結果
==	相等	$a == $b	當兩者相等時成立
===	全等	$a === $b	當兩者相等且型別一樣時成立
!=	不等於	$a != $b	當兩者不等時成立
!==	不全等	$a !== $b	當兩者不相等或型別不一樣時成立
<	小於	$a < $b	前者小於後者時成立
>	大於	$a > $b	當前者大於後者時成立
<=	小於或等於	$a <= $b	當前者比後者小或兩者一樣時成立
>=	大於或等於	$a >= $b	當前者比後者大或兩者一樣時成立

備註 == 與 === 和 != 與 !== 的差異

許多使用者習慣使用 == 與 != 進行資料比較的動作，如此一來，PHP 在進行比較或是運算時，會根據不同的情況自動調整資料型別。但若不希望讓 PHP 自動轉換資料的型別，可以使用 === 與 !== 進行資料的比較，比較時除了比對二方資料的值，對於資料的型別也必須一併考量。

例如：

```
$a = 100;        //$a 為數值。
$b = "100";      //$b 為字串。
$a == $b;        // 回傳值為 True，因為資料型別會自動轉換。
$a === $b;       // 回傳值為 False，因為資料型不相等。
```

3.5.7 條件運算子

條件運算子與比較運算子類似，但是除了比較判斷外，條件運算子會利用比較的結果回傳不同的值。在條件運算子的結構中，先設定判斷的條件，當條件成立時回傳第一個運算元，否則回傳第二個運算元。條件運算子是使用「?」、「:」二個符號將運算式區隔為三個部分其格式如下：

```
條件運算式  ?  成立時傳回運算式  :  不成立時傳回運算式；
```

程式碼：**php_operater7.php**　　　　　　　　　　儲存路徑：**C:\htdocs\ch03**

```php
<?php
    $a = 2;
    $b = ($a > 0) ? "正數" : "負數";
    echo $b;
?>
```

執行結果　　　　　　　　　執行網址：**http://localhost/ch03/php_operater7.php**

▲　條件運算子可以根據條件回傳不同的值

備註　簡寫式的三元條件運算子 (?:)

實務上常會有這個需求：定義二個運算元，當第一個運算元存在時即回傳其值，否則回傳另一個運算元的值。PHP 為此新增了簡寫式的條件算子「?:」，例如：

```php
$a = 10; $b = 20;   // 定義 $a、$b 二個變數。
```

使用簡寫式的條件運算子，當 $a 有值時回傳 $a，否則回傳 $b，在本例中將回傳 $a 給 $c。

```php
$c = $a ?: $b;
echo $c;              //$c 顯示為 10。
```

3.5.8 邏輯運算子

邏輯運算子會將運算式二邊的運算元的布林值進行邏輯比較，再將結果以布林值回傳。

以下是 PHP 中的邏輯運算子：

符號	說明	範例	運算結果
and	同為真值	$a and $b	當 $a、$b 都是 True 時成立
&&		$a && $b	
or	任一為真值	$a or $b	當 $a、$b 隨便一個是 True 時就成立
||		$a || $b	
xor	異值符號	$a xor $b	當 $a、$b 都是 Ture 或都是 False 時不成立，反之則成立。
!	反值符號	! $a	結果是 $a 的相反

> **註** and 與 &&、or 與 \|\| 的邏輯運算子在功能上是相同的，差異在於執行時的順序。

程式碼：php_operater8.php   儲存路徑：C:\htdocs\ch03

```php
<?php
    $a = 5;
    $b = ($a > 0 && $a < 10) ? "是個位數" : "不是個位數";
    echo '$a'.$b;
?>
```

執行結果   執行網址：http://localhost/ch03/php_operater8.php

$a是個位數

▲ 邏輯運算子對運算元進行邏輯比較，回傳布林值。

3.5.9 位元運算子

位元運算子能夠進行數值或字串的二進位計算動作。其中數值必須為整數,若為浮點數資料會先轉換為整數再進行運算。字串資料會先對運算元的長度做適當的取捨,接著對應位元進行轉換再進行運算。

以下是 PHP 中的位元運算子:

符號	說明	範例		運算結果
&	邏輯積	$a $b $a & $b	00001010　10 00001001　09 00001000　08	當 $a 和 $b 的相對應位元皆是 1 時才會傳回 1。
|	邏輯和	$a $b $a | $b	00001010　10 00001001　09 00001011　11	當 $a 和 $b 的相對應位元中有一個或以上 1 時才會傳回 1。
^	互斥邏輯和	$a $b $a ^ $b	00001010　10 00001001　09 00000011　11	當 $a 和 $b 的相對應位元中只有一個是 1 時才會傳回 1。
~	否定	$a ~ $a	00001010 11110101	把 $a 的位元取反相值,將 1 變 0、0 變 1。
<<	左位移	$a $a << 2	00001010 00101000	把 $a 的位元向左移動指定位數。(每移一次代表把 $a 乘以 2)
>>	右位移	$a $a >> 2	00001010 00000010	把 $a 的位元向右移動指定位數。(每移一次代表把 $a 除以 2)

3.5.10 其他的運算子

錯誤控制運算子

錯誤控制運算子能夠在 PHP 程式運作發生錯誤時，抑制錯誤訊息的顯示。使用的方式只要將「@」符號加在常發生錯誤的指令前，例如：

程式碼：php_operater9.php	儲存路徑：C:\htdocs\ch03

```php
<?php
    $fp = @fopen ("test.txt", "r");
?>
```

執行結果	執行網址：http://localhost/ch03/php_operater9.php

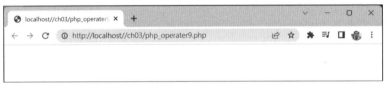

▲ 因為錯誤控制運算子的幫忙，沒有出現錯誤訊息。

在測試時您可以嘗試將「@」符號去除，看看是否會出現錯誤訊息。

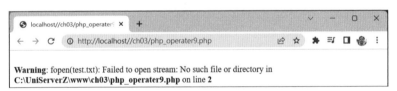

Warning: fopen(test.txt): Failed to open stream: No such file or directory in C:\UniServerZ\www\ch03\php_operater9.php on line 2

▲ 去除錯誤控制運算子即出現錯誤訊息

注意 **請勿濫用錯誤控制運算子**

錯誤控制運算子只能忽略錯誤訊息的顯示，並不能自動修正程式的錯誤。在開發程式的時期，PHP 執行時發生的錯誤訊息對於更正程式十分重要。若濫用錯誤控制運算子，可能會導致無法發現程式錯誤的缺點，讓開發人員無法輕易偵錯，使用上要十分小心。

執行指令運算子

執行指令運算子能讓 PHP 程式執行作業系統中的 shell 指令。使用時只要將要執行的指令以「`」符號前後包含即可。執行指令運算子會傳回值，可以將這個結果存入變數中。

程式碼：php_operater10.php	儲存路徑：C:\htdocs\ch03

```php
<?php
    $myIP = `ping 168.95.1.1`;
    echo iconv('big5', 'utf-8', nl2br($myIP));
    // 使用 iconv() 函式將 big5 編碼的命令內容轉為 utf-8。
    // 使用 nl2br() 函式將傳回值結果自動分行顯示。
?>
```

執行結果	執行網址：http://localhost/ch03/php_operater10.php

▲ 執行指令運算子執行作業系統中的 shell 指令

3.5.11 運算子執行的優先順序

當運算式中使用多個運算子時,就會面臨執行順序的問題。不同的順序所演算的結果也會有所不同,要特別注意。以下是所有運算子執行的優先順序:

順序	運算子
高	++、-- (遞增、遞減)
	! (反值符號)、~ (否定)、*、/、% (乘、除、餘數)
	+、- (加、減)、. (字串連接)
	<<、>> (左位移、右位移)
	<、<=、>、>= (小於、小於等於、大於、大於等於)
	==、!=、===、!== (相等、不等於、全等、不全等)
	& (邏輯積)
	^ (互斥邏輯和)
		(邏輯和)
	&& (同為真值)
	|| (任一為真值)
	?: (條件運算子)
	=、+=、-=、*=、/=、%= (複合運算子)、.= (指派運算子)
	and (同為真值)
	xor (異值符號)
低	or (任一為真值)

當運算子在同一層時優先順序是由左至右,但是不含指定與複合運算子。當然,在運算式中還是可以使用括號 () 來改變運算的優先順序,括號中的運算式會先行計算。

3.6 表單資料的傳送與接收

表單是網頁瀏覽者將資料傳遞到伺服器處理的介面，在網頁程式的
開發過程中，表單佔了相當重要的地位。如何正確佈置表單，程式
端又如何接收，就是以下要討論的內容。

3.6.1 表單傳送與接收資料的方法

表單運作的原理是在頁面中建置表單區域，並在區域內放置填寫資料的表單元
件，當按下表單的送出鈕時，頁面會將表單區域中元件內填寫的資料，傳送到指
定的目標網頁接收處理。

表單的傳送方式與接收方法

表單區域是以 <form> 標籤所包圍的區域，在標籤中設定 action 屬性指定傳送的
目標頁面，而 method 屬性即是傳送的方式。表單的傳送方式，也就是 method
屬性的值有以下二種：

屬性	說明
GET	表單資料將以字串的方式附加在網址的後面傳送，在網址後會以「？」符號開啟跟著表單中的資料，每個欄位間的值以「&」連接起來。
POST	表單資料將放置在 HTTP 標頭的方式傳送

那目標網頁要如何接收這些方式所傳遞過來的資料呢？

屬性	說明
GET	在結果頁使用 $_GET[" 欄位名稱 "] 接收其欄位所指定的值。
POST	在結果頁使用 $_POST[" 欄位名稱 "] 接收其欄位所指定的值。

> **註** $_GET 及 $_POST 都必須大寫。

在以下的範例中，我們先佈置一個簡單的表單，並使用 POST 的方式來傳送資料到目標網頁接收顯示：

程式碼：php_form1_post.htm　　　　　　　　　　　儲存路徑：C:\htdocs\ch03

```html
<!DOCTYPE html>
<html>
<head>
    <meta charset="UTF-8">
    <title> 表單傳送範例：POST</title>
</head>
<body>
<form method="POST" action="php _ form1 _ post.php">
    請輸入姓名:<input type="text" name="username" />
    <input type="submit" value=" 送出資料 " />
</form>
</body>
</html>
```

程式碼：php_form1_post.php　　　　　　　　　　　儲存路徑：C:\htdocs\ch03

```php
<?php
echo " 輸入的姓名為:";
echo $ _ POST["username"];
?>
```

執行結果　　執行：http://localhost/ch03/php_form1_post.htm、php_form1_post.php

在傳送頁的 <form> 標籤中，以 POST 方式傳送到 <php_form1_post.php>，只要在文字欄位 username 輸入資料，接收頁要用 $_POST["username"] 接收。

用相同的方式，在以下的範例中，先佈置一個簡單的表單，並使用 GET 的方式來傳送資料到目標網頁接收顯示：

程式碼：php_form1_get.htm　　　　　　　　　　　儲存路徑：C:\htdocs\ch03

```html
<!DOCTYPE html>
<html>
<head>
    <meta charset="UTF-8">
    <title>表單傳送範例:GET</title>
</head>
<body>
<form method="GET" action="php_form1_get.php">
    請輸入姓名:<input type="text" name="username" />
    <input type="submit" value="送出資料" />
</form>
</body>
</html>
```

程式碼：php_form1_get.php　　　　　　　　　　　儲存路徑：C:\htdocs\ch03

```php
<?php
  echo "輸入的姓名為:";
  echo $_GET["username"];
?>
```

執行結果　　　　執行：http://localhost/ch03/php_form1_get.htm、php_form1_get.php

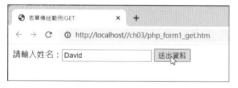

在傳送頁的 <form> 標籤中，以 GET 方式傳送到 <php_form1_get.php>，只要在文字欄位 username 輸入資料，接收頁要用 $_GET"username"] 接收即可。

POST 與 GET 傳值的方式

POST 與 GET 到底是用什麼方式傳值的呢？

以剛才的範例來看：若以 POST 的方式傳值，在接收頁 <php_form1_post.php>並沒有顯示夾帶值的地方，因為 POST 的方式會將表單資料放置在 HTTP 標頭。

所以重整該頁會發現瀏覽器顯示警告訊息，表示會重新傳送之前的資料，並且在先前表單資料放置在 HTTP 標頭中，重整會再次導入。

若是以 GET 的方式傳值，在接收頁會將表單資料夾帶在網址後方，格式是「? 欄位名稱 = 值」，若有多個欄位會以「&」串接。這個方式會將要傳道的資料顯示在網址列，如下圖我們修改網址後的欄位值，顯示頁面的結果也會跟著改變。

一般來說，若是接收頁面所顯示的資料不具安全考量，或是頁面內容必須抓取網址參數顯示，就建議使用 GET 的方式來傳遞。例如一般產品查詢的頁面或是新聞的詳細頁面，不僅方便利用以網址提供分享，在搜尋引擎加入時也較為方便。

但若是有安全性的考量，盡量避免使用 GET 方式提交表單。利用會員登入帳號密碼的頁面，若在網址即可檢視資料內容，就十分不妥。另外，若傳送的資料量較大或是有檔案上傳的欄位，一定要使用 POST 的方式傳送。

POST 與 GET 傳值的選擇

表單在選擇使用 GET 與 POST 傳送方式時，可以參考以下幾點：

1. 當沒有設定傳送方式時，GET 是表單預設的傳送方式。

2. GET 在傳輸過程資料會被放在請求的網址中，瀏覽者也可以在瀏覽器上直接看到提交的數據。而 POST 所有操作對瀏覽者來說都是不可見的。

3. GET 傳輸的資料量小，主要是因為受網址長度限制；而 POST 可以傳輸大量的數據，而且上傳檔案時只能使用 POST。

4. GET 限制表單的資料的值必須為 ASCII 字符；而 POST 支援整個 ISO10646 編碼。

3.6.2 取得表單中複選欄位的值

在表單中的元件並不是每一種欄位所送出的值都是單一的,例如 <select> 清單
或 <checkbox> 核取方塊都可能會送出複選的值。若使用一般表單接收方式:$_
GET[" 欄位名稱 "] 與 $_POST[" 欄位名稱 "],會發現所接到的值一定都是選項裡
的最後一個值。

程式碼:**php_form2.htm**　　　　　　　　　　　　儲存路徑:**C:\htdocs\ch03**

```
...
<form method="GET" action="php _ form2.php">
    您學會的項目為:<br />
    <select name="items" size="4" multiple="multiple">
      <option value="Linux">Linux</option>
      <option value="Apache">Apache</option>
      <option value="PHP">PHP</option>
      <option value="MySQL">MySQL</option>
    </select><br />
    <input type="submit" value=" 送出 " />
</form>
...
```

程式碼:**php_form2.php**　　　　　　　　　　　　儲存路徑:**C:\htdocs\ch03**

```php
<?php
    echo $ _ GET["items"];
?>
```

執行結果　　　　執行網址:**http://localhost/ch03/php_form2.htm、php_form2.php**

清單多選後以 GET 方式送到接收頁,參數為「?items=PHP&items=MySQL」,
您會發現相同的欄位名稱,所以會導致後值壓前值,顯示出來的資料當然就是最
後的選項值。

那要如何才能在同一個變數中存入多個值呢？這時候就必須應用陣列。陣列通常被使用在定義大量相關的資訊在同一變數中，以序列或鍵值的方法儲存或取得值。所以只要在設定表單元件時，將名稱設定為陣列型別，即可將送出的值儲存在陣列之中。

說穿了，方法也很簡單，只要將表單中名稱後加上「[]」左右括號即可，以剛才的範例來說，在佈置表單時將原來 <select> 清單標籤的 name 屬性更改為「items[]」即可，如下：

程式碼：php_form3.htm　　　　　　　　　　　　　　儲存路徑：C:\htdocs\ch03

```
...
    <select name="items[]" size="4" multiple="multiple">
      <option value="Linux">Linux</option>
      <option value="Apache">Apache</option>
      <option value="PHP">PHP</option>
      <option value="MySQL">MySQL</option>
    </select><br />
...
```

在接收頁使用接收陣列的方式將其中的值一一列出即可，以下使用 foreach 迴圈來做示範：

程式碼：php_form3.php　　　　　　　　　　　　　　儲存路徑：C:\htdocs\ch03

```
<?php
    foreach($_GET["items"] as $Value){    // 將陣列中每個值放置到 $Value
      echo $Value."<br />";
    }
?>
```

執行結果　　　　執行網址：http://localhost/ch03/php_form4.htm、php_form4.php

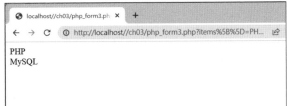

3.7 程式引入檔

什麼是程式引入檔，簡單來說就是在一個程式中，嵌入另一個檔案。為什麼要這樣處理呢？在程式開發的過程中，隨著功能的複雜整個程式碼也會越加龐大。

3.7.1 為什麼要使用程式引入檔？

若將常用的程式區塊獨立成一個單獨的檔案，在需要的時候只要引入到目前的程式中，即可享受該檔案中的功能。如此一來，若要更新或是改寫這個功能的內容，只要針對這個獨立的檔案來編輯，所有引入該檔的頁面都能立即跟著更新，在維護上相對單純且方便許多。

如果將不同類別功能的程式區塊，或是不同設定的文件都單獨成一個個頁面，在每個頁面編輯時，就可依需要引入不同檔案呈現不同的功能，在製作上不僅更具彈性，也更有效率。這樣的開發方法，也就是一般所謂的 **模組式開發**，將程式功能區分成不同的區塊，再使用類似堆積木的方法結構出完整作品。

3.7.2 使用 include 與 require 引入檔案

在 PHP 中您可以使用 include 及 require 將檔案引入，格式如下：

```
include("檔案路徑及名稱"); 或 include "檔案路徑及名稱";
require("檔案路徑及名稱"); 或 require "檔案路徑及名稱";
```

引入檔案

舉例來說，新增二個單獨的引入檔，各設置二個自訂函式來執行加法與減法。

程式碼：inc1.php	程式碼：inc2.php
`<?php`	`<?php`
`function add($num1, $num2){`	`function minus($num1, $num2){`
`$result = $num1 + $num2;`	`$result = $num1 - $num2;`
`return $result;`	`return $result;`
`}   // 執行加法`	`}   // 執行減法`
`?>`	`?>`

程式碼：php_include1.php　　　　　　　　儲存路徑：C:\htdocs\ch03

```php
1   <?php
2     include "inc1.php";
3     echo "5+3=".add(5,3)."<br />";
4     require "inc2.php";
5     echo "5-3=".minus(5,3);
6   ?>
```

執行結果　　　　　　執行網址：http://localhost/ch03/php_include1.php

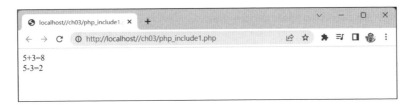

```
5+3=8
5-3=2
```

程式說明

2　用 include 載入 <inc1.php>，程式即可執行加法功能。

3　利用 add() 函式顯示加法後的結果。

4　用 require 載入 <inc2.php>，程式即可執行減法功能。

5　利用 minus() 函式顯示減法後的結果。

include 與 require 的差異

由剛才的結果來看，使用 include 與 require 來引入檔案，似乎沒有什麼不同。其實這二者不同之處在於：

1. 當引用檔案不存在時，require 會產生錯誤訊息並停止程式執行。而 include 會顯示警告訊息，但是程式會繼續往下執行。

2. 在 include 載入檔案執行時，文件每次都要進行讀取和評估；而對於 require 來說，文件只處理一次。也就是若在引入檔中的程式碼在該頁的使用上頻率較高，建議使用 require 的方法載入。若是在迴圈或是判斷式中引入檔案，建議使用 include 的方法。

3. include 能夠回傳值，require 則不行。

舉例來說，我們在範例中先使用 include 載入一個引入檔，看看執行結果：

程式碼：php_include2.php	儲存路徑：C:\htdocs\ch03

```php
<?php
    echo "載入前...";
    include "inc3.php";
    echo "載入後...";
?>
```

執行結果	執行網址：http://localhost/ch03/php_include2.php

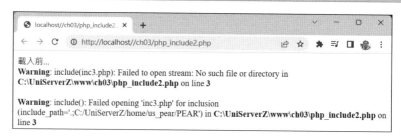

由結果看來，雖然因為引入檔不存在顯示了警告訊息，但是在引入檔前後所要顯示的文字都出現了，請在原來的程式中將 include 更改為 require，結果如下：

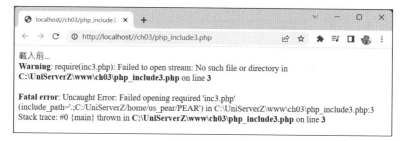

結果發現載入前的訊息有出現，但是載入失敗後顯示訊息，程式也停止執行了。

選擇引入檔案的方法

那該如何選擇引入檔案的方法呢？首先要考量的是之前在說明二者差異時提過的：引入檔中的程式碼在該頁的使用上頻率較高，建議使用 require；若是在迴圈或是判斷式中引入檔案，則建議使用 include。

另外若引入檔的內容本身十分重要，建議使用 require。因為使用 include 在引入檔案時就發生錯誤而失敗，即使能夠繼續往下執行，之後的內容正確率也就更讓人質疑了。所以使用 require 即可在錯誤發生的同時，即停止程式的運作，避免發生更多的錯誤。

3.7.3 使用 include_once 與 require_once

若是在程式中載入檔案的次數非常頻繁，您常會忘記某些檔案是否已經多次引入，如此可能會造成引入檔中所定義的變數衝突或是重複載入的問題，進而造成程式的錯誤。例如我們可能將整個網站的共同資訊或是資料庫連線方式寫在另一個檔案中引入，重複載入後就會讓程式錯亂，或是載入多次相同的資源，造成執行上的負擔。

為了避免這樣的問題，PHP 提供了 include_once 與 require_once 二個方式來載入檔案，使用方式與 include、require 相同，但是這二個方法在載入前會先檢查指定檔案是否已經載入過了，以確保在同一頁面不會重複載入造成問題。

關於這二個函式的使用方式可以參考 include 與 require 的說明，在此不再贅述。

3.7.4 引入檔案的注意事項

引入檔案的類型

在 PHP 使用引入檔案，可以將類型設為 .txt 文字檔，或是自訂副檔名的文字檔 (如 .inc)，但是因為這樣的引入檔是可以讓瀏覽者下載檢視的，可能會造成安全上的漏洞。建議您還是將引入檔案設定為 .php 的程式檔，如此一來瀏覽者就無法直接讀取到其中的內容了。

引入檔案的路徑

如右圖 <file.php> 引入的檔案 <inc.php> 放置在同一層的資料夾 <include> 之中，如果要在 <inc.php> 中顯示 <img.jpg>，其路徑是 <./img.jpg> 還是 <../img.jpg> 呢？

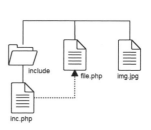

這裡要注意的一點，就是**引入檔在載入後已經成為原檔案的一部分**，以這個範例來說，<inc.php> 在載入 <file.php> 後已經成為 <file.php> 的一部分，所以若要顯示同一層的圖片路徑，即是 <./img.jpg>。

延 伸 練 習

一、是非題

1. (　　) PHP 是一種被廣泛應用的開放源代碼的多用途腳本語言，它可嵌入到 HTML 中，尤其適合互動網站的開發。

2. (　　) PHP 建立的頁面因為編譯處理都是在客戶端運行，所以使用者可以藉由瀏覽器所取得的原始碼得知程式碼的運作。

3. (　　) 一般的 HTML 標籤並不區分英文的大小寫，但是在 PHP 的程式中設定變數或是常數時，英文的大小寫是不同的。

4. (　　) PHP 的單行敘述也是可不加分號的。

5. (　　) 在 PHP 程式中使用變數必須先行宣告變數的名稱及型別。

6. (　　) 一般來說，變數在指定值後，在整個程式中都能讀取並使用變數的值，我們稱為區域變數。

7. (　　) 預設變數的內容包含來自伺服器環境及使用者輸入的變數。

8. (　　) 資料型別的定義決定該變數所佔用記憶體的空間、資料的處理範圍及程式處理資料的方法。

9. (　　) 字串的單引號與雙引號表示法最大的不同，就是雙引號表示法字串中的變數會被視為變數編譯，而單引號表示法字串中的變數會視為一般字串。

10. (　　) 運算子是由運算元與運算式所組合而成。

二、選擇題

1. (　　) PHP 程式為了敘述與陳述式的需求，定義一些具有特定意義及功能的文字，來執行或表達程式的內容，這些文字就被稱為？
   (A) 特殊字　(B) 例外字　(C) 保留字　(D) 固定字

延 伸 練 習

2. (　　) 下列何者不是變數的命名原則？
   (A) 第一個字元不可以使用數字，當然也不可以使用中文。
   (B) 變數的命名必須以「$」符號做為開頭。
   (C) 變數名稱是沒有英文大小寫之分的。
   (D) 變數名稱不能使用保留字。

3. (　　) 指定變數值的方式是使用什麼符號？
   (A) ?　(B) =　(C) $　(D) %

4. (　　) 變數值僅能在函式的區域中使用稱為？
   (A) 區域變數　(B) 全域變數　(C) 自訂變數　(D) 公用變數

5. (　　) 下列何者不是常數的特性？
   (A) 常數名稱並不需要加上「$」符號。
   (B) 常數可重複定義。
   (C) 常數不受有效範圍的限制。
   (D) 常數能使用 define() 函式進行定義。

6. (　　) 常數不能接受何種資料型態？
   (A) 布林值　(B) 陣列　(C) 整數　(D) 字串

7. (　　) 當變數資料的值只有是 (True)、否 (False) 二種選擇時，可採用的資料型別為？
   (A) 布林值　(B) 陣列　(C) 整數　(D) 字串

8. (　　) 下列為者不是整數的範圍？
   (A) 正整數　(B) 零　(C) 小數　(D) 負整數

9. (　　) 在 PHP 程式中可以用何種符號或方法來標示字串？
   (A) 單引號　(B) 雙引號　(C) 定界符號　(D) 以上皆是

10. (　　) 在程式中執行加減乘除的動作使用的運算子是何種運算子？
   (A) 算術運算子　　　　(B) 字串運算子
   (C) 複合運算子　　　　(D) 位元運算子

MEMO

04

CHAPTER

程式流程控制

程式的執行基本上是循序漸進，由上而下一行
一行的執行。但是有時內容會因為判斷的情況
不同而去執行不同的程式區塊，或是設定條件
執行某些重複的內容。這樣的情況就是所謂的
程式流程控制。

在 PHP 中流程控制的指令分為兩類：條件控
制 與 迴圈。本章將針對這些程式流程控制指
令進行詳細的說明。

- ⊙ 流程控制的認識
- ⊙ if 條件控制
- ⊙ switch 條件控制
- ⊙ 迴圈
- ⊙ for 計次迴圈
- ⊙ 流程控制的跳躍指令

4.1 流程控制的認識

程式的執行基本上是循序漸進，由上而下一行一行的執行。但是有時內容會因為判斷的情況不同而去執行不同的程式區塊，或是設定條件執行某些重複的內容。

在 PHP 中流程控制的指令分為兩類：**條件控制** 與 **迴圈**。

1. **條件控制**：根據關係運算或邏輯運算的條件式來判斷程式執行的流程，依判斷的結果執行不同的程式區塊。條件控制的指令包括：

```
if
if…else
if…elseif…else
switch
```

如此一來，若以 JavaScript 完成的結果頁，客戶端能夠藉由原始碼得知整個程式運作的細節與內容，但若是以 PHP 建立的頁面因為編譯處理都是在伺服器端運行，客戶端只能被動接收結果，也因此無法得知其背後程式碼如何運作。

2. **迴圈**：根據關係運算或邏輯運算條件式的結果來判斷，重複執行指定的程式區塊。迴圈指令包括：

```
while
do…while
for
foreach
```

在程式流程控制中還有指令是控制由判斷式或迴圈中跳出的動作，包括了：

```
break
continue
goto
```

以下將針對這些程式流程控制指令進行詳細的說明。

4.2 if 條件控制

在條件控制判斷中，使用條件式的成立與否去執行程式區塊的動作是最常見的。在 PHP 程式中使用 if 指令即是執行這個動作，其中因為判斷的結果複雜程度，有不同的指令結構。

4.2.1 單向選擇：if

這是一個單向選擇的條件控制結構，這個條件控制是最為單純的，也就是當判斷式成立時，即執行區塊中的程式碼。

語法格式

語法基本的格式如下：

```
if (條件式) 執行的程式內容;
```

若程式內容不是單行，就必須使用左右大括號 ({ ... }) 將程式區塊包含起來，格式如下：

```
if (條件式) {
    執行的程式內容;
    …………;
}
```

以下是單向選擇流程控制的流程圖：

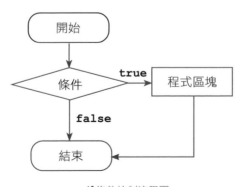

▲ if 條件控制流程圖

程式範例

本範例會先設定一個變數，再用該變數與 0 做比較，若大於 0，顯示該變數為正數的訊息。

程式碼：php_control1.php	儲存路徑：C:\htdocs\ch04

```php
1   <?php
2     $a=5;
3     if($a > 0) echo '$a 變數的值是正數';
4   ?>
```

執行結果	執行網址：http://localhost/ch04/php_control1.php

程式說明

2 　　宣告變數 $a 並設定值為 5。

3 　　判斷 $a 是否有大於 0，若有則顯示「$a 變數的值是正數」的資訊。

4.2.2 雙向選擇：if…else

這是一個雙向選擇的條件控制結構。條件判斷時，當條件成立時可以執行某個程式區塊，不成立時就執行另一個區塊，即可使用這個條件控制結構。

語法格式

雙向選擇的格式如下：

```
if (條件式) {
    條件成立時執行的程式內容；
    …………；
}else{
    條件不成立時執行的程式內容；
    …………；
}
```

以下是雙向選擇流程控制的流程圖：

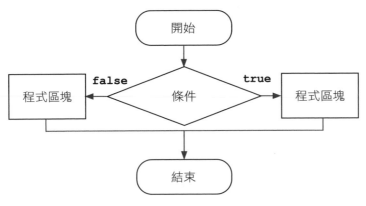

▲ if / else 條件控制流程圖

程式範例

本範例會先設定一個變數，再用該變數與 0 做比較，若大於 0，顯示該變數為正數的訊息，若小於 0，則顯示該變數為負數的訊息。

程式碼：php_control2.php	儲存路徑：C:\htdocs\ch04

```php
1   <?php
2     $a=-5;
3     if($a > 0) {
4         echo '$a 變數的值是正數';
5     }else{
6         echo '$a 變數的值是負數';
7     }
8   ?>
```

執行結果	執行網址：http://localhost/ch04/php_control2.php

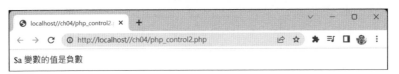

程式說明	
2	宣告變數 $a 並設定值為 –5。
3~4	判斷 $a 是否有大於 0，若有則顯示「$a 變數的值是正數」。
5~6	否則顯示「$a 變數的值是負數」的資訊。

4.2.3 多向選擇：if…elseif…else

這是一個多向選擇的條件控制結構。當第一個條件成立時，就執行指定的程式區塊，否則就看第二個條件是否成立，成立時就執行指定的程式區塊，以此類推，當所有的條件都不成立時，就執行最後一個程式區塊。

語法格式

其格式如下：

```
if (條件式 1) {
        條件 1 成立時執行的程式內容；
        …………;
}elseif( 條件式 2){
        條件 2 成立時執行的程式內容；
        …………;
…………………………
}else( 條件式 ){
        所有條件都不成立時執行的程式內容；
        …………;
}
```

以下是多向選擇流程控制的流程圖 (以設定 2 個條件式為例)：

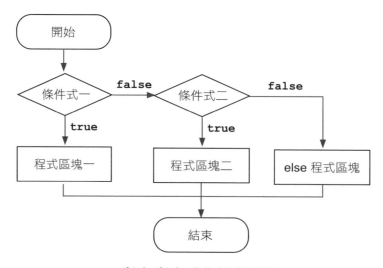

▲ if / elseif / else 條件式控制流程圖

程式範例

本範例會設定一個變數儲存成績分數，依多個條件判斷顯示該分數所屬的等級。

程式碼：php_control3.php	儲存路徑：C:\htdocs\ch04

```php
1   <?php
2     $score = 85;
3     if($score>=60 && $score<70){
4        echo '丙等';
5     }elseif($score>=70 && $score<80){
6        echo '乙等';
7     }elseif($score>=80 && $score<90){
8        echo '甲等';
9     }elseif($score>=90 && $score<=100){
10       echo '優等';
11    }else{
12       echo '不及格';
13    }
14  ?>
```

執行結果	執行網址：http://localhost/ch04/php_control3.php

localhost//ch04/php_control3. ×　＋

←　→　C　ⓘ http://localhost//ch04/php_control3.php

甲等

程式說明

2	宣告變數 $score 並設定值為 85。
3~4	若 $score 大於等於 60 且小於 70，則顯示「丙等」。
5~6	若 $score 大於等於 70 且小於 80，則顯示「乙等」。
7~8	若 $score 大於等於 80 且小於 90，則顯示「甲等」。
9~10	若 $score 大於等於 90 且小於等於 100，則顯示「優等」。
11~12	條件若都不符合則顯示「不及格」。

> 註　您可以自行修改 $score 的值，測試判斷顯示的資訊是否正確。

4.3 switch 條件控制

switch 也是一個多向選擇的條件控制，它會定義一個自訂變數，而每一個執行區塊為會以 case 並且帶一個值為開頭，當該值等於 switch 所定義的變數時，即執行這個 case 中的程式區塊。

語法格式

其格式如下：

```
switch (自訂變數) {
    case 條件值 1：
        自訂變數值等於條件值 1 執行的程式內容；
        break;
    case 條件值 2：
        自訂變數值等於條件值 2 執行的程式內容；
        break;
    case 條件值 3：
        自訂變數值等於條件值 3 執行的程式內容；
        break;
    ........................
    default：
        當自訂變數值與所有條件值都不相等時預設執行的程式內容；
}
```

在格式中要注意的重點如下：

1. switch 後的自訂變數與 case 後的條件值資料型態要一致，才能用來比較。

2. 在每一個 case 設定條件值該行最後要加上「：」。

3. 每個程式區塊最後要以 break 指令結束，此時程式會自動跳到程式區塊的結構外繼續完成動作。

4. default 所定義的區塊是當所有條件值與自訂變數都不相等時執行，但是這並不是必填的區塊，您可以不設定預設執行的程式區塊。

5. default 所定義的區塊最後不必加上 break 指令。

以下是 switch 多向選擇流程控制的流程圖 (以設定 2 個方案為例)：

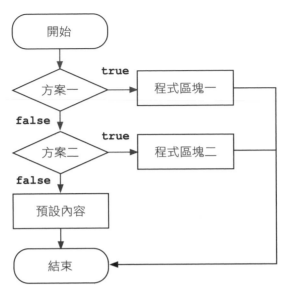

▲ switch 條件式控制流程圖

程式範例

本範例會設定變數儲存表示方向的文字，再依文字的內容判斷要顯示的訊息。

程式碼：php_control4.php	儲存路徑：C:\htdocs\ch04

```php
1   <?php
2   $direction = "南";
3   switch ($direction){
4       case "東":
5           echo "我要往東走";
6           break;
7       case "西":
8           echo "我要往西走";
9           break;
10      case "南":
11          echo "我要往南走";
12          break;
13      case "北":
14          echo "我要往北走";
```

```
15        break;
16    default:
17        echo "我不知道要往哪走";
18  }
```

　　　　　　　　　　執行網址：http://localhost/ch04/php_control4.php

程式說明

2	自訂變數 $direction 並設定值為字串 "南"。
3	設定 switch 條件式，以變數 $direction 為判斷依據。
4~6	若 $direction 等於 "東" 時顯示「我要往東走」的資訊。
7~9	若 $direction 等於 "西" 時顯示「我要往西走」的資訊。
7~9	若 $direction 等於 "南" 時顯示「我要往南走」的資訊。
7~9	若 $direction 等於 "北" 時顯示「我要往北走」的資訊。
11~12	若都不符合則顯示「我不知道要往哪走」。

註 您可以自行修改 **$direction** 的值，測試判斷顯示的資訊是否正確。

4.4 迴圈

在程式流程控制中，另一個相當重要的結構就是迴圈。在程式的某些區塊，會因為條件判斷或是設定次數的關係重複執行，一直到不符合條件或達到設定次數後才往下執行，這就是所謂的迴圈。

4.4.1 while 迴圈

while 迴圈是先設定條件，當符合條件時執行指定的程式，一直到不符合條件時才跳出迴圈。

語法格式

其格式如下：

```
while (條件式) {
    執行的程式內容;
    ............;
}
```

以下是 while 迴圈流程控制的流程圖：

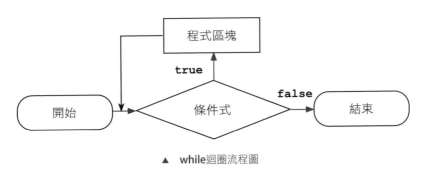

▲ while迴圈流程圖

程式範例

本範例利用 while 迴圈顯示由 1 到 10 的數字。

程式碼：php_control5.php　　　　　　　　　　**儲存路徑：C:\htdocs\ch04**

```php
1   <?php
2     $i = 0;
3     while ($i<10){
4         $i++;
5         echo $i." "; //   為空白字元
6     }
7   ?>
```

執行結果　　　　　　　　　**執行網址：http://localhost/ch04/php_control5.php**

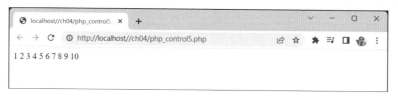

程式說明

2	自訂變數 $i 並設定值為字串 0。
3	設定 while 條件式，以當 $i 小於 10 時執行迴圈。
4	將 $i 加 1。
5	顯示 $i 加一個空白字元。

4.4.2 do…while 迴圈

do…while 迴圈與 while 迴圈幾乎是一樣的，只是 do…while 迴圈是先執行迴圈中的程式，在最後才設定條件。當狀況符合條件時即執行程式區塊，一直到不符合條件時才跳出迴圈。

語法格式

其格式如下：

```
do {
    執行的程式內容 ;
    ………… ;
} while ( 條件式 )
```

以下是 do…while 迴圈流程控制的流程圖：

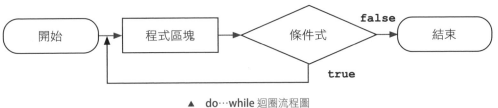

▲ do…while 迴圈流程圖

程式範例

本範例利用 do…while 迴圈來顯示由 1 到 10 的數字。

程式碼：php_control6.php	儲存路徑：C:\htdocs\ch04

```php
1   <?php
2     $i = 0;
3     do{
4         $i++;
5         echo $i." "; //   為空白字元
6     }while ($i<10)
7   ?>
```

執行結果　　　　　　　　執行網址：http://localhost/ch04/php_control6.php

程式說明

2	自訂變數 $i 並設定值為字串 0。
4	將 $i 加 1。
5	顯示 $i 加一個空白字元。
6	設定 while 條件式，以當 $i 小於 10 時執行迴圈。

4.5 for 計次迴圈

所謂計次迴圈，就是設定一個有次數的條件，若程式在符合條件的狀況下即執行迴圈內的程式，否則就跳出迴圈結束或往下執行程式。

for 計次迴圈是先設定一個變數的初值，再設定該變數執行計次的條件，最後設定變數的計次方式。當符合條件即執行指定的程式區塊後計次，一直到不符合條件才跳出迴圈結束程式或往下執行。

語法格式

其格式如下：

```
for （設定變數初值；條件式；變數計次方式）｛
    執行的程式內容；
    …………；
｝
```

以下是 for 計次迴圈流程控制的流程圖：

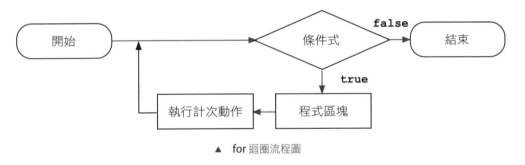

▲ for 迴圈流程圖

程式範例

本範例要顯示由 1 加到 10 的總和。

程式碼：php_control7.php	儲存路徑：C:\htdocs\ch04

```
1    <?php
2    $countI = 0;
```

```
3    for ($i=1;$i<=10;$i++){
4        $countI += $i;
5    }
6    echo $countI;
7    ?>
```

執行結果　　　　　　　　　　執行網址：http://localhost/ch04/php_control7.php

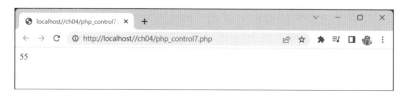

程式說明

3　設定 for 迴圈的自訂變數為 $i，其初值為 0。當 $i 小於或等於 10 時執行迴圈中的程式，每執行一次就將 $i 加 1。

4　將目前的 $i 值儲存到自訂變數 $countI 中。每執行一次迴圈，程式即會將目前的 $i 值累加到 $countI 中。

6　當跳出迴圈後將 $countI 顯示出來。

4.6 流程控制的跳躍指令

程式設計有時需要將目前的執行動作直接跳出流程控制區塊或是迴圈，執行下一輪的迴圈動作或向下執行程式，此時就必須使用跳躍指令。

4.6.1 break 與 continue 的使用

break 及 continue 是流程控制中的跳躍指令，它們都能停止目前的程式動作，不同的是 break 指令會跳出流程控制區塊或是迴圈往下執行，而 continue 指令會跳過目前的迴圈動作進行下一輪迴圈的執行。

程式範例

本範例要顯示由 1 到 10 中奇數的數字。

程式碼：php_control8.php	儲存路徑：C:\htdocs\ch04

```php
1   <?php
2   for ($i=1;$i<=10;$i++){
3       if ($i % 2 !=0){
4           echo $i . " ";
5       }else{
6           break;
7       }
8   }
9   ?>
```

執行結果	執行網址：http://localhost/ch04/php_control8.php

程式說明

2　設定 for 迴圈的自訂變數為 $i，其初值為 0。當 $i 小於或等於 10 時執行迴圈中的程式，每執行一次就將 $i 加 1。

3~4 若是將 $i 值除以 2 的餘數不等於 0，即表示該數值為奇數，就將變數加上一個空白顯示出來。

5~6 否則即執行 break 跳躍指令。

當您看到執行的結果一定感到非常的奇怪，為什麼只顯示了一個 1 就不再顯示了呢？原因是這裡使用的 break 跳躍指令的功能是跳出目前的迴圈結束或往下程式。若我們將第 6 行更改為 continue 跳躍指令就會有所不同：

程式碼：php_control9.php　　　　　　　　　儲存路徑：C:\htdocs\ch04

```
………略
3        if ($i % 2 !=0){
4            echo $i . " ";
5        }else{
6            continue;
7        }
………略
```

執行結果　　　　　　　執行網址：http://localhost/ch04/php_control9.php

continue 跳躍指令在使用時雖然也會停止目前的動作，但是會直接執行下一輪迴圈的動作。以本範例來說，當檢查到 $i 的值為偶數時，即會跳到下一輪迴圈繼續執行，而不是就結束工作或略過迴圈往下執行了。

4.6.2 goto 的使用

在 PHP 5.3 之後新增了一個跳躍指令：goto，相信對於曾學習過 Basic 或 C 語言的人一點都不陌生。goto 指令可以用來將目前的執行步驟跳轉到某一個指定位置繼續執行。該目標位置可以用目標名稱加上冒號來標記。goto 指令常見的用法是用來跳出迴圈或者 switch，可以代替多層的 break。

但是在 PHP 中使用 goto 指定是有限制的：

1. goto 指令只能在同一個檔案及程式區域中跳轉，無法跳出一個函數、類別與方法，也無法跳入到另一個函數。

2. goto 指令無法跳入到任何迴圈或者 switch 結構中。

程式範例

本範例要計算由 1 到 10 中奇數數字的總合。

程式碼：php_control10.php	儲存路徑：C:\htdocs\ch04

```php
1   <?php
2     $i = 1;$j = 0;
3     gstart:
4       if ($i>10) goto gend;
5       if ($i % 2 !=0){
6           $j = $j + $i;
7           }
8         $i++;
9         goto gstart;
10    gend:
11      echo $j;
12  ?>
```

執行結果	執行網址：http://localhost/ch04/php_control10.php

程式說明	
2	設定自訂變數 $i 及初值為 1，自訂變數 $j 及初值為 0。
3~9	設定 gstart 目標名稱，其功能是將 1~10 中的奇數相加。
4	當 $i>10 時就前往 gend 目標名稱處執行。
5~7	若 $i 除以 2 時餘數不為 0，代表其數為奇數，即將該數加總到自定變數 $j 中。
8~9	將 $i 加 1 後回到 gstart 目標名稱處重新執行。
10~12	設定 gend 目標名稱，將最後的結果 $j 用 echo 的方式顯示在瀏覽器上。

延伸練習

一、是非題

1. (　　) 程式的執行基本上是循序漸進，由上而下一行一行的執行。但是有時內容會因為判斷的情況不同而執行不同的程式區塊，或是設定條件執行某些重複的內容。這樣的情況就是所謂的程式流程控制。

2. (　　) 在 PHP 中流程控制的指令分為兩類：加總與迴圈。

3. (　　) if 相關的條件控制都只能執行單向的條件控制，只有 switch 條件控制能執行多向的條件控制。

4. (　　) switch 後的自訂變數與 case 後的條件值資料型態要一致才能用來比較。

5. (　　) do…while 迴圈與 while 迴圈幾乎是一樣的，只是 do…while 迴圈是先執行迴圈中的程式，並在最後才設定條件。

二、選擇題

1. (　　) 在流程控制中，根據關係運算或邏輯運算的條件式來判斷程式執行的流程，依判斷的結果執行不同的程式區塊稱為？
(A) 程式抉擇　(B) 計算加總　(C) 條件控制　(D) 以上皆否

2. (　　) 在流程控制中，在程式的某些區塊，會因為條件判斷或是設定次數的關係重複執行，一直到不符合條件或達到設定次數後才往下執行，我們稱為？
(A) 重製流程　(B) 迴圈　(C) 計算加總　(D) 以上皆否

3. (　　) 何種條件控制不是雙向或多向的條件控制？
(A) if　(B) if…else　(C) if…elseif…else　(D) switch

4. (　　) 何種跳躍指令會跳出流程控制區塊或是迴圈結束程式或往下執行？
(A) goon　(B) continue　(C) break　(D) keep

5. (　　) 何種跳躍指令會停止目前的動作，直接執行下一輪的迴圈？
(A) goon　(B) continue　(C) break　(D) keep

延 伸 練 習

三、實作題

1. 若 1~3 月為春季，4~6 月為夏季，7~9 月為秋季，10~12 月為冬季。請定義一個變數 $season，並利用 if…elseif…else 條件控制依 $season 填入月份的不同，顯示不同的季節名稱。

(參考解答：lesson4_1.php)

2. 請利用 for 條件迴圈寫出由 2 開始的九九乘法表。

(參考解答：lesson4_2.php)

MEMO

05

函式的使用

隨著程式開發的內容越來越多，在操作時會有許多相同的程式動作與判斷，不免會產生許多相似或重複的內容。若將這些經常使用或重複的程式碼整理成一個程式區段，在程式中可以隨時呼叫使用，這樣的程式區段就叫做函式。

函式具有重複使用性，可以提升程式效率，讓程式碼更為精簡，結構更為清楚，也讓程式除錯或是維護上更有效率。

⊙ 認識函式
⊙ 自訂函式
⊙ PHP 的內建函式
⊙ 數學函式
⊙ 電子郵件函式
⊙ 其他重要函式

5.1 認識函式

將程式碼中重複使用的部分單獨寫成函式，在應用時只要呼叫即可使用，不必重複撰寫。

隨著程式開發的內容越來越多，在操作時會有許多相同的程式動作與判斷，不免會產生許多相似或重複的內容。若將這些經常使用或重複的程式碼整理成一個程式區段，在程式中可以隨時呼叫使用，這樣的程式區段就叫做 **函式**。

函式的使用有以下好處：

1. 函式具有重複使用性，程式可以在任何地方進行呼叫即可使用，不必重複撰寫相同的程式碼造成困擾，提升程式效率。

2. 函式的加入會讓程式碼更為精簡，結構更為清楚，在閱讀或是維護上會更加輕鬆。

3. 若是函式中的程式產生錯誤，在修正時只要針對函式內容進行修改，所有程式中呼叫的地方即可正確執行。

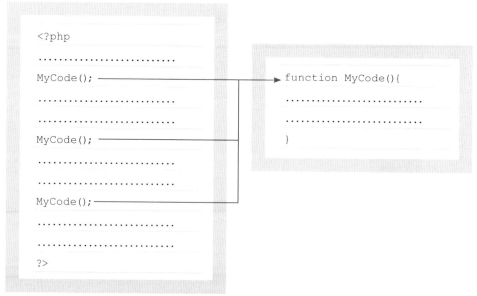

▲ 將程式碼中重複使用的部分單獨寫成函式，在應用時只要呼叫即可使用，不必重複撰寫。

5.2 自訂函式

在 PHP 中使用的函式分為自訂函式與內建函式，首先介紹自訂函式的使用。

5.2.1 自訂函式的使用

語法格式

定義自訂函式的基本語法為：

```
function 函式名稱 ([參數 1, 參數 2, ..., 參數 n]) {
    執行的程式內容 ;
    ....................
    [return 傳回值 ;]
}
```

在程式中呼叫函式的語法如下：

```
函式名稱 ([參數 1, 參數 2, ..., 參數 n]);
```

注意事項

在定義自訂函式時請注意以下事項：

1. 函式名稱的命名規則與變數、常數相同，設定時不可與其他的函式或是變數名稱相同。

2. 函式中的參數不是必填的項目，依程式內容需要來設定。

3. 函式可以設定多個參數，參數之間要以逗號 (,) 區隔開。

4. 當函式不需要回傳值時，可以忽略 return 指令。在函式中執行時若沒有遇到 return 指令，會在完畢後返回程式原呼叫處繼續執行。

5. 使用 return 指令會停止函式的運作，並將設定的回傳值傳回程式原呼叫處繼續執行。

6. 回傳值可以是任何型別的資料，如字串、整數 … 等。

7. 函式可加入在程式的任何地方。

註 快速複習一下命名原則：
1. 必須以「$」符號做為開頭，之後再加上變數名稱所組成的。
2. 由英文字母或「_」底線符號開始，第一個字元不可以使用數字，接著是任意長短的文字字元、數字或底線。
3. 英文大小寫不同。
4. 不能使用保留字。

舉例來說，這裡要定義一個簡單的自訂函式：**myInformation()**，在程式呼叫後可在網頁上顯示「歡迎光臨文淵閣工作室！」的訊息。

程式碼：php_fun1.php　　　　　　　　　　　儲存路徑：C:\htdocs\ch05

```php
1   <?php
2   function myInformation(){
3       echo "歡迎光臨文淵閣工作室！";
4   }
5   myInformation();
6   ?>
```

執行結果　　　　　　　　執行網址：http://localhost/ch05/php_fun1.php

程式說明

2~4　　定義自訂函式 myInformation()，在函式中以 echo 的方法來顯示訊息。

5　　　呼叫 myInformation() 自訂函式。

5.2.2 運用自訂函式的參數

參數雖然不是自訂函式必填的選項，但是加入參數的函式，可以增加程式應用上的靈活度。沒有設定參數的函式，在呼叫時程式會直接執行函式的程式內容再返回原處，無論如何呼叫執行的結果就只有一種，沒有任何彈性。但是加入參數，卻可以讓函式的執行加入不同的變數，而有不同結果。

設定自訂函式的參數

在設定自訂函式的參數時,請注意下列事項:

1. 自訂函式的參數,其實就是在函式中代入自訂變數。所以參數一樣是以 $ 符號開頭,命名原則也與變數相同。

2. 參數的數目並沒有限制,參數間以逗號 (,) 區隔,即可在函式內使用這個參數。

3. 若自訂函式的參數沒有設定預設值,在程式內呼叫該函式時就必須給予相對數量、型別的參數,函式才能正常運作。

舉例來說,請定義 **showName()** 自訂函式,將要顯示的姓名當作參數代入。在函式中將該參數加入訊息中,並顯示結果。

程式碼:**php_fun2.php**　　　　　　　　　　　　　　儲存路徑:**C:\htdocs\ch05**

```php
1   <?php
2   function showName($myName){
3       echo "大家好,我的名字叫:" . $myName . "。<br />";
4   }
5   showName("David");
6   showName("Lily");
7   ?>
```

執行結果　　　　　　　　　　　　執行網址:**http://localhost/ch05/php_fun2.php**

程式說明

2~4　　定義自訂函式 showName(),並設定參數 $myName 來接受要顯示的姓名字串。在函式中將該參數加入訊息中,並顯示結果。

5~6　　分別以不同的姓名當作參數呼叫 showName() 函式,畫面上即呈現不同姓名的結果。

由這個範例中就可以很明顯發現函式的彈性,一樣的函式內容卻可以因為參數值的不同,顯示出不同結果。

設定自訂函式的參數預設值

為了避免在程式內使用自訂函式，忘了給予參數而出錯，在定義自訂函式時可以先給予參數預設值，即可在沒有對應參數時正確的執行函式。

舉例來說，這裡定義一個自訂函式：sumNum()，其中將代入二個參數，並設定二個參數的預設值為 0。在函式中將二個參數相加並顯示結果。

程式碼：php_fun3.php	儲存路徑：C:\htdocs\ch05

```php
1   <?php
2   function sumNum($num1=0, $num2=0){
3       echo "$num1 + $num2 = ";
4       echo $num1+$num2 . "<br />";
5   }
6   sumNum();
7   sumNum(1);
8   sumNum(5, 6);
9   ?>
```

執行結果	執行網址：http://localhost/ch05/php_fun1.php

程式說明

2~4 定義自訂函式 sumNum()，在函式中將二個參數相加，並傳回結果。

5~6 佈置顯示訊息，並使用 echo 的方法顯示 sumNum() 自訂函式回傳值。

因為自訂函式的參數有設定預設值，所以在呼叫函數時，無論有沒有給予對應的參數，程式都能正確的執行。

> **注意** 自訂函式要先定義才能呼叫嗎？
>
> 在 PHP3 以前，自訂函式必須在程式碼中先行定義，之後才能呼叫。在 PHP4 之後就沒有這樣的限制，您可以在程式碼中任何地方加上自訂函式，也可以在任何地方進行呼叫的動作。

參數的傳值呼叫

在預設的狀態下，若在程式中定義到的變數名稱，還是可以成為函式中的參數中所用的變數名稱。因為參數所使用的名稱與程式中的變數名稱，即使同名也被視為不同的資料，不會互相影響。這種傳遞參數值給函式的方式稱為 **傳值呼叫** (call by value)，是預設的方法。

在以下範例中，我們先宣告一個變數及預設值，再建置一個函式並使用同名的參數應用在函式中。接著呼叫函式，並測試函式中的變數值與函式外的變數值是否有差異。

程式碼：php_fun4.php	儲存路徑：C:\htdocs\ch05

```php
1   <?php
2     $x = 2;
3     function showDouble($x){
4         $x = $x * 2 ;
5         echo "函式中的值為:" . $x ."<br />";
6     }
7     showDouble($x);
8     echo "函式外的值為:" . $x ."<br />";;
9   ?>
```

執行結果	執行網址：http://localhost/ch05/php_fun4.php

函式中的值為：4
函式外的值為：2

程式說明

2	宣告變數 $x 及預設值。
3~6	定義自訂函式 showDouble()，參數值為 $x，函式的內容是將傳進來的值乘以 2，並顯示在畫面上。
7	使用 showDouble() 函式並利用 $x 做為傳值的參數。
8	佈置顯示訊息，並使用 echo 的方法顯示 $x 的值。

由執行結果來分析，函式內與函式外的變數，並沒有因為相同名稱而造成混淆。

參數的傳址呼叫

另外一種傳值的方式是在定義變數後，無論在程式中任何地方 (包括函式內) 使用到該變數時，即將該變數儲存在記憶體中的位址傳遞給程式使用，稱為 **傳址呼叫 (call by reference)**。所以無論是在程式或函式呼叫該變數值時，都會指向記憶體中相同的位址，一旦有所更動時，所有使用變數的地方都會跟著變動。在函式中若要將參數設定為傳址呼叫，只要在名稱前加上一個「&」符號即可。

在以下的範例中，我們先宣告一個變數及預設值，然後再建置一個函式並使用同名的參數應用在函式中，不同的是，請在該參數前加上「&」符號，將傳值方式更改為傳址呼叫。接著呼叫函式，並測試函式中的變數值與函式外的變數值是否有差異。

程式碼：php_fun5.php	儲存路徑：C:\htdocs\ch05

```php
1   <?php
2   $x = 2;
3   function showDouble(&$x){
4       $x = $x * 2 ;
5       echo "函式中的值為:" . $x ."<br />";
6   }
7   showDouble($x);
8   echo "函式外的值為:" . $x ."<br />";;
9   ?>
```

執行結果	執行網址：http://localhost/ch05/php_fun5.php

程式說明

2	宣告變數 $x 及預設值。
3~6	定義自訂函式 showDouble()，參數值為 $x，函式的內容是將傳進來的值乘以 2，並顯示在畫面上。在參數前加上「&」符號，將傳值方式更改為傳址呼叫。
7	使用 showDouble() 函式並利用 $x 做為傳值的參數。
8	佈置顯示訊息，並使用 echo 的方法顯示 $x 的值。

傳址呼叫的方式讓函式內外的變數，都因存取記憶體中同一位址的資料而同步。

變動長度參數列

變動長度參數列 (variable length argument list) 也就是在定義函式時沒有設置參數，在程式呼叫時再依參數的個數進行處理。在執行變動長度參數列時，必須依賴以下三個相關函式：

函式名稱	說明
func_num_args()	取得函式的參數個數。
func_get_arg(n)	取得函式中第 n+1 的參數內容。
func_get_args	將函式的所有參數化為陣列回傳。

這三個函式都必須在函式中使用，若放置在函式外會產生警告訊息。

舉例來說，這裡我們定義一個變動長度參數列的函式：showData() 來顯示學生資料，呼叫時若沒有設定參數即顯示「沒有指定學生資料！」的訊息；若有指定參數即顯示所有學生姓名，並列出最後一個學生的姓名。

程式碼：**php_fun6.php**　　　　　　　　　　　　儲存路徑：C:\htdocs\ch05

```php
1   <?php
2   function showData(){
3       $i = func _ num _ args();
4       if ($i==0){
5           echo "沒有指定學生資料！ <br/>";
6       }else{
7           echo "本班學生有:";
8           $student = func _ get _ args();
9           foreach ($student as $data){
10              echo $data.",";
11          }
12          echo "最後一個為:".func _ get _ arg($i-1). "。<br />";
14      }
15   }
16   showData();
17   showData("李雲毓", "黃冠妮", "韋國書", "劉子芸", "李政昀");
18   ?>
```

執行結果　　　　　　　　　　執行網址：http://localhost/ch05/php_fun6.php

程式說明

2~15	定義一個變動長度參數列的函式來顯示學生資料。
3~6	以 func_num_args() 函式取得參數數量，並儲存到 $i 中。
4~5	若 $i==0 表示沒有設定參數，就顯示「沒有指定學生資料！」的訊息。
8~11	若有設定參數，則以 func_get_args() 將所有參數化為陣列放置到 $student 中。再以 foreach 將陣列中所有的資料顯示出來。
12	以 func_get_arg($i-1) 顯示最後一個學生的姓名。
16	利用 showData() 不帶參數呼叫函式。
17	利用 showData() 帶並以數個學生的姓名為參數呼叫函式。

當沒有參數時函式會顯示「沒有指定學生資料！」的訊息，當有參數時即顯示所有學生姓名，並列出最後一個學生的姓名。活用變動長度參數列的特性，能為函式與參數的設計與應用添加許多彈性。

5.2.3 區域變數、全域變數與靜態變數

區域變數與全域變數在使用上的重點是變數的有效範圍，也就是變數在哪些程式區段中是有效的。一般來說，在 PHP 程式中的變數在宣告後即在整個程式區域內都是有效的，也就是所謂的 **全域變數** (global variable)，但是只有在函式內的變數，才能在函式的範圍內才能生效，也就是 **區域變數** (local variable)。

區域變數與全域變數

舉例來說，我們先定義一個變數 $msg 並代入一個訊息字串。接著再定義一個自訂函式：showMsg()，其中也使用 $msg 來作為儲存訊息字串的變數，呼叫函式的目的就是將函式內的變數顯示出來。

程式碼：php_fun7.php　　　　　　　　　　儲存路徑：C:\htdocs\ch05

```php
1   <?php
2   $msg = " 這是全域變數<br />";
3   function showMsg(){
```

```
4          $msg = " 這是區域變數<br />";
5          echo $msg;
6      }
7      echo $msg;
8      showMsg();
9      echo $msg;
10  ?>
```

執行結果   執行網址：http://localhost/ch05/php_fun7.php

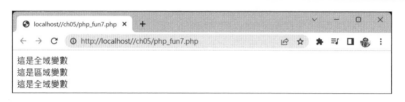

程式說明

2　定義一個變數 $msg 並代入一個訊息字串。

3~6　定義一個自訂函式：showMsg()，其中也使用 $msg 來作為儲存訊息字串的變數，呼叫
函式的目的是將函式內的變數顯示出來。

7　利用 echo 將目前的 $msg 變數值顯示出來。

8~11　呼叫 showData() 函式，結果會將函式內的 $msg 變數值顯示出來。

12　再利用 echo 將目前的 $msg 變數值顯示出來。

由顯示結果看來，$msg 全域變數並沒有因為執行 $showData() 自訂函式時，因
為也有使用到同名的 $msg 區域變數而改變，也就是區域變數並不會影響全域變
數的內容。

但若希望函式中的變數能成為全域變數，可以使用 global 指令或是 $GLOBALS[]
陣列來存取全域變數內容，即可在函式內應用全域變數。以剛才的程式為例，使
用 global 指令修改 showData() 自訂函式的內容：

```
3      function showMsg(){
4          global $msg;
5          $msg = " 這是區域變數<br />";
6          echo $msg;
7      }
```

或是以 **\$GLOBALS[]** 陣列來修改 **showData()** 自訂函式的內容：

```
3    function showMsg(){
4        $GLOBALS['msg'] = " 這是區域變數 <br />";
5        echo $GLOBALS['msg'];
6    }
```

如此一來執行 **showData()** 自訂函數後即會影響原來全域變數 **\$msg** 的值,顯示的結果也就不同了。

▲ 因為函式內使用 **global** 或 **\$GLOBALS[]** 的方法將變數定義為全域變數,而影響了最後的執行結果。

靜態變數

在預設狀況下,函式中的區域變數會在函式執行時建立,在函式結束後該變數也就被釋放,並不會留存在記憶體中。但若希望函式中的區域變數能夠一直存在,可以將變數利用 **static** 命令設定為靜態變數,那麼在執行完函數後,變數值並不會遺失。

舉例來說,我們先在 **showMe()** 函式中定義一個靜態變數 **\$msg**,並將值加 2 回存,再顯示在畫面上,接著在程式中呼叫二次 **showMe()** 函式。

程式碼:php_fun8.php	儲存路徑:C:\htdocs\ch05

```php
1    <?php
2    function showMe(){
3        static $msg;
4        $msg += 2;
5        echo $msg . "<br />";
6    }
7    showMe();
8    showMe();
9    ?>
```

執行結果　　　　　　　　　　執行網址：http://localhost/ch05/php_fun8.php

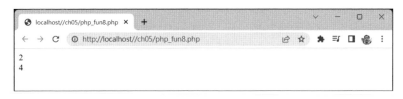

程式說明

2~6	定義一個自訂函式：showMe()，利用 `static` 命令將 $msg 設定為靜態變數，接著將 $msg 的值加上 2 後回存，再利用 `echo` 將目前的 $msg 變數值顯示出來。
7~8	連續呼叫 showData() 函式，結果會將函式內的 $msg 變數值顯示出來。

由顯示結果看來，第一次呼叫 **showData()** 函式時，**$msg** 變數並沒有預設值會自動為 0，加上 2 後即顯示 2。第二次呼叫 **showData()** 函式時，會將 **$msg** 變數加上 2 後即顯示 4。**$msg** 並沒有因為函式結束而消失，能在多次呼叫中延續使用。

5.2.4 可變動函式

PHP 可以利用可變動函式的設定方式，動態的設定函式名稱。在定義變數時，若指定的值為字串，而該字串又為某個自訂函式的名稱時，就能利用該變數來呼叫函式。例如有個自訂函式的內容為：

```
function testfun1(){
    函式內容......
}
```

在程式內若有個變數設定的值為該函式名稱，即可用變數來呼叫函式：

```
$testCall = "testfun1";
$testCall();   // 變數名稱後加上小括號，即可呼叫函式。
```

如此一來該變數即享有呼叫該函式的功能，因為變數的值可以隨時變換，所以若要改變呼叫另一個函式時，只要改變數的值即可。

舉例來說，在程式內我們定義二個函式來顯示目前執行的函式名稱，再利用變數函式的方法一一呼叫：

程式碼：php_fun9.php　　　　　　　　　　　　儲存路徑：C:\htdocs\ch05

```php
1    <?php
2    function testfun1(){
3        echo "目前執行自訂函式一 <br />";
4    }
5    function testfun2(){
6        echo "目前執行自訂函式二 <br />";
7    }
8    $callTest = "testfun1";
9    $callTest();
10   $callTest = "testfun2";
11   $callTest();
12   ?>
```

執行結果　　　　　　　　　　　執行網址：http://localhost/ch05/php_fun9.php

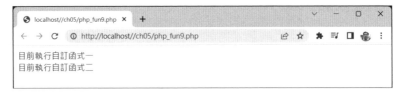

程式說明

2~4	定義一個自訂函式：testfun1()，利用 echo 將顯示「目前執行自訂函式一」的訊息。
5~7	定義一個自訂函式：testfun2()，利用 echo 將顯示「目前執行自訂函式二」的訊息。
8~9	宣告 $callTest 的值為字串 "testfun1"，與第一個自訂函式同名。再使用變數名稱加上小括號：$callTest() 即可呼叫自訂函式：testfun1()。
10~11	重設 $callTest 的值為字串 "testfun2"，與第二個自訂函式同名。再使用變數名稱加上小括號：$callTest() 即可呼叫自訂函式：testfun2()。

由顯示結果看來，第 9 行與第 11 行都是使用變數名稱加上小括號：**$callTest()** 進行呼叫自訂函式，但是呼叫的函式卻不同，原因是變數所指定的名稱不同，這就是可變動函式的用法。

注意　**如何檢查要呼叫的自訂函式是否存在？**

在 PHP 程式呼叫函式是經常使用的動作，但是若是下了呼叫的指令卻沒有定義該函式，就會造成程式執行的錯誤。尤其是使用變動函式時，常會因為變數的值的轉換，而忽略該函式的內容是否存在。

此時可以使用內建函式 function_exists() 來進行檢查，只要將要檢查的函式代入，function_exists() 在檢查後即會將結果以布林值 (是 / 否) 回傳。

以剛才的程式為例，在呼叫前若要檢查該函式是否存在，可以更改為：

```
if (function _ exists($callTest)){  // 檢查該變數指引的函式是否存在
    $callTest();
}
```

5.2.5 遞迴函式

所謂遞迴函式，就是在自訂函式內再呼叫本身的函式。基本上許多遞迴函式的內容，是可以由一些迴圈來取代，而且迴圈在執行上的效能，也比遞迴的操作好得許多。但是遞迴在許多狀況下，無論是程式的邏輯觀念或是開發彈性上，都較一般迴圈來得好，這也是為什麼遞迴的應用仍然是程式中不可忽略的重要方法。

這裡舉一個遞迴在使用上的精典範例，也就是計算自然數的階層，其公式為：

```
n!=1*2*3*4*5.....n
// 例如，5! = 1*2*3*4*5 = 120。
// 其中特別規定 0! = 1
```

　一般來說，自然數為正整數，或非負整數 (包含 0)。在階層的計算上，0 的階層是特別定義為 1 的。

以下先以 for 迴圈來設計一個函式進行階層的計算：

程式碼：php_fun10.php	儲存路徑：C:\htdocs\ch05

```
1   <?php
2   function showResult($Num){
3       if ($Num >= 0){
4           if ($Num == 0){
5               return 1;
```

```
6                }else{
7                    $resultNum = 1;
8                    for($n=$Num;$n>0;$n--){
9                        $resultNum *= $n;
10                   }
11                   return $resultNum;
12              }
13          }
14    }
15
16    echo "5 的階層為:" . showResult(5);
17    ?>
```

執行結果　　　　　　　　　　　執行網址：**http://localhost/ch05/php_fun10.php**

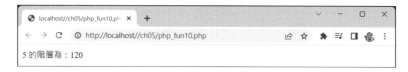

程式說明

2~14	自訂函式:showResult(),參數 $Num 是用來接收要計算階層值的自然數。
3	判斷 $Num 是否為自然數。
4~5	若 $Num 等於 0,就直接返回階層數 0。
7	設定 $resultNum 來儲存計算的階層值,預設為 1。
8~10	在 $Num 大於 0 的狀況下加入一個 for 迴圈,由 $Num 數值開始,當數值大於 0 時繼續執行迴圈,每執行一次數值減 1。迴圈中,將目前的數值乘以目前的階層值,再回存到 $resultNum 之中。
11	將最後階層值 $resultNum 返回。
16	佈置顯示文字,並利用 showResult(5) 來計算 5 的階層值並顯示在訊息中。

在這個函式中先判斷接收的值是否為自然數,再來判斷是否為 0,若是就直接返回 1,若不是就以迴圈計算出階層值再返回。

以下試著重新以遞迴來設計一個函式進行階層的計算：

程式碼：php_fun11.php　　　　　　　　　　儲存路徑：C:\htdocs\ch05

```php
1    <?php
2    function showResult($Num){
3        if ($Num == 0){
4            return 1;
5        }else{
6            return $Num * showResult($Num-1);
7        }
8    }
9
10   echo "5 的階層為:" . showResult(5);
11   ?>
```

執行結果　　　　　　　　　　執行網址：http://localhost/ch05/php_fun11.php

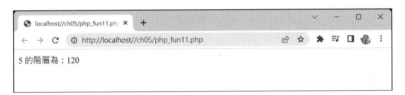

localhost//ch05/php_fun11.ph ×   +

← → C   ⓘ http://localhost//ch05/php_fun11.php

5 的階層為：120

程式說明

2~14	自訂函式：showResult()，參數 $Num 是用來接收要計算階層值的自然數。
3~4	若 $Num 等於 0，就直接返回階層數 0。
5~6	當 $Num 大於 0，將 $Num 乘以呼叫 showResult($Num-1) 的回傳值結果。此時程式會先去計算 showResult($Num-1) 的結果，一直到 $Num 等於 0 時才往回傳值。
10	佈置顯示文字，並利用 showResult(5) 來計算 5 的階層值並顯示在訊息中。

為了詳細說明，我們以這個範例的實際值來進行模擬。

剛開始 showResult(5) 時，其計算階層的程式為：5 * showResult(4)。因為 showResult(4) 的值未定，所以先計算階層值，其程式為：4 * showResult(3)。

使用相同的方式，一直到 1 * showResult(0) 時，因為可以馬上取得 showResult(0) = 1，即可知道 showResult(1) = 1 * 1，再將值往上傳 showResult(2) = 2 * 1、showResult(3) = 3 * 2、showResult(4) = 4 * 6、showResult(5) = 5 * 24，最後回傳值則為 120。

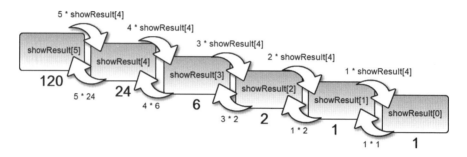

▲ 階層遞迴演算示意圖

在此狀況下遞迴的應用不僅縮短了程式碼，並且也具有較好的邏輯性與彈性。

5.3 PHP 的內建函式

不是所有的函式都要自己開發，其實在 PHP 中已經內建了種類繁多、功能齊全的 PHP 函式庫，只要善加利用，不僅可以加速程式的開發，也能加強程式的功能。

PHP 的內建函式不需要事先宣告，即可在程式內直接呼叫。開發者唯一要知道的就是這些函式的特性與使用方法，最好的參考資料即是公布在 PHP 官網 (http://www.php.net) 的使用手冊。

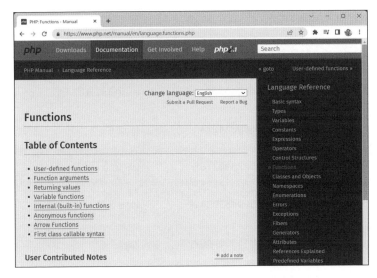

▲ PHP 函式使用手冊 http://php.net/manual/en/language.functions.php

> 註　目前手冊以英文的版本最為詳細、內容也更新最快。雖然網站上也提供了其他語系的使用手冊，當然包含了中文的版本，但是內容在翻譯上不僅不甚完整，更新速度也有待加強。當然您或許會發現網路上已經有許多熱心的網友為手冊進行翻譯動作，但是還是建議以英文版的官方手冊為基準，其他語系的翻譯內容可以當作使用時的參考。

PHP 內建的函式功能琳瑯滿目、包羅萬象，以下我們先介紹內建的數學函式，關於其他陣列、字串與日期時間函式，都將以獨立章節加以介紹。

本書在介紹函式與使用方法時，都依使用上的特性加以分類，並整理成表格供您使用時查詢。隨後再以實用範例介紹該函數的使用方式。

數學函式

在 PHP 的內建函式中，包含了數學常數、數學函式、亂數函式等內容，對於程式中的運算有很重要的幫助。

5.4.1 數學常數

以下是內建在 PHP 核心的數學常數，可以在程式中直接使用。

常數名	常數值	說明
M_PI	3.14159265358979323846	π (Pi)，也就是圓周率
M_E	2.7182818284590452354	e 自然對數的底數
M_LOG2E	1.4426950408889634074	log2 e
M_LOG10E	0.43429448190325182765	log10 e
M_LN2	0.69314718055994530942	loge 2
M_LN10	2.30258509299404568402	loge 10
M_PI_2	1.57079632679489661923	π / 2
M_PI_4	0.78539816339744830962	π / 4
M_1_PI	0.31830988618379067154	1 / π
M_2_PI	0.63661977236758134308	2 / π
M_SQRTPI	1.77245385090551602729	sqrt(π)，即圓周率的平方根
M_2_SQRTPI	1.12837916709551257390	2 / sqrt(π)
M_SQRT2	1.41421356237309504880	sqrt(2)，即 2 的平方根

常數名	常數值	說明
M_SQRT3	1.73205080756887729352	sqrt(3)，即 3 的平方根
M_SQRT1_2	0.70710678118654752440	1 / sqrt(2)
M_LNPI	1.14472988584940017414	loge(π)
M_EULER	0.57721566490153286061	尤拉常數 (Euler constant)

5.4.2 數學函式

常用數學函式

函式	說明	範例
max(數值 1, 數值 2[, 數值 3…]) max(陣列 1[, 陣列 2….])	找出最大值，多個參數之間以逗號分隔。參數值也可以是陣列。	max(1,2,3) = 3 max(array(1,2,3))=3
min(數值 1, 數值 2[, 數值 3…]) min(陣列 1[, 陣列 2….])	找出最小值，多個參數之間以逗號分隔。參數值也可以是陣列。	min(1,2,3) = 1 min(array(1,2,3))=1
ceil(數值)	無條件進位取到整數	ceil(4.5) = 5 ceil(-9.55) = -9
floor(數值)	無修件捨去取到整數	floor(4.5) = 4 floor(-9.55) = -10
round(數值 [, 小數位數])	取得四捨五入的值，可設定要取到小數第幾位，預設是 0。	round(2.5) = 3 round(3.45, 1) = 3.5 round(1.254, 2) = 1.25
mod(數值 1, 數值 2)	取得整數餘數	mod(5, 2) = 1
fmod(數值 1, 數值 2)	與 mod 取得整數餘數不同，fmod 可取得二數相除後的小數餘數。	fmod(7.8, 2.1) = 1.5

特殊數值函式

函式	補充說明或範例
abs(數值)	取絕對值 `abs(10) = 10, abs(-5)=5;`
pow(基數 , 次方數)	取次方值 `pow(2,10) = 1024;     //2`^{10}
sqrt(數值)	取平方根。 `sqrt(16) = 4;          //`$\sqrt{16}$
exp(數值)	計算 e 的指數，e 的值約為 **2.718282**。 `exp(12) = 162754.791419;`

log(數值 [, 底數])	取得對數值，若不設定底數，預設是以 e 為底數。
	`log(100) = 4.6051701859881;      // `$\log_e 100$
	`log(100,10) = 2;           // `$\log_{10} 100$

log10(數值)	以 **10** 為底數的對數值
	`log10(10)=1; //`$\log_{10} 10$
	`log10(100)=2;          //`$\log_{10} 100$

pi()	取得圓周率值，pi() = 3.1415926535898。

三角函式

函式	說明	補充說明或範例
sin(數值)	正弦	
cos(數值)	餘弦	
tan(數值)	正切	
cosh(數值)	雙曲餘弦	PHP 相關的三角函式，使用上要注意：函式帶的參數，都必須為弳度，不是角度。
acos(數值)	反餘弦	一般在三角函數都是以角度，如 Sin30。所以在計算時，要先將角度轉為弳度，再代入 sin() 函式中。角度轉弳度的公式：
asinh(數值)	反雙曲正弦	$弳度 = 角度 * \pi / 180$
acosh(數值)	反雙曲餘弦	以 Sin30 為例，要代入參數必須先轉換再運算，結果是：
atan2(數值)	兩個參數的反正切	`sin(30 * M_PI / 180) = 0.5;`
atan(數值)	反正切	
atanh(數值)	反雙曲正切	
sinh(數值)	雙曲正弦	
tanh(數值)	雙曲正切	

函式	說明	補充說明或範例
deg2rad(數值)	轉換角度值為弳度，角度轉弳度的公式： 弳度 = 角度 * π / 180	deg2rad(45) = 0.78539816339745;
rad2deg(數值)	轉換弳度值為角度，弳度轉角度的公式： 角度 = 弳度 * 180 / π	rad2deg(45) = 2578.3100780887;
hypot(數值 1, 數值 2)	計算一直角三角形的斜邊長度公式為： sqrt(數值 1* 數值 1+ 數值 2* 數值 2) 。	hypot(3,4) = 5; // $\sqrt{3^2+4^2}$=5

進位轉換函式

函式	說明	補充說明或範例
base_convert (數值 , 要轉換的進位數 , 轉換到的進位數)	在任意進位之間轉換	base_convert(456,10,2) = 111001000
bindec(數值)	二進位轉換為十進位	bindec(111001000) = 456
decbin(數值)	十進位轉換為二進位	decbin(456) = 111001000
dechex(數值)	十進位轉為十六進位	dechex(456) = 1c8
decoct(數值)	十進位轉換為八進位	decoct(456) = 710
hexdec(字串)	十六進位轉為十進位	hexdec("1c8") = 456
octdec(數值)	八進位轉換為十進位	octdec(710) = 456

判斷數值函式

函式	說明	補充說明或範例
is_finite(數值)	判斷設定參數是否為有限值	is_finite(5 / 4) = 1 //True
is_infinite(數值)	判斷設定參數是否為無限值	is_infinite(log(0)) = 1 //True
is_nan(數值)	判斷設定參數是否非合法數值	is_nan(acos(1.01)) = 1 //True

5.4.3 亂數函式

亂數函式表

函式	說明	補充說明或範例
rand([最小值 ,] 最大值)	產生一個亂數，可設定產生亂數的最大值、最小值，若無設定最小值，則由 0 開始。	PHP 相關的亂數函式，除了 rand() 與 mt_rand() 可以設定亂數產生的範圍之外，其他都不需要指定參數，如：

lcg_value()	產生一個 0 和 1 之間隨機的小數。	// 自然產生亂數
		rand()
		// 由 5~20 之間自然產生亂數
		rand(5,20)

getrandmax()	顯示亂數最大的可能值。取得使用 rand() 可能返回的最大值。	許多老舊 libc 的亂數產生器有著含糊或未知的特性，且速度較慢；其中以 mt_ 開頭的幾個函式是使用速度快四倍以上的馬其賽旋轉 (Mersenne Twister) 來替代 libc 亂數產生器，但是使用方式與原函式相同。
srand()	因為亂數數列的產生都是由 0 開始，藉由 srand() 可以改變亂數的初始值，以取得不同的亂數數列。	
mt_rand([最小值 ,] 最大值)	生成更好的亂數，用法與 rand() 相同。	
mt_getrandmax()	顯示亂數最大的可能值。函式使用的方法與 getrandmax() 相同。	
mt_srand()	改變亂數的初始值，用法與 srand() 相同。	

範例：亂數顯示每日一句

我們常在進入某一個網站時，在頁面的某個角落會隨機出現一句俗語、諺語或是英文單字等內容，這樣的功能其實可以利用亂數來達成：

程式碼：php_randfun1.php	儲存路徑：C:\htdocs\ch05

```php
1   <?php
2   srand((double)microtime()*1000000);
3   $randval = rand(0,5);
4   switch($randval){
5     case "0";
6        echo "知足常樂。甘願做、歡喜受。";
7        break;
8     case "1";
9        echo "生氣是拿別人的過錯來懲罰自己。";
10       break;
```

```
11   case "2";
12       echo "人生多一份感恩，就多一份美化。";
13       break;
14   case "3";
15       echo "縮小自我、擴大心胸，工作要歡喜，人與人要感恩。";
16       break;
17   case "4";
18       echo "愛與感恩，能喜淨心中的煩惱。";
19       break;
20   case "5";
21       echo "做好事要騰出時間，這是人生的目的，也是人生的義務。";
22       break;
23   }
24   ?>
```

執行結果　　　　　　　　　　　執行網址：http://localhost/ch05/php_randfun1.php

程式說明

2　　為了使亂數的隨機率最大，每次在取亂數前最好使用 srand() 來設定新的亂數。一般都習慣使用這個公式：srand((double)microtime()*1000000)。

3　　使用 rand() 函式在 0~5 之間隨機取得一個數。

4~23　使用 switch 的條件控制，以 rand() 取得的數來顯示所屬的文字。

在瀏覽時請多重整幾次，頁面上的每日一句果然都因亂數導引而顯示不同內容。

> **註**　srand((double)microtime()*1000000) 是使用 srand() 來改變亂數的起始值。
> 為了能取得更隨機的數字，所以利用目前的時間戳記取到百萬分之一秒再乘以 1000000，
> 再轉換為 double 型態代入，如此能將亂數因子打得更亂，要取得相同的值就更不容易了。

在網頁的程式設計中，亂數的使用相當頻繁。例如隨機產生使用者的驗證密碼，
或是隨機顯示廣告橫幅圖片等，都是常見的應用。

5.5 電子郵件函式

在 PHP 中可以使用 mail() 函式發送電子郵件,雖然函式的設定相當簡單,但是在實際操作上必須要有其他環境的搭配。以下將說明使用 mail() 函式在發送電子郵件時實務上的設定與注意事項。

5.5.1 程式發送電子郵件的原理

為什麼瀏覽者可以不使用 Outlook 或是 Outlook Express …等軟體就可以在網頁上直接寄信呢?其實這是靠 SMTP (Simple Mail Transfer Protocol) 伺服器完成的。如果您曾在 Outlook 等電子郵件軟體設定帳號時,對這個伺服器一定有些印象,它就是所謂的外寄伺服器。

其實電子郵件的收發都必須經由各個不同 SMTP 伺服器彼此之間的溝通交換來完成,在網頁上寄發電子郵件的原理也與使用郵件軟體一樣,只是將郵件交給 SMTP 伺服器的工具由軟體變成了網頁而已,只要您能了解在網頁上與 SMTP 伺服器溝通的語法,就可以輕輕鬆鬆地完成工作。

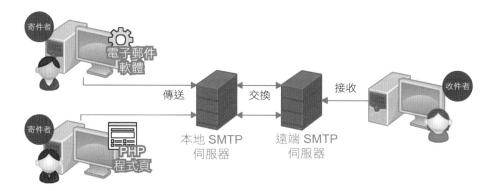

▲ 電子郵件傳統傳遞方式與線上郵寄對照圖

5.5.2 設定 PHP 的電子郵件環境

PHP 預設是使用本機 SMTP 的伺服器服務執行寄信動作,但安裝架設 SMTP 對於許多人來說,光聽起來就相當困難,而且即使您有能力自行架設 SMTP,也可能因為 IP 或網域名稱的限制,信雖然寄出了,但仍會被各大郵件主機拒絕,造成程式的失敗。所以在測試階段,我們不建議您自行架設 SMTP。

php.ini 中 SMTP 的設定

在使用 mail() 函式之前，我們要先檢視 <php.ini> 中指定 SMTP 的設定。請開啟 <php.ini> 並找尋以下的項目：

```
[mail function]
; For Win32 only.
SMTP = localhost
smtp _ port = 25
```

在預設狀況下 PHP 會將 SMTP 的伺服器設為「Localhost」，也就是本機伺服器。而連接的埠位「smtp_port」為 SMTP 伺服器預設的服務端口：25。但是這樣的設定，您必須在本機先安裝 SMTP 伺服器，並且必須不設定任何使用者認證的狀態下才能正確寄信。

指定非本機的 SMTP 執行寄信動作

若要指定非本機的 SMTP 來執行線上寄信的動作，有下列二個條件限制：

1. 指定非本機 SMTP 的設定動作並不是使用 PHP 語法來下指令，而是要修改 PHP 在伺服器上的設定值，所以您必須要有設定伺服器的權限。

2. 您的網站伺服器必須要有該指定的 SMTP 使用權限，若是一般必須經由認證的 SMTP 伺服器，大概都不能接受指定而遭退信。

如果您的條件符合上述的說明，就可以開始指定 SMTP 執行寄信的動作。

使用 ISP 提供的 SMTP

自行架設 SMTP 伺服器對於程式來說雖然很方便，但是在未來測試時您可能會發現掉信的狀況十分嚴重。原因是目前有許多大型的電子郵件網站，例如 Yahoo!、Hotmail …等，為了防堵垃圾廣告信，對於由 Localhost 本機 SMTP 所發送的信件都會馬上擋下並直接退回。

所以建議在設定 <php.ini> 中指定 SMTP 伺服器的內容，可以填寫目前使用的 ISP (Internet Service Provider，網際網路服務提供者，如：中華電信。) 公司的 SMTP 伺服器。只要您的線路是使用該公司的服務，即可利用它們所提供的 SMTP 伺服器來進行寄信的動作，如此就不會被擋下或退信了。

以中華電信為例，若是使用 Hinet 的寬頻上網服務，可以設定「msa.hinet.net」當作 PHP 郵寄的 SMTP，在 <php.ini> 中的設定方式如下：

```
; For Win32 only.
SMTP = msa.hinet.net
smtp _ port = 25
```

除了中華電信之外，國內大部分的 ISP 業者也都有提供 SMTP 的服務，您可以依照本身實際使用的業者來修改 <php.ini> 設定。

5.5.3 mail()：郵件函式的使用

mail() 函式的基本語法

完成 PHP 環境設定後，就可以馬上來試試 mail() 函式的威力了！其格式如下：

```
mail( 收件者信箱, 郵件標題, 郵件內容 [, 郵件表頭 ])
```

使用 mail() 函式寄出郵件後，若成功會回傳 TRUE，失敗則為 FALSE。例如：

```
if (mail("david@e-happy.com.tw", "Mail Test", "Hello! This is a
    test!!")){
    echo " 郵件寄送成功！";
}else{
    echo " 郵件寄送失敗！";
}
```

若想讓收件者可以同時顯示名稱與電子郵件，其格式為：「姓名 < 電子郵件 >」，例如「David <david@e-happy.com.tw>」，其中要注意的是姓名與電子郵件之間要保留一個空白。

設定寄件者、副本及密件副本

在 mail() 函式中，雖然郵件表頭並不是必填的項目，但是它能設定郵件的編碼、收件者、寄件者、回覆者、副本、密件副本等資訊，常用內容如下：

表頭參數	說明
To	顯示收件者電子郵件，您會發現與 mail() 函式中的參數：收件者信箱似乎重疊，但是寄信時會以 mail() 函式中的參數為準。
From	顯示寄件者電子郵件

表頭參數	說明
Reply-To	指定回覆電子郵件，在收件者按下回覆鈕時會以這個電子郵件為預設收件者。
Cc	副本，設定寄發副本的電子郵件。
Bcc	密件副本，設定寄發密件副本的電子郵件。

您可以在表頭同時設置多個資訊，但是要特別注意的是每個設定都要獨立一行。不過在 mail() 函式中郵件表頭參數只是一個字串，要如何在一個字串中表達分行呢？

若要設置多個郵件表頭參數在同一行中，請在每個設定值之間加上「\r\n」符號即可，例如：

```php
$mailTo = "service@e-happy.com.tw";      // 收件者
// 郵件標題
$mailSubject = "Mail Test";
// 郵件內容
$mailContent="Hello, This is a test!!";
/* 開始設定郵件表頭 */
// 顯示收件者
$mailHeader = "To:david@e-happy.com.tw\r\n";
// 顯示寄件者
$mailHeader .= "From:e-happy@e-happy.com.tw\r\n";
// 指定回覆者
$mailHeader .= "Reply-To: e-happy@e-happy.com.tw\r\n";
// 副本
$mailHeader .= "Cc: lily@e-happy.com.tw\r\n";
// 郵件副本
$mailHeader .= "Bcc: cynthia@e-happy.com.tw\r\n";
// 執行寄發動作
mail($mailTo,$mailSubject,$mailContent, $mailHeader);
```

在範例中，所有的郵件表頭資訊都儲存在同一個字串中，彼此之間以「\r\n」符號區隔。

設定郵件編碼

一般使用英文書寫電子郵件時,是不會因為郵件編碼而造成閱讀的問題。若是使用中文或是雙位元文字來使用電子郵件,就時常會造成郵件內容或顯示資訊變成亂碼的問題,此時就要在郵件表頭設定編碼。

例如,我們若要設定郵件的編碼為繁體中文 (big5),其方式為:

```
// 顯示寄件者
$mailHeader = "From:e-happy@e-happy.com.tw\r\n";
// 設定郵件編碼
$mailHeader .= "Content-type:text/html;charset=big5";
// 執行寄發動作
mail("david@e-happy.com.tw", "郵件測試", "這是一封測試信", $mailHeader);
```

 關於表頭文件的編碼方式 Content-type,詳細說明可以參閱 5.6.1 節。

設定 Unicode 郵件編碼

若想使用 Unicode 來做為郵件編碼,在收到信件後您會發現郵件內容雖然正常,但是郵件的標題或是寄件人電子郵件中有中文字時就會造成亂碼的產生。即使在郵件表頭中都已經加上「Content-type:text/html;charset=utf-8」的宣告,還是無法解決。

郵件表頭中「Content-type」的定義是設定郵件內容的編碼方式,但是對於郵件表頭中的標題或是收件人、寄件人的資料,若使用到中文時就無法正確判讀。

根據 MIME 郵件編碼規範,在郵件表頭中若使用到非 ASCII 的字元時,應以下列方式表達:

```
=?charset encoding?encoding code?header content?=
```

由「=?」開始到「?=」結束,其中 encoding code 有二個選項:q (QP 編碼) 與 b (base64 編碼),其中 PHP 可以使用 base64_encode() 函式來對字串進行 base64 的編碼,所以如果要讓郵件表頭中的中文內容顯示正確的話,可以使用以下的方法:

```
=?UTF-8?B? 經過編碼後的中文內容 ?=
```

例如，郵件標題為「測試郵件」，即可更改為：

```
$mailsubject = "=?UTF-8?B?".base64_encode("測試郵件")."?=";
```

例如，想要寄一封使用 Unicode 編碼的信方式如下：

```
// 收件人的姓名以 MIME 規範的方式進行編碼轉換
$mailFromName = "=?UTF-8?B?".base64_encode("文淵閣工作室")."?=";
// 郵件標題以 MIME 規範的方式進行編碼轉換
$mailSubject = "=?UTF-8?B?".base64_encode("郵件測試")."?=";
// 在郵件表頭中收件人的資料,其中姓名的部分以編碼後的結果代入
$mailHeader="From:".$mailFromName." <e-happy@e-happy.com.tw>\r\n";
// 定義信件的內容的編碼方式
$mailHeader.="Content-type:text/html;charset=UTF-8";
// 執行寄發的動作,其中郵件標題也是將編碼後的結果代入
mail("david@e-happy.com.tw", $mailSubject, "這是一封測試信",  $mailHeader);
```

在郵件的標題、表頭資訊中，只要有中文的部分都需要進行轉換，非中文的部分不需要轉換，如此才能正確顯示郵件內容，不顯示亂碼。

注意 設定 PHP 程式檔文件編碼

經過剛才的設定，許多人發現在收到信後還是無法正確顯示。造成這個的原因可能是您的程式檔文件編碼設定錯誤。

PHP 程式檔也是一般的文字檔，在儲存時預設會以系統的編碼為主進行存檔時的編碼，若您在編輯 PHP 程式時希望以 Unicode 編碼顯示頁面內容，必須要設定儲存時的編碼方法才能顯示正確。例如在記事本中儲存檔案時可以設定編碼：

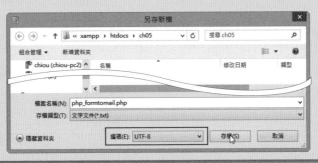

範例：製作 Form To Mail 的聯絡表單

這個功能是許多人在製作個人網站或是公司網站時十分需要的，Form to Mail 的網站程式就是希望瀏覽者可以直接在網站上填寫表格，程式即會將填寫的內容轉為電子郵件，寄送到指定的電子郵件信箱中。

程式碼：php_formtomail.php	儲存路徑：C:\htdocs\ch05

```php
1   <?php
2   if(isset($_POST["sendmail"]) && ($_POST["sendmail"]=="true")){
3     $mailFrom="=?UTF-8?B?" . base64_encode($_POST["fromname"]) .
      "?= <".$_POST["frommail"].">";
4     $mailto="david@e-happy.com.tw";
5     $mailSubject="=?UTF-8?B?" . base64_encode($_
      POST["mailsubject"]). "?=";
6     $mailHeader="From:".$mailFrom."\r\n";
7     $mailHeader.="Content-type:text/html;charset=UTF-8";
8     mail($mailto,$mailSubject,$_POST["mailcontent"],$mailHeader);
9   }
10  ?>
11  <!DOCTYPE html>
12  <html>
13  <head>
14    <meta charset="UTF-8">
15    <title>聯絡表單</title>
16  </head>
17  <body>
18  <?php if(isset($_POST["sendmail"]) && ($_POST["sendmail"]=="true")){?>
19  寄送成功，<a href="php_formtomail.php">再寄一次</a>。
20  <?php }else{?>
21  <form name="form1" method="post" action="">
22    <table border="0" cellpadding="4" cellspacing="0">
23      <tr>
24        <td>寄件人姓名</td>
25        <td><input type="text" name="fromname" id="fromname"></td>
26      </tr>
```

```
27        <tr>
28          <td> 寄件人郵件 </td>
29            <td><input type="text" name="frommail" id="frommail"></td>
30        </tr>
31
32        <tr>
33          <td>主旨</td>
34            <td><input type="text" name="mailsubject" id="mailsubject"></td>
35        </tr>
36        <tr>
37            <td colspan="2"><textarea name="mailcontent" id="mailcontent" cols="45" rows="5"></textarea></td>
38        </tr>
39        <tr>
40            <td colspan="2"><input type="submit" name="button" id="button" value=" 送出 ">
41              <input name="sendmail" type="hidden" id="sendmail" value="true"></td>
42        </tr>
43      </table>
44  </form>
45  <?php }?>
46  </body>
47  </html>
```

執行結果　　　　　　　　執行網址：http://localhost/ch05/php_formtomail.php

程式說明

2~8	若有接收到 \$ _ POST["sendmail"] 的值表示表單有經過送出動作,即開始進行以寄發郵件的動作。
3	寄件人的姓名以 MIME 規範的方式進行編碼轉換再加上寄件人的電子信箱。
4	指定收件人的信箱。
5	郵件標題以 MIME 規範的方式進行編碼。
6~7	郵件表頭加入寄件人的資料,並設定郵件內容的編碼方式。
8	使用 mail() 函式執行郵寄動作。
16~17	若有接收到 \$ _ POST["sendmail"] 的值表示表單有經過送出動作,即顯示寄出郵件成功訊息,及回上一頁的連結文字。
18~43	若沒有接收到 \$ _ POST["sendmail"] 的值表示表單沒有送出過,即顯示表單內容,除了寄件人姓名、信箱、標題及內容的文字方塊外,在 39 行還有一個隱藏表單欄位 sendmail,其值為 true。它的目的就是若有送出表單時會一併送出這個值來供程式判斷表單是否已經送出。

在表單上所填寫的資料果然成功寄送到指定信箱中,實在太方便了!

5.6 其他重要函式

PHP 中仍有一些重要並且常用的內建函式，以下將一一列示說明。

5.6.1 header()：表頭函式

在 HTTP 通訊協定中，header 的部分是宣告了頁面的內容特性、語言規格及內容屬性…等相關資訊。在 PHP 中提供了 header() 函式宣告這些相關資訊，其基本格式為：

```
header( 宣告字串 [,是否取代原來的宣告 [,http 回應碼 ]])
```

要注意的是 HTTP 通訊協定中 header 的宣告必須在網頁輸出任何內容前送出，所以在執行 header() 函式前不能使用 echo() 或 print() 輸出字串，也必須在使用 <html><head> 等標籤顯示 HTML 的內容之前，否則會導致 header() 函式使用的錯誤。

header() 函式最常的宣告使用方式有以下幾個：

頁面重新導向：Location

Location 能夠讓瀏覽器顯示指定前往網頁，其基本格式如下：

```
header("Location: 網址 ");
```

例如，我們想要前往某個網站，其語法如下：

```
header("Location: http://www.e-happy.com.tw");
```

> **註** 在 HTTP/1.1 通訊協定中要求 Location 的位址必須是一個絕對位址。包含了網域名稱、路徑等資訊。在 PHP 中您可以使用 $_SERVER['HTTP_HOST']、$_SERVER['PHP_SELF'] 與 dirname() 函式將相對路徑轉換為絕對路徑。
> $_SERVER 預設變數可以參考：3.2.4 節，dirname() 函式可以參考：9.1.1 節。

頁面重整：Refresh

Refresh 能夠重新整理目前的頁面，並可指定更新的時間區間。這個技巧經常利用在重整頁面顯示新的資訊內容，其格式如下：

```
header("Refresh: 更新時間區間 ; URL= 網址 ");
```

其中更新時間區間單位為秒，表示幾秒後更新頁面一次。URL 所指定的網址代表重新後前往的頁面，若省略即代表還是維持在目前的頁面中。

例如我們若想要每隔 5 秒就重整頁面一次，語法如下：

```
header("Refresh: 5");
```

頁面編碼方式：Content-type

Content-type 可以定義網頁內使用的編碼方式。我們常在閱讀某些網頁時，會因為編碼方式的不同而顯示亂碼，都必須在瀏覽器設定適合的編碼後才能正常閱讀。這個問題的主因，常是因為網頁設計者沒有明確的定義頁面編碼方式而導致。在 PHP 中可以利用這個方式來定義頁面的編碼，其格式如下：

```
header("Content-type: 文件檔案格式 ; charset= 編碼方式 ");
```

例如想要設定頁面內容的編碼為 utf-8 及 big5，其語法如下：

```
header("Content-type: text/html; charset=utf-8");    //utf-8 編碼
header("Content-type: text/html; charset=big5");      //big5 編碼
```

> **注意** **Content-type 也可以定義文件輸出的檔案格式**
>
> Content-type 也可以定義文件輸出的檔案格式，以下列示常用的檔案格式：
>
> ```
> header("Content-type: application/pdf;"); //pdf 檔案
> header("Content-type: application/zip;"); //zip 檔案
> header("Content-type: image/jpg;");       //jpg 圖片檔案
> header("Content-type: image/gif;");       //gif 圖片檔案
> header("Content-type: image/png;");       //png 圖片檔案
> header("Content-type: audio/mpg;");       //mpg 媒體檔案
> header("Content-type: audio/x-wav;");     //wav 媒體檔案
> header("Content-type: video/mov;");       //mov 媒體檔案
> header("Content-type: video/avi;");       //avi 媒體檔案
> ```

5.6.2 die()、exit()：停止程式執行

在 PHP 程式中利用函式進行處理與動作，一般在執行完畢後會回傳執行成功與否的訊息，若在執行有誤時可以利用 **dei()** 或 **exit()** 函式來停止程式執行，並顯示錯誤訊息。這二個函式功能是完全相同的，其格式如下：

```
die(錯誤訊息)
```
```
exit(錯誤訊息)
```

例如，我們想用 **mail()** 函式郵寄信件，若郵寄失敗即顯示錯誤訊息，方法如下：

```
mail("david@e-happy.com.tw", "Mail Test", "Hello! This is a
test!!") OR die("郵寄失敗!");
```

5.6.3 sleep()：延遲程式執行

在程式執行時，有時候我們會希望某個指令在幾秒後再執行，此時可以使用 **sleep()** 函式來設定，其格式為：

```
sleep(延遲秒數)
```

例如，使用 **date('h:i:s')** 顯示目前系統時間的時分秒，在 **10** 秒後再顯示一次：

程式碼：php_sleepfun.php	儲存路徑：C:\htdocs\ch05

```php
1   <?php
2       // 顯示目前系統時間的時分秒
3       echo date('h:i:s') . "<br />";
4       // 延遲程式10秒後再執行
5       sleep(10);
6       // 再顯示一次
7       echo date('h:i:s');
8   ?>
```

執行結果	執行網址：http://localhost/ch05/php_sleepfun.php

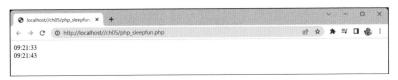

由結果看來，二個程式之間的執行時間真的差了 **10** 秒。

5.6.4 isset()：測試變數是否存在

在 PHP 中變數的使用十分頻繁,與函式的搭配也很重要。在使用某個變數前先測試該變數是否存在就十分重要,如此就不易造成程式的錯誤。這個時候您可以使用 isset() 函式來判斷變數是否存在,格式如下:

```
isset( 變數 [,變數 ...])
```

若該變數存在則回傳 TRUE,不存在則回傳 FALSE。

5.6.5 unset()：刪除定義的變數

若要將定義的變數刪除,可以使用 unset() 函式來將它刪除。unset() 函式一次可以刪除多個變數,其格式如下:

```
unset( 變數 [,變數 ...])
```

延伸練習

一、是非題

1. (　　) 將經常使用或重複的程式碼整理成一個程式區段,在程式中可以隨時呼叫使用,這樣的程式區段就叫做函式。

2. (　　) 函式具有重複使用性,程式可以在指定的地方進行呼叫即可使用。

3. (　　) 若是函式中的程式產生錯誤,在修正時只要針對函式內容進行修改,所有程式中呼叫的地方即可正確執行。

4. (　　) 函式命名時,不可與其他的函式或是變數名稱相同。

5. (　　) 函式中的參數是必填的項目,依程式內容需要來設定。

6. (　　) 函式的回傳值可以是任何型別的資料。

7. (　　) 自訂函式的參數,其實就是在函式中代入自訂變數。所以參數一樣是以 $ 符號開頭,命名原則也與變數相同。

8. (　　) 若自訂函式的參數沒有設定預設值,在程式內呼叫該函式時就必須給予相對數量、型別的參數,函式才能正常運作。

9. (　　) 在自訂函式中參數所使用的名稱與程式中的變數名稱,即使同名也被視為不同的資料,也不會互相影響。這種傳遞參數值給函式的方式稱為傳址呼叫。

10. (　　) 在函式中若要將參數設定為傳址呼叫,只要在參數名稱前加上一個「#」符號即可。

二、選擇題

1. (　　) 在 PHP 程式中的變數在宣告後即在整個程式區域內都是有效的,我們稱為?
   (A) 全域變數　(B) 區域變數　(C) 永久變數　(D) 暫時變數

2. (　　) 但若希望函式中的區域變數能夠一直存在,可以利用什麼命令設定為靜態變數?
   (A) echo　(B) print　(C) static　(D) list

延 伸 練 習

3. (　　　) 在定義變數時，若指定的值為字串，而該字串又為某個自訂
函式的名稱時，就能利用該變數來呼叫函式，我們稱為？
(A) 可變動函式　　　　(B) 遞迴函式
(C) 變數長度參數列　　(D) 自訂函式

4. (　　　) 在自訂函式內再呼叫本身的函式，我們稱為？
(A) 可變動函式　　　　(B) 遞迴函式
(C) 變數長度參數列　　(D) 自訂函式

5. (　　　) 在定義函式時沒有設置參數，在程式呼叫時再依參數的個數
進行處理，我們稱為？
(A) 可變動函式　　　　(B) 遞迴函式
(C) 變數長度參數列　　(D) 自訂函式

三、實作題

1. 請計算一個直徑為 10 m 的圓形面積，算到小數以下第 2 位四捨五入。
(參考解答：lesson5_1.php)

2. 請利用亂數函式模擬 42 取 6 的樂透號碼。其中要注意：為了不讓號
碼重複，請利用函式打亂隨機因子。
(參考解答：lesson5_2.php)

陣列的使用

陣列與變數相同，是提供儲存資料的記憶體空間。陣列可說是一群性質相同變數的集合，屬於一種循序性的資料結構，陣列中的所有資料在記憶體中佔有連續的記憶體空間。每一個陣列擁有一個名稱，做為識別該陣列的標誌。

在 PHP 中陣列可依需求建置一維、二維，甚至多維的陣列。在建置前並不需要事先宣告資料的數量大小，而每個陣列元素的值並不一定要相同，只要使用索引鍵即可自由存取指定陣列元素中的值。

- ⊙ 認識陣列
- ⊙ 一維陣列
- ⊙ 二維陣列與多維陣列
- ⊙ foreach 迴圈的使用
- ⊙ 陣列相關函式使用

6.1 認識陣列

> 陣列能夠改善大量變數宣告所造成的效能損失,並且能將相同類型的資料放置在同一個儲存位置,便於資料的操作。

程式中的資料通常是以變數來儲存,如果有大量的同類型資料需要儲存時,必須宣告龐大量的變數,不但耗費程式碼,執行效率也不佳。

例如:某學校有 500 位學生,每人有 10 科成績,就必須有 5000 個變數才能完全存放這些成績,程式設計者要如何宣告 5000 個變數呢?在程式中又應如何明確的存取某一特定的變數?

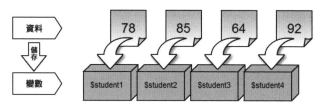

▲ 一般宣告一個變數只儲存一筆資料

陣列儲存資料的方式

陣列與變數相同,是提供儲存資料的記憶體空間。陣列可說是一群性質相同變數的集合,屬於一種循序性的資料結構,陣列中的所有資料在記憶體中佔有連續的記憶體空間。每一個陣列擁有一個變數名稱,做為識別該陣列的標誌;陣列中的每一份資料稱為:**陣列元素**,每一個陣列元素相當於一個變數,如此就可輕易建立大量的資料儲存空間。

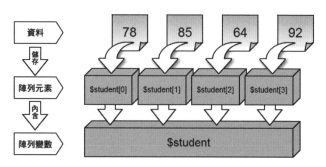

▲ 陣列只宣告一個變數,利用陣列元素將所有資料儲存到一個變數之中。

陣列資料的識別方式

要如何區分放置在陣列中的資料呢？在預設的狀態下是使用 **索引鍵** 值。索引鍵允許使用整數或是字串，如果未指定索引鍵值，程式會自動由 0 開始計算，也就是在陣列中放置的第一個元素的索引鍵為 0，第二個元素的索引鍵為 1，以此類推，第 n 個元素的索引鍵即為 n-1。

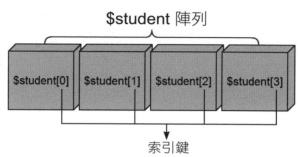

▲ 陣列利用索引鍵來區分放置在其中的資料

PHP 陣列的特色

在 PHP 中，陣列並不需要事先宣告資料的數量大小，而且每個陣列元素的值並不一定要相同，只要使用索引鍵即可自由存取指定陣列元素中的值。

因為不用事先宣告，所以 PHP 在編譯陣列資料時，並不會事先配置記憶體來放置陣列的資料，一直到程式中將資料指定儲存到陣列元素中，再進行記憶體的配置。雖然在執行效率上並不比一些先行配置記憶體空間的程式語言來得快速，但是在應用上卻多了許多彈性。

6.2 一維陣列

陣列中元素資料的存取是以索引鍵做為指標,只有一個索引鍵的陣列稱為一維陣列,一維陣列是最簡單的陣列型態。

6.2.1 以整數索引鍵建立一維陣列

PHP 陣列的索引鍵可以是整數或是字串,預設是以 0 起始的整數來建立。

語法格式

一維陣列的宣告語法為:

```
陣列名稱 [ 索引鍵 ] = 元素值 ;
```

整數索引鍵的使用方式與特性

1. 如果沒有指定索引鍵的值,會自動由 0 開始設定陣列元素的索引鍵。例如:

```
$myArray[] = 1;    // 與 $myArray[0] = 1 相同
$myArray[] = 2;    // 與 $myArray[1] = 2 相同
$myArray[] = 3;    // 與 $myArray[2] = 3 相同
```

2. 若在陣列中指定某個索引鍵值,接著沒有指定索引鍵的陣列元素會自動隨之遞增。例如:

```
$myArray[5] = 1;   // 與 $myArray[5] = 1 相同
$myArray[] = 2;    // 與 $myArray[6] = 2 相同
$myArray[] = 3;    // 與 $myArray[7] = 3 相同
```

3. 可以一一指定陣列元素的索引鍵,也可不按順序來指定。例如:

```
$myArray[] = 1; // 與 $myArray[0] = 1 相同。
$myArray[] = 2; // 與 $myArray[1] = 2 相同。
$myArray[5] = 3;   // 不按照順序設定索引鍵。
$myArray[7] = 4;   // 不按照順序設定索引鍵。
```

4. 在陣列中所定義的索引鍵不可以重複使用,否則會造成錯誤。

範例：顯示整數索引鍵的陣列

將星期日到星期六的英文放置於一個陣列中，再利用 for 迴圈將資料顯示出來。

程式碼：php_array1.php　　　　　　　　　　　　儲存路徑：C:\htdocs\ch06

```php
1   <?php
2   $weekArray[] = 'Sunday';
3   $weekArray[] = 'Monday';
4   $weekArray[] = 'Tuesday';
5   $weekArray[] = 'Wednesday';
6   $weekArray[] = 'Thursday';
7   $weekArray[] = 'Friday';
8   $weekArray[] = 'Saturday';
9   for($i=0; $i<7; $i++){
10    echo $weekArray[$i] . "<br />";
11  }
12  ?>
```

執行結果　　　　　　　　　　執行網址：http://localhost/ch06/php_array1.php

程式說明

2~8	宣告陣列 $weekArray，在不設定索引鍵的狀況下，直接將星期日到星期六的英文代入陣列值中。
9~11	設定一個由 0~6，每次增 1 的 for 迴圈。
10	設定顯示資訊，並將相關資料由 $weekArray 陣列中調出。

6.2.2 以字串索引鍵建立一維陣列

字串索引鍵的使用方式與特性

除了使用整數當作索引鍵，也可以使用字串當作索引鍵的值，例如：

```
$myArray['myName'] = 'David';
$myArray['myHeight'] = 181;
$myArray['myWeight'] = 78;
```

使用字串當作索引鍵，最大的好處是可以利用單字的字義讓陣列元素便於識別。如範例中我們以 $myArray 建立一個陣列來儲存個人資料，並使用字串做為索引鍵，使用者很容易就由這些單字知道這個陣列元素所儲存的資料內容為何。

> **備註　索引式陣列與結合式陣列**
>
> PHP 陣列的索引鍵可以是整數或是字串，一般來說使用整數設定索引鍵的陣列為 **索引式陣列** (indexed array)，而使用字串設定索引鍵的陣列稱為 **結合式陣列** (associative array)，又稱為 **關聯式陣列**。

範例：顯示字串索引鍵的陣列

將姓名、身高及體重等個人資料設定到陣列中，在顯示資訊時由陣列中調出相關資料來顯示。

程式碼：php_array2.php	儲存路徑：C:\htdocs\ch06

```
1   <?php
2   $myArray['myName'] = 'David';
3   $myArray['myHeight'] = 181;
4   $myArray['myWeight'] = 78;
5   echo "大家好，我的名字叫 ".$myArray['myName']."。
    我的身高 ".$myArray['myHeight']." 公分，
    體重 ".$myArray['myWeight']." 公斤。";
6   ?>
```

執行結果　　　　　　　　　　執行網址：http://localhost/ch06/php_array2.php

程式說明

| 2~4 | 宣告 $myArray 陣列並設定索引鍵儲存姓名、身高及體重資料在陣列元素中。 |
| 5 | 設定顯示資訊，並將相關資料由 $myArray 陣列中調出。 |

注意　在雙引號字串中顯示陣列變數

在資料型態中我們曾介紹變數可以直接放置在雙引號字串中，該變數會直接顯示變數值，以這個方式來改寫上一個範例，將陣列變數直接寫入雙引號的字串中：

```
echo "大家好，我的名字叫 $myArray['myName'] 。我的身高
$myArray['myHeight'] 公分，體重 $myArray['myWeight'] 公斤。";
```

照理說應可以顯示相同的結果，但是經過實測您會發現並無法正確顯示。原因是陣列變數在雙引號字串中要在前後加上大括號 (**{**、**}**) 才能正確解譯來顯示其值，以這個範例來說，應修改如下：

```
echo "大家好，我的名字叫 {$myArray['myName']} 。我的身高
{$myArray['myHeight']} 公分，體重 {$myArray['myWeight']} 公斤。";
```

其中還有一點要相當注意的，就是大括號與陣列變數之間不可以有空白，否則會無法正確顯示。

6.2.3 以 array() 函式建立一維陣列

當資料少時建立陣列，逐一設定每個陣列元素值還算簡單，一旦資料越來越多時，建立陣列的動作也會越來越困難。於是 PHP 提供了一個建立陣列的函式：**array()**。

語法格式

array() 函式建立一維陣列的語法為：

```
陣列名稱 = array( 索引鍵 1=> 元素值 1,  索引鍵 2=> 元素值 2,…索引鍵 n=> 元素值 n)
```

每一個陣列元素在 **array()** 函式中以「 , 」號區隔，索引鍵可以省略。

PHP 還提供了一個簡短的語法可以取代 **array()** 函式，就是使用「 […] 」對應的中括號進行定義，語法為：

```
陣列名稱 = [ 索引鍵 1=> 元素值 1,  索引鍵 2=> 元素值 2,…索引鍵 n=> 元素值 n]
```

使用方式與特性

使用 array() 函式建立陣列，有以下的特性：

1. 如果沒有指定索引鍵的值，會自動由 0 開始設定陣列元素的索引鍵。例如：

   ```
   $myArray = array(1, 2, 3);
   ```

   因為沒有設定索引鍵，編譯時會由 0 自動賦予每個陣列元素索引鍵。這個語法所建立的陣列與以下方法相同：

   ```
   $myArray[]=1; $myArray[]=2; $myArray[]=3;
   ```

2. 若在第某個陣列指定某個數值，接著沒有指定索引鍵的陣列元素會自動隨之遞增。可以一一指定陣列元素的索引鍵，也可不按順序來指定。

   ```
   $myArray = array(2=>1, 2, 5=>3, 7=>4);
   ```

   因為第一個陣列元素設定索引鍵為 2，所以接著的陣列元素的索引鍵為 3。第 3、4 個陣列元素也不隨之編號而自訂索引鍵。這個語法所建立的陣列與以下列方法相同：

   ```
   $myArray[2] = 1;
   ```

   ```
   $myArray[]  = 2;
   ```

   ```
   $myArray[5] = 3;
   ```

   ```
   $myArray[7] = 4;
   ```

3. 除了使用整數當作索引鍵，也可以使用字串當作索引鍵的值，例如：

```
$myArray = array(
    "myName" => "David",
    "myHeight" => 78,
    "myWeight" => 181);
```

這個語法所建立的陣列與以下列方法相同：

```
$myArray['myName'] = 'David';
$myArray['myHeight'] = 181;
$myArray['myWeight'] = 78;
```

4. 在陣列中所定義的索引鍵不可以重複使用，否則會造成錯誤。

5. 可以使用「[...]」取代 array() 函式，例如：

```
$myArray = [
    "myName" => "David",
    "myHeight" => 78,
    "myWeight" => 181];
```

範例：顯示整數索引鍵的陣列

將星期日到星期六的英文使用 array() 函式放置於一個陣列中，再利用 for 迴圈將所有資料顯示出來。

程式碼：php_array3.php	儲存路徑：C:\htdocs\ch06

```php
1  <?php
2  $weekArray = array('Sunday', 'Monday', 'Tuesday', 'Wednesday',
   'Thursday', 'Friday', 'Saturday');
3  for($i=0; $i<7; $i++){
4    echo $weekArray[$i] . "<br />";
5  }
6  ?>
```

執行結果　　　　　　　　　　　執行網址：http://localhost/ch06/php_array3.php

程式說明

2	以 array() 函數宣告陣列 $weekArray，在不設定索引鍵的狀況下，直接將星期日到星期六的英文代入陣列值中。
3	設定一個由 0~6，每次增 1 的 for 迴圈。
4	設定顯示資訊，並將相關資料由 $weekArray 陣列中調出。

範例：顯示字串索引鍵的陣列

將姓名、身高及體重等個人資料設定到陣列中，在顯示資訊時由陣列中調出相關資料來顯示。

程式碼：php_array4.php　　　　　　　　　　　儲存路徑：C:\htdocs\ch06

```php
1  <?php
2  $myArray = array('myName'=>'David', 'myHeight'=>181, 'myWeight'=>78);
3  echo "大家好，我的名字叫".$myArray['myName']."。我的身高".
   $myArray['myHeight']."公分，體重".$myArray['myWeight']."公斤。";
4  ?>
```

執行結果　　　　　　　　　　　執行網址：http://localhost/ch06/php_array4.php

程式說明

2	以 array() 函數宣告陣列 $myArray 並設定索引鍵來儲存姓名、身高及體重的資料在陣列元素中。
3	設定顯示資訊，並將相關資料由 $myArray 陣列中調出。

6.3 二維陣列與多維陣列

除了一維陣列，我們也能使用二維及多維陣列來記錄更複雜的變數資料內容。在讀取及使用時，只要能善用一維陣列的觀念即可完成。

若有一個班級有 50 位學生，每人有 10 科成績，可以為每一科建立一個一維陣列來儲存成績，如此需要 10 個一維陣列來存放成績，如果再加上學生的基本資料，如：姓名、學號、地址等，可能要幾十個一維陣列才夠使用，此種情況可用二維陣列來解決。

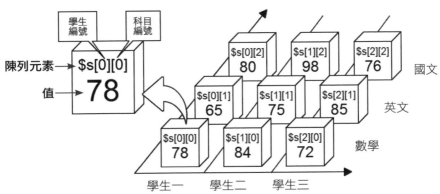

▲ 二維陣列的陣列元素有二個引數，如此一來可以將更多資料儲存在陣列中。

二維陣列是指陣列的引數有兩個，三維陣列是指陣列的引數有三個，依此類推。不過，維數較多的陣列會佔用相當可觀的記憶體，而且管理上也會變得非常複雜，使用時要非常小心。以下的說明以二維陣列為主，多維陣列的宣告與使用皆與二維陣列相同。

6.3.1 建立二維陣列

其實二維陣列可以視為二個一維陣列,可以利用下述的方式來建立。

直接賦值

直接定義二維陣列的索引鍵與值,是建立二維陣列最基礎的方法。設定的方式與一維陣列相似,只是多了一個索引鍵。

以前頁圖片中學生成績為例,設定學生一的成績方法如下:

```
$s[0][0] = 78; // 學生一數學成績
$s[0][1] = 65; // 學生一英文成績
$s[0][2] = 80; // 學生一國文成績
```

索引鍵除了可以使用整數,也可以利用字串來表達陣列,例如:

```
$s['學生一']['國文'] = 78;    // 學生一數學成績
$s['學生一']['英文'] = 65;    // 學生一英文成績
$s['學生一']['數學'] = 80;    // 學生一國文成績
```

字串的索引鍵會讓陣列元素所要表達的內容更清楚,也方便程式撰寫時維護。

使用 array() 函式

也可以使用 array() 函式來定義二維陣列。使用的方式就是 array() 函式中再置入另一個 array() 函式,例如:

```
// 定義學生一、二、三的數學、英文與國文成績。
$s = array( array(78, 65, 85),
            array(82, 75, 98),
            array(72, 85, 76));
```

因為沒有設定索引鍵,程式會由 0 自動設定索引。如此一來若想要調出第二個學生國文的成績表達方式如下:

```
echo $s[1][2]; // 第二個學生的索引鍵為 1,國文成績的索引鍵為 2。
```

以 array() 函式來定義陣列,比直接賦值的方法更加簡短而快速。若想要為每個值設定索引鍵,方法如下:

```
// 定義學生一、二、三的數學、英文與國文成績。
$s = array( 0=>array(0=>78, 1=>65, 2=>80),
             1=>array(0=>82, 1=>75, 2=>98),
             2=>array(0=>72, 1=>85, 2=>76));
```

當然也可以利用字串來當作索引鍵，其方法如下：

```
// 定義學生一、二、三的數學、英文與國文成績。
$s = array( '學生一'=>array('數學'=>78, '英文'=>65, '國文'=>80),
             '學生二'=>array('數學'=>82, '英文'=>75, '國文'=>98),
             '學生三'=>array('數學'=>72, '英文'=>85, '國文'=>76));
```

使用字串做為索引鍵，對於要顯示的值就更為方便。例如想要調出第二個學生國文的成績表達方式如下，如此即可輕鬆的在字義中知道資料的內容了：

```
echo $s['學生二']['國文'];
```

使用 array() 函式嵌套

另外一個方式是在定義一個一維陣列後再嵌套到一個新陣列中，形成二維陣列。例如：

```
// 先定義數學、英文與國文成績的陣列。
$score1 = array(78, 65, 80);
$score2 = array(82, 75, 98);
$score3 = array(72, 85, 76);
// 再將三個陣列嵌入學生陣列中。
$s = array($score1, $score2, $score3);
```

當然也可以使用直接賦值的方法與 array() 函式彼此搭配，例如：

```
// 先定義數學、英文與國文成績的陣列。
$score1[]=78; $score1[]=65; $score1[]=80;
$score2[]=82; $score2[]=75; $score2[]=98;
$score3[]=72; $score3[]=85; $score3[]=76;
// 再將三個陣列嵌入學生陣列中。
$s = array($score1, $score2, $score3);
```

範例：二維陣列的使用

表格中是一個班級的學生資料，請將它儲存到一個二維陣列 $student 中，並在其後顯示學生的資料。學生資料表格如下：

學號	姓名	性別	生日	電話
101	李雲毓	女	2000/3/14	(02)2704-2762
102	黃冠妮	女	2000/6/6	(02)2093-8123
103	韋國書	男	2000/7/15	(02)2502-1314
104	劉子芸	女	2000/8/7	(04)2530-7996
105	李政昀	男	2000/12/24	(02)2740-8965

1. 我們先使用直接賦值的方法來宣告陣列，並顯示第三個學生的資料：

程式碼：php_array5.php　　　　　　　　　　**儲存路徑：C:\htdocs\ch06**

```php
1   <?php
2     $student[0]['學號']=101;$student[0]['姓名']='李雲毓'; $student[0]
      ['性別']='女'; $student[0]['生日']='2000/3/14'; $student[0]['電話
      ']='(02)2704-2762';
3     $student[1]['學號']=102;$student[1]['姓名']='黃冠妮'; $student[1]
      ['性別']='女'; $student[1]['生日']='2000/6/6'; $student[1]['電話
      ']='(02)2093-8123';
4     $student[2]['學號']=103;$student[2]['姓名']='韋國書'; $student[2]
      ['性別']='男'; $student[2]['生日']='2000/7/15'; $student[2]['電話
      ']='(02)2502-1314';
5     $student[3]['學號']=104;$student[3]['姓名']='劉子芸'; $student[3]
      ['性別']='女'; $student[3]['生日']='2000/8/7'; $student[3]['電話
      ']='(04)2530-7996';
6     $student[4]['學號']=105;$student[4]['姓名']='李政昀'; $student[4]
      ['性別']='男'; $student[4]['生日']='2000/12/24'; $student[4]['電話
      ']='(02)2740-8965';
7
8     echo "學號:".$student[2]['學號']."<br />";
9     echo "姓名:".$student[2]['姓名']."<br />";
```

```
10    echo "性別:".$student[2]['性別']."<br />";
11    echo "生日:".$student[2]['生日']."<br />";
12    echo "電話:".$student[2]['電話'];
13   ?>
```

執行結果　　　　　　　　　　　執行網址：http://localhost/ch06/php_array5.php

程式說明

2~6　因為是二維陣列，第一個學生的第一個索引鍵為 0，以此類推。第二個索引鍵就以表格的欄位為索引鍵，而設定的值即是儲存格中的資料。

8~12　佈置顯示第三位學生的資訊，即可將陣列中第一個索引鍵為 2 的學生資料顯示出來即可。

2. 先使用 array() 函式的方法來宣告陣列，並顯示第四個學生的資料：

程式碼：php_array6.php　　　　　　　　　　　儲存路徑：C:\htdocs\ch06

```
1    <?php
2    $student = array(array('學號'=>101, '姓名'=>'李雲毓', '性別'=>'女
     ', '生日'=>'2000/3/14', '電話'=>'(02)2704-2762'),
3        array('學號'=>102, '姓名'=>'黃冠妮', '性別'=>'女', '生日
     '=>'2000/6/6', '電話'=>'(02)2093-8123'),
4        array('學號'=>103, '姓名'=>'韋國書', '性別'=>'男', '生日
     '=>'2000/7/15', '電話'=>'(02)2502-1314'),
5        array('學號'=>104, '姓名'=>'劉子芸', '性別'=>'女', '生日
     '=>'2000/8/7', '電話'=>'(04)2530-7996'),
6        array('學號'=>105, '姓名'=>'李政昀', '性別'=>'男', '生日
     '=>'2000/12/24', '電話'=>'(02)2740-8965'));
7
8    echo "學號:".$student[3]['學號']."<br />";
9    echo "姓名:".$student[3]['姓名']."<br />";
10   echo "性別:".$student[3]['性別']."<br />";
11   echo "生日:".$student[3]['生日']."<br />";
```

```
12    echo "電話:".$student[3]['電話'];
13  ?>
```

執行結果   執行網址：http://localhost/ch06/php_array6.php

程式說明

2~6   因為是二維陣列，所以在 array() 函式中再加 array() 函式宣告學生個人資料的陣列，當作外部 array() 函式陣列的值。要注意的是最內層的陣列，我們是直接使用表格的欄名當作索引鍵，便能很快辨識資料的內容。

8~12   佈置顯示第四位學生的資訊，因為外部的 array() 函式我們沒有設定索引鍵，所以程式會自動由 0 編號，第四位學生的編號為 3。內部的 array() 函式以表格的欄位為索引鍵，所以就可以直接用欄名調出學生的資料。例如該名學生的姓名即為 $student[3] ['姓名']。

3. 最後使用 array() 函式嵌套的方法來宣告陣列，並顯示第五個學生的資料：

程式碼：php_array7.php   儲存路徑：C:\htdocs\ch06

```
1   <?php
2     $a = array('學號'=>101, '姓名'=>'李雲毓', '性別'=>'女', '生日
      '=>'2000/3/14', '電話'=>'(02)2704-2762');
3     $b = array('學號'=>102, '姓名'=>'黃冠妮', '性別'=>'女', '生日
      '=>'2000/6/6', '電話'=>'(02)2093-8123');
4     $c = array('學號'=>103, '姓名'=>'韋國書', '性別'=>'男', '生日
      '=>'2000/7/15', '電話'=>'(02)2502-1314');
5     $d = array('學號'=>104, '姓名'=>'劉子芸', '性別'=>'女', '生日
      '=>'2000/8/7', '電話'=>'(04)2530-7996');
6     $e = array('學號'=>105, '姓名'=>'李政昀', '性別'=>'男', '生日
      '=>'2000/12/24', '電話'=>'(02)2740-8965');
7     $student = array($a, $b, $c, $d, $e);
8
9     echo "學號:".$student[4]['學號']."<br />";
```

```
10    echo "姓名:".$student[4]['姓名']."<br />";
11    echo "性別:".$student[4]['性別']."<br />";
12    echo "生日:".$student[4]['生日']."<br />";
13    echo "電話:".$student[4]['電話'];
14  ?>
```

執行結果　　　　　　　　　　執行網址：http://localhost/ch06/php_array7.php

學號：105
姓名：李政昀
性別：男
生日：2000/12/24
電話：(02)2740-8965

程式說明

2~6　　先把每個學生的個人資料建立成一維陣列。

7　　再利用 array() 函式建立 $student 陣列，其值即為剛才依每個學生資料所建立的陣列。如此即可將一維陣列嵌套到另一個一維陣列中，形成二維陣列。

9~13　　佈置顯示第五位學生的資訊，因為 $student 陣列中沒有設定索引鍵，所以程式會自動由 0 編號，第五位學生的編號為 4。最後就可以直接用欄名調出學生的資料。例如該名學生的姓名即為 $student[4]['姓名']。

6.3.2 建立多維陣列

其實無論建立幾維的陣列，採取的方式都與建立二維陣列相似，都可以由一維組成二維，再架構到多維的陣列。例如一個年級有 10 班，想要用陣列定義 6 年 2 班座號 23 的學生資料，即可寫成一個三維陣列：$student[6][2][23]。

如果想要再加一維陣列來表示他的國文成績 (Chinese)，即可改變原來的資料為四維陣列：$student[6][2][23]['Chinese']，其他多維陣列的方式可以此類推。

6.4 foreach 迴圈的使用

在程式中若需要對於陣列中每一個元素進行處理時,可以使用 foreach 迴圈取出元素的內容。foreach 迴圈是專門設計給陣列使用的迴圈,每重複一次即可將陣列移到下一個元素中。

語法格式:不使用陣列索引鍵

若程式中並不需要使用到陣列的索引鍵,其使用的格式如下:

```
foreach (陣列名稱 as 自訂變數名稱) {
    執行的程式內容;
}
```

這個迴圈會依指定陣列的陣列元素數量做為執行次數,依序執行完畢才會跳出迴圈結束或是往下執行。每執行一次迴圈,在程式內容中可使用自訂的變數名稱取得每一個陣列元素的值,再進行相對的處理。

舉例來說,我們將四季的文字儲存到一個陣列中,再利用 foreach 迴圈將陣列中的值讀出。

程式碼:php_array8.php	儲存路徑:C:\htdocs\ch06

```php
1   <?php
2       $season = array('春', '夏', '秋', '冬');
3
4       echo "每年的四季分別為:";
5       foreach ($season as $value){
6           echo $value;
7       }
8   ?>
```

執行結果	執行網址:http://localhost/ch06/ php_array8.php

每年的四季分別為:春夏秋冬

| 2 | 以 array() 函式建立一維陣列,將四季的文字代入 $season 的陣列中。 |
| 5~7 | 利用 foreach 迴圈將 $season 陣列的元素設定到 $value 變數中,每執行一次迴圈就將 $value 的值顯示在頁面上。 |

> **備註** 使用 for 迴圈來改寫 foreach 迴圈
>
> foreach 迴圈也可以使用 for 迴圈來達成,但是最重要的是取得陣列的長度,也就是元素的個數。此時可以使用 count() 函數來取得,以剛才的範例而言,可以改寫程式碼為:
>
> ```php
> <?php
>     $season = array('春', '夏', '秋', '冬');
>     $aNum = count($season);
>     echo "每年的四季分別為:";
>     for ($i=0; $i<$aNum; $i++){
>       echo $season[$i];
>     }
> ?>
> ```
>
> 在程式中先利用 count() 函式取得陣列長度,再儲存到 **$aNum** 的變數中。再利用 for 迴圈指定執行的次數,將每個陣列元素值顯示出來。

語法格式:使用陣列索引鍵

若程式中會使用到陣列的索引鍵,其使用的格式如下:

```
foreach (陣列名稱 as 索引鍵變數 => 變數值) {
    執行的程式內容;
}
```

這個迴圈會依指定陣列的陣列元素數量做為執行次數,依序執行完畢才會跳出迴圈結束或是往下執行。每執行一次迴圈,在程式內容中可使用自訂索引鍵變數取得目前陣列的索引鍵,使用變數值取得目前陣列的元素值。

舉例來說,我們將星期日到星期一的中英文資料儲存到一個陣列中,再利用 foreach 迴圈將陣列中禮拜幾的中英文分別列出。

程式碼：php_array9.php   儲存路徑：C:\htdocs\ch06

```php
1    <?php
2    $weekArray = array('星期日'=>'Sunday',
     '星期一'=>'Monday',
     '星期二'=>'Tuesday',
     '星期三'=>'Wednesday',
     '星期四'=>'Thursday',
     '星期五'=>'Friday',
     '星期六'=>'Saturday');
3
4    foreach($weekArray as $cweek => $eweek){
5      echo $cweek . "的英文是" . $eweek ."<br />";
6    }
7    ?>
```

執行結果   執行網址：http://localhost/ch06/ php_array9.php

程式說明

2　　以 array() 函式建立一維陣列，以星期日到星期六為索引鍵、以它的英文為值，代入 $weekArray 的陣列中。

4~6　利用 foreach 迴圈將 $weekArray 陣列索引鍵設定到 $cweek 的變數中，再將元素的值設定到 $eweek 變數中，每執行一次迴圈就以 $cweek 的值顯示中文資訊，$eweek 顯示英文的資訊在頁面上。

舉例來說，我們將利用 array() 函式建構一個二維陣列，記錄 4 個學生的資料。再利用 foreach() 函式將每個學生的資料顯示出來。

程式碼：php_array10.php　　　　　　　　　　　　儲存路徑：C:\htdocs\ch06

```php
1   <?php
2   $student = array(array('學號'=>101, '姓名'=>'李雲毓', '性別'=>'女',
    '生日'=>'2000/3/14', '電話'=>'(02)2704-2762'),
3            array('學號'=>102, '姓名'=>'黃冠妮', '性別'=>'女', '生日'
    '=>'2000/6/6', '電話'=>'(02)2093-8123'),
4            array('學號'=>103, '姓名'=>'韋國書', '性別'=>'男', '生日'
    '=>'2000/7/15', '電話'=>'(02)2502-1314'),
5            array('學號'=>104, '姓名'=>'劉子芸', '性別'=>'女', '生日'
    '=>'2000/8/7', '電話'=>'(04)2530-7996'),
6            array('學號'=>105, '姓名'=>'李政昀', '性別'=>'男', '生日'
    '=>'2000/12/24', '電話'=>'(02)2740-8965'));
7
8   foreach ($student as $sdata){
9     echo "學號:".$sdata['學號'].",";
10    echo "姓名:".$sdata['姓名'].",";
11    echo "性別:".$sdata['性別'].",";
12    echo "生日:".$sdata['生日'].",";
13    echo "電話:".$sdata['電話']."。<br />";
14  }
15  ?>
```

執行結果　　　　　　　　　執行網址：http://localhost/ch06/ php_array10.php

← → C ⓘ http://localhost/ch06/php_array10.php

學號：101，姓名：李雲毓，性別：女，生日：2000/3/14，電話：(02)2704-2762。
學號：102，姓名：黃冠妮，性別：女，生日：2000/6/6，電話：(02)2093-8123。
學號：103，姓名：韋國書，性別：男，生日：2000/7/15，電話：(02)2502-1314。
學號：104，姓名：劉子芸，性別：女，生日：2000/8/7，電話：(04)2530-7996。
學號：105，姓名：李政昀，性別：男，生日：2000/12/24，電話：(02)2740-8965。

程式說明

2~6　因為是二維陣列，所以在 array() 函式中再加 array() 函式宣告學生個人資料的陣列，當作外部 array() 函式陣列的值。要注意的是最內層的陣列，我們是直接使用表格的欄名當作索引鍵，如此就能很快辨識資料的內容。

8~14　利用 foreach 迴圈將 $student 陣列索引鍵設定到 $sdata 的變數中，而 $sdata 的變數儲存的也是一個陣列資料，每執行一次迴圈就以 $sdata 加上索引鍵的值來顯示資訊，例如學號即為 $sdata['學號']，姓名即為 $sdata['姓名']。

6.5 陣列相關函式使用

陣列可以利用相關函式對資料進一步操作，以下將針對函式不同功能分類加以介紹。

陣列可以利用相關函式對資料進一步操作，以下將對函式不同功能加以介紹。

6.5.1 顯示陣列內容函式

以下先介紹二個並不僅使用在陣列中，但是對於顯示陣列的資料相當有幫助的三個函式：print_r()、var_dump()、var_export()，它們能將指定陣列或是物件的內容以易懂的格式顯示在頁面上，對於程式測試與偵錯十分有用。

1. **print_r()**：可以顯示指定的陣列或物件的內容，但是只能指定一個變數，語法為：

   ```
   print _ r( 變數 )
   ```

2. **var_dump()**：可以顯示指定的陣列或物件的資料型別、大小及內容，而且能指定多個變數，對於程式測試與偵錯時特別有用。語法為：

   ```
   var _ dump( 變數 1[, 變數 2][..., 變數 n])
   ```

3. **var_export()**：可以將指定的陣列或物件內容以 PHP 的合法程式碼返回，語法為：

   ```
   var _ export( 變數 )
   ```

範例：顯示陣列的內容

接下來我們將新增一個陣列，再分別使用 print_r()、var_dump() 二個函式來顯示它的結果：

程式碼：php_array11.php	儲存路徑：C:\htdocs\ch06

```
1    <?php
2    $testArray = array(" 甲 "," 乙 "," 丙 ");
3    echo "print _ r() 的結果:";
4    print _ r($testArray);
5    echo "<br />var _ dump() 的結果:";
```

```
6    var _ dump($testArray);
7    echo "<br />var _ export() 的結果:";
8    var _ export($testArray);
9    ?>
```

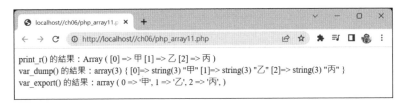

localhost//ch06/php_array11.p ×　+

← → C ⓘ http://localhost/ch06/php_array11.php

print_r() 的結果：Array ([0] => 甲 [1] => 乙 [2] => 丙)
var_dump() 的結果：array(3) { [0]=> string(3) "甲" [1]=> string(3) "乙" [2]=> string(3) "丙" }
var_export() 的結果：array (0 => '甲', 1 => '乙', 2 => '丙',)

程式說明

2	新增一個陣列。
4	利用 print _ r() 函式顯示陣列的內容。
6	利用 var _ dump() 函式顯示陣列的內容。
8	利用 var _ export() 函式顯示陣列的內容。

由結果看來，使用 **print_r()** 函式顯示了陣列中每個索引鍵與值，而 **var_dump()** 更進一步顯示陣列元素的資料型態與大小，有助於開發者了解陣列中的所有資訊，包含了資料類型與內容，對於程式除錯有很大的幫助。而 **var_export()** 所返回的資料是以 **PHP** 的程式碼的型態，方便直接加入在編輯的程式當中。

6.5.2 一般陣列函式

以下是在操作陣列時常要動用到的函式：

函式名稱	說明與範例

is_array(變數)	判斷變數是否為一個陣列，並將結果以邏輯值 (True, False) 回傳。
	`$testArray = array("甲","乙","丙");`
	`echo(is_array($testArray)? "是":"否");`
	`// 顯示「是」`

count(陣列)	計算陣列中有多少元素，並將結果以整數回傳。
	`$testArray = array("甲","乙","丙");`
	`echo count($testArray);`
	`// 顯示「3」`

函式名稱	說明與範例

array_count_values(陣列)	檢查陣列中元素重複的次數，並將結果以陣列回傳。
	`$testArray = array(" 甲 "," 乙 "," 丙 "," 乙 ");`
	`$value = array_count_values($testArray);`
	`print_r($value);`
	// 顯示「`Array ( [ 甲 ] => 1 [ 乙 ] => 2 [ 丙 ] => 1 )`」

current(陣列)	顯示目前陣列中記錄指標所在的元素值。
	`$testArray = array(" 甲 "," 乙 "," 丙 ");`
	`echo current($testArray);`
	// 顯示「甲」

array_values(陣列)	取得陣列中所有元素的值，並將結果以整數索引鍵的陣列回傳。
	`$testArray = array("A"=>" 甲 ","B"=>" 乙 ","C"=>" 丙 ");`
	`print_r(array_values($testArray));`
	// 顯示「`Array ( [0] => 甲 [1] => 乙 [2] => 丙 )`」

array_sum(陣列)	加總陣列中所有元素的值，並將結果以數值回傳。
	`$testArray = array(1,2,3,4);`
	`echo array_sum($testArray);`
	// 顯示「10」

array_unique(陣列)	當陣列中元素有重複值時只會保留一個。
	`$testArray = array(" 甲 "," 乙 "," 丙 "," 乙 "," 甲 ");`
	`$value = array_unique($testArray);`
	`print_r($value);`
	// 顯示「`Array ( [0] => 甲 [1] => 乙 [2] => 丙 )`」

array_change_key_case
(字串 [, 模式])
	改變陣列中的字串索引鍵為大寫或小寫。模式「**CASE_UPPER**」會轉大寫、模式「**CASE_LOWER**」會轉小寫，預設是小寫。
	`$testArray = array('Sun'=>0, 'Mon'=>1, 'Tue'=>2, 'Wed'=>3, 'Thu'=>4, 'Fri'=>5, 'Sat'=>6);`
	`$value = array_change_key_case($testArray,CASE_UPPER);`
	`print_r($value);`
	// 顯示「`Array ( [SUN] => 0 [MON] => 1 [TUE] => 2 [WED] => 3 [THU] => 4 [FRI] => 5 [SAT] => 6 )`」

array_pad(陣列 , 數量 , 值)	擴張陣列中元素的數量，當指定數量大於原來元素數量時，則以指定的值代入，當指定數量小於原來數量則不執行。
	`$testArray = array(" 甲 "," 乙 "," 丙 ");`
	`$testArray = array_pad($testArray,5," 丁 ");`
	`print_r($testArray);`
	// 顯示「`Array ( [0] => 甲 [1] => 乙 [2] => 丙 [3] => 丁 [4] => 丁 )`」

range(起始值 , 終止值 [, 遞增值])	以連續整數為值建立一個陣列可以使用這個函式，遞增值預設為 1。
	`$testArray = range(1,4,1);`
	`print_r($testArray);`
	// 顯示「`Array ( [0] => 1 [1] => 2 [2] => 3 [3] => 4 )`」

函式名稱	説明與範例

shuffle(陣列)	將陣列元素值打亂，若為文字索引鍵陣列則會將索引鍵改為整數型。
	```$testArray = array(1,2,3);```
	```echo " 前 : ";print_r($testArray);```
	```shuffle($testArray);```
	```echo " 後 : ";print_r($testArray);```
	```// 顯示「前：Array ([0] => 1 [1] => 2 [2] => 3)```
	``` 後：Array ([0] =>```
	```3 [1] => 1 [2] => 2)」```

array_reverse(陣列 [, 模式])	將陣列元素值順序倒轉，模式為 True 時順序倒轉後索引鍵與值不變，False 時僅倒轉值的順序 (預設值)。
	```$testArray = array(1,2,3);```
	```print_r(array_reverse($testArray,True));```
	```print_r(array_reverse($testArray,False));```
	```// 顯示「Array ([2] => 3 [1] => 2 [0] => 1)```
	``` Array ([0] => 3 [1] => 2 [2] => 1)」```

6.5.3 陣列的合併與分割

array_merge() 函式合併陣列

array_merge() 可以用來合併一個或多個陣列，語法如下：

```
array_merge( 陣列 1, 陣列 2,…陣列 n)
```

當為整數索引鍵陣列時，第一個陣列會直接將第二個陣列元素納到後方，以此類推。但是為文字索引鍵陣列時，則當遇到重複索引鍵時，後來的會覆蓋先前的值。例如：

```
$testArray1 = array("A"=>" 甲 ","B"=>" 乙 ","C"=>" 丙 ");

$testArray2 = array("C"=>" 丁 ","D"=>" 戊 ","E"=>" 己 ");

$testArray3 = array_merge($testArray1,$testArray2);

print_r($testArray3);

// 顯示「Array ( [A] => 甲  [B] => 乙

                [C] => 丁

                [D] => 戊  [E] => 己 )」
```

由結果來看，二個陣列中都有索引鍵「C」，但合併後其值為後來的值「丁」。

array_merge_recursive 函式合併陣列

與 array_merge() 函式類似可以用來合併陣列，不同的是文字索引鍵陣列時遇到重複索引鍵時，不會覆蓋先前的值，而是以多維陣列的方式來儲存。格式為：

```
array_merge_recursive( 陣列 1, 陣列 2,…陣列 n)
```

例如：

```
$testArray1 = array("A"=>" 甲 ","B"=>" 乙 ","C"=>" 丙 ");
$testArray2 = array("C"=>" 丁 ","D"=>" 戊 ","E"=>" 己 ");
$testArray3 = array_merge_recursive($testArray1,$testArray2);
print_r($testArray3);
// 顯示「Array (    [A] => 甲  [B] => 乙
                   [C] => Array ( [0] => 丙  [1] => 丁 )
                   [D] => 戊  [E] => 己 )」
```

最後合併的結果，因為二個陣列都有索引鍵「C」，合併後其值為一個多維陣列。

array_chunk() 分割陣列為多維陣列

將陣列依指定數量切割為多維陣列，格式如下：

```
array_chunk( 陣列 , 數量 [, 模式 ])
```

其中模式 True 為保持原索引鍵，False 為重新建立索引鍵 (預設值)。例如：

```
$testArray = array(1,2,3,4,5);
$testArray = array_chunk($testArray,3);
print_r($testArray);
// 顯示「Array (    [0] => Array ( [0] => 1 [1] => 2 [2] => 3 )
                   [1] => Array ( [0] => 4 [1] => 5 ) )」
```

原陣列中 5 個陣列元素被 3 個一組切割成多維陣列，最後剩下的元素為一組。

array_combine() 函式將二個陣列合併成結合式陣列

使用字串設定索引鍵的陣列稱為結合式陣列，若陣列 1 的值為索引鍵，陣列 2 為值，可利用這個函式將二個陣列合併成一個新陣列。其格式如下：

```
array_combine( 陣列 1, 陣列 2)
```

例如：

```
$testArray1 = array("A","B","C");
```

```
$testArray2 = array("甲","乙","丙");
```

```
$testArray = array _ combine($testArray1,$testArray2);
```

```
print _ r($testArray);
```

```
// 顯示「Array ( [A] => 甲 [B] => 乙 [C] => 丙 )」
```

compact() 函式將多個變數整合成陣列

將原有的變數整合成以變數名稱為索引鍵，變數值為值的陣列，格式如下：

```
compact( 變數名 1, 變數名 2,…變數名 n)
```

要注意的是，參數帶入的是變數名，而不是變數本身。例如：

```
$A="甲";$B="乙";$C="丙";
```

```
$testArray = compact("A","B","C");
```

```
print _ r($testArray);
```

```
// 顯示「Array ( [A] => 甲 [B] => 乙 [C] => 丙 )」
```

6.5.4 指派陣列元素成為變數

list() 函式的使用

您可以使用 list() 函式將陣列中的元素快速的指派給變數，其語法如下：

```
list($ 變數 1, $ 變數 2, … 變數 n) = 陣列
```

如此一來就可以直接將陣列中的陣列元素值指派到所對應的變數中。例如：

```
$testArray = array("甲","乙","丙");
```

```
list($a,$b,$c) = $testArray;        // 顯示「$a="甲",$b="乙",$c="丙"」
```

list() 的變數數量可以少於陣列元素的數量，有設定即可指派，但是不能多於陣列元素數量。

```
$testArray = array("甲","乙","丙");
```

```
list($a,$b) = $testArray;           // 顯示「$a="甲",$b="乙"」
```

list() 的變數可以不設定直接以「,」跳過仍可指派。例如：

```
$testArray = array("甲","乙","丙");
```

```
list($a,,$b) = $testArray;          // 顯示「$a="甲",$b="丙"」
```

each() 函式的搭配

當遇到字串設定索引鍵的結合式陣列時,list() 函式只能設定二個變數來取得索引鍵及值,並搭配 each() 函式來取得所有陣列的內容。例如:

```
$testArray = array("A"=>" 甲 ","B"=>" 乙 ","C"=>" 丙 ");
while(list($a,$b) = each($testArray)){
    echo "$a 的值為 $b ,";
}
// 顯示「A 的值為 甲 ,B 的值為 乙 ,C 的值為 丙 ,」
```

在 while 迴圈中每執行一次,陣列的記錄指標即往下一筆移動一次,並將索引鍵與值代入 list() 函式指定的變數中。當到達陣列資料底端時會回傳邏輯值 False 即會跳出迴圈,陣列的記錄指標會停留在最後一筆。

list() 函式在搭配 each() 函式跳出迴圈後,若要將指標返回陣列頂端,可以使用 reset($ 陣列) 的方法讓記錄指標回到第一筆。

6.5.5 陣列的排序

一般排序函式

建立了陣列後可以利用函式對陣列元素中的索引鍵及值來排序,常見的陣列排序函式如下:

函式名稱	說明與範例
sort(陣列 [, 模式]) rsort(陣列 [, 模式])	利用陣列元素值進行排序,sort 為遞增排序、rsoft 為遞減排序。要注意的是排序後該陣列的主索引鍵會轉換為整數索引鍵重新排序。
asort(陣列 [, 模式]) arsort(陣列 [, 模式])	利用陣列元素值進行排序,asort 為遞增排序、arsoft 為遞減排序,排序後該陣列的主索引鍵並不會被刪除。
ksort(陣列 [, 模式]) krsort(陣列 [, 模式])	利用陣列索引鍵進行排序,ksort 為遞增排序、krsort 為遞減排序。

函式模式參數為選填,可指定的常數及說明如下:

模式	說明
SORT_REGULAR	標準排序 (預設)
SORT_NUMERIC	數字排序
SORT_STRING	字串排序

範例：以陣列元素值排序

使用 sort()、rsort() 與 asort()、arsort() 可對於陣列中的元素值進行遞增與遞減排序，差異在於 sort()、rsort() 排序後無論使用何種索引鍵都會轉換為整數索引鍵，並由 0 開始編號。asort()、arsort() 則保留原主索引鍵，跟著值一起移動。以下將使用實例來說明：

程式碼：php_array12.php	儲存路徑：C:\htdocs\ch06

```php
1   <?php
2   $fruits = array("d" => "lemon", "a" => "orange", "b" =>
    "banana", "c" => "apple");
3   sort($fruits);
4   foreach ($fruits as $key => $val) {
5       echo "$key = $val <br />";
6   }
7   echo "<hr />";
8   $fruits = array("d" => "lemon", "a" => "orange", "b" =>
    "banana", "c" => "apple");
9   asort($fruits);
10  foreach ($fruits as $key => $val) {
11      echo "$key = $val <br />";
12  }
13  ?>
```

執行結果	執行網址：http://localhost/ch06/php_array12.php

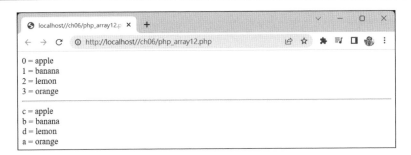

程式說明

2	設定一個用字串做為索引鍵的陣列。
3	使用 sort() 函式對該陣列的值進行遞增排序。

4~6	使用 foreach 迴圈將陣列中的索引鍵及值一一顯示。
8	重新再設定一個用字串做為索引鍵的陣列。
9	使用 asort() 函式對該陣列的值進行遞增排序。
10~12	使用 foreach 迴圈將陣列中的索引鍵及值一一顯示。

由結果來看，使用 sort() 函式排序後，陣列中的索引鍵轉換為整數，並由 0 開始編號。使用 asort() 函式排序後，索引鍵的內容仍然保持原值，並隨著排序移動。

範例：以陣列索引鍵排序

使用 ksort()、krsort() 可對於陣列中的索引鍵進行遞增與遞減排序，以下將利用實例說明：

程式碼：php_array13.php	儲存路徑：C:\htdocs\ch06

```php
1  <?php
2  $fruits = array("d" => "lemon", "a" => "orange", "b" =>
   "banana", "c" => "apple");
3  ksort($fruits);
4  foreach ($fruits as $key => $val) {
5      echo "$key = $val <br />";
6  }
7  ?>
```

執行結果	執行網址：http://localhost/ch06/php_array13.php

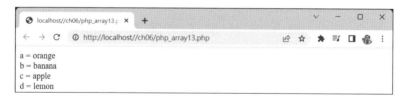

程式說明

2	設定一個用字串做為索引鍵的陣列。
3	使用 ksort() 函式對該陣列的索引鍵進行遞增排序。
4~6	使用 foreach 迴圈將陣列中的索引鍵及值一一顯示。

由結果來看，使用 ksort() 函式陣列會依索引鍵進行排序。

自然順序排序函式

一般字串在進行排序時，會一個一個以字元進行比對。例如 img1、img2、img11 在一般排序時，其順序就會為 img1、img11、img2。但若更貼進人類排序的想法，會將相同的字串先去除再以剩下的數字進行排列，結果為 img1、img2、img11，這就是自然順序排序。

您可以使用 natsort(陣列) 及 natcasesort(陣列) 二個函式進行陣列值的自然順序排序，差異在於 natcasesort() 區分英文大小寫。以下將利用實例比較一般排序與自然排序的不同：

程式碼：php_array14.php	儲存路徑：C:\htdocs\ch06

```php
1   <?php
2     $testArray=array("img1","img2","img11");
3     sort($testArray);
4     print _ r($testArray);
5     echo "<br />";
6     natsort($testArray);
7     print _ r($testArray);
8   ?>
```

執行結果	執行網址：http://localhost/ch06/php_array14.php

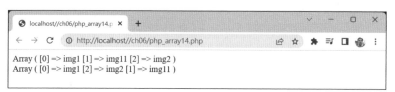

Array ([0] => img1 [1] => img11 [2] => img2)
Array ([0] => img1 [2] => img2 [1] => img11)

程式說明	
2	設定一個陣列。
3~4	使用 sort() 函式對該陣列值進行排序，並使用 print _ r() 顯示陣列內容。
6~7	使用 natsort() 函式進行排序，並使用 print _ r() 顯示陣列內容。

由結果來看，使用 natsort() 函式排序的結果的確符合自然排序的條件。

自訂排序函式

有許多字串的排序方式，並不能利用字元的順序或是筆劃等特性來進行排序，例如常說的四季為：春、夏、秋、冬，這樣的順序就無法使用內建的排序函式。此時可以搭配自訂的排序函式來進行比對，再對陣列進行排序。以下是相關的函式：

函式名稱	說明與範例
usort(陣列 , 自訂函式名稱)	利用自訂函式來對於元素值進行排序，排序後該陣列的主索引鍵會轉換為整數索引鍵重新排序。
uasort(陣列 , 自訂函式名稱)	利用自訂函式來對於元素值進行排序，排序後該陣列的主索引鍵並不會被刪除。
uksort(陣列 , 自訂函式名稱)	利用自訂函式來對於索引鍵進行排序。

要注意，第二個參數是要填入自訂函式的名稱，為字串。自訂函式比較後的回傳值有三種，「0」：相等，「1」：大於，「-1」：小於。

一個較為經典的氣泡排序 (Bubble Sort) 範例如下：

程式碼：**php_array15.php**　　　　　　　　　　　　　儲存路徑：C:\htdocs\ch06

```php
1   <?php
2   function cmp($a, $b)
3   {
4       if ($a == $b) {
5           return 0;              // 若相等回傳 0
6       }
7       return ($a < $b) ? -1 : 1;      // 若小於回傳 -1，否則回傳1
8   }
9   $aNum = array(3, 2, 5, 6, 1);
10  usort($aNum, "cmp");
11  foreach ($aNum as $key => $value) {
12      echo "$key: $value <br />";
13  }
14  ?>
```

執行結果　　　　　　　執行網址：http://localhost/ch06/php_array15.php

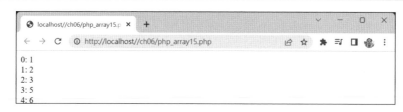

程式說明

2~8	設定一個自訂函式，將二個參數值進行比對，相等時回傳 0，前數小於後數時回傳 -1，否則回傳 1。
9	定義一個陣列，內容值皆為整數。
10	使用 usort() 函式使用剛才自訂函式對該陣列值進行排序。
11	使用 foreach 迴圈將排序後的陣列內容顯示出來。

多陣列排序

array_multisort() 函式能對相關的多個陣列或多維陣列一起進行排序，格式如下：

```
array _ multisort( 陣列1[, 排序方式 ][, 模式 ][ 陣列2[, 排序方式 ][, 模式 ]]..)
```

可指定的排序方式如下：

模式	說明
SORT_ASC	遞增排序 (預設)
SORT_DESC	遞減排序

可指定的參數及說明如下：

模式	說明
SORT_REGULAR	標準排序 (預設)
SORT_NUMERIC	數字排序
SORT_STRING	字串排序

例如有二個陣列，一個陣列中的值為產品的名稱，另一個陣列儲存的是產品的價格。若想要對產品名稱排序，並希望另一個陣列中的價格順序也可以跟著移動。

程式碼：php_array16.php　　　　　　　儲存路徑：C:\htdocs\ch06

```
1   <?php
2   $a = array(20,25,18,34,20,45);
3   $b = array(' 礦泉水 ',' 泡麵 ',' 洋芋片 ',' 餅乾 ',' 八寶粥 ',' 罐頭 ');
4   array _ multisort($a,SORT _ DESC,$b,SORT _ ASC);
5   for($i=0;$i<count($a);$i++){
6     echo $b[$i].' 售價 $'.$a[$i].'<br />';
7   }
8   ?>
```

程式說明

2~3	分別設定二個陣列，$a 陣列儲存產品的價格，$b 陣列儲存產品的名稱。
4	用 array _ multisort() 函式先對 $a 陣列值遞減排序，再對 $b 陣列值遞增排序。

由結果看來，函式先對 **$a** 陣列中的價格遞減排序，若價格相等再使用 **$b** 陣列
值來進行遞增排序。這個方式與一般在 SQL 語法中對於資料表中設定多欄位排
序的方式相同，當第一欄排序結果相同時，再使用第二欄來排序，以此類推。

6.5.6 陣列的指標

陣列就是在一個變數中儲存多筆資料，那要如何知道目前顯示的是陣列中的哪一
筆資料，又如何往前或往後顯示下一筆資料，或是如何回到第一筆或是到最後一
筆資料呢？在陣列中存在著一個記錄指標，用來標示目前使用的是陣列中的哪一
個資料，您可以利用以下的函式來移動或是取得指標所在的資訊：

函式名稱	說明與範例
reset(陣列)	將指標移動到第一個陣列元素
next(陣列)	將指標移動到下一個陣列元素
prev(陣列)	將指標移動到上一個陣列元素
end(陣列)	將指標移動到最後一個陣列元素
key(陣列)	取得目前指標所在的陣列索引鍵
array_keys(陣列 [, 值])	將指定的陣列中所有的陣列索引鍵組合成一個陣列，若有加入值的 參數，即是將等於該值的索引鍵組合成一個陣列。

操作陣列指標的方式相當簡單,只要在定義後使用上述的函式即可。例如:

```
$testArray=array(" 藍 ", " 綠 ", " 紅 ", " 黑 ", " 黃 ");
echo " 第一個值是 ",reset($testArray),",";
echo " 第二個值是 ",next($testArray),",";
echo " 最後一個值是 ",end($testArray),",";
echo " 倒數第二個值是 ",prev($testArray),"。";
// 顯示「第一個值是藍,第二個值是綠,最後一個值是黃,倒數第二個值是黑。」
```

6.5.7 陣列的操作

已經定義完畢的陣列,該如何再新增陣列元素、刪除其中的陣列元素、取出陣列元素或是更新陣列元素,都可以利用以下的函式來操作:

函式名稱	說明與範例
array_shift(陣列)	刪除第一個陣列元素
array_unshift(陣列 , 元素 1[, 元素 2…])	新增一個或多個陣列元素在第一個陣列元素前
array_pop(陣列)	刪除最後一個陣列元素
array_push(陣列 , 元素 1[, 元素 2…])	新增一個或多個陣列元素在最後一個陣列元素後
array_slice(陣列 , 起始位置 [, 取出個數])	由陣列中取得指定的陣列元素,取出的陣列元素並不會消失在原陣列中。 起始的位置是由 0 算起往後計算,也可以填入負數,位置就由後往前取。例如 -1 即為最後一個陣列元素。 取出的個數可以省略,表示由起始位置取到最後。可以負數表示,取得的方向即由起始位置為 0 向前取得元素個數。
array_splice(陣列 , 刪除位置 [, 刪除個數 [, 插入元素]])	由陣列中刪除或取代指定的陣列元素,刪除位置與刪除個數規定與 array_slice() 的起始位置與取出個數規定相同。 插入元素省略時即為刪除,若有多個元素要插入時,可以使用陣列表示。
array_rand(陣列 [, 取出個數])	隨機由陣列中取得陣列元素,並回傳索引鍵。
array_flip(陣列)	將陣列元素中索引鍵與值對調,但值重複的元素,對調後其中只會保留最後的陣列元素。

我們以一個陣列來加以說明：

```
$testArray=array("藍", "綠", "紅", "黑", "黃");
array_shift($testArray); // 去除最前方的陣列元素
array_unshift($testArray,"綠"); // 在最前方加入一個陣列元素
array_pop($testArray);        // 去除最後方的陣列元素
array_push($testArray,"綠");  // 在最後方加入一個陣列元素
array_splice($testArray,2,2,"綠"); // 由第 3 個元素開始刪除 2 個，再加
入一個元素
print_r($testArray);
// 顯示「Array ( [0] => 綠 [1] => 綠 [2] => 綠 [3] => 綠 )」。
```

6.5.8 陣列的搜尋

我們可以使用關鍵字在陣列中找尋相符的索引鍵或是值，搜尋時英文大小寫視為不同，找到符合的陣列元素時，會以布林值 (True / False) 回傳。

函式名稱	說明與範例
in_array(關鍵字 , 陣列 [, 型別檢查])	以關鍵字搜尋陣列元素中是否有符合的值。
array_search(關鍵字 , 陣列 [, 型別檢查])	以關鍵字搜尋陣列元素中是否有符合的索引鍵。

函式中的參數：型別檢查，若為 TRUE 在檢查時除了資料內容要一致，資料型別也要相同。FALSE 為預設值可省略，只檢查資料內容不檢查資料型別。例如：

```
$testArray=array("A"=>"甲", "B"=>"乙", "C"=>1, "D"=>10, "E"=>"100");
if(in_array("10",$testArray)){
    echo "在陣列中找到相同的值。";
} // 顯示「在陣列中找到相同的值。」。
```

若加上型別檢查，則會找不到相同的值。因為 "10" 為字串，而 10 為整數：

```
if(in_array("10",$testArray,TRUE)){
    echo "在陣列中找到相同的值。";
} // 沒有顯示訊息。
```

6.5.9 陣列的比對

我們可以使用下列函式比對多個陣列後回傳之間不同的陣列元素，或是相同的陣列元素。

函式名稱	說明與範例
array_diff(陣列 1, 陣列 2[, 陣列 3….]) array_diff_assoc(陣列 1, 陣列 2[, 陣列 3….])	比對多組陣列中**每個元素值是否與另一個不同**，將結果以陣列回傳，並保持原陣列的索引鍵。而 array_diff_assoc() 不同的地方是在比較時還必須是同一個索引鍵才能比較。
array_intersect(陣列 1, 陣列 2[, 陣列 3….]) array_intersect_assoc(陣列 1, 陣列 2[, 陣列 3….])	比對多組陣列中**每個元素值是否與另一個相同**，將結果以陣列回傳，並保持原陣列的索引鍵。而 array_intersect_assoc() 不同的地方是在比較時還必須是同一個索引鍵才能比較。

首先要注意的是回傳值是陣列，會保留原來在陣列中的索引鍵。

再來要注意的是比對的方法：array_diff() 與 array_intersect() 函式在比對時，會由陣列 1 的第 1 個陣列元素的值與陣列 2 的所有陣列元素的值來比對，看是否有不同或相同，以此類推，最後再組合為陣列回傳。

而 array_diff_assoc() 與 array_intersect_assoc () 函式在比對時，會由陣列 1 的第 1 個陣列元素的值與陣列 2 的第 1 個陣列元素的值來比對，看是否有不同或相同，以此類推，最後再組合為陣列回傳。例如：

```
$testArray1=array(1,2,3,4,5);
$testArray2=array(4,2,5,6,7);
$var = array _ diff($testArray1,$testArray2);
print _ r($var);
// 顯示「Array ( [0] => 1 [2] => 3 )」
```

因為 $testArray1 與 $testArray2 之間有 1、3 二個值不同，它們保留原有的索引鍵回傳。若改為使用 array_diff_assoc()：

```
$var = array _ diff _ assoc($testArray1,$testArray2);
print _ r($var);
// 顯示「Array ( [0] => 1 [2] => 3 [3] => 4 [4] => 5 )」
```

因為要考量索引鍵也要相同，所以只有 2 相同，其他的值都被保留索引鍵回傳。

6.5.10 陣列的篩選

您可以使用自訂函式做為篩選的條件，將原陣列的資料篩選後存入另一個陣列中，格式如下：

```
array _ filter( 陣列,自訂函式名稱 )
```

例如我們要在一個陣列元素都是整數的陣列中，取得偶數值的陣列元素：

```php
function filter($var){
    return ($var%2==0);  // 若是除以 2 餘數為 0 即為偶數
}
$testArray=array(1,12,-3,4,25,-2);
$odd = array _ filter($testArray,"filter");
print _ r($odd);
// 顯示「Array ( [1] => 12 [3] => 4 [5] => -2 )」
```

延伸練習

一、是非題

1. (　　　) 陣列與變數相同,是提供儲存資料的記憶體空間。

2. (　　　) 陣列可說是一群性質相同變數的集合,屬於一種循序性的資料結構,陣列中的資料在記憶體中佔有連續記憶體空間。

3. (　　　) 陣列中的每一份資料稱為:陣列元素,每一個陣列元素相當於一個變數,如此就可輕易建立大量的資料儲存空間。

4. (　　　) 在 PHP 中陣列必須事先宣告資料的數量大小,且每個陣列元素的值一定要相同。

5. (　　　) 在陣列中定義的索引鍵不可以重複使用,否則會造成錯誤。

二、選擇題

1. (　　　) 在 PHP 中使用何種方式來區分放置在陣列中的資料?
   (A) 唯一鍵　(B) 索引鍵　(C) 編號　(D) 變數

2. (　　　) 在陣列中如果未指定索引鍵,預設的值為?
   (A) Ture　(B) A　(C) 1　(D) 0

3. (　　　) PHP 陣列的索引鍵允許使用何種資料型態?
   (A) 字串　(B) 整數　(C) 字串或整數皆可　(D) 布林值

4. (　　　) 下列何者不是整數索引鍵的使用方式與特性?
   (A) 如果沒有指定索引鍵的值,會自動由 0 開始設定陣列元素的索引鍵。
   (B) 在陣列中指定某個索引鍵值,接著沒有指定索引鍵的陣列元素會自動隨之遞增。
   (C) 可以一一指定陣列元素的索引鍵,但要按順序來指定。
   (D) 在陣列中所定義的索引鍵不可以重複使用。

5. (　　　) PHP 陣列的索引鍵可以是整數或是字串,一般來說使用整數設定索引鍵的陣列為?
   (A) 結合式陣列　(B) 索引式陣列
   (C) 關聯式陣列　(D) 數值式陣列

三、實作題

1. 以下是台北市及台中市的地區名稱及所屬郵遞區號，請將這些資訊代入 $city 的陣列中，最後顯示台北市信義區的郵遞區號。

(參考解答：lesson6_1.php)

	中正區	大同區	中山區	松山區	大安區	萬華區
台北市	100	103	104	105	106	108
	信義區	士林區	北投區	內湖區	南港區	文山區
	110	111	112	114	115	116
台中市	中區	東區	南區	西區	北區	北屯區
	400	401	402	403	404	406
	西屯區	南屯區				
	407	408				

2. 請利用 for 條件迴圈寫出由 2 開始的九九乘法表並儲存到陣列中，最後利用 foreach() 函式列出九九乘法表。

(參考解答：lesson6_2.php)

3. 請利用以下陣列函式試做 42 取 6 的樂透程式，顯示的結果必須由小排到大。請使用 range() 函式新增一個連續整數陣列，再利用 shuffle() 函式打亂陣列內容，最後使用 array_slice() 函式將陣列中前 6 個陣列元素值取出。

(參考解答：lesson6_3.php)

4. 承上題，請使用 array_rand() 函式來改寫 42 取 6 的樂透程式。

(參考解答：lesson6_4.php)

07

字串的使用

在 PHP 中處理程式時最常使用的資料大概就是字串了。一般來說,字串是由字元組合,除了直接顯示字串本身的資料外,有時會為了需求而必須調整、分割合併、擷取取代字串,甚至格式化輸出的內容。

除此之外,程式處理時我們甚至還需要對字串進行查詢、比對、分析、轉換,甚至加密,讓字串能夠充分應用在程式之中。PHP 提供了一系列實用而功能強大的函式,可以幫助我們解決所有字串上的需求。

- ⊙ 字串輸出與調整
- ⊙ 字串分割合併
- ⊙ 字串查詢
- ⊙ 字串擷取及取代
- ⊙ 字串格式化
- ⊙ 字串分析
- ⊙ 字串轉換
- ⊙ 字串比對
- ⊙ 字串加密
- ⊙ 正規表達式

7.1 字串輸出與調整

所有網頁上顯示程式執行最後的結果，都必須依賴字串的幫忙。若希望能正確又符合規格的顯示所有的資料，利用 PHP 字串函式進行網頁內容的調整就是一個成功的程式設計師必修的課程。

字串輸出函式

這些函式的目的是要將字串直接顯示在頁面上。

函式	說明	補充說明或範例
echo	輸出字串，使用參數不用加括號。使用時可以加上多個參數來輸出，參數之間以「,」區隔。沒有回傳值。	echo " 大家來學 ", "PHP";
print	輸出字串，使用參數不用加括號。只能設定一個參數來輸出。回傳值為 1。	print " 大家來學 PHP";

字串調整函式表

調整字串內容，例如為字串加入分行、去除 HTML 與 PHP 標籤、或去除空白。

函式名稱	說明與範例
nl2br(字串)	以 HTML 的 取代分行字元 (\n)
strip_tags(字串 [, 要保留的標籤])	去除字串中的 HTML 和 PHP 標籤
quotemeta(字串)	將字串中「.」、「\\」、「+」、「*」、「?」、「[」、「^」、「]」、「(」、「$」、「)」11 個字元前加上反斜線。
addcslashes(字串 , 列表)	可設定字元列表，再將字串中在列表裡的字元前加上反斜線。
addslashes(字串)	將字串中「'」、「"」、「\」及「NULL (null byte)」4 個字元前加上反斜線。
stripcslashes(字串)	去除 addcslashes() 加入的反斜線
stripslashes(字串)	去除 addslashes() 加入的反斜線
trim(字串 [, 列表])	去除字串開始處與結束處的空白

函式名稱	說明與範例
ltrim(字串 [, 列表])	去除字串起始處的空白。
rtrim(字串 [, 列表])	去除字串結束處的空白。
chop(字串 [, 列表])	去除字串結束處的空白，與 rtrim() 相同。

範例：將字串分行字元加入換行標籤

nl2br() 函式能將字串中的分行字元 (\n) 加入 HTML 的換行標籤 (<br>)。一般在操作表單裡的多行文字標籤，都習慣使用 Enter 鍵為文字分行。但是最後將資料顯示在頁面上時，往往會發現字串都擠在一起，沒有分行的效果。這是因為資料儲存時，遇到分行時是使用分行字元 (\n) 記錄。此時可以使用 nl2br() 函式即能將分行字元以 HTML 的換行標籤 (<br>) 取代，達到分行的效果。

程式碼：php_strfun1.php	儲存路徑：C:\htdocs\ch07

```php
1   <?php
2   $showStr=" 你學 PHP\n 我學 PHP\n 大家來學 PHP";
3   echo $showStr , "<br>";
4   echo nl2br($showStr);
5   ?>
```

執行結果	執行網址：http://localhost/ch07/php_strfun1.php

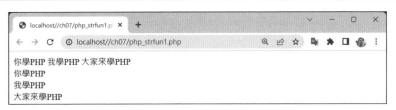

程式說明

2	設定內含分行字元 (\n) 的字串：$showStr。
3	先直接用 echo 將 $showStr 顯示出來。
4	再利用 nl2br() 函式調整後顯示 $showStr 字串內容。

結果顯示未使用 nl2br() 函式前，字串並不會因為分行字元進行分行的動作。但在加入 nl2br() 函式調整後即可正確分行。

範例：去除字串中的 HTML 和 PHP 標籤

strip_tags() 函式可去除字串中不需要或要保留的 HTML 與 PHP 標籤。

程式碼：php_strfun2.php	儲存路徑：C:\htdocs\ch07

```php
1   <?php
2       $showStr=" 你學 <strong>PHP</strong><br> 我學 <strong>PHP</
    strong><br> 大家來學 <strong>PHP</strong>";
3       echo $showStr."<hr>";
4       echo strip _ tags($showStr, '<br>');
5   ?>
```

執行結果	執行網址：http://localhost/ch07/php_strfun2.php

程式說明

2	設定內含 Html 標籤：\<strong\>、\<br\> 的字串：$showStr。
3	先直接用 echo 將 $showStr 顯示出來。
4	再利用 strip _ tags() 函式去除標籤但保留 \<br\> 標籤，調整後顯示 $showStr 字串內容。

結果顯示在加入 strip_tags() 函式後，字串內容的 HTML 標籤已經被去除，但是保留了設定分行的
 標籤。

範例：字串跳脫字元的應用

我 們 可 以 在 PHP 中 使 用 quotemeta()、addcslashes() 及 addslashes() 函式為字串中的特殊字元前加入反斜線形成跳脫字元。這三個函式不同之處，quotemeta() 與 addslashes() 是在可加入反斜線的字元不同，而 addcslashes() 函式可以自訂要加入反斜線的字元。

另外二個函式：stripcslashes()、stripslashes() 的功能就是分別將經過 addcslashes() 及 addslashes() 調整的字串去除加入的反斜線。

程式碼：php_strfun3.php	儲存路徑：C:\htdocs\ch07

```php
1   <?php
2   $showStr="(' 文淵閣工作室 '[ 自我介紹網址 ])http://www.e-happy.com.tw?
    aboutme=true";
3   echo $showStr."<hr>";
4   echo quotemeta($showStr)."<hr>";
5   echo addslashes($showStr)."<hr>";
6   echo addcslashes($showStr,"'[]")."<hr>";
7   $showStr1 = addslashes($showStr);
8   $showStr2 = addcslashes($showStr,"'[]");
9   echo stripslashes($showStr1)."<hr>";
10  echo stripcslashes($showStr2);
11  ?>
```

執行結果	執行網址：http://localhost/ch07/php_strfun3.php

← → C ① localhost//ch07/php_strfun3.php

('文淵閣工作室'[自我介紹網址])http://www.e-happy.com.tw?aboutme=true

\('文淵閣工作室'\[自我介紹網址\])http://www\.e-happy\.com\.tw\?aboutme=true

(\'文淵閣工作室\'[自我介紹網址])http://www.e-happy.com.tw?aboutme=true

(\'文淵閣工作室\'\[自我介紹網址\])http://www.e-happy.com.tw?aboutme=true

('文淵閣工作室'[自我介紹網址])http://www.e-happy.com.tw?aboutme=true

('文淵閣工作室'[自我介紹網址])http://www.e-happy.com.tw?aboutme=true

程式說明

2 設定內含：「()'[].?」等特殊符號的字串：$showStr。

3 先直接用 echo 將 $showStr 顯示出來。

4 利用 quotemeta() 函式檢查字串中是否有：「.」、「\\」、「+」、「*」、「?」、「[」、「^」、「]」、「(」、「$」、「)」11 個字元，若有則在之前加上反斜線，調整後顯示 $showStr 字串內容。

5 再利用 addslashes() 函式檢查字串中是否有：「'」、「"」、「\」及「NULL(nullbyte)」4 個字元，若有則在之前加上反斜線，調整後顯示 $showStr 字串內容。

6 再利用 addcslashes() 函式並設定要檢查字串中是否有：「'」、「[」、「]」3 個字元，若有則在之前加上反斜線，調整後顯示 $showStr 字串內容。

7~8 將 addslashes() 與 addcslashes() 函式設定完的結果分別代入 $showStr1 及 $showStr2 字串中。

9~10　　使用 stripcslashes()、stripslashes() 函數將經過 addcslashes() 及
addslashes() 調整的 $showStr1 及 $showStr2 字串去加入的反斜線。

結果顯示使用 quotemeta()、addcslashes() 的確可以將字串中相關的字元加入
反斜線，而 addcslashes() 函式可將自訂的字元加入反斜線。stripcslashes()、
stripslashes() 函數也成功地將 addcslashes() 及 addslashes() 調整的字串返回。

備註　addcslashes() 指定要加入反斜線的字元範圍設定方式

addcslashes() 函式可以指定在字串中哪些字元前加入反斜線，一般設定的方式
可以使用例如：addcslashes(字串 ,"!%$") 這樣的方式設定要加入反斜線的字元。
但是若要調整的字元是連續而且大量的時候，可以設定範圍前後的字元加上「..」
符號，例如：addcslashes(字串 ,"A..Z")，如此只要大寫的英文字母都會被加入
反斜線。

如果在字串中包含有 \n、\r 等字元，將以 C 語言方式轉換，而其他非字母數字且
ASCII 碼低於 32 以及高於 126 的字元均轉換成使用八進位表示。舉例來說，如
果設定參數為 "\0..\37"，將只有轉換所有 ASCII 碼介於 0 和 31 之間的字元。當
選擇字元 0、a、b、f、n、r、t 和 v 進行轉換時需要小心，它們將被轉換成 \0、\
a、\b、\f、\n、\r、\t 和 \v。在 PHP5 中，只有 \0 (NULL)、\r (歸位)、\n (分行)、
\f (強迫列印)、\t (定位) 和 \v (垂直定位) 是預設的跳脫字元，而在 C 語言中，
上述的所有轉換後的字元都是預設的跳脫字元。

範例：去除字串中前後的空白或指定字元

在程式操作字串傳值或是表單輸入時，常會不經意在字串的前後加入了空白，但
是看不到不代表不存在，常會資料處理上的麻煩或誤判。這個時候可以使用：
trim()、ltrim()、rtrim() 及 chop() 函式來完成字串中空白的去除。

程式碼：php_strfun4.php	儲存路徑：C:\htdocs\ch07

```php
1   <?php
2       $showStr1=" 大家 ";
3       $showStr2="  一起學   ";
4       $showStr3="PHP！";
5       echo $showStr1.$showStr2.$showStr3."<br>";
6       echo $showStr1.trim($showStr2).$showStr3."<br>";
7       echo $showStr1.ltrim($showStr2).$showStr3."<br>";
8       echo $showStr1.rtrim($showStr2).$showStr3."<br>";
9       echo $showStr1.chop($showStr2).$showStr3;
10  ?>
```

執行結果　　　　　　　　　　執行網址：http://localhost/ch07/php_strfun4.php

程式說明

2~4	設定三個字串，其中第二個字串的前後都加了 2 個空白。
5	先直接用 echo 將三個字串結合顯示。
6	利用 trim() 函式將第二個字串前後的空白去除，再與其他的字串結合顯示。
7	利用 ltrim() 函式將第二個字串左方的空白去除，再與其他的字串結合顯示。
8	利用 rtrim() 函式將第二個字串右方的空白去除，再與其他的字串結合顯示。
9	利用 chop() 函式將第二個字串右方的空白去除，再與其他的字串結合顯示。

因為空白的間距實在很小，您可以在結果中看到第二個字串前後空白在不同的狀況下與其他字串顯示時的狀況。

其實這些函式預設除了去除空白外，還會去除 \0 (NULL)、\r (歸位)、\n (分行)、\t (定位) 和 \x0B (垂直定位) 等內容。此外，您還可以指定要去除的字元列表，設定範圍的方式與 addcslashes() 函式相同。

程式碼：php_strfun5.php　　　　　　　　儲存路徑：C:\htdocs\ch07

```php
1   <?php
2   $showStr1=" 大家 ";
3   $showStr2="*** 一起學 ***";
4   $showStr3="PHP！";
5   echo $showStr1.$showStr2.$showStr3."<br>";
6   echo $showStr1.trim($showStr2,"*").$showStr3."<br>";
7   echo $showStr1.ltrim($showStr2,"*").$showStr3."<br>";
8   echo $showStr1.rtrim($showStr2,"*").$showStr3."<br>";
9   echo $showStr1.chop($showStr2,"*").$showStr3;
10  ?>
```

執行結果　　　　　　　　　　執行網址：http://localhost/ch07/php_strfun5.php

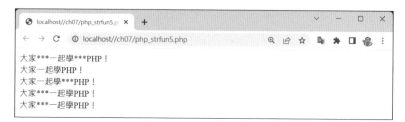

程式說明

2~4	設定三個字串，其中第二個字串的前後都加了 3 個「*」字元。
5	先直接用 echo 將三個字串結合顯示。
6	利用 trim() 函式將第二個字串前後的「*」去除，再與其他的字串結合顯示。
7	利用 ltrim() 函式將第二個字串左方的「*」去除，再與其他的字串結合顯示。
8	利用 rtrim() 函式將第二個字串右方的「*」去除，再與其他的字串結合顯示。
9	利用 chop() 函式將第二個字串右方的「*」去除，再與其他的字串結合顯示。

您可以在結果中看到第二個字串前後「*」字元在不同的狀況下，被去除時與其他字串結合顯示時的狀況。

7.2 字串分割合併

在 PHP 中常需要將大量資料整合為字串合併，或是由一個字串中分割出多個資料使用，對於資料使用上，這是很重要的一個技巧。

字串分割合併函式表

函式名稱	說明與範例
chunk_split(字串 [, 字數][, 分隔字元])	指定字數 (若沒有設定預設是 76 bytes)，分割字串並加入指定分隔字元 (若沒有設定預設加入分行字元「\r\n」)。切割時較無彈性，不考量單字是否完整，按照指定字數切割。
wordwrap(字串 [, 字數][, 分隔字元][, 旗標])	指定字數 (若沒有設定預設是 75 bytes)，分割字串並加入指定分隔字元 (若沒有設定預設加入分行字元「\n」)。不過 worldwrap 會考量單字的完整，若是單字長度大於指定字數時，也不會由單字中進行切割。但若是旗標設定為 1 時，就會失去單字的完整性考量，按照指定字數進行切割。
strtok(字串 , 分隔字元)	可指定分隔字元，對字串進行分割並取得由字串開始到該分隔字元的字串。 要注意的是只有第一次使用 strtok() 函式時需要設定第一個字串參數，第二次以後都不用。
explode(分隔字元 , 字串 [, 元素數])	可指定分隔字元，將字串分割成另一個字串陣列。可設定要切割成陣列的元素數，若可分割的數目大於設定值，最後的字串內容會不分割放置在最後一個陣列元素中。
split(分隔字元 , 字串 [, 元素數])	可指定分隔字元，將字串分割成另一個字串陣列。分隔字元可以使用正規式表示式，並區分大小寫。可設定要切割成陣列的元素數。
spliti(分隔字元 , 字串 [, 元素數])	可指定分隔字元，將字串分割成另一個字串陣列。分隔字元可以使用正規式表示式，但不區分大小寫。可設定要切割成陣列的元素數。
str_split(字串 [, 字數])	指定字數 (若沒有設定預設是 1 bytes)，將字串分割成另一個字串陣列。
implode(分隔字元 , 陣列)	將陣列的元素連結起來成為字串。
join(分隔字元 , 陣列)	將陣列的元素連結起來成為字串，功能與 implode() 相同。

範例：將字串依「指定字數」切割

在長字串中若希望依版面需求的長度進行切割，可以使用 chunk_split() 與 wordwrap() 函式，它們都可以設定切割的字數以及在切割點加入什麼分隔字元。不同的是 chunk_split() 並不考量單字的完整，會直接以設定字數進行切割，而 wordwrap() 即會考量單字的完整，在切割時保持彈性。

程式碼：php_strfun6.php	儲存路徑：C:\htdocs\ch07

```php
1  <?php
2  $showStr = "Genius is one percent inspiration and ninety-nine
   percent perspiration.";
3  echo "天才是一分靈感加上九十九分努力。<hr>";
4  echo chunk _ split($showStr, 25, "<br>")."<hr>";
5  echo wordwrap($showStr, 25, "<br>");
6  ?>
```

執行結果	執行網址：http://localhost/ch07/php_strfun6.php

程式說明

2	設定一個字串，內容是一句英文諺語。
3	利用 echo 顯示該諺語的中文翻譯。
4	使用 chunk _ split() 函式指定每 25bitys 字元進行切割，並加上 XHTML 分行標籤，最後再 echo 顯示結果。
5	使用 wordwrap() 函式指定每 25bitys 字元進行切割，並加上 XHTML 分行標籤，最後再 echo 顯示結果。

由結果看來，因為 chunk_split() 函式並不考量單字的完整，一到指定的字數即進行切割，在畫面上看來就十分整齊。但是 wordwrap() 函式有考量單字的完整，雖然排列起來較不整齊，但是閱讀時並不會影響到字串的意義。

範例：將字串依「指定字元」切割

若是字串的內容因為某些特殊的字元分隔，可以利用 strtok() 函式指定分隔字元，對字串進行分割並取得由字串開始到該分隔字元的字串。每使用一次 strtok() 函式即會對剩下的字串進行分割，要注意的是只有第一次使用 strtok() 時需要設定第一個字串參數，第二次以後都不用。

程式碼：php_strfun7.php	儲存路徑：C:\htdocs\ch07

```php
1   <?php
2   $showStr = "Genius is one percent inspiration and ninety-nine
    percent perspiration.";
3   echo "天才是一分靈感加上九十九分努力。<hr>";
4   $tok = strtok ($showStr," ");
5   while ($tok) {
6     echo "$tok<br>";
7     $tok = strtok (" ");
8   }?>
```

執行結果	執行網址：http://localhost/ch07/php_strfun7.php

程式說明

2~3	設定一個字串，內容是一句英文諺語，利用 echo 顯示該諺語的中文翻譯。
4	使用 strtok() 函式指定先切割到有「""」空白字串的地方，並儲存到變數 $tok 中。
5~7	使用 while 迴圈，執行的條件是若 $tok 內容存在，就使用 echo 的方式將 $tok 的內容並加上分行符號顯示出來，然後繼續使用 strtok() 函式切割剩下的字串到「""」空白字串並更新儲存 $tok 的內容並繼續執行迴圈的檢查。

strtok() 函式成功利用字串中每一個單字之間的空白字串，將單字都分割出來單獨顯示。

範例：將字串切割成陣列資料

我們可以使用 explode()、split()、spliti() 與 str_split() 函式將字串切割的結果儲存在陣列中。

1. **使用分割字元來切割**：其中 explode()、split()、spliti() 三個函式切割字串的依據是設定分割字元，其中不同的是 explode() 分割字元不能使用正規表達式，split()、spliti() 雖可使用，但是 split() 區分割字元的大小寫，而 spliti() 則否。

程式碼：php_strfun8.php　　　　　　　　　　　　儲存路徑：C:\htdocs\ch07

```php
1   <?php
2   $showStr = " 南投縣 埔里鎮 愛蘭里 梅村路 8 段 20 號 ";
3   $showAddress = explode(" ", $showStr);
4   foreach ($showAddress as $value){
5     echo $value."<br>";
6   }
7   ?>
```

執行結果　　　　　　　　　執行網址：http://localhost/ch07/php_strfun8.php

程式說明

2	設定一個儲存住址的字串，以空白區隔依縣市、鄉鎮、鄰里及地址。
3	利用 explode() 函式指定「""」空白字串為分割字元，將字串分割並儲存在陣列中。
4~6	使用 foreach 迴圈將陣列中的值 echo 顯示出來。

由結果看來 strtok() 函式成功利用字串中每一個單字之間的空白字串，將每一個單字都分割出來單獨顯示了。

2. **使用指定字數來切割**：str_split() 函式分割字串儲存到陣列的方法較為不同，是指定字數來切割，str_split() 函式適用於切割的字元長度固定的字串。

程式碼：php_strfun9.php	儲存路徑：C:\htdocs\ch07

```php
1   <?php
2   $showStr = "忠孝仁愛信義和平";
3   $showWord = str_split($showStr,3);
4   foreach ($showWord as $value){
5     echo $value."<br>";
6   }
7   ?>
```

執行結果　　　　　　　　　　執行網址：http://localhost/ch07/php_strfun9.php

程式說明

2	設定一個 8 個中文字的字串。
3	利用 str_split() 函式 3 個字元為基礎 (因為這個程式檔是用 UTF-8 編碼，一個中文字是 3 個字元) 來分割字串，並將結果儲存在陣列中。
4~6	使用 foreach 迴圈將陣列中的值 echo 顯示出來。

範例：連接陣列元素成為字串

implode() 或是 join() 函式是功能相同的函式，都可將指定陣列元素值連接起來成為字串。

程式碼：php_strfun10.php	儲存路徑：C:\htdocs\ch07

```php
1   <?php
2   $showStr = array("忠","孝","仁","愛","信","義","和","平");
3   echo implode(" ",$showStr);
4   ?>
```

執行結果　　　　　　　　　　　執行網址：http://localhost/ch07/php_strfun10.php

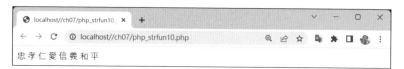

程式說明

2　　設定一個陣列，每個陣列元素的值都是一個中文字。

3　　使用 implode() 函式指定「""」為連接字串，將所有的陣列值連接起來並 echo 顯示
　　　結果。

7.3 字串查詢

在字串中進行字串的查詢，包含了計算字串的長度、計算某些字串的出現次數以及查詢某些字串的出現位置等技巧，都是在程式開發中很常使用的功能。

字串查詢函式表

函式名稱	說明與範例
strlen(字串)	查詢字串中字元長度 `strlen("abcdef") = 6;`
count_chars(字串 [, 模式])	查詢字串中每個位元組值 (0..255) 出現的次數，使用多種模式回傳結果，預設值為 0。 {{count_chars_table}}
substr_count(字串 , 查詢字串)	查詢設定字串在整個字串中的出現次數 `substr_count("1and2and3and4","and") = 3;`
str_word_count(字串 [, 模式])	查詢字串中的單字數量，使用多種模式回傳結果，預設不設定。 {{str_word_count_table}} 要注意的是字元的索引值順序由 0 開始。
strpos(字串 , 查詢字元 [, 起始位置])	查詢字元在字串中第一次出現的位置，字元的索引值順序由 0 開始。 `strpos("David Huang","a") = 1。`

count_chars 模式表：

模式	說明
0	回傳以位元組值為索引鍵，出現次數為值的陣列。
1	回傳出現過的字元以位元組值為索引鍵，出現次數為值的陣列。
2	回傳沒有出現過的位元組值為值的陣列。
3	回傳出現過的字元以位元組值組成的字串。
4	回傳沒有出現過的位元組值組成的字串。

str_word_count 模式表：

模式	說明
無	回傳單字數量。
1	將每個單字構成陣列回傳。
2	回傳每個單字出現位置索引值為索引鍵，單字為值的陣列。

函式名稱	說明與範例
strrpos (字串 , 查詢字元)	查詢字元在字串最後一次出現的位置，字元的索引值順序由 0 開始。 `strrpos("David Huang","a") = 8`。

strspn (字串 1, 字串 2)	查詢字串 1 的每個字元在字串 2 中出現的次數，由第 1 個字元開始比對，只要一比對不到即停止比對，並返回結果。
	`strspn("David Huang","david") = 0;`
	`//` 因為字串 1 第一個字元「D」比對即沒有出現在字串 2，馬上停止並返回結果。
	`strspn("David ","abcdABCD") = 2;`
	`//` 一直比對到「v」才沒有出現在字串 2，即停止並返回結果。

strcspn (字串 1, 字串 2)	查詢字串 1 的每個字元不在字串 2 中出現的次數，由第 1 個字元開始比對，只要一比對到即停止比對，並返回結果。
	`strcspn("David Huang","david") = 1;`
	`//` 因為字串 1 第二個字元「a」比對出現在字串 2，馬上停止並返回結果。
	`strcspn("David ","abcdABCD") = 0;`
	`//` 比對到「D」就出現在字串 2，即停止並返回結果。

範例：查詢字元在字串中出現的次數

count_chars() 函式可以計算每個字元在字串中出現的次數，但是它所回傳的代表字元的索引鍵是 ASCII 字碼來代表，所以此時可以利用 chr() 函式將它轉為易於閱讀的字元。

程式碼：php_strfun11.php	儲存路徑：C:\htdocs\ch07

```
1   <?php
2   $showStr = "My name is David.";
3   echo $showStr . "<hr>";
4   $showArray = count_chars($showStr, 1);
5   foreach ($showArray as $i => $val) {
6       echo "字元 ".chr($i)." 出現了 $val 次。 <br>";
7   }
8   ?>
```

執行結果 　　　　　　執行網址：http://localhost/ch07/php_strfun11.php

localhost//ch07/php_strfun11. ✕ ＋

← → C ① http://localhost//ch07/php_strfun11.php

My name is David.

字元 出現了 3 次。
字元 . 出現了 1 次。
字元 D 出現了 1 次。
字元 M 出現了 1 次。
字元 a 出現了 2 次。
字元 d 出現了 1 次。
字元 e 出現了 1 次。
字元 i 出現了 2 次。
字元 m 出現了 1 次。
字元 n 出現了 1 次。
字元 s 出現了 1 次。
字元 v 出現了 1 次。
字元 y 出現了 1 次。

程式說明

2	設定一個字串，內容是一句英文對話。
3	利用 echo 顯示該字串內容。
4	使用 count _ chars() 分析 $showStr 字串並將結果以陣列返回儲存到 $showArray 中。
5~7	利用 foreach 迴圈將陣列內容顯示出來。其中陣列元素主索引鍵是以 ASCII 碼回傳，請使用 chr() 函式將它轉換為字元。

7.4 字串擷取及取代

除了在字串中進行查詢功能之外，在字串中擷取及取代也是十分重要的功能。

字串擷取及取代函式表

函式名稱	說明與範例

strstr(字串 , 查詢字元)
strchr(字串 , 查詢字元)
	擷取字元在字串第一次出現到最後的字串。strstr() 與 strhcr() 二個是相同的函式。
	`strstr("auser@abc.com.`
	`tw","@") = "@abc.com.tw";`

stristr(字串 , 查詢字元)	stristr() 與 strstr() 函式的用法相同，差別在於 stristr() 區分大小寫。 `strstr("auser@Abc.com.tw","A") = "Abc.com.tw";`
strrchr(字串 , 查詢字元)	擷取字元最後一次出現到結尾的字串。 `strrchr("file.doc",".") = ".doc";`
substr(字串 , 起始位置 [, 字數])	擷取字串中指定開始位置，擷取數量的部分字串。不設定字數時，字串會由開始位置取到最後。 `substr("david@abc.com.tw",0,5) = "david";`

strtr(字串 , 查詢字串 , 取代字串)
strtr(字串 , 陣列)
	在字串中將查詢字串比對相等的所有部分置換為取代字串，要注意的是查詢字串的長度必須與取代字串相同。第二個要注意的是，取代的方式不是整個字串置換，而是查詢字串與取代字串中相對的字元彼此取代，例如
	`strtr("a1b2c3d4a5b6","ab`
	`cd","1234") = "112233441526";`
	在函式中也可以利用陣列來設定查詢與取代的字串，其中主索引鍵為查詢字串，值為取代字串。如此一來可以設定多組置換的內容。

str_replace(查詢字串 , 取代字串 , 字串)	在字串中將查詢字串比對相等的所有部分置換為取代字串，其中查詢字串的長度與取代字串不需要相同。
	`str_replace("abcd","1234","a`
	`bcdefg") = "1234efg ";`

str_ireplace(查詢字串 , 取代字串 , 字串)	使用方式與 str_replace() 函式相同，差別在對於字串不區分英文大小寫。
	`str_replace("abcd","1234","ab`
	`cdABCD") = "12341234 ";`

substr_replace(字串 , 取代字串 , 開始位置 [, 字串長度])	指定字串中的位置，以設定字串取代的一部分字串。要注意的是若沒有設定長度會一直取代到最後。 `substr_replace("abcd1234","ef",4) = "abcdef"`

函式名稱	說明與範例
str_pad(字串 , 字串長度 , 填入字元 [, 類型])	指定字元將原字串填滿到指定的長度。若沒有填寫類型時，預設是向右填滿。 表格： 類型 / 說明 STR_PAD_RIGHT / 向右填滿 (預設)。 STR_PAD_LEFT / 向左填滿。 STR_PAD_BOTH / 向兩側填滿。 `str_pad("123",10,"*") = "123******* "`。
str_repeat(字串，次數)	可指定字串及次數來重複字串。 `str_repeat("123",5) = "123123123123123";`
strrev(字串)	顛倒字串中的字元來顯示，但不適用於中、日、韓等雙位元文字。 `strrev("123") = "321";`

範例：擷取字串中的部分字串

strstr()、strchr()、stristr()、strrchr() 與 substr() 函式都能使用取出字串中某些指定的字串內容，其中 strstr() 與 strhcr() 二個是相同的函式，都能擷取字元在字串第一次出現到最後的字串。而 stristr() 與上二個函式的用法相同，差別在於 stristr() 區分大小寫。strrchr() 函式能擷取指定字元最後一次出現到結尾的字串。

substr() 是使用相當頻繁的函式，與其他取代函式差異最大的是 substr() 是指定要取出字串的位置，而不是以指定的字元為主，簡單來說就是設定要由哪個位置開始取出。要注意的是：若省略不設定字串長度，即會取出到字串結束為止。

程式碼：php_strfun12.php　　　　　　　　儲存路徑：C:\htdocs\ch07

```
1    <?php
2    $fname=array("photo.jpg","readme.doc","sheet.xls","note.txt");
3    $ftype=array(".txt"=>" 文字檔 ",".doc"=>"Word 檔 ",".xls"=>"Excel 檔 ",".
     jpg"=>" 圖片檔 ");
4    foreach($fname as $val){
5      $ft = strstr($val, ".");
6      foreach($ftype as $name => $desc){
7        if ($name == $ft){
8          echo $val . " 是 " . $desc . " 附檔名是 ".substr($name,1)."。
     <br>";
```

```
9          break;
10      }
11   }
12 }
13 ?>
```

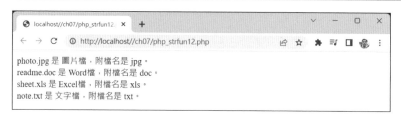

程式說明

2	設定一個 $fname 陣列儲存 4 個不同類別的檔名。
3	再設定一個 $ftype 陣列儲存幾種不同檔案類型的資料，在陣列元素裡主索引鍵設定副檔名，值為該檔的中文名稱。
4	使用 foreach 迴圈將 $fname 陣列的檔名一一讀入。
5	使用 strstr() 擷取檔案的副檔名儲存到 $ft 中。
6	再使用 foreach 迴圈將 $ftype 陣列將每種類型的檔案資料一一讀入。其中主索引鍵 $name 儲存副檔名，$desc 為中文名稱。

7~10如果主索引鍵 $name 與目前檔案的副檔名相同，即佈置顯示檔案、檔案類型及副檔名的文字。其中副檔名使用 substr() 函式將「.」符號去除顯示。若已經顯示完該檔名後，即跳出迴圈。

範例：取代字串中的部分字串

strtr()、str_replace()、str_ireplace() 與 substr_replace() 函式都能使用來取代字串中某些指定的字串內容，其中 strtr() 函式查詢字串與取代字串長度必須相同，也可以利用陣列設定多組查詢取代的字串。str_replace()、str_ireplace() 函式查詢字串與取代字串則不需要相同，但是 str_replace() 函式區分英文大小寫，str_ireplace() 函式則不區分。

而 substr_replace() 與其他取代函式差異最大的是 substr_replace() 是指定要取代的位置，而不是以查詢的字串為主，簡單來說就是設定要由哪個位置開始取代。要注意的是：若省略不設定取代長度，即會取代到字串結束為止。

程式碼：php_strfun13.php	儲存路徑：C:\htdocs\ch07

```php
1   <?php
2   $showStr = " 先生您好，歡迎光臨文淵閣工作室！";
3   echo $showStr. "<br>";
4   echo strtr($showStr, " 文淵閣工作室 ", " 文淵閣大飯店 ")  . "<br>";
5   $replaceStr = array(" 先生 "=>" 小姐 ", " 文淵閣工作室 "=>" 文淵閣大飯店 ");
6   echo strtr($showStr, $replaceStr) . "<br>";
7   echo str _ replace(" 文淵閣工作室 ", " 文淵閣 ", $showStr)  . "<br>";
8   echo substr _ replace($showStr, " 小姐 ", 0, 4);
9   ?>
```

執行結果	執行網址：http://localhost/ch07/php_strfun13.php

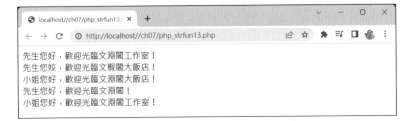

程式說明

2~3	設定一個字串，並利用 echo 顯示該字串內容。
4	使用 strtr() 取代原字串中某些字串內容，查詢與取代的字串長度相同。
5	設定一個的陣列，將查詢的字串設為索引鍵，取代的字串設定為值。
6	使用 strtr() 根據陣列的設定取代原字串中某些字串內容。
7	使用 str _ replace() 取代原字串中某些字串內容，查詢與取代的字串長度並不相同。
8	使用 substr _ replace() 由開始處以取代字串取代原字串內容，取代的長度為 6(UTF-8 編碼二個中文字的長度為 6 位元)。

字串的取代動作在程式經常使用，只要了解各個函式的特性即可成功操作。

7.5 字串格式化

字串格式化函式是在使用的字串裡設定格式，讓指定的參數或陣列
資料按照格式填入，再進行顯示或是回傳的動作。

字串格式化函式表

函式名稱	說明與範例
printf(格式化字串 [, 參數 1] [, 參數 2]..)	在字串裡設定格式，再讓參數按照格式填入後輸出。
sprintf(格式化字串 [, 參數 1] [, 參數 2]..)	在字串裡設定格式，再讓參數按照格式填入後回傳。
vprintf(格式化字串 , 陣列)	在字串裡設定格式，讓陣列值按照格式填入後輸出。
vsprintf(格式化字串 , 陣列)	在字串裡設定格式，讓陣列值按照格式填入後回傳。

而格式化字串中要填入指定參數或陣列值的地方，都是以「%」符號開頭，再依
需求設定。其格式設定方式如下，但是並不是每個值都要設定：

% 填滿字元 對齊方式 顯示字數 小數位數 資料型別

關於這些設定值的詳細說明如下：

格式設定與說明	設定方法	設定方法與說明
填滿字元 以指定資料來填滿代入的參數不足指定字數的地方。	(半型空白)	以半形空白字元來填滿。
	0	以 0 填滿。
	'(加任何字元)	以「'」開頭加上任何字元，即可利用這個字元填滿。
對齊方式 使用填滿字元時，代入參數的對齊方法。	(不指定，預設)	靠右對齊
	-	靠左對齊

格式設定與說明	設定方法	設定方法與說明
顯示字數	(整數)	指定顯示的字元數。
小數位數	.(加任何整數)	以「.」開頭加上任何整數。
資料型別	c	字元,以 0~255 數值表示。
	s	字串
	b	二進位整數
	d	十進位整數
	u	無號十進位整數
	f	浮點數,小數點形式。
	o	無號八進位整數
	x	無號十六進位整數,以 0~f 表示。
	X	無號十六進位整數,以 0~F 表示。
	%	印出百分比符號

範例:將參數格式化代入字串

格式化字串的使用方法,是在函式將字串中需要格式化的部分以參數代碼來表示,參數代碼即會規定要代入的參數要使用的格式,再代入的參數即可完成。

程式碼:php_strfun14.php	儲存路徑:C:\htdocs\ch07

```php
1   <?php
2     $name = "黃沛然";
3     $age = "3";
4     $height = "95";
5     $weight = "14";
6       printf("大家好,我是%s,我今年%d歲,身高 %d公分,體重%d公斤。", $name,
    $age, $height, $weight);
7   ?>
```

執行結果 執行網址：http://localhost/ch07/php_strfun14.php

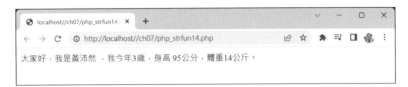

程式說明

2~5 將一個小朋友的姓名、年紀、身高、體重資料分別設定 4 個變數中。

6 使用 `printf()` 函式要直接將格式化的字串輸出到網頁上。第一個參數是要格式化的字串，其中要代入變數的地方以「`%`」符號開始，目前範例要代入的資料只有二種資料類可，一是字串 (`%s`)、另一是整數 (`%d`)。最後再依第一個參數字串裡要代入的變數內容，化為參數加在函式內。

在 printf() 函式中的格式化字串內以格式參數顯示的地方，都以後方的參數內容依格式設定一一代入了。

但若是使用 sprintf() 函式時完成的結果並不會馬上顯示到網頁上，而是以值來回傳。若要顯示可以指定變數承接，再 echo 該變數顯示，方式如下：

```
...
6    $person = sprintf("大家好，我是%s  ，我今年%d歲，身高 %d公分，體重%d
    公斤。", $name, $age, $height, $weight);
7   echo $person;
8   ?>
```

範例：將陣列格式化代入字串

除了使用字串型的參數代入格式化字串中，也可以使用陣列資料。

程式碼：php_strfun15.php　　　　　　　　　　　　儲存路徑：C:\htdocs\ch07

```
1   <?php
2   $dollar = array("1", "0.0322", "0.0210", "3.5252");
3   vprintf("今日匯率:%'$5.2f台幣(NTD) = %'$5.2f美元(USD) = %'$5.2f歐元
    (EUR) = %'$5.2f日元(YEN)", $dollar);
4   ?>
```

執行結果　　　　　　　　　　執行網址：http://localhost/ch07/php_strfun15.php

程式說明

2　　將 4 個貨幣匯率設定到 $dollar 陣列中。

3　　使用 vprintf() 函式要直接將格式化的字串輸出到網頁上。第一個參數是要格式化的
字串，其中有 4 處要代入變數的地方以「%」符號開始，目前格式化是以「$」填滿空白、
顯示 5 位數、小數位數 2 位數、資料格式為浮點數，所以格式參數為「%'$5.2f」。第二
個參數是 $dollar 陣列，此時就會依陣列元素的順序填入到字串中。

在 vprintf() 函式能將陣列中的值代入格式化字串中，在設定參數值上有時較具彈
性。但若是使用 vsprintf() 函式時，完成的結果並不會馬上顯示到網頁上，而是
以值來回傳。若要顯示可以指定變數來承接，再 echo 該變數來顯示。

7.6 字串分析

字串分析函式能依照設定的格式將字串放置在陣列或是變數中,再進行顯示或是回傳的動作。

字串分析函式表

函式名稱	說明與範例
sscanf (字串 , 格式 [, 變數 , 變數…])	依照格式剖析字串放置在陣列或是變數中,格式設置的方式與字串格式化函式相同。
parse_str (字串 , 變數])	剖析以網址 Query 形式連結的字串使它成為變數或陣列。

範例:依照指定格式剖析字串

sscanf() 函式能依照格式剖析字串放置在陣列或是變數中,格式設置的方式與字串格式化函式相同。預設的狀態下是以陣列方式回傳,但是若想以變數回傳結果,變數的數量必須與字串中設置格式的數量相同。另外,陣列與設定變數的方式並不能並存,只能擇一使用。

在以下的範例中我們獲得一個以「-」區隔的西元年月日資料,這裡利用 sscanf() 函式將字串剖析出年月日的資料,再放置到另一個字串中顯示。

程式碼:php_strfun16.php　　　　　　　　　儲存路徑:C:\htdocs\ch07

```php
1  <?php
2    $birthday = "1974-05-16";
3    $barray = sscanf($birthday, "%d-%d-%d");
4    vprintf("我的生日西元 %d 年 %d 月 %d 日。", $barray);
5  ?>
```

執行結果　　　　　　　　執行網址:http://localhost/ch07/php_strfun16.php

我的生日西元1974年5月16日。

程式說明

2　在 $birthday 變數中設定一個以「-」區隔的西元的年月日資料。

3　利用 sscanf() 函式將 $birthday 字串剖析，其格式是 3 個字串資料 (%d) 夾著二個「-」符號，並將結果儲存到 $barray 陣列中。

4　使用 vprintf() 函式要直接將格式化的字串輸出到網頁上。在字串中分別顯示 3 個字串資料 (%d)。第二個參數是 $barray 陣列，此時就會依陣列元素的順序填入到字串中。

若以變數的方式改寫，其方法如下：

程式碼：**php_strfun17.php**　　　　　　　　　　　儲存路徑：**C:\htdocs\ch07**

```php
1   <?php
2   $birthday = "1974-05-16";
3   sscanf($birthday, "%d-%d-%d", $by, $bm, $bd);
4   printf("我的生日西元 %d 年 %d 月 %d 日。", $by, $bm, $bd);
5   ?>
```

執行結果　　　　　　　　　執行網址：**http://localhost/ch07/php_strfun17.php**

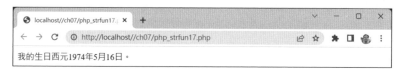

我的生日西元1974年5月16日。

程式說明

2　在 $birthday 變數中設定一個以「-」區隔的西元的年月日資料。

3　利用 sscanf() 函式將 $birthday 字串剖析，其格式是 3 個字串資料 (%d) 夾著二個「-」符號，並將結果儲存到 $by、$bm、$bd 三個變數中。

4　使用 printf() 函式要直接將格式化的字串輸出到網頁上。在字串中分別顯示 3 個字串資料 (%d)，再將 $by、$bm、$bd 三個變數依序填入字串中。

範例：剖析網址 Query 字串

在 PHP 程式中使用網址 Query 字串來傳值是十分普遍的動作，如何在接收後剖析資料進而使用是相當重要的。Query 字串會以「&」串接多個參數與值，例如：

```
http://www.abc.com.tw/index.php?id=1&name=perry&age=3
```

網址後方由「?」符號開始的內容 (id=1&name=perry&age=3) 即是 Query 字串，而「&」所串接的是不同的參數與值。以本例來說，第一個參數是「id」，值為「1」，以此類推。

程式碼：php_strfun18.php	儲存路徑：C:\htdocs\ch07

```php
1    <?php
2    $queryStr = "name=perry&age=3&height=95&weight=14";
3    parse_str($queryStr, $output);
4    vprintf ("大家好，我是%s　，我今年%d歲，身高　%d公分，體重%d公斤。",
     $output);
5    ?>
```

執行結果	執行網址：http://localhost/ch07/php_strfun18.php

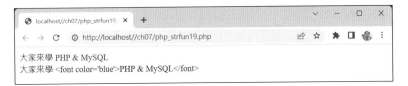

程式說明

2	設定一個變數儲存 Query 字串，內容是用「&」符號連接一個小朋友的姓名、年紀、身高、體重資料。
3	使用 parse_str() 函式依「&」分析出四個變數並儲存到陣列，儲存在 $output。
4	利用 vprintf() 函式將陣列代入顯示的字串中。

7.7 字串轉換

字串轉換函式對於字串的應用十分重要，以下是相關函式的整理與
重要函式說明。

字串轉換函式表

函式名稱	說明與範例
chr(字碼)	將指定的字碼 (ASCII 碼) 轉換成字元
ord(字元)	將指定的字元轉換成字碼 (ASCII 碼)，若指定的是字串，會顯示第一個字元的字碼。
strtolower(字串)	將字串中的英文轉成大寫
strtoupper(字串)	將字串中的英文轉成小寫
ucfirst(字串)	將字串中的英文第一個字元轉成大寫
ucwords(字串)	將字串中各個英文單字的第一個字元大寫
htmlspecialchars(字串 [, 樣式] [, 字元集])	轉換特殊字元成為 HTML 實體參照。這些符號包含了： 表1 參數：樣式，可以控制「"」、「'」是否要轉換： 表2 參數：字元集，可以控制字串中使用的字元集，避免造成亂碼。

表1：

符號	轉換後	符號	轉換後
&	&amp;	"	&quot;
'	&#039;	<	&lt;
>	&gt;		

表2：

參數值	轉換設定
ENT_COMPAT	只轉換「"」。(預設值)
ENT_QUOTES	只轉換「'」。
ENT_NOQUOTES	「"」、「'」都轉換。

函式名稱	說明與範例
htmlentities(字串 [, 樣式] [, 字元集])	轉換所有可能有 HTML 實體參照的字元成為 HTML 實體參照。
htmlspecialchars_decode (字串 [, 樣式] [, 字元集])	功能與 htmlspecialchars() 相反,可以把 HTML 實體參照轉換成特殊字元。
get_html_translation_table	傳回 htmlspecialchars( ) 和 htmlentities( ) 使用的轉換表格

範例:特殊字元的轉換

htmlentities()、htmlspecialchars() 與 htmlspecialchars_decode () 能夠處理在網頁上顯示的特殊字元。例如當我們需要在網頁上呈現「&」、「<」、「>」、「"」與「'」符號時,因為這些符號會與 HTML 原始碼標籤 (tag) 的符號或是 URL 傳值的符號衝突,結果造成 HTML 網頁在顯示時的誤判,進而造成錯誤,甚至是安全上的疑慮。

使用 htmlspecialchars() 函式可以輕易將這些符號轉換為實體參照符號,避免這些錯誤發生。舉例來說,我們定義一個內含 HTML 標籤的字串顯示在頁面上:

程式碼:php_strfun19.php	儲存路徑:C:\htdocs\ch07

```php
1   <?php
2   $showStr=" 大家來學 <font color='blue'>PHP & MySQL</font>";
3   echo $showStr."<br>";
4   echo htmlspecialchars($showStr);
5   ?>
```

執行結果	執行網址:http://localhost/ch07/php_strfun19.php

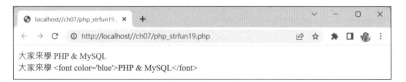

程式說明

2　　設定內含 HTML 標籤的字串:$showStr。

3　　利用 echo 指令顯示 $showStr 字串內容。

4　　使用 htmlspecialchars() 函式將字串內特殊字元成為 HTML 實體參照,再利用 echo 指令顯示。

7.8 字串比對

字串比對函式可以用來比對二個字串的順序，並將結果回傳。這些函式也應用在陣列排序函式 (usort、uksort、uasort) 的回應函式中。

字串比對函式表

建立了陣列後，可以利用函式對陣列元素中的索引鍵及值作排序，常見的陣列排序函式如下：

函式名稱	說明與範例
strcmp(字串 1, 字串 2)	字串比對
strcasecmp(字串 1, 字串 2)	不分英文大小寫來比對字串
strnatcmp(字串 1, 字串 2)	使用自然順序演算法來比對字串
strnatcasecmp(字串 1, 字串 2)	不分英文大小寫的使用自然順序演算法來比對字串
strncmp(字串 1, 字串 2, 字元數)	指定字元數目的字串比對
strncasecmp(字串 1, 字串 2, 字元數)	不分英文大小寫的指定字元數目來比對字串

函式模式參數為選填，可指定的常數及說明如下：

條件	回傳值
字串 1 < 字串 2	-1
字串 1 == 字串 2	0
字串 1 > 字串 2	1

範例：字串比對的順序

在使用函式進行字串的比對時，是對於字串文字及數字內容進行前後順序的排列。例如在一個檔案資料夾中對所有檔案的檔名進行排序，其實用的就是字串比對的概念。而所謂順序，基本上是以 ASCII 字碼表的順序排列。舉例來說，我們將二個字串的字尾加上不同的數字，再使用 strcmp() 進行比較：

程式碼：php_strfun20.php	儲存路徑：C:\htdocs\ch07

```php
1    <?php
2      $str1 = "string1";
3      $str2 = "string2";
4      echo strcmp($str1,$str2);
5    ?>
```

執行結果	執行網址：http://localhost/ch07/php_strfun20.php

程式說明	
2~3	設定二個字串，其內容前方的英文相同，但是最後加上 2 的數字。
4	使用 strcmp() 函式對二個字串進行比對。

由結果來看，傳回的值為 -1，表示字串 1 的順序小於字串 2。

範例：自然順序演算法的應用

但不是所有字串的比對都是如此單純，例如我們在一個資料夾中有幾個進行編號的檔案名稱分別為 img1.jpg、img2.jpg、img3.jpg、img10.jpg，在進行排序時有些軟體會將 img10.jpg 排在 img1.jpg 之後，才開始排 img2.jpg 及之後檔案。這是一般排序的方式，將一個個字元進行比較排序。舉例來說，請修改剛才的範例，將原來二個字串的字尾的數字分別改為 11 與 2，再使用 strcmp() 進行比較：

```php
......
2      $str1 = "string11";
3      $str2 = "string2";
4      echo strcmp($str1,$str2);
......
```

因為預設是比對演算法，它會按照字母與數字排列用一個個字元進行比較，前方的英文內容都相同，一直到數字的第一個字元進行比較時，結果是 1 < 2，即 $str1 < $str2 回傳值就是 -1。

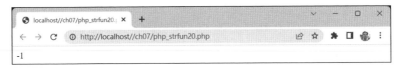

但是這與一般的排序有很大的不同，很多人都希望是以數字 2 與 11 進行比較。這樣的排列方式即是自然順序演算法，我們修改剛才的程式碼，使用 strnatcmp() 函式進行比對：

```
......
2     $str1 = "string11";
3     $str2 = "string2";
4     echo strnatcmp($str1,$str2);
......
```

採用自然順序演算法來進行比對，因為字串的部分相同，到數字時就以 2 與 11 進行比對，那結果是 11 > 2，即 $str1 > $str2 回傳值就是 1。

7.9 字串加密

隨著資訊安全越來越受重視，對於加密函式的使用也越來越重要。加密的方法以 crypt() 與 md5() 函式較受歡迎，除了加密後值無法還原，演算複雜不易突破外，在應用上也有許多資源提供參考。

字串加密函式表

函式名稱	說明與範例

crypt(字串 [, 加密基底])	使用 DES 加密方式將字串編碼並返回。當省略加密基底時，程式會自動產生加密基底 (salt)。crypt 加密方式通常使用在輸入的密碼比對上，方式如下：
	　$ 原密碼加密 = crypt($ 原密碼 , 加密基底);
	　if (crypt($ 輸入的密碼 , $ 原密碼加密) == $ 原密碼加密){
	　　　　通過驗證
	　}
	若使用者輸入的密碼，與經過 crypt() 函式加密過的密碼，在經過一次 crypt() 函式的加密的結果與原密碼相同，表示輸入正確。

md5(字串 [, 布林值])	使用 MD5 計算字串拼湊值並返回，預設是 32 位元的 16 進位字串，若參數二設為 True 時即會返回 16 位元 2 進位字串。
sha1(字串 [, 布林值])	使用 sha1 計算字串拼湊值並返回，預設是 40 位元的 16 進位字串，若參數二設為 True 時即會返回 20 位元 2 進位字串。

以下我們即以一個簡單的字串，並利用各種加密方式顯示其結果：

程式碼：php_strfun21.php　　　　　　　　　　　儲存路徑：C:\htdocs\ch07

```
1   <?php
2   $encodeStr = "abcd1234";
3   echo "原字串:" . $encodeStr . "<br>";
4   echo "crypt 加密:" . crypt($encodeStr, substr($encodeStr, 0, 2))
    . "<br>";
5   echo "md5 加密:" . md5($encodeStr) . "<br>";
6   echo "sha1 加密:" . sha1($encodeStr);
7   ?>
```

執行結果　　　　　　　　執行網址：http://localhost/ch07/php_strfun21.php

```
原字串：abcd1234
crypt加密：abLgNr.c2vRZc
md5加密：e19d5cd5af0378da05f63f891c7467af
sha1加密：7ce0359f12857f2a90c7de465f40a95f01cb5da9
```

程式說明

2~3　設定一個字串，並先顯示字串內容。

4~7　使用 crypt()、md5() 及 sha1() 函式對字串進行加密。

> 註　crypt() 函式若沒有設定加密基底 (salt)，會返回一個 E_NOTICE 的警告，所以建議設定
> crypt() 一定要設定加密基底。

範例：使用 crypt() 函式驗證輸入密碼

字串加密時常使用在網站上的密碼儲存，以下將使用一個實例來說明如何使用 crypt() 函式進行表單登入時輸入的密碼，與加密的資料進行比對的動作。再複習一次 crypt() 函式常用的比對公式：

```
$原密碼加密 = crypt($原密碼,加密基底);
if (crypt($輸入的密碼,$原密碼加密) == $原密碼加密){
    通過驗證
}
```

以下將使用完整的範例來進行說明：

程式碼：php_strfun22.php　　　　　　　　儲存路徑：C:\htdocs\ch07

```
1   <?php
2   if(isset($_POST["passwd"]) && $_POST["passwd"]!=""){
3     $passStr = crypt("abcd1234", substr($_POST["passwd"],0,2);
4     $inputStr = $_POST["passwd"];
5     if(crypt($inputStr,$passStr)==$passStr){
6         echo "密碼 $inputStr 驗證通過 <br>";
7         echo "<a href='#' onclick='window.history.back();';>回上一頁</a>";
8     }else{
```

```
9          echo " 密碼 $inputStr 驗證失敗 <br>";
10         echo "<a href='#' onclick='window.history.back();';> 回上一頁 </a>";
11      }
12   }else{
13   ?>
14   <form action="" name="form1" method="POST">
15   密碼
16   <input name="passwd" type="password" id="passwd">
17   <input type="submit" name="Submit" value=" 驗證 ">
18   </form>
19   <?php }?>
```

執行結果　　　　　　　　**執行網址**：http://localhost/ch07/php_strfun22.php

程式說明

2	檢查是否有接收到表單傳送來的參數 $ _ POST["passwd"]，而且該參數的值不能為空值。
3~7	若檢查有該參數並有值，即表示表單已經有輸入資料並送到本頁來，此時即進行資料的比對與驗證。
3	將預設的密碼「abcd1234」以 crypt() 函式加密後存入 $passStr 中。
4	將使用者輸入表單後送來的參數 $ _ POST["passwd"] 儲存到 $inputStr。
5	利用 crypt() 函式以 $passStr 為加密基底將 $inputStr 加密，再將結果與 $passStr 比對。
6~7	若相等即代表驗證通過，即顯示驗證通過的訊息及回上一頁的連結。
9~10	若不相等即代表表單驗證失敗，即顯示驗證失敗的訊息及回上一頁的連結。
14~18	若檢查沒有收到表單的參數或是參數值為空，即顯示供人輸入的表單，其中表單傳送的方式為「POST」，密碼欄的名稱為「passwd」。

由結果來看，輸入正確密碼的確可以使用 **crypt()** 函式與加密後的資料進行比對。

註 isset() 函式的功能是用來檢查變數是否存在，若存在則回傳 True，否則就為 False。

範例：使用 md5() 函式驗證輸入密碼

目前最流行的加密方式應是 md5 演算法，以下將使用一個實例來說明如何使用 md5() 函式進行表單登入時輸入的密碼：

程式碼：php_strfun23.php	儲存路徑：C:\htdocs\ch07

```php
1  <?php
2  if(isset($_POST["passwd"]) && $_POST["passwd"]!=""){
3    $passStr = md5("abcd1234");
4    $inputStr = $_POST["passwd"];
5    if(md5($inputStr)==$passStr){
6      echo " 密碼 $inputStr 驗證通過 <br>";
7      echo "<a href='#' onclick='window.history.back();';> 回上一頁 </a>";
8    }else{
9      echo " 密碼 $inputStr 驗證失敗 <br>";
10     echo "<a href='#' onclick='window.history.back();';> 回上一頁 </a>";
11   }
12 }else{
13 ?>
14 <form action="" name="form1" method="POST">
15 密碼
16 <input name="passwd" type="password" id="passwd">
17 <input type="submit" name="Submit" value=" 驗證 ">
18 </form>
19 <?php }?>
```

執行結果	執行網址：http://localhost/ch07/php_strfun23.php

程式說明

2 　　檢查是否有接收到表單傳送來的參數 $_POST["passwd"]，而且該參數的值不能為空值。

3~7	若檢查有該參數並有值，即表示表單已經有輸入資料並送到本頁來，此時即進行資料的比對與驗證。
3	將預設的密碼「abcd1234」以 md5() 函式加密後存入 $passStr 中。
4	將使用者輸入表單後送來的參數 $＿POST["passwd"] 儲存到 $inputStr。
5	利用 md5() 函式將 $inputStr 加密，再將結果與 $passStr 比對。
6~7	若相等即代表驗證通過，即顯示驗證通過的訊息及回上一頁的連結。
9~10	若不相等即代表驗證失敗，即顯示驗證失敗的訊息及回上一頁的連結。
14~18	若檢查沒有收到表單的參數或是參數值為空，即顯示供人輸入的表單，其中表單傳送的方式為「POST」，密碼欄的名稱為「passwd」。

crypt() 與 md5() 函式所加密後的字串都有不可反算得值的特性，所以即使有心人得到儲存的密碼值，也無法得知未加密前的密碼為何，在使用上較為安全。

7.10 正規表達式

正規表達式是一種字串格式的比對方法，應用的層面非常廣。一般
在文件編輯器或是檔案總管中，我們常會需要做到搜尋、取代文字
內容或檔案名稱的工作。

7.10.1 PHP正規表達式的功能

能夠快速的搜尋到正確又符合條件的資料，就必須使用到正規表達式。檢查字串
格式也是另一個常見的應用，例如我們希望使用者透過表單填寫資料傳遞到資料
庫中儲存，除了希望資訊的內容正確之外，例如電子郵件、電話、生日…等資料，
也希望能應用正規表達式進行這些資料格式的檢查。

整合分析 PHP 正規表達式的主要功能有三個：

1. **格式檢查**：根據設定的格式範本檢查字串內容。
2. **取代**：根據設定的格式範本在字串中找到指定的內容進行取代。
3. **分解**：將字串分解並儲存到陣列中。

7.10.2 正規表達式的格式

PHP 的正規表達式預設使用 PCRE (Perl-Compatible Regular Expressions) 的
格式。

正規表達式的基本語法

一個正則表達式，分為三個部分：**分隔符號**，**正規表達式** 和 **修飾符號**，其格式為：

/ 正規表達式 / 修飾符號

正規表達式 是設定比對字串格式的特殊符號，它是由二個 **分隔符號 (/)** 所包含
起來。**修飾符號** 是用來開啟或關閉使用正規表達式時的一些功能。

設定允許使用的字元

正規表達式的是以「[ ]」左右括號包含了在檢查字串時允許使用的字元，格式為：

[允許使用字元]

例如希望輸入字串是由 a、b、c、d、e、f、g 的英文字母組成,其正規表達式為:

```
/[abcdefg]/
```

設定不允許使用字元

若要設定檢查的是不允許使用的字元,則在「[ ]」左右括號內加上「^」符號即可,例如我們不希望字串中出現 x、y、z 英文字母,其正規表達式為:

```
/[^xyz]/
```

設定連續性檢查字元

若要設定允許使用的字元是連續有範圍的,可以利用「-」加上範圍前後字元加以標示,例如希望輸入的字串是由英文字母 (包含大寫與小寫) 組成,其正規表達式為:

```
/[a-zA-Z]/
```

常見設定連續性的檢查字元如下:

字元格式	說明
[a-z]	比對所有的小寫英文字母
[A-Z]	比對所有的英文大寫字母
[a-zA-Z]	比對所有的英文字母
[0-9]	比對所有的數字
[0-9.-]	比對所有的數字以及句號和減號,常使用在檢查電話、身份証號碼。
[\f\r \t\n]	比對所有的空白字元 (注意 \f 前面是一個空白字元)

除此之外,還有一些特別的字串代表的格式能夠使用:

字元格式	說明
[:alnum:]	表示所有字母和數字,等於 [a-zA-Z0-9]。

字元格式	說明
[:alpha:]	表示所有字母，等於 [a-zA-Z]。
[:lower:]	表示所有小寫字母，也就是 [a-z]。
[:upper:]	表示所有大寫字母，也就是 [A-Z]
[:blank:]	表示空格，等於 [\t]。
[:space:]	表示空白字元，相當於 [\n\t\r\x0b]。
[:digit:]	表示所有數字，等於 [0-9]。

轉義符號的應用

下面這些特殊字元在搭配轉義符號 (\ ) 後，代表的含義如下：

字元格式	說明
\s	表示空白字元
\S	表示非空白字元
\d	表示所有數字，等於 [0-9]。
\D	表示所有數字以外的字元，等於 [^0-9]。
\w	表示所有字母和數字，等於 [a-zA-Z0-9]。
\W	表示字母和數字以外的字元，等於 [^_a-zA-Z0-9]。

設定字元重複數量

若需要規定字元或字串重複數量，可以在後方加上「{ }」左右括號設定重複數量，語法如下：

```
{ 數量 } 或 { 最小值 , 最大值 }
```

常見檢查字元搭配字元數量範圍如下：

格式	說明	範例
字元 { 數量 } [允許使用字元]{ 數量 }	要有指定數量的字元。	`a{3}  // 一定要有 3 個 a`
字元 { 數量 , } [允許使用字元]	要有指定數量以上的字元。	`a{3,} // 一定要` `有 3 個以上的 a。`
字元 { , 數量 } [允許使用字元]	要有 0 到指定數量的字元。	`a{,3} // 一定要有 0~3 個 a`
字元 { 最小值 , 最大值 } [允許使用字元] { 最小值 , 最大值 }	要有指定數量範圍的字元	`a{2,3}       // 一` `定要有 2~3 個 a`

另外還有幾個特別符號，也能達到重複字元的功能：

格式	說明	範例

字元 ?
[允許使用字元]?
	等於 {0,1}，重複 0 或 1 次指定字元。	`Go?d`
		`//God 及 Good 都符合`
		`重複 0 或 1 次 o 都可以`

字元 *
[允許使用字元]*
	等於 {0, }，重複 0 或 多次指定字元。	`Go*d`
		`//God 及 Goood 都符合`
		`重複 0 或多次 o 都可以`

字元 +
[允許使用字元]+
	等於 {1, }，重複 1 或 多次指定字元。	`Go*d`
		`//Good 及 Goood 都`
		`符合至少要重複 1 次 o`

檢查起始或結尾的字元

若要指定起始或是結尾為某個字元，可以使用「^」及「$」符號：

格式	說明	範例

^ 字元
^[允許使用字元]
	起始字元一定要是允許使用字元中任一字元。	`^[abc]`
		`// 起始字元一定`
		`為 abc 中任一字元`

字元 $
[允許使用字元] $
	結尾字元一定要是允許使用字元中任一字元。	`[abc]$`
		`// 結尾字元一定`
		`為 abc 中任一字元`

要注意的是「^」及「$」符號都放置在設定允許字元的「[ ]」左右括號外，可別將「^」符號放置在「[ ]」左右括號內，否則會讓設定字元變成不允許使用。

萬用字元的使用

在正規表達式中有一個萬用字元：「.」，它能代表所有字元的內容。例如我們想要找出開頭為大寫 A，結尾為 B 的內容，即可以下述方法表示：

```
/^A.B$/
```

如此無論是 AXYZB 、 A123B 或是 A+*B ，都符合。

跳脫字元的使用

在以「[ ]」左右括號包含允許使用的字元中，有些特殊符號與原來的參數相衝時，就必須在該符號前加上「\」跳脫字元，保持程式可以正確解讀。

我們以常用的字元來說明：

原字元	.	+	*	\
跳脫字元	\.	\+	*	\\

我們以常用的按鍵動作來說明：

按鍵動作	Enter	Tab	Bakspace	Esc
跳脫字元	\n	\t	\r	\e

子表達式及選項的使用

可以使用在「()」左右括號將多個格式群組為一個格式，再進行比對。例如想檢查檔案名稱格式，檔名允許數字及英文大小寫，副檔名允許英文大小寫，方式如下：

```
/^([a-zA-Z0-9]\.[a-zA-Z])$/
```

我們使用「()」左右括號將二個允許字元範圍與字元「.」合併起來一起查詢，即可避掉不符規格的字串。若我們只希望可以找到副檔名為 doc 或 xls 的檔案，修改方式如下：

```
/^([a-zA-Z0-9]\.(doc|xls))$/
```

因為副檔名只要為 doc 或 xls 都可符合，所以將二個字串放置在「()」左右括號中，並以「|」區隔，代表二者擇一 (OR) 都可符合。

範例：檢查電話號碼的正規表達式

以下我們練習如何使用正規表達式來檢查一般的電話號碼。若希望使用者輸入的格式是一般家用電話的格式：**XX-XXXXXXXX** 則可以使用下列二種方式：

```
/^[0-9]{2} - [0-9]{8}$/
/^\d{2} - \d{8}$/
```

電話號碼都是由數字組合而成，所以允許輸入的字元只有 0~9 的數字。這裡設計區號 2 碼，剩下電話為 8 碼。

範例：檢查電子郵件的正規表達式

電子郵件的基本格式是 **郵件帳號 @ 網域名稱**，其正規表達式如下：

```
/^([a-z0-9 _ \.-]+)@([\da-z\.-]+)\.([a-z\.]{2,6})$/
```

一般帳號可允許的字符有英文、數字、點 (.)、底線 (_)、減號 (-) 與加號 (+)，而網域名稱則通常以英文、數字、點 (.)、底線 (_) 與減號 (-) 組成，中間用「@」作區隔。

 這些範例並沒有標準答案，您可以加入自己的想法去完善表達式的內容。

7.10.3 字串檢查格式：preg_match()

在正規表達式中，字串中的檢查是最常使用的。在 PHP 中您可以使用 preg_match() 進行正規表達式的比對，它的功能是以設定的格式範本比對指定字串，成功比對即回傳 TRUE，否則回傳 FALSE，其格式為：

```
preg _ match( 正規表達式格式範本，字串 [，結果陣列 ])
```

若有設定結果陣列參數，函式會在比對成功後將結果以陣列的方式存入，第一個陣列元素會放置符合表達式的字串內容，若有子表達式，會放置到之後的陣列元素中。

舉例來說，將剛才檢查電子郵件的正規表達式納入 preg_match 函式中使用：

程式碼：php_refun1.php	儲存路徑：C:\htdocs\ch07

```
1    <?php
2    $mailData = "e-happy@e-happy.com.tw";
```

```
3    if(preg _ match  ("/^([a-z0-9 _ \.-]+)@([\da-z\.-]+)\.([a-z\.]
     {2,6})$/",$mailData,$matchData)){
4            echo "郵件格式驗證成功,內容為:{$matchData[0]}。";
5        }else{
6            echo "郵件格式驗證失敗!";
7        }
8    ?>
```

執行結果　　　　　　　　　　執行網址：http://localhost/ch07/php_refun1.php

郵件格式驗證成功,內容為:e-happy@e-happy.com.tw。

程式說明

2　　將一個電子郵件的資料存入 $mailData 變數中。

3　　利用 ereg() 函式將電子郵件格式正規式表達式範本,應用在 $mailData 中若檢查
　　　　無誤即將給果存在 $matchData 陣列中。

4　　若格式無誤,即顯示成功的訊息,並將 $matchData 陣列中第一個陣列元素的資料顯
　　　　示出來。

6　　若格式有誤,即顯示失敗的訊息。

您可以代入不同的郵件資料到 $mailData 變數中測試結果。

7.10.4 字串取代：preg_replace()

在本章之前,曾介紹許多字串函式能在字串中搜尋到指定內容並進行取代的動
作,但若是利用正規表達式來搜尋資料並進行取代的動作,在搜尋的彈性上會有
更好的表現!在 **PHP** 中可以使用 **preg_replace()** 函式進行正規表達式的取代動
作,它的功能是以設定的格式範本在字串中搜尋,在搜尋到符合的部分後再以指
定字串取代,其格式為:

```
preg _ replace( 正規表達式格式範本 , 取代內容 , 字串 )
```

當在字串中找尋到符合格式範本的部分,可將這個結果儲存在「$0」~「\\9」之
中,其中「\\0」儲存的是比對成功的完整字串,若有子表達式則會將比對結果
放置到「\\1」~「\\9」之中。

另外要注意的是,若取代內容的資料型別為整數時,可能會造成取代異常狀況。

以下我們將在一段文字中包含二個電子郵件地址，再使用 preg_replace() 函式自動為這二個電子郵件加上郵件超連結。

程式碼：php_refun2.php	儲存路徑：C:\htdocs\ch07

```php
1   <?php
2   $strURL = " 公司網站 http://www.e-happy.com.tw";
3   $regex = "/(https?:\/\/)?([\da-z\.-]+)\.([a-z\.]{2,6})([\/\w \.-
    ]*)*\/?/";
4   echo preg_replace($regex,"<a href=\"\\0\" target=\"_
    blank\">\\0</a>",$strURL);
5   ?>
```

執行結果	執行網址：http://localhost/ch07/php_refun2.php

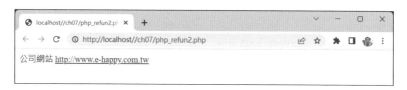

程式說明

2	$strURL 變數儲存著一段字串，內容包含了一個網址。
3	利用 preg_replace() 函式設定以網址格式正規式表達式範本，找尋在 $strURL 中是否有網址。若找尋到的話，找到的網址字串即會被儲存到「\\0」之中，再將「\\0」佈置成加入超連結的網址字串，最後再顯示出來。

如此即可快速地將內文中含有網址的字串加上超連結。

$$延\ 伸\ 練\ 習$$

一、選擇題

1. (   ) 哪個 PHP 函式輸出字串可以加上多個參數來輸出？
   (A) echo   (B) print_r   (C) print   (D) show

2. (   ) nl2br() 函式能將字串中的分行字元 (\n) 以什麼標籤取代以達到分行的效果？
   (A) <n>   (B) <p>   (C) <hr>   (D)

3. (   ) 哪個 PHP 函式可以去除字串中不需要的 HTML 與 PHP 標籤，並且可以設定要保留的標籤內容？
   (A) quotemeta()   (B) strip_tags()
   (C) addslashes()   (D) stripcslashes()

4. (   ) 哪個 PHP 函式可以去除最多的跳脫字元？
   (A) quotemeta()   (B) addcslashes()
   (C) addslashes()   (D) stripcslashes()

5. (   ) 在程式操作字串傳值或是表單輸入時，常會不經意在字串的前後加入了空白，可以使用什麼函式去除字串前後的空白？
   (A) ltrim()   (B) trim()   (C) rtrim()   (D) chop()

6. (   ) 在長字串中若希望依版面需求的長度進行切割，可以使用到 chunk_split() 與 wordwrap() 函式，它們都可以設定切割的字數以及在切割點加入什麼分隔字元，不同的地方是什麼？
   (A) chunk_split() 可切割多字串，而 wordwrap() 不會。
   (B) chunk_split() 遇到雙位元字串會避開，而 wordwrap() 不會。
   (C) chunk_split() 並不考量單字的完整，而 wordwrap() 會。
   (D) 二個函式的功能相同。

7. (   ) 使用 explode()、split()、spliti() 與 str_split() 函式切割字串的共同點在於？
   (A) 會將切割的結果儲存在變數中。
   (B) 會將切割的結果儲存在陣列中。
   (C) 會將切割的結果儲存在常數中。
   (D) 在陣列中所定義的索引鍵不可以重複使用。

8. (　　　) implode() 或是 join() 函式的功能差異在哪？

(A) 功能相同，都可將指定陣列元素值連接起來成為字串。

(B) 功能相同，都可將多個字串連接起來成為一個字串。

(C) implode() 能連接陣列元素為字串，而 join() 函式連接陣列元素為變數。

(D) join() 能連接陣列元素為字串，而 implode () 函式連接陣列元素為變數。

9. (　　　) substr() 或是 strrchr() 函式都能擷取字串中的部分內容，何者不是二者之間的差異？

(A) substr() 函式是以字數來設定要擷取的起始位置。

(B) strrchr() 函式是以設定字元最後位置來設定要擷取的起始位置。

(C) substr() 函式不區分英文大小寫。

(D) substr() 函式若不設定擷取字數會擷取到最後。

10. (　　　) printf() 或是 sprintf() 函式能格式字串中的內容，何者不是二者之間的差異？

(A) 都可將指定字串格式化。

(B) printf() 會將格式化的結果直接輸出在頁面上。

(C) sprintf() 會將格式化的結果回傳，一般會儲存在變數中。

(D) printf() 函式不區分英文大小寫。

11. (　　　) 以下何者不是設定格式化字串中要設定的參數值？

(A) 填滿字元　(B) 對齊方式　(C) 英文大小寫　(D) 資料型別

12. (　　　) sscanf() 函式能依照格式剖析字串放置在哪？

(A) 常數　(B) 陣列　(C) 變數　(D) 陣列或變數

13. (　　　) 哪個 PHP 函式可以轉換所有可能有 HTML 實體參照的字元成為 HTML 實體參照？

(A) htmlspecialchars()

(B) htmlentities()

(C) htmlspecialchars_decode()

(D) get_html_translation_table()

延 伸 練 習

14. (　　　　) strcmp() 或是 strcasecmp () 函式能比對字串中的內容，何者是二者之間的差異？

(A) 可比對字串　　　　(B) 不使用自然順序演算法

(C) 英文大小寫　　　　(D) 以上皆是

15. (　　　　) 下列何者加密方式可以反算取得原值？

(A) ROT13　(B) Crypt　(C) md5　(D) sha1

二、實作題

1. 以下是一篇加入分行符號的英文笑話，請將它分行顯示在頁面上，每個單字的第一個字也要大寫。(參考解答：lesson7_1.php)

```
A Window Seat\nA: Which do you prefer, a window seat or
an aisle seat?\nB: I always prefer a window seat.\nA:
Why?\nB: In case some bad thing happen I can jump out
from it.
```

2. 請由字串「ABCDE」中將字元一個個取出，第一個顯示一次，第二個顯示二次，以此類推，每顯示完一組就分行。(參考解答：lesson7_2.php)

3. 表格中是一個班級的學生資料，請將它儲存到一個二維陣列中，並在其後顯示學生的資料。顯示時生日要以中文年月日顯示，電話前二碼是區碼，要加上小括號。

(參考解答：lesson7_3.php)

姓名	生日	電話
李雲毓	2000/3/14	0227042762
黃冠妮	2000/6/6	0220938123
韋國書	2000/7/15	0225021314
劉子芸	2000/8/7	0425307996

延 伸 練 習

姓名	生日	電話
李政昀	2000/12/24	0227408965

4. 請利用正規表達式將以下的字串:「公司信箱 service@e-happy. com.tw,我的信箱是 david@e-happy.com.tw」之中的郵件加上郵件超連結。(參考解答:lesson7_4.php)

08

CHAPTER

日期時間的應用

在程式中日期時間的資料應用很頻繁,也很重要。如何取得正確的日期時間,又如何整理成要使用的格式,就必須依靠日期時間的函式。

在本章中將整理 PHP 中與日期時間相關的函式,不僅能夠取得系統時間及各個時區的相對時間,還能快速取得許多日期時間的重要資訊。最重要的是在獲取這些資訊後,能依照所需要的格式輸出顯示在頁面上。

- ⊙ 取得日期時間
- ⊙ 設定日期時間格式
- ⊙ 時間戳記
- ⊙ 檢查日期時間

8.1 取得日期時間

如何取得正確的日期時間，又如何整理成要使用的格式，就必須依靠日期時間的函式了。以下將針對這些函式的特性進行分類說明，讓您快速掌握。

使用 getdate() 函式取得日期時間資訊

getdate() 函式會以陣列型態回傳函式中指定時間戳記的日期與時間等資料，省略時間戳記則會以目前的時間為準。其格式如下：

```
getdate([ 時間戳記 ])
```

而回傳的陣列索引鍵列表如下：

索引鍵	說明	回傳值範例
seconds	秒	0 ~ 59
minutes	分	0 ~ 59
hours	小時	0 ~ 23
mday	該月第幾天	1 ~ 31
wday	該週第幾天	0 ~6 (0 為星期天)
mon	月	1 ~ 12
year	西元年 (4 位數)	如 1998 或 2008
yday	該年的第幾天	0 ~ 365
weekday	星期幾的英文	Sunday ~ Saturday
month	英文文字的月份名稱	January ~ December
0	時間戳記	依照系統時間

註　所謂時間戳記就是由 1970-01-01 00:00:00 起算到現在的秒數，這個數據對於日期時間函式相當重要，往後會詳細介紹幾個相關的函式。

使用 localtime() 函式取得日期時間資訊

localtime() 函式可以回傳函式中指定時間戳記的日期與時間等資料，省略時間戳記則會以目前的時間為準，格式如下：

```
localtime([ 時間戳記 ] [, 類別 ])
```

類別參數會可指定回傳資料的類型：

類別	說明
0 或省略	以數值的索引鍵回傳。
1	以文字的索引鍵回傳，其索引鍵如下：

索引鍵	說明
tm_sec	秒。
tm_min	分。
tm_hour	時。
tm_mday	該月第幾天。
tm_mon	月 (0~11，0 為 1 月)。
tm_year	年 (2 位數，2000 年後為 3 位數)。
tm_wday	星期 (0~6，0 為星期天)。
tm_yday	該年的第幾天。
tm_isdst	夏令節約時間是否有效。

使用 getimeofdate() 函式取得日期時間資訊

getimeofdate() 函式以陣列型態回傳目前時刻的資料，回傳的陣列索引鍵如下：

索引鍵	說明
sec	時間戳記。
usec	百萬分之一秒。
minuteswest	分，格林威治標準時間。
dsttime	夏令節約時間補正。

範例：取得目前日期時間資訊

這裡就利用這三個函式取得目前的日期時間資訊：

程式碼：**php_dtfun1.php**　　　　　　　　　　　儲存路徑：C:\htdocs\ch08

```php
1   <?php
2   echo "getdate() 函式的使用 <hr />";
3   $nowTime = getdate();
4   foreach($nowTime as $Key => $Value){
5     echo "$Key => $Value <br />";
6   }
7   echo "<hr />localtime() 函式的使用 <hr />";
8   $nowTime = localtime(time(),1);
9   foreach($nowTime as $Key => $Value){
10    echo "$Key => $Value <br />";
11  }
12  echo "<hr />gettimeofday() 函式的使用 <hr />";
13  $nowTime = gettimeofday();
14  foreach($nowTime as $Key => $Value){
15    echo "$Key => $Value <br />";
16  }
17  ?>
```

執行結果　　　　　　　　　執行網址：http://localhost/ch08/php_dtfun1.php

程式說明

2	使用 getdate() 函式取得目前日期時間的資料存入 $nowTime 陣列中。
4~6	利用 foreach 迴圈將 $nowTime 陣列中的索引鍵與值顯示出來。
8	使用 localtime() 函式取得目前日期時間的資料存入 $nowTime 陣列中。其中 time() 函式可以取得目前的時間戳記，參數 1 設定回傳文字索引鍵。
9~11	利用 foreach 迴圈將 $nowTime 陣列中的索引鍵與值顯示出來。
12	使用 gettimeofday() 函式將目前日期時間的資料存入 $nowTime 陣列。
14~16	利用 foreach 迴圈將 $nowTime 陣列中的索引鍵與值顯示出來。

PHP 的日期時間函式比起在其他的程式語言來說，已經完善許多。除了一般的年、月、週、日期、時、分、秒，甚至時差與夏令節約時間等問題，都一併考量了，所以設計者就不必自己花時間來解決相關問題。

8.2 設定日期時間格式

date() 及 gmdate() 都會以設定的格式回傳函式中指定時間戳記的日期與時間等資料，省略時間戳記則會以目前的時間為準。

設定日期時間格式函式表

在取得系統的時間並格式輸出，一般都使用 date() 或是 gmdate()：

函式名稱	說明與範例
date(格式 [, 時間戳記]) gmdate(格式 [, 時間戳記])	date() 及 gmdate() 都會以設定的格式回傳函式中指定時間戳記的日期與時間等資料，省略時間戳記則會以目前的時間為準。不同點是 date() 擷取的是系統時間，gmdate() 擷取的是格林威治的標準時間。

其格式表達如下 (注意英文大小寫)：

時間	格式字元	說明	回傳值範例
日	d	該月的第幾天，2 位數，不足補 0。	01 ~ 31
	j	該月的第幾天，整數但不補 0。	1 ~ 31
	S	該月的第幾天，不補 0，但對數字加上英文字尾。	1st, 2nd, 3rd or 4th...
	z	該年的第幾天。	0 ~ 365
週	W	年的週數以 ISO - 8601 標準數字編號。	如 42 即代表該週為該年的第 42 週
	D	星期幾的英文縮寫。	Mon ~ Sun
	l (小寫 'L')	星期幾的英文。	Sunday ~ Saturday
	N	週的天數以 ISO - 8601 標準數字編號。	1 ~ 7 (週一 ~ 週日)
	w	該週第幾天。	0 ~6 (0 為星期天)

時間	格式字元	說明	回傳值範例
月	F	英文文字的月份名稱。	January ~December
	m	該年的幾月，2 位數，不足補 0。	01 ~ 12
	M	英文文字縮寫的月份名稱。	Jan ~ Dec
	n	該年的幾月，整數但不補 0。	1 ~ 12
	t	該月有幾天。	28 ~ 31
年	L	是否為閏年。	1 為是，0 為否。
	Y	4 位數西元年 ()。	如 1998 或 2008
	y	2 位數西元年。	如 98 或 08
時間	a	英文小寫的上午或下午。	am 或 pm
	A	英文大寫的上午或下午。	AM 或 PM
	g	12 小時制的時，整數不補 0。	1 ~ 12
	G	24 小時制的時，整數不補 0。	0 ~ 23
	h	12 小時制的時，2 位數不足補 0。	01 ~ 12
	H	24 小時制的時，2 位數不足補 0。	00 ~ 23
	i	分，2 位數不足補 0。	00 ~ 59
	s	秒，2 位數不足補 0。	00 ~ 59
	u	百萬分之一秒。	如 54321
時區	e	時區符號。	如 UTC, GMT, Atlantic/Azores
	I (大寫的 i)	時區是否在夏季節約時間。	1 為是，0 為否。
	O	與格林威治標準時間的時差。	如 +0200
	P	與格林威治標準時間的時、分差。	如 +02:00
	T	時區縮寫。	如 EST, MDT ...
	Z	時間偏移秒數。	-43200 ~ 50400

時間	格式字元	說明	回傳值範例
完整日期	c	ISO 8601 日期格式。	2004-02-12T15:19:21+00:00
	r	RFC 2822 日期格式。	如 Thu, 21 Dec 2000 16:01:07 +0200
	U	時間戳記。	依照系統時間

範例：顯示格式化的伺服器時間及格林威治標準時間

這裡就利用這二個函式伺服器時間及格林威治標準時間，並以「西元年 - 月 - 日 時：分：秒」的格式輸出：

程式碼：php_dtfun2.php　　　　　　　　　　　　　　儲存路徑：C:\htdocs\ch08

```php
1   <?php
2   $date_server = date("Y-m-d H:i:s");
3   echo "伺服器時間: $date_server <br>";
4   $date_gmt = gmdate("Y-m-d H:i:s");
5   echo "格林威治時間: $date_gmt <br>";
6   ?>
```

執行結果　　　　　　　　　　執行網址：http://localhost/ch08/php_dtfun2.php

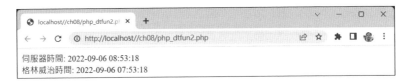

程式說明

2　使用 date() 函式取得目前日期時間的資料，並設定格式「西元年 - 月 - 日時：分：秒」(Y-m-dH:i:s) 存入 $date_server 中。

3　利用 echo 搭配字串將 $data_server 輸出。

4　使用 gmdate() 函式取得目前格林威治標準時間日期時間的資料，並設定格式「西元年 - 月 - 日時：分：秒」(Y-m-dH:i:s) 存入 $date_gmt 中。

5　利用 echo 搭配字串將 $data_gmt 輸出。

利用 date() 不但可以輕鬆取得日期時間資料，並可以彈性設定輸出的格式。而 gmdate() 函式更可取得格林威治的標準時間，對於伺服器放置在國外導致程式時差的問題，即可藉由這個方式獲得解決。

8.3 時間戳記

時間戳記就是由 1970-01-01 00:00:00 起算到現在的秒數,先前大部分的日期時間函式都是以這個資訊做為推算的重要依據,所以如何取得及轉換資料為時間戳記就十分重要了。

時間戳記相關函式表

函式名稱	說明與範例
time()	取得目前系統時間的時間戳記。
microtime()	取得目前系統時間的時間戳記到毫秒。
mktime([時 [, 分 [, 秒 [, 月 [, 日 [, 年 [, 是否為夏季節約時間]]]]]]]) gmmktime([時 [, 分 [, 秒 [, 月 [, 日 [, 年 [, 是否為夏季節約時間]]]]]]])	mktime() 函式可將系統時間轉換成時間戳記,gmmktime() 函式可將格林威治標準時間轉換成時間戳記。參數放置的方式順序為時、分、秒、月、日、年,而判斷是否為夏季節約時間的值為 1 (是)、0 (否) 及 -1 (不確定,預設值)。 參數皆可省略,即會以目前的時間戳記回傳。
strtotime(字串 [, 時間戳記])	能將字串中代表的時間轉換為時間戳記,若字串中的內容是以英文形容的時間狀況,十分口語易懂,也沒有太固定的格式。 若字串中不是一個時間,而是一個比較性的形容字串,例如 1 日後 (+1 day),可以填寫第 2 個參數:時間戳記,即會以指定的時間來進行計算,省略則以目前時間為準。 | 需求	範例 | |---|---| | 日期時間字串轉換 | 2008-08-13 10:30:45 | | 幾天後、幾天前 | + 3 days、- 3 days | | 幾週前、幾週前 | + 3 weeks、- 3 weeks | | 幾小時幾分前後 | + 1 hour 45 minutes | | 一個月前、一個月後 | + 2 months、- 2 months | | 上個禮拜幾、下個禮拜幾 | next Monday、last Sunday | | 現在 | now | 您是否有發現字串的內容十分的口語易懂,也很具彈性。
chkdate(月 , 日 , 年)	檢查某個日期是否是正確的日期,回傳是布林值。

範例：將日期或字串轉換為時間戳記

以下的範例將以 mktime() 及 strtotime() 函式轉換日期或字串為時間戳記：

程式碼：php_dtfun3.php	儲存路徑：C:\htdocs\ch08

```php
1   <?php
2   $dateStr = "2005-11-24 04:30:25";
3   sscanf($dateStr, "%d-%d-%d %d:%d:%d", $y, $m, $d, $h, $i, $s);
4   $timestamp1 = mktime($h,$i,$s,$m,$d,$y);
5   echo $timestamp1."<br />";
6   $timestamp2 = strtotime($dateStr);
7   echo $timestamp2;
8   ?>
```

執行結果	執行網址：http://localhost/ch08/php_dtfun3.php

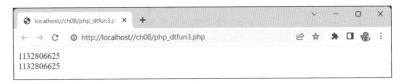

程式說明	
2	設定 $dateStr 儲存一個日期時間的字串。
3	使用 sscanf() 函式將字串以指定格式，拆出之中的資料儲存到指定的變數中，這些變數分別儲存了年、月、日、時、分、秒的資料。
4~5	使用 mktime() 函式將剛才的變數依時、分、秒、月、日、年的格式代入，並取得時間戳記儲存在 $timestamp1 中，並顯示出來。
6~7	使用 strtotime() 函式將 $dateStr 字串直接轉為時間戳記並顯示出來。

雖然使用二個方式都計算出相同的結果，但是可以很明顯地發現 mktime() 函式較為複雜且易錯，相對地 strtotime() 函式的方法卻簡單得多。

範例：計算某個日期時間在幾天幾月、幾年前或後的時間

以下的範例以 strtotime() 函式推算某個日期時間在幾天幾月、幾年前後的時間：

程式碼：php_dtfun4.php   儲存路徑：C:\htdocs\ch08

```php
1   <?php
2   $dateStr = "2005-11-24 04:30:25";
3   $timestamp = strtotime($dateStr);
4   echo "出生時間:".$dateStr."<br />";
5   echo "懷孕日期:".date("Y-m-d",strtotime("- 10 months", $timestamp))
    ."<br />";
6   echo "滿月日期:".date("Y-m-d",strtotime("+ 1 month", $timestamp))
    ."<br />";
7   echo "周歲日期:".date("Y-m-d",strtotime("+ 1 year", $timestamp))
    ."<br />";
8   ?>
```

執行結果   執行網址：http://localhost/ch08/php_dtfun4.php

程式說明

2	設定 $dateStr 儲存一個日期時間的字串。
3	使用 strtotime() 函式將 $dateStr 字串轉為時間戳記儲存在 $timestamp 中。
4	以 date() 設定格式顯示指定的日期時間。
5	利用 strtotime() 計算該日期時間在 10 個月前的時間戳記，再利用 date() 設定格式顯示指定的日期時間。
6	利用 strtotime() 計算該日期時間在 1 個月後的時間戳記，再利用 date() 設定格式顯示指定的日期時間。
7	利用 strtotime() 計算該日期時間在 1 年後的時間戳記，再利用 date() 設定格式顯示指定的日期時間。

strtotime() 函式取得時間戳記的方法不僅簡單，而且相當人性。所以搭配其他的日期時間函式可以做出許多有效的功能，真是一個好用的函式。

8.4 檢查日期時間

您是否常會在程式中需要判斷資料中某個日期時間是否存在而傷腦筋？此時只要使用 checkdate() 函式就可以輕鬆檢查。

您可以使用 checkdate() 函式來檢查某個日期是否存在，其格式如下：

```
checkdate( 月 , 日 , 年 )        // 回傳為布林值
```

範例：檢查今年是否為閏年

許多人常利用這個函式來檢查該年是否為閏年，因為閏年才有 2 / 29 號。

程式碼：php_dtfun5.php	儲存路徑：C:\htdocs\ch08

```php
1   <?php
2   $thisYear = date("Y");
3   if(checkdate(2, 29, $thisYear)){
4     echo "今年 $thisYear 年是閏年 ";
5   }else{
6     echo "今年 $thisYear 年不是閏年 ";
7   }
8   ?>
```

執行結果	執行網址：http://localhost/ch08/php_dtfun5.php

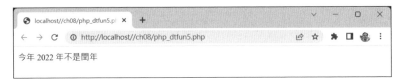

今年 2022 年不是閏年

程式說明	
2	設定 $thisYear 儲存由 date("Y") 取得今年的年份。
3~7	使用 checkdate() 函式檢查今年是否有 2/29 日，如果有則顯示為閏年，沒有則顯示今年不是閏年。

延 伸 練 習

一、選擇題

1. (　　　) 什麼是時間戳記？

(A) 由今日 00:00:00 起算到現在的秒數。

(B) 由 1970-01-01 00:00:00 起算到現在的秒數。

(C) 由本週星期一的 00:00:00 起算到現在的秒數。

(D) 由本月 1 號的 00:00:00 起算到現在的秒數。

2. (　　　) 若想要在頁面上顯示今天是今年的第幾天，可以使用下列哪個方式？

(A) $thisYear = getdate(); echo $thisYear["yday"];

(B) $thisYear = localtime(time(),1); echo $thisYear["tm_yday"];

(C) echo date("z");

(D) 以上皆可。

3. (　　　) date() 與 gmdate() 的區別為何？

(A) 一個顯示簡短時間資訊，一個是完整時間資訊。

(B) 一個使用夏令節約時間，另一個沒有。

(C) 一個使用系統時間，一個使用格林威治標準時間；

(D) 以上皆非。

4. (　　　) 作業系統會因為所在的區域不同，對於日期時間貨幣等顯示方式而有所不同。在 PHP 中要使用什麼日期時間函式加入對於區域化的考量？

(A) strftime()　(B) date()　(C) time()　(D) localtime()

5. (　　　) 使用 mktime() 函式時，要插入時間的參數格式為何？

(A) 月、日、年、時、分、秒。

(B) 時、分、秒、月、日、年。

(C) 年、月、日、時、分、秒。

(D) 時、分、秒、年、月、日。

二、實作題

請利用日期時間函式製作本月的月曆。(參考解答：lesson8.php)

MEMO

09

CHAPTER

檔案的處理

檔案的處理在 PHP 程式中是相當重要的，操作的內容不僅是對於資料夾或檔案的複製、移動、更名或刪除，在小型或單純的系統中，也可以將資料寫入檔案或是由檔案中讀出，進而取代資料庫執行資料交換、儲存的動作。另外由客戶端將檔案上傳到伺服器中，也是程式開發中相當重要的技術。

⊙ 資料夾、檔案路徑的相關資訊
⊙ 資料夾的處理
⊙ 檔案的處理
⊙ 檔案上傳
⊙ 讀取及寫入檔案的內容

9.1 資料夾、檔案路徑的相關資訊

如何取得正確的日期時間，又如何整理成要使用的格式，就必須依靠日期時間的函式了。以下將針對這些函式的特性進行分類說明，讓您快速掌握。

9.1.1 檔案路徑及資訊

在操作檔案及資料夾前，掌握路徑資訊是最重要的基礎。

使用預設變數及常數取得路徑資訊

$_SERVER 預設變數可以顯示伺服器的相關資訊，其中與路徑相關的有：

陣列索引鍵	說明
PHP_SELF	目前網頁的虛擬路徑。
SCRIPT_FILENAME	目前網頁的實際路徑。

也可以利用 __FILE__ 顯示目前頁面的實際路徑與檔案。

程式碼：php_file1.php　　　　　　　　　　　　　儲存路徑：C:\htdocs\ch09

```php
1  <?php
2    echo $_SERVER["PHP_SELF"]."<br />";
3    echo $_SERVER["SCRIPT_FILENAME"]."<br />";
4    echo __FILE__;
5  ?>
```

執行結果　　　　　　　　　執行網址：http://localhost/ch09/php_file1.php

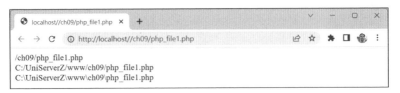

```
/ch09/php_file1.php
C:/UniServerZ/www/ch09/php_file1.php
C:\UniServerZ\www\ch09\php_file1.php
```

realpath()：取得實際路徑

在網頁中我們一般都是使用相對路徑，您也可以利用 realpath() 函式取得檔案的實際路徑，語法為：

```
realpath(" 相對路徑 ")
```

由路徑中取得資料夾及檔案名稱

使用 dirname() 及 basename() 二個函式可由路徑中分析出資料夾及檔案的名稱，語法為：

```
dirname( 檔案路徑 )              // 由完整路徑中去除檔名的路徑
basename( 檔案路徑 [, 副檔名])   // 由完整路徑中取得檔案名稱，設定副檔名還可去除
                                 副檔名。
```

也可以利用預設常數 __DIR__ 顯示目前頁面的實際路徑。

程式碼：php_file2.php	儲存路徑：C:\htdocs\ch09

```php
1    <?php
2      echo "目前檔案所在的路徑為:".realpath(".")."<br />";
3      echo "完整的檔案路徑為:". _ _ FILE _ _ ."<br />";
4      echo "資料夾為:". _ _ DIR _ _ ."<br />";
5      echo "檔名為:".basename( _ _ FILE _ _ )."<br />";
6    ?>
```

執行結果	執行網址：http://localhost/ch09/php_file2.php

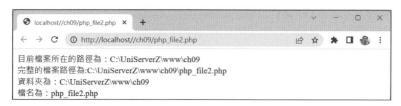

目前檔案所在的路徑為：C:\UniServerZ\www\ch09
完整的檔案路徑為:C:\UniServerZ\www\ch09\php_file2.php
資料夾為：C:\UniServerZ\www\ch09
檔名為：php_file2.php

程式說明

2	使用 realpath() 函式取得目前路徑「.」的實際路徑。
3	_ _FILE_ _ 常數可顯示目前頁面的完整實際路徑檔案名稱。(可參考 3.3.2)
4	_ _DIR_ _ 常數可顯示目前頁面的完整實際路徑。(可參考 3.3.2)
5	利用 basename() 函式取出完整路徑的檔名顯示。

pathinfo()：取得路徑資訊

使用 pathinfo() 函式可以將指定的路徑資訊儲存在陣列中回傳，其格式如下：

```
pathinfo(檔案路徑 [,指定資訊])
```

其中路徑是以字串的方式來表達，函式中可以指定回傳的資訊，若不指定即會將資料以陣列回傳，以下是指定資訊的參數說明與回傳陣列的元素名稱：

資訊	陣列索引鍵	說明
PATHINFO_DIRNAME	dirname	路徑名稱
PATHINFO_BASENAME	basename	檔案名稱 (包含副檔名)
PATHINFO_EXTENSION	extension	副檔名
PATHINFO_FILENAME	filename	檔案名稱 (不包含副檔名)

程式碼：php_file3.php　　　　　　　　　　　　　儲存路徑：C:\htdocs\ch09

```php
1  <?php
2    $path = _ _ FILE _ _ ;
3    echo pathinfo($path,PATHINFO _ DIRNAME)."<br />";
4    echo pathinfo($path,PATHINFO _ BASENAME)."<br />";
5    echo pathinfo($path,PATHINFO _ EXTENSION)."<br />";
6    echo pathinfo($path,PATHINFO _ FILENAME)."<br />";
7    $pathData = pathinfo($path);
8    print _ r($pathData);
9  ?>
```

執行結果　　　　　　　　　　　執行網址：http://localhost/ch09/php_file3.php

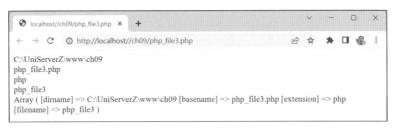

程式說明	
2	＿ ＿ FILE ＿ ＿ 常數可顯示目前頁面的完整路徑。
3~6	利用 pathinfo() 函式一一指定顯示路徑各個資訊。
7	利用 pathinfo() 函式將路徑資訊儲存在 $pathData 陣列中。
8	利用 print ＿ r() 函式將 $pathData 中的資料顯示出來。

備註　路徑中的「\」與「/」

在表達路徑時，檔案或是資料夾間都會利用「\」與「/」來代表路徑符號，一般來說在 Linux 的系統中都使用「/」符號，而 Windows 預設是使用「\」。如：

"C:\htdocs\ch09\php ＿ file1.php"　//Windows 路徑表示方法

"/htdocs/ch09/php ＿ file1.php"　//Linux 路徑表示方法

但是若是「\」符號剛好也是字串中的跳脫字元，不小心與其他英文字母搭配即會有其他功能的效果，例如 \n (換行)、\t (定位) 等，舉例來說：

"C:\htdocs\test\news.php"

這個路徑中「\」剛好與後方路徑或是檔案的第一個字母結合，即會產生換行與定位的效果，所以在字串中要再加上跳脫字元讓整個字串正常：

"C:\\htdocs\\test\\news.php"

其實無論使用何種作業系統，您都可以使用「/」來代表路徑符號，如此一來可以巧妙的避免跳脫字元造成的陷阱，如：

"C:/htdocs/test/news.php"

所以若是沒有把握，建議您養成習慣，使用「/」來代表路徑符號。

9.1.2 取得檔案詳細資訊

將檔案詳細資訊存入陣列中

您可以使用 stat() 及 lstat() 函式將指定檔案的資訊存入陣列中，其格式如下：

```
stat( 檔案路徑 );
lstat( 檔案路徑 );
```

這二個函式使用方式相同，差異在於當檔案路徑是符號連結 (Symbolic link) 時，lstat() 函式會傳回符號連結本身的資訊。

> **註** Symbolic link 存在於 Unix_Like 系統，類似 Windows 系統下的「捷徑」。

由 stat() 及 lstat() 函式回傳陣列元素內容如下：

資訊	陣列索引鍵	說明
0	dev	裝置編號
1	ino	inode 號碼
2	mode	存取權限
3	nlink	連結數
4	uid	擁有者使用者代號
5	gid	擁有者使用群組代號
6	rdev	裝置類型 (Windows 系統 回傳 -1)
7	size	檔案大小 (單位 bype)
8	atime	最後存取時間 (時間戳記)
9	mtime	最後更新時間 (時間戳記)
10	ctime	最後 inode 改變時間 (時間戳記)
11	blksize	磁區大小 (Windows 系統 回傳 -1)
12	blocks	配置的磁區數

如果要取得最新的檔案資訊時，在使用函式前要先執行 clearstatcache() 清除原來的快取，才能得到新的資料。

程式碼：php_file4.php	儲存路徑：C:\htdocs\ch09

```php
1    <?php
2      $path = _ _ FILE _ _ ;
3      clearstatcache();
4      $pathData = stat($path);
5      print _ r($pathData);
6    ?>
```

執行結果	執行網址：http://localhost/ch09/php_file4.php

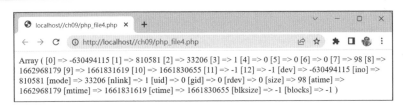

Array ([0] => -630494115 [1] => 810581 [2] => 33206 [3] => 1 [4] => 0 [5] => 0 [6] => 0 [7] => 98 [8] => 1662968179 [9] => 1661831619 [10] => 1661830655 [11] => -1 [12] => -1 [dev] => -630494115 [ino] => 810581 [mode] => 33206 [nlink] => 1 [uid] => 0 [gid] => 0 [rdev] => 0 [size] => 98 [atime] => 1662968179 [mtime] => 1661831619 [ctime] => 1661830655 [blksize] => -1 [blocks] => -1)

程式說明

2　　　　_ _ FILE _ _ 常數可顯示目前頁面的完整路徑。

3　　　　執行 clearstatcache() 清除原來的快取。

4~5　　利用 stat() 函式將檔案資訊存入 $pathData 陣列中，再利用 print _ r() 函式將 $pathData 中的資料顯示出來。

個別取得檔案資訊

若您只想要單純取得檔案某個資訊，可以利用下述的函式：

陣列索引鍵	說明
fileinode(檔案路徑)	inode 號碼
fileperms(檔案路徑)	目前網頁的實際路徑
fileowner(檔案路徑)	擁有者使用者代號
filegroup(檔案路徑)	擁有者使用群組代號
filesize(檔案路徑)	檔案大小 (單位 bype)
fileatime(檔案路徑)	最後存取時間 (時間戳記)
filemtime(檔案路徑)	最後更新時間 (時間戳記)

陣列索引鍵	說明
filectime(檔案路徑)	最後 inode 改變時間 (時間戳記)
filetype(檔案路徑)	檔案類型。回傳值有：fifo、char、dir、block、link、file、unknown。

在使用函式前，一樣要執行 clearstatcache() 清除原來的快取才能得到新的資料。

程式碼：php_file5.php   儲存路徑：C:\htdocs\ch09

```php
1    <?php
2      $path = _ _FILE_ _ ;
3      clearstatcache();
4      echo fileinode($path)."<br />";
5      echo fileperms($path)."<br />";
6      echo fileowner($path)."<br />";
7      echo filegroup($path)."<br />";
8      echo filesize($path)."<br />";
9      echo fileatime($path)."<br />";
10     echo filemtime($path)."<br />";
11     echo filectime($path)."<br />";
12     echo filetype($path)."<br />";
13   ?>
```

執行結果   執行網址：http://localhost/ch09/php_file5.php

程式說明

2	_ _FILE_ _ 常數可顯示目前頁面的完整路徑。
3	執行 clearstatcache() 清除原來的快取。
4~12	利用各個函式將檔案資訊顯示出來。

9.1.3 查詢檔案及資料夾屬性

以下的函式可用來查詢檔案及資料夾的特殊屬性：

陣列索引鍵	說明
is_dir(檔案路徑)	查詢指定路徑是否為資料夾，回傳值為布林值。
is_file(檔案路徑)	查詢指定路徑是否為檔案，回傳值為布林值。
is_link(檔案路徑)	查詢指定路徑是否為符號連結，回傳值為布林值。
is_readable(檔案路徑)	查詢指定路徑是否可讀取，回傳值為布林值。
is_writable(檔案路徑)	查詢指定路徑是否可寫入，回傳值為布林值。
is_writeable(檔案路徑)	查詢指定路徑是否可寫入，與 is_writable() 相同。
is_executable(檔案路徑)	查詢指定路徑是否可執行，回傳值為布林值。
is_uploaded_file(檔案路徑)	查詢指定路徑是否為上傳的檔案，回傳值為布林值。
file_exists(檔案路徑)	查詢資料夾是否存在，回傳值為布林值。
getcwd()	取得目前所在資料夾實際路徑，回傳值為字串。
dirname(檔案路徑)	取得指定路徑父層資料夾。

9.1.4 查詢磁碟空間及剩餘空間

disk_total_space() 可查詢檔案系統或磁碟分割的空間，disk_free_space() 可查詢剩餘空間。

程式碼：php_file6.php　　　　　　　　　　　　　　儲存路徑：C:\htdocs\ch09

```php
<?php
    printf(" 磁 碟 空 間:%s bytes<br /> 剩 餘 空 間:%s bytes。", number_
    format(disk_total_space(".")), number_format(disk_free_
    space(".")));
?>
```

執行結果　　　　　　　　　　　執行網址：http://localhost/ch09/php_file6.php

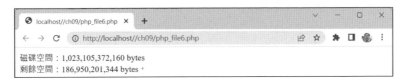

9.2 資料夾的處理

資料夾是放置檔案的地方，因為資料夾的出現讓檔案的整理更加方便而清楚。以下將說明如何利用 PHP 的函式進行資料夾相關的處理動作。

9.2.1 資料夾的建立、更名、刪除與切換

您可以利用下列函式執行資料夾的建立、更名、刪除與切換的動作：

mkdir()：建立資料夾

建立資料夾的函式格式如下：

```
mkdir( 資料夾路徑 [, 存取權限 ])
```

其中存取權限是以 0 開頭的數字代表，若不設定其預設值是 0777，表示為最大權限。要注意的是：Windows 系統無法套用存取權限。建立成功會返回 TRUE，失敗為 FALSE。例如想要新增一個存取權限為 755 (任何人可以執行，但是只有擁有者能夠修改) 的資料夾 <testPower>，方法如下：

```
mkdir("testPower", 0755);
```

> **備註** 777、755 這些權限設定是什麼意思？
>
> 這是 Unix_Like 系統表示檔案系統權限的方法，以三個數字分別代表檔案擁有人 (Owner)、檔案擁有群組 (Group) 及訪客 (Other) 的權限。
>
> 而執行權限的數字分別是：
>
> | 權限 | 命令字元 | 數字 |
> |------|---------|------|
> | 讀取 Read | R | 4 |
> | 寫入 Write | W | 2 |
> | 執行 eXecute | X | 1 |
>
> 依需求對這三個身份的權限進行加總，即可設定檔案的權限。例如：

1. 如果您要開放檔案給任何人讀取、寫入並能執行，其權限為：

   ```
   Owner (檔案擁有人) = 4 + 2 + 1 = 7
   Group (檔案群組) = 4 + 2 + 1 = 7
   Other (訪客) = 4 + 2 + 1 = 7
   ```

   所以權限應設定為：Owner Group Other = 777

2. 如果您要開放檔案給任何人執行，自己可以更改檔案，但是不希望其他人更改您的檔案，那麼：

   ```
   Owner (程式擁有人) = 4 + 2 + 1 = 7
   Group (同一群組) = 4 + 0 + 1 = 5
   Other (訪客) = 4 + 0 + 1 = 5
   ```

   所以權限應設定為：Owner Group Other = 755

rmdir()：刪除資料夾

刪除資料夾的函式格式如下：

```
rmdir(資料夾路徑)
```

要注意的是：rmdir() 函式只能刪除空的資料夾，所以在刪除資料夾之前，要先刪除其中的檔案與資料夾。若刪除成功會返回 TRUE，失敗為 FALSE。

rename()：資料夾更名

資料夾更名的函式格式如下：

```
rename(舊資料夾路徑名稱, 新資料夾路徑名稱)
```

若更名成功會返回 TRUE，失敗為 FALSE。

> 註 rename() 函式不僅可以對資料夾進行更名，也可以對檔案進行更名。

chdir()：切換資料夾

切換資料夾的函式格式如下：

```
chdir(資料夾路徑)
```

資料夾路徑可以用實際路徑或是相對路徑，若是相對路徑會以目前的工作路徑為基準開始計算，例如 chdir("../") 就是切換到上一層的資料夾，chdir("/") 為切換到網站根目錄。若切換成功會返回 TRUE，失敗為 FALSE。

chmod()：設定或變更檔案資料夾權限

可以利用這個函式設定或變更檔案或資料夾的權限：

```
chmod( 檔案或資料夾路徑 , 存取權限 )
```

Windows 系統無法套用存取權限。設定成功會返回 TRUE，失敗為 FALSE。

 關於存取權限的設定可以參考 mkdir() 的說明。

9.2.2 讀取資料夾內容

如何一次將指定資料夾中的檔案與資料夾檔名讀出來呢？

使用 opendir()、readdir() 與 closedir() 函式

您可以使用 opendir()、readdir() 與 closedir() 函式將指定資料夾中的內容讀出。其中請遵守以下的步驟：

1. opendir() 開啟資料夾，其語法如下：

```
資源變數 = opendir( 資料夾路徑 )
```

利用 opendir() 函式開啟指定資料夾後，會將該資料夾中的資訊存入資源變數中回傳，若資料夾路徑錯誤或是權限不足，會回傳 FALSE。

2. readdir() 讀取資料夾內容，其語法如下：

```
readdir( 資源變數 )
```

利用 readdir() 函式能將資源變數裡的檔案與資料名稱讀取出來。每執行一次 readdir() 就會讀取一個檔案或是資料夾名稱，並將內建指標往下移動，所以可以利用 While 迴圈將所有資料讀出。

3. closedir() 關閉資料夾資源，其語法如下：

```
closedir( 資源變數 )
```

當讀取指標到達底部時,還需要使用同一資源,可以在 closedir() 關閉資源前使用 rewinddir() 函式將讀取指標再移到最前方,其語法如下:

```
rewinddir( 資源變數 )
```

舉例來說,若我們希望可以將 <C:\XAMPP\PHP> 中的檔案與資料夾分別列出,方法如下:

程式碼:php_file7.php	儲存路徑:C:\htdocs\ch09

```php
1   <?php
2   $fileDir = "C:\\UniServerZ\\www";
3   $fileResource = opendir($fileDir);
4   echo "<table border='1' width='100%'><tr><td width='20%'
    valign='top'>資料夾:</td><td>";
5   while($fileList = readdir($fileResource)){
6     if(is_dir($fileDir.'\\'.$fileList))  echo $fileList."<br />";
7   }
8   rewinddir($fileResource);
9   echo "</td></tr><tr><td width='20%' valign='top'>檔案:</td><td>";
10  while($fileList = readdir($fileResource)){
11    if(is_file($fileDir.'\\'.$fileList))echo $fileList."<br />";
12  }
13  echo "</td></tr></table>";
14  closedir($fileResource);
15  ?>
```

執行結果	執行網址:http://localhost/ch09/php_file7.php

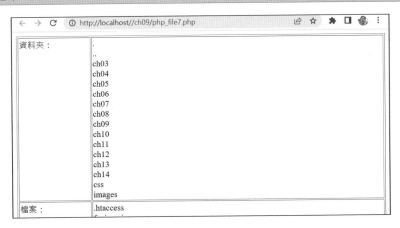

程式說明

2	定義 $fileDir 儲存要開啟的資料夾路徑字串，因為路徑中有跳脫字元「\」，所以要用「\\」來表示。
3	執行 opendir() 將 $fileDir 的資訊儲存在 $fileResource 變數中。
5~7	利用 While 迴圈將 readdir() 讀取資源的結果，並判斷是否為資料夾，若是則顯示在頁面上。
8	因為還要繼續使用 $fileResource 資源，使用 rewinddir() 函式將指標移到資源的最前方。
9~11	利用 While 迴圈將 readdir() 讀取資源的結果，並判斷是否為檔案，若是則顯示在頁面上。
14	利用 closedir() 將資源關閉。

 註 在相對路徑中，「.」路徑符號代表目前路徑，「..」代表上一層路徑。

使用 scandir() 函式讀取資料夾內容

scandir() 函式可以進行資料夾內容的讀取，其格式如下：

```
scandir(資料夾路徑 [,排序方式])
```

其中排序方式若沒有設定，預設為遞升排序，若值為 1 則代表遞減排序。函式會將結果以字串陣列回傳，以剛才的範例來說：

程式碼：php_file8.php　　　　　　　　　　　　　　　**儲存路徑：C:\htdocs\ch09**

```php
1    <?php
2      $fileDir = "C:\\UniServerZ\\www";
3      $fileResource = scandir($fileDir);
4      echo "<table border='1' width='100%'><tr><td width='20%'
     valign='top'>資料夾:</td><td>";
5      foreach($fileResource as $fileName){
6        if(is_dir($fileDir.'\\'.$fileName))echo $fileName."<br />";
7      }
8      echo "</td></tr><tr><td width='20%' valign='top'>檔　案:</
     td><td>";
9      foreach($fileResource as $fileName){
10       if(is_file($fileDir.'\\'.$fileName))echo $fileName."<br />";
11     }
```

```
12    echo "</td></tr></table>";
13    ?>
```

執行結果   執行網址：http://localhost/ch09/php_file8.php

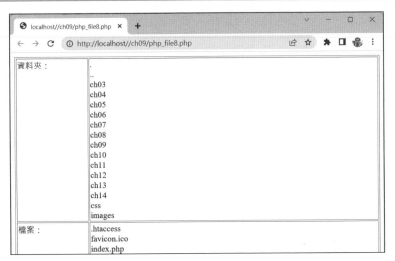

程式說明

2	定義 $fileDir 儲存要開啟的資料夾路徑字串，因為路徑中有跳脫字元「\」，所以要用「\\」來表示。
3	執行 scandir() 將 $fileDir 以陣列儲存在 $fileResource 中。
5~7	利用 foreach 迴圈將 $fileResource 讀取陣列內容，並判斷是否為資料夾，若是則顯示在頁面上。
9~11	利用 foreach 迴圈將 $fileResource 讀取陣列內容，並判斷是否為檔案，若是則顯示在頁面上。

9.3 檔案的處理

檔案是實際放置資料的標的，刪除與複製是檔案操作經常使用的動作，以下是相關函式。

9.3.1 unlink()：刪除檔案

您可以使用 unlink() 函式刪除檔案，其格式如下：

```
unlink( 檔案路徑 )
```

要注意的是這個指令並不能刪除目錄，刪除成功會返回 **TRUE**，失敗為 **FALSE**。例如：

```
if (file_exists("testfile.txt")){    // 檢查指定檔案是否存在
    unlink("testfile.txt");          // 若有即刪除該檔案
}
```

 在相對路徑的表示法下，若直接以檔名表示檔案路徑，而沒有使用其他路徑符號，如「.」、「..」、「/」等，即表示這個檔案的路徑與目前的頁面同一層。

9.3.2 copy()：複製檔案

您可以使用 copy() 函式複製檔案，其格式如下：

```
copy( 檔案路徑 , 複製標的檔案路徑 )
```

要注意的是，若複製指定的位置已經有同名的檔案，copy() 函式會直接將檔案覆蓋掉而不顯示任何警告訊息，所以操作時要特別小心。例如：

```
if (!file_exists("../endfile.txt")){    // 若上一層目錄中指定檔案不存在
    copy("start.txt","../endfile.txt"); // 即複製檔案
}
```

9.3.3 檔案處理其他函式

更改檔案修改、存取時間

您可以使用 touch() 函式更改檔案最後修改及存取的時間,其格式如下:

```
touch( 檔案路徑  [, 檔案最後更新時間 ][, 檔案最後存取時間 ])
```

其中的時間都是以時間戳記來記錄,若無指定時間,會以當時的系統時間為準。
若指定的檔案並不存在,touch() 函式會自動新增一個空白檔案。例如:

```
if (file_exists("testfile.txt")){      // 若指定檔案存在
    touch("testfile.txt");            // 更新檔案的更新與存取時間
}else{
    touch("testfile.txt");            // 若不存在會新增一個空白檔案
}
```

> **註** 在實務上,雖然 touch() 函式在正式官方說法是用來更改檔案最後修改與存取的時間,但還是有許多人是利用它來新增一個空白檔案。

檔案更名及修改權限

您可以利用在資料夾中使用的 rename() 與 chmod() 函式來更改檔案名稱,使用
方法與資料夾的操作相同。例如:

```
rename("testfile.txt","newfile.txt");     // 修改檔案名稱
chmod("newfile.txt", 0777);               // 設定該檔案的存取權限為 777
```

9.4 檔案上傳

所謂檔案上傳,就是將檔案由客戶端的主機,藉由瀏覽器傳送到伺服器的資料夾上。以下我們將詳細介紹使用 PHP 執行檔案上傳的原理與實際操作的方法,並討論系統調校的技巧。

9.4.1 檔案上傳的原理

在網頁中將檔案由客戶端上傳到伺服器中,傳送的過程如下:

1. 在表單檔案欄位選取要上傳的檔案。

2. 表單送出,將檔案傳送到伺服器。

3. 伺服器在接收的過程中,先將接收到的檔案放置在暫存資料夾中。

4. 傳送完畢後將完整的檔案搬移到指定的網頁資料夾中。

在整個過程中最重要的環節,在於傳送資料的表單與接收資料的程式。檔案上傳的動作,因為是利用表單傳送二進位的資料,有別於一般表單只傳送文字訊息的動作,所以在表單的佈置上就不同於一般的表單。而接收端的程式,也因為要接收二進位資料,所以要處理暫存檔及搬移到指定資料夾的動作。

9.4.2 php.ini 在檔案上傳功能上的調整

在使用檔案上傳的功能前,對於 PHP 的執行環境要進行以下的檢查及調整。

請開啟 <php.ini> 後並搜尋以下的設定值:

是否允許上傳

請開啟允許網頁伺服器允許上傳的設定:

```
file _ uploads = On
```

暫存檔資料夾

在檔案上傳到網頁伺服器時會先放在暫存資料夾，完成後才搬到指定資料夾。若沒有設定會造成上傳失敗，若在 Windows 系統中，可以參考以下設定：

```
upload_tmp_dir="C:\Windows\Temp"
```

該資料夾必須真的存在，並且要有寫入的權限，若您是 Linux 作業系統，請參考：

```
upload_tmp_dir="/tmp"
```

可接受上傳檔案大小

您可以設定伺服器能夠接受上傳檔案的大小，若設的太大會因為程式執行過長而造成失敗，設的太小可能會影響程式的適用性。在 <php.ini> 中預設的大小為 2MB，建議您可以調整為 8MB 到 10MB 之間，適用於大部分的需求。

```
upload_max_filesize = 8M
```

修改完畢之後，請您停止伺服器後再重新啟動，讓網頁伺服器可以適用修改後的環境。

9.4.3 檔案上傳的表單

上傳檔案的表單，有幾個重要的注意事項：

1. 在 <form> 標籤中「action」屬性必須設定要接收檔案的 PHP 程式檔。

2. 在 <form> 標籤中，傳送方式屬性必須要設定為「method="post"」，因為檔案上傳表單的傳送一定要使用 POST 的方法。

3. 在 <form> 標籤中，因為有檔案傳送的動作，所以要設定資料的編碼方式，這裡要加上「enctype="multipart/form-data"」的屬性，才能正確地讓檔案欄位送出。

4. 上傳的檔案欄位為 <input> 標籤，屬性必須設定「type="file"」，如此即可在使用時出現 **瀏覽** 鈕，讓使用者選取要上傳的檔案。

舉例來說，以下我們就佈置一個簡單的上傳檔案表單：

程式碼：php_file9.htm	儲存路徑：C:\htdocs\ch09

```
1   <html>
2   <head>
3     <title>上傳檔案表單 </title>
4   </head>
5   <body>
6     <form action="php _ file9.php" method="post" enctype="multipart/
    form-data">
7     請選取要上傳的檔案:<br />
8     <input type="file" name="fileUpload" /><br />
9     <input type="submit" value=" 送出資料 " />
10    </form>
11  </body>
12  </html>
```

執行結果	執行網址：http://localhost/ch09/php_file9.htm

程式說明

6	<form>標籤中設定傳送方式為 POST，編碼為 multipart/form-data，傳送的目的為 <php _ file9.php>。
8	<input>標籤中設定類別為 file，如此才能顯示選取檔案的按鈕。

如此即可成功的佈置符合規格的表單進行上傳檔案。

9.4.4 接收上傳的檔案

程式端接收到檔案,並不是馬上將檔案放置到指定的資料夾中,而是先將檔案儲存成暫存檔,在完成檔案傳輸後再將檔案搬移到指定資料夾。

取得暫存檔資訊

您可以使用 $_FILES 取得暫存檔的資訊,表列如下:

函式名稱	說明與範例
$_FILES[欄位名稱]["tmp_name"]	取得上傳檔案暫存檔名稱
$_FILES[欄位名稱]["name"]	取得上傳檔案原來名稱
$_FILES[欄位名稱]["type"]	取得上傳檔案類型,常見如 text/plain (文字檔)、image/pjpeg (JPEG 圖片檔)。
$_FILES[欄位名稱]["size"]	取得上傳檔案大小
$_FILES[欄位名稱]["error"]	錯誤碼,其值與說明如下:

編號	錯誤碼	說明
0	UPLOAD_ERR_OK	上傳成功
1	UPLOAD_ERR_INI_SIZE	檔案大於 <php.ini> 中設定 upload_max_filesize 的最大上傳檔案大小值。
2	UPLOAD_ERR_FORM_SIZE	檔案大於表單能傳送的檔案大小 (MAX_FILE_SIZE) 的設定值。
3	UPLOAD_ERR_PARTIAL	檔案只有部分被上傳。
4	UPLOAD_ERR_NO_FILE	檔案沒有被上傳。
6	UPLOAD_ERR_NO_TMP_DIR	沒有設定暫存資料夾,或是找不到暫存資料夾。
7	UPLOAD_ERR_CANT_WRITE	檔案寫入磁碟失敗。

如此即可取得上傳檔案的詳細資訊,甚至能夠藉由錯誤碼的回傳,進行相關的處理。暫存檔的產生並非真的完成檔案上傳,還必須將檔案移至指定的資料夾,並重新命名才算是真正完成上傳的動作,以下將繼續說明處理的動作。

完成檔案上傳

我們在接收檔案的程式頁面，可以在檔案上傳完畢之後，將暫存檔移到指定資料夾以完成上傳動作，這時候可以使用 **move_uploaded_file()** 函式來操作，其格式如下：

```
move _ uploaded _ file( 暫存檔案名稱 ,  目的路徑及檔名 )
```

以先前的表單為例，若要接收由 **<php_file9.htm>** 中表單的 **fileupload** 欄位所傳送過來的檔案，可以將程式撰寫如下：

程式碼：php_file9.php	儲存路徑：C:\htdocs\ch09

```php
1   <?php
2     if($ _ FILES["fileUpload"]["error"]==0){
3       if(move _ uploaded _ file($ _ FILES["fileUpload"]["tmp _ name"],
    "./".$ _ FILES["fileUpload"]["name"])){
4         echo "上傳成功 <br />";
5         echo "檔案名稱:".$ _ FILES["fileUpload"]["name"]."<br />";
6         echo "檔案類型:".$ _ FILES["fileUpload"]["type"]."<br />";
7         echo "檔案大小:".$ _ FILES["fileUpload"]["size"]."<br />";
8       }else{
9         echo "上傳失敗！ ";
10        echo "<a  href='javascript:window.history.back();'> 回上一頁
    </a>";
11      }
12    }
13  ?>
```

執行結果	執行網址：http://localhost/ch09/php_file9.htm、php_file9.php

程式說明

2	接收檔案後以暫存檔的錯誤碼來判斷，若是錯誤碼為 0 即表示上傳成功。
3~7	以 move_uploaded_file() 執行暫存檔移動的動作，存檔的檔名以原檔案名稱為準，存檔的位置為目前網頁所在資料夾。若移動成功即顯示檔名、類型、大小等資訊。
9	若失敗即顯示失敗訊息。

9.4.5 多檔上傳

在 PHP 程式中雖然經常上傳單一檔案，多檔上傳更是許多人關心的問題。在 3.6.3 節中我們曾討論到表單複選欄位傳送與接收的問題，在這裡也是利用相同的原理解決。

若您有上傳多個檔案的需求，在表單欄位佈置上也必須在表單名稱後加上「[]」左右括號，讓表單欄位以陣列方式傳送，在接收時以 $_FILES 陣列方式接收即可完成。但是要注意的是這個陣列是二維陣列，第一維是 $_FILES 預設變數：$_FILES[欄位名稱]["tmp_name"]、$_FILES[欄位名稱]["name"]、$_FILES[欄位名稱]["type"]、$_FILES[欄位名稱]["size"]、$_FILES[欄位名稱]["err"]。

第二維才是上傳檔案的個數，例如第一個欄位的暫存檔名稱為：$_FILES[欄位名稱] ["tmp_name"][0]，原始名稱為：$_FILES[欄位名稱]["name"][0]，第二個欄位的暫存檔名稱為：$_FILES[欄位名稱]["tmp_name"][1]，原始名稱為：$_FILES[欄位名稱]["name"][1]，以此類推。

我們來修改剛才的表單與接收頁的範例，讓表單可以一次上傳三個檔案：

程式碼：php_file10.htm　　　　　　　　　　　儲存路徑：C:\htdocs\ch09

```
...
6    <form action="php_file10.php" method="post" enctype=
     "multipart/form-data">
7    請選取要上傳的檔案:<br />
8    檔案一:<input type="file" name="fileUpload[]" /><br />
9    檔案二:<input type="file" name="fileUpload[]" /><br />
10   檔案三:<input type="file" name="fileUpload[]" /><br />
11   <input type="submit" value=" 送出資料 " />
12   </form>
...
```

程式說明

8~10	佈置三個檔案上傳的欄位，名稱皆為「fileUpload[]」。

程式碼：php_file10.php   儲存路徑：C:\htdocs\ch09

```php
1   <?php
2     $i=count($_FILES["fileUpload"]["name"]);
3     for ($j=0;$j<$i;$j++){
4       if($_FILES["fileUpload"]["error"][$j]==0){
5         if(move_uploaded_file($_FILES["fileUpload"]["tmp_name"][$j], "./upload/".$_FILES["fileUpload"]["name"][$j])){
6           echo $_FILES["fileUpload"]["name"][$j]."上傳成功!<br />";
7         }else{
8           echo $_FILES["fileUpload"]["name"][$j]."上傳失敗!<br />";
9         }
10      }
11    }
12  ?>
```

程式說明

2	因為接收的 $_FILES 為二維陣列，所以利用 count() 函式計算第二維陣列的檔案名稱數量，如此即為上傳檔案的個數。
3	使用 for 計次迴圈，由 0 開啟計數，每次增 1，到小於檔案個數為止。
4	在迴圈中以目前檔案暫存檔的錯誤碼來判斷，若是錯誤碼為 0 即表示上傳成功，則往下執行。
5~9	以 move_uploaded_file() 執行暫存檔移動的動作，存檔的檔名以原檔案名稱為準，存檔的位置為目前網頁所在資料夾。若移動成功即顯示成功訊息，若失敗即顯示失敗訊息。

執行結果   執行網址：http://localhost/ch09/php_file10.htm、php_file10.php

9.5 讀取及寫入檔案的內容

在 PHP 程式中儲存並進行顯示或交換資料的媒介，不僅僅只有資料庫而已，還可以使用檔案來進行資料讀取、寫入的動作。以下將介紹 PHP 如何讀取及寫入並處理檔案中的資料。

9.5.1 簡單地讀取及寫入檔案

如果沒有其他特殊的需求，您可以使用下述的函式對檔案進行讀寫的動作：

file()：讀入檔案的內容儲存為陣列

file() 函式能將檔案的內容直接讀入，以行為單位儲存為陣列，若讀取失敗會回傳 FALSE，其格式如下：

```
file( 檔案路徑 [, 狀態指標 ])
```

當狀態指標設為「1」時，會將 <php.ini> 設定檔中所指定的「include_path」做為指定路徑以開啟指定檔案。舉例來說，若我們希望將某個 HTML 的原始檔案讀入並標上行號，可以撰寫程式如下：

程式碼：php_file11.htm	儲存路徑：C:\htdocs\ch09

```
1    <html>
2    <head>
3     <title> 關於文淵閣工作室 </title>
4    </head>
5    <body>
6      <p> 文淵閣工作室創立於 1987 年，第一本電腦叢書「快快樂樂學電腦」於該年底問世。工
       作室的創會成員―鄧文淵、李淑玲均為苦學出身，在學習電腦的過程中，一路顛簸走來，嚐遍
       人間冷暖。</p>
7      <p> 因此，決定整合自身的編輯、教學經驗及新生代的高手群，陸續推出「快快樂樂全系列」
       電腦叢書，冀望以輕鬆、深入淺出的筆觸、詳細的圖說，解決電腦學習者的徬徨無助，並搭配
       相關網站服務讀者。</p>
8      <p> 感謝您對文淵閣工作室的熱愛，也請您和我們在快快樂樂的氣氛中共同成長，突破極限、
       超越顛峰。謝謝大家！</p>
9    </body>
10   </html>
```

程式碼：php_file11.php	儲存路徑：C:\htdocs\ch09

```php
1    <?php
2    $lines = file('php _ file11.htm');
3    foreach ($lines as $line _ num => $line) {
4        echo "#<b>$line _ num</b> : " . htmlspecialchars($line) .
     "<br />\n";
5    }
6    ?>
```

程式說明

2   利用 file() 函式將指定檔案讀入以陣列方式儲存在 $lines 中。

3~5   使用 foreach 迴圈，將 $lines 陣列一一讀出，並指定 $line _ num 為陣列元素名稱，$line 為值，再顯示在頁面上。

4   顯示 $line _ num 為行號，並將 $line 中以 htmlspecialchars() 轉換特殊字元為 HTML 實體參照，讓內容可以正確顯示。

執行結果   執行網址：http://localhost/ch09/ php_file11.php

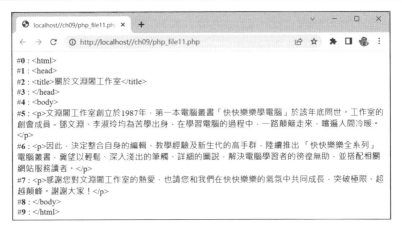

因為是直接讀取一個 HTML 的檔案，內容當然會包含許多 HTML 標籤，若要再顯示於頁面上就一定會影響顯示，所以要使用 htmlspecialchars() 函式轉換特殊字元，如「<」、「>」為 HTML 實體參照，讓頁面可以正確顯示原始碼。

> **註** htmlspecialchars() 函式的詳細說明與使用方法可參考 7.7 節。

file_get_contents()：讀入檔案的內容儲存為字串

file_get_contents() 的使用方式與 file() 相同，差異在於回傳值為字串。檔案路徑除了以相對路徑指引的檔案外，也可以使用以「**http://**」或「**ftp://**」開始的檔案網址。格式如下：

```
file _ get _ contents( 檔案路徑 [, 狀態指標 ])
```

延續剛才的範例，若我們要將網頁中的文字資料顯示出來，可以撰寫程式如下：

程式碼：**php_file12.php**	儲存路徑：C:\htdocs\ch09

```php
1  <?php
2  $contents = file _ get _ contents('php _ file11.htm');
3  echo strip _ tags($contents);
4  ?>
```

執行結果	執行網址：http://localhost/ch09/ php_file12.php

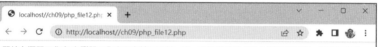

關於文淵閣工作室 文淵閣工作室創立於1987年，第一本電腦叢書「快快樂樂學電腦」於該年底問世。工作室的創會成員 - 鄧文淵、李淑玲均為苦學出身，在學習電腦的過程中，一路顛簸走來，嚐遍人間冷暖。 因此，決定整合自身的編輯、教學經驗及新生代的高手群，陸續推出「快快樂樂全系列」電腦叢書，冀望以輕鬆、深入淺出的筆觸、詳細的圖說，解決電腦學習者的徬徨無助，並搭配相關網站服務讀者。 感謝您對文淵閣工作室的熱愛，也請您和我們在快快樂樂的氣氛中共同成長、突破極限、超越顛峰。謝謝大家！

程式說明

2　利用 file _ get _ contents() 將檔案讀入為字串儲存在 $contents 中。

3　使用 strip _ tags() 去除 $contents 中的 HTML 標籤，再顯示在頁面上。

file_put_contents()：寫入檔案

您可以使用 **file_put_contents()** 函式直接對檔案執行寫入的動作，若執行成功將回傳寫入檔案的大小 **bytes** 數。若指定的檔案不存在時，會自動新增檔案。其格式如下：

```
file _ put _ contents( 檔案路徑 , 寫入字串 [, 狀態指標 ])
```

其中狀態指標的值如下：

狀態指標	說明
FILE_USE_INCLUDE_PATH	將 \<php.ini\> 設定檔中所指定的「include_path」做為指定路徑以開啟指定檔案。
FILE_APPEND	預設會將指字串取代原檔案內容，但是加上 **FILE_APPEND** 狀態指標即會將字串寫入到檔案後方。
LOCK_EX	寫入檔案時先鎖定檔案，以防其他程序同時寫入。

若同時有二個狀態要設定，要以「|」符號加以連結，例如：

```
file_put_contents("test.txt", $content, FILE_APPEND|LOCK_EX)
```

舉例來說，我們將新增字串內容，並寫入到一個檔案中：

程式碼：php_file13.php　　　　　　　　　　　　儲存路徑：C:\htdocs\ch09

```php
1   <?php
2   $content = <<<useHTML
3     <html>
4     <head>
5       <title>關於文淵閣工作室</title>
6     </head>
7     <body>
8       <p>文淵閣工作室創立於1987年，第一本電腦叢書「快快樂樂學電腦」於該年底問世。工作室的創會成員－鄧文淵、李淑玲均為苦學出身，在學習電腦的過程中，一路顛簸走來，嚐遍人間冷暖。</p>
9       <p>因此，決定整合自身的編輯、教學經驗及新生代的高手群，陸續推出「快快樂樂全系列」電腦叢書，冀望以輕鬆、深入淺出的筆觸、詳細的圖說，解決電腦學習者的徬徨無助，並搭配相關網站服務讀者。</p>
10      <p>感謝您對文淵閣工作室的熱愛，也請您和我們在快快樂樂的氣氛中共同成長，突破極限、超越顛峰。謝謝大家！</p>
11    </body>
12    </html>
13  useHTML;
14  $filesize = file_put_contents("php_file13.htm", $content);
15  echo "檔案寫入完成，大小為 $filesize bytes";
16  ?>
```

執行結果　　　　　　　　　　　執行網址：http://localhost/ch09/ php_file13.php

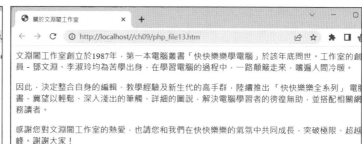

程式說明

2~13	使用 heredoc 的方式定義 $content 字串，其內容是一個 HTML 文件。
14	利用 file _ put _ contents() 函式將 $content 的內容寫入指定檔案內。
15	顯示檔案寫入完成及檔案大小的訊息。

若是找不到指定檔案就會以字串內容新增檔案，開啟指定的檔案會發現果然將新增的字串都寫入了。

readline()：讀取檔案並輸出

readline() 函式可以直接將指定的檔案內容讀入，並輸出在頁面上。其格式如下：

```
readline( 檔案路徑 [, 狀態指標 ])
```

與 file() 函式相同，狀態指標設為「1」時，會將 <php.ini> 設定檔中所指定的「include_path」做為指定路徑以開啟指定檔案。

程式碼：php_file14.php　　　　　　　　　　儲存路徑：C:\htdocs\ch09

```php
1   <?php
2   $filename = "php _ file13.htm";
3   if(is _ readable($filename)){
4     readfile($filename);
5   }
6   ?>
```

執行結果　　　　　　　　　　　執行網址：http://localhost/ch09/ php_file14.php

程式說明	
2	定義 $filename 為檔案名稱。
3~5	若指定的檔名可以讀取，即使用 readfile() 將內容讀入再顯示在頁面上。

9.5.2 檔案開啟、讀取、寫入與關閉的操作

如果檔案在讀入後還要進一步處理，建議您先將檔案開啟為資源，再利用相關函式進行處理，處理後再將檔案關閉。

fopen()：開啟檔案

使用 fopen() 函式開啟檔案是使用檔案內容的第一步，其格式如下：

```
file(檔案路徑, 開啟模式 [,狀態指標])
```

其中開啟模式的設定值如下：

開啟模式	說明
r	開啟為唯讀檔
r+	開啟為可讀寫檔案
w	開啟為只能寫入的檔案，會先將內容清空，檔案不在則新增。
w+	開啟為可讀寫的檔案，會先將內容清空，檔案不在則新增。
a	開啟為只能寫入的檔案，資料由檔案尾端寫入，檔案不在則新增。
a+	開啟為可讀寫的檔案，資料由檔案尾端寫入，檔案不在則新增。
x	建立並開啟為只能寫入的檔案，資料由檔案開頭寫入；如果檔案存在會回傳 FALSE 並顯示錯誤，檔案不在時則新增。
x+	建立並開啟為可以讀寫的檔案，資料由檔案開頭寫入；如果檔案存在會回傳 FALSE 並顯示錯誤，檔案不在時則新增。
b	指定檔案以二進位模式讀取
t	指定檔案以文字檔模式讀取

與 file() 函式相同，狀態指標設為「1」時，會將 <php.ini> 設定檔中所指定的「include_path」做為指定路徑以開啟指定檔案。fopen() 不僅能夠開啟伺服器中本機資料，也能開啟「http://」、「ftp://」開頭等資源，如：

```
fopen("/public_html/file.txt", "r");      // 在 Linux 系統開啟唯讀檔
fopen("c:\\htdocs\\file.txt", "r");       // 在 Windows 系統開啟唯讀檔
fopen("/public_html/file.gif", "wb"); // 開啟二進位檔案
fopen("http://www.abc.com/", "r");        // 將遠端網頁內容開啟為唯讀檔
fopen("ftp://user:password@abc.com/somefile.txt", "w");
// 在 FTP 中開啟只能寫入的檔案
```

fclose()：關閉檔案

當 fopen() 所開啟的資源使用完畢，必須使用 fclose() 將它關閉。其格式為：

```
fclose(資源)
```

當關閉成功會回傳 TRUE，失敗則回傳 FALSE。

```
flock()：鎖定開啟的檔案
```

當多人同時開啟存取同一個檔案，會造成檔案的內容損壞。您可以使用 flock() 鎖定正在操作的檔案，避免多人同時存取的錯誤。其格式為：

```
flock(資源, 鎖定方式 [,狀態])
```

	鎖定方式	說明		鎖定方式	說明
1	LOCK_SH	檔案唯讀都不能寫入	3	LOCK_UN	解除唯讀
2	LOCK_EX	獨占，設定者可寫入。	4	LOCK_NB	排他性鎖定

而狀態有二種：

狀態	說明
TRUE	鎖定模式
FALSE	當沒有填寫的預設值，為非鎖定模式。

flock() 函式較常使用在要寫入時先將檔案鎖定進行編輯，例如：

```
flock($file,LOCK _ EX|LOCK _ NB) // 鎖定獨占鎖定，若已被鎖定則不等待跳過
```

fputs()、fwrite()：寫入檔案

當檔案資源開啟，您可以使用 fputs() 及 fwrite() 函式寫入資料。這二個函式的功能與用法完全相同，其格式如下：

```
fputs(資源 , 字串 [,檔案大小 bytes])
fwrite(資源 , 字串 [,檔案大小 bytes])
```

若指引檔案大小，則會將要寫入的字串資料由起始取值到指定的大小。在 Windows 系統中因為會區分檔案性質為文字檔或是二進位檔案，所以在 fopen() 開啟檔案時就要加上「b」的開啟模式選項。

舉例來說，我們將開啟一個可讀寫的檔案，清空內容後寫入文字，關閉後讀出檔案內容：

程式碼：php_file15.php	儲存路徑：C:\htdocs\ch09

```php
1    <?php
2    $filename = fopen("test.txt","w+");
3    if (flock($filename,LOCK _ EX|LOCK _ NB)){
4       fwrite($filename," 這是新的檔案內容 !!");
5       flock($filename,LOCK _ UN);
6    }else{
7       echo " 錯誤，檔案已遭其他鎖定使用。";
8    }
9    fclose($filename);
10   echo " 檔案寫入成功，內容如下:<br />";
11   readfile("test.txt");
12   ?>
```

執行結果	執行網址：http://localhost/ch09/ php_file15.php

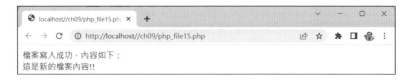

程式說明	
2	利用 fopen() 函式將指定檔案開啟為可讀寫檔。
3	設定該檔為鎖定獨占鎖定，若已被鎖定則不等待跳過。
4~5	如果鎖定成功即使用 fwrite() 函式在檔案中寫入文字。完成後再解除鎖定。
7	若鎖定失敗即顯示失敗資訊。
9	利用 fclose() 關閉檔案。
11	使用 readfile() 將內容讀入再顯示在頁面上。

fgetc()、fgets()：讀取檔案

當檔案資源開啟，您可以使用 **fgets()** 及 **fgetc()** 函數讀取資料。

其中 **fgetc()** 函式是每次讀取一個字元資料回傳，並將讀取指標往下移動，若到達檔案底部會回傳 FALSE 並停止讀取。其格式如下：

```
fgetc(資源)
```

因為 **fgetc()** 每次只讀取一個字元，而中文字都是二個字元所組成，在使用時要相當小心。

fgets() 函式是每次讀取一行資料回傳，並將讀取指標往下一行移動，若到達檔案底部會回傳 FALSE 並停止讀取。其格式如下：

```
fgets(資源 [, 檔案大小 bytes])
```

若指定檔案大小會讀取檔案大小 **bytes-1** 的資料，但若未讀取完就已經遇到換行符號或是到達檔案底部即會立即停止回傳。若省略時會讀取一整行。

程式碼：php_file16.php	儲存路徑：C:\htdocs\ch09

```php
1   <?php
2   $filename = fopen("php _ file13.htm","r");
3   while($line = fgets($filename)){
4     echo $line;
5   }
6   fclose($filename);
7   ?>
```

執行結果　　　　　　　　　　執行網址：http://localhost/ch09/ php_file16.php

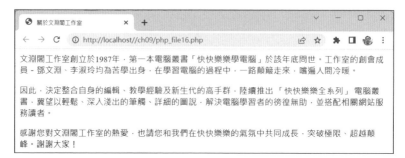

程式說明

2	利用 fopen() 函式將指定檔案開啟為唯讀檔。
3	在 while 迴圈中利用 fgets() 函式一行一行讀取檔案內容，並顯示在頁面。
6	利用 fclose() 關閉檔案。

雖然 fgets() 函式讀取一整行回傳與 fgetc() 函式讀取一個字元回傳用法相似，但是在實際應用上，fgets() 函式會比 fgetc() 函式來得實用。

fpassthur()、stream_get_contents() 函式一次讀取檔案

fpassthru() 函式可以將 fopen() 函式開啟的檔案由開始讀取到檔案底部，並顯示在頁面上，其回傳值為檔案大小 bytes。要注意的是使用 fapssthru() 函式後會自動關閉檔案，並不需要使用 fclose() 函式。其格式如下：

```
fpassthru(資源)
```

stream_get_contents() 函式也可以將 fopen() 函式開啟的檔案由開始讀取到檔案底部，但回傳值為字串。其格式如下：

```
stream _ get _ contents(資源 [, 檔案大小 bytes])
```

程式碼：php_file17.php　　　　　　　儲存路徑：C:\htdocs\ch09

```php
1  <?php
2  $filename = fopen("php _ file13.htm","r");
3  echo "<b> 使用 fpassthru() 讀取檔案:</b><br />";
4  fpassthru($filename);
5  $filename = fopen("php _ file13.htm","r");
6  echo "<b> 使用 stream _ get _ contents() 讀取檔案:</b><br />";
7  echo stream _ get _ contents($filename);
8  fclose($filename);
9  ?>
```

執行結果　　　　　　　　　執行網址：http://localhost/ch09/ php_file17.php

程式說明

2	利用 fopen() 函式將指定檔案開啟為唯讀檔。
4	使用 fpassthru() 函式將讀取資源顯示在頁面。
5	因為 fpassthru() 函式會自動關閉檔案，所以要再使用 fopen() 函式將指定檔案開啟為唯讀檔。
7	使用 echo 的方式將 stream _ get _ contents() 函式將讀取資源的字串顯示在頁面。
8	利用 fclose() 關閉檔案。

fread() 函式讀取二進位檔案

fread() 函式可以將 fopen() 函式開啟的檔案到指定的大小 **bytes** 為止，回傳值為字串。但是 **fread()** 函式最大的特色在於可以讀取二進位的檔案，例如圖片檔。其格式如下：

```
fread( 資源 , 檔案大小 bytes)
```

若要讀取二進位的檔案前，要注意的是在 **fopen()** 開啟檔案時，就要加上「**b**」的開啟模式選項，讀取才會正確。

程式碼：php_file18.php　　　　　　　　　儲存路徑：C:\htdocs\ch09

```
1    <?php
2    $filename = fopen("logo.png","rb");
```

```
3    $contents = fread($filename,filesize("logo.png"));
4    fclose($filename);
5    header('Content-Type: image/png');
6    echo $contents;
7    ?>
```

執行結果　　　　　　　　　　　執行網址：http://localhost/ch09/ php_file18.php

程式說明

2　　利用 fopen() 函式將指定檔案開啟為唯讀並為二進位檔案。

3　　使用 fread() 函式讀取資源，並利用 filesize() 函式計算檔案大小，再顯示在頁面。

4　　利用 fclose() 關閉檔案。

9.5.3 控制檔案的讀取指標

一般來說，檔案利用 fopen() 函式開啟為資源後，讀取時指標會往下移動。您可以利用下列函式來控制檔案讀取時的指標：

函式	説明
ftell(資源)	回傳目前指標所在位置
feof(資源)	查詢是否到達檔案底部，以邏輯值 (TRUE、FALSE) 回傳。
$fseek[資源 , 移動值 [, 起始位置]]	可移動指標到指定位置，移動值是指定移動的距離，單位是 byte。而起始位置可以設定開始移動的位置，設定值如下： | 設定值	説明
--------	------
SEEK_SET	檔案開始，也是未設定的預設值。
SEEK_CUR	現在位置
SEEK_END	檔案底部。	
rewind(資源)	可在開啟檔案未關閉前將指標移到檔案開啟的地方。

以下的範例將利用 fgets() 及 fgetc() 函式分別讀入一首詩來顯示，同時顯示指標所在位置：

程式碼：php_file19.php	儲存路徑：C:\htdocs\ch09

```php
1   <?php
2   $filename = fopen("php _ file19.txt","r");
3   while($line = fgets($filename)){
4     echo $line;
5     echo " [".ftell($filename)."]<br />";
6   }
7   rewind($filename);
8   echo "<hr />";
9   while(!feof($filename)){
10    for($i=0;$i<12;$i++){
11      echo fgetc($filename);
12    }
```

```
13    echo " [".ftell($filename)."]<br />";

14  }

15  fclose($filename);

16  ?>
```

執行結果   執行網址：http://localhost/ch09/ php_file19.php

程式說明

2   利用 fopen() 函式將指定檔案開啟為唯讀檔。

3~6   在 while 迴圈中利用 fgets() 函式一行一行讀取檔案內容，並顯示在頁面。在每行後
         方以 ftell() 函式目前指標位置。

7   利用 rewind() 函式將指標移到檔案最前方。

9~14   利用 feof() 函式檢查是否到達檔案底部，否則即執行一個 for 計次迴圈，執行 12 次
         fgetc() 函式讀取字元即完成一行的內容。每完成一行則跳出迴圈以 ftell() 函式目
         前指標位置。

15   利用 fclose() 關閉檔案。

除了使用 rewind() 函式將指標移到檔案最前方外，許多人也喜歡使用 fseek(資
源 , 0) 的方式將讀取指標移回檔案最前方。

 如果 fopen() 開啟檔案的來源是以「http://」或「ftp://」的方式開啟非本機檔案時，就無法
使用 fseek() 的方式來移動讀取指標。

一、選擇題

1. (　　) 哪個 $_SERVER 預設變數可以取得目前頁面的實體路徑？
   (A) PHP_SELF　　　　(B) SCRIPT_FILENAME
   (C) HTTP_POST　　　　(D) REMOTE_ADDR

2. (　　) 使用何種預設常數可以取得目前頁面的實體路徑？
   (A) PHP_VERSION　　(B) __FILE__
   (C) __LINE__　　　　(D) __DIR__

3. (　　) 在網頁中一般都是使用相對路徑，什麼函式可取得檔案的實際路徑？
   (A) dirname()　(B) basename()　(C) realpath()　(D) stat()

4. (　　) 若想要單獨取得某個檔案大小，可以使用什麼函式？
   (A) filesize()　(B) fileatime()　(C) filemtime ()　(D) filetype()

5. (　　) 檢查指定的路徑是否為檔案可以使用什麼函式？
   (A) is_dir()　(B) is_file()　(C) is_link()　(D) is_readable()

6. (　　) 更改檔案修改存取時間可以使用什麼函式？
   (A) unlink()　(B) copy()　(C) touch()　(D) rename()

7. (　　) PHP 在上傳檔案時，在 <php.ini> 中要注意設定的事項有哪些？
   (A) file_uploads = On 讓網站允許上傳。
   (B) upload_tmp_dir 設定上傳檔案暫存檔。
   (C) upload_max_filesize 允許上傳檔案的大小。
   (D) 以上皆是。

8. (　　) 上傳檔案的表單，要注意設定的事項有哪些？
   (A) 上傳的檔案欄位為 <input> 標籤，屬性必須設定「type="submit"」。
   (B) 設定傳遞時資料的編碼方式的屬性：「enctype="text/plain"」。
   (C) 檔案上傳的表單的傳送一定要使用 POST 的方法。
   (D) 以上皆是。

9. (　　　) 在使用 $_FILES[欄位名稱]["err"] 取得暫存檔的錯誤訊息，哪個是代表檔案大於 <php.ini> 中設定 upload_max_filesize 的最大上傳檔案大小值。

(A) UPLOAD_ERR_OK

(B) UPLOAD_ERR_INI_SIZE

(C) UPLOAD_ERR_PARTIAL

(D) UPLOAD_ERR_NO_FILE

10. (　　　) 下列何者與檔案開啟、讀取、寫入與關閉的操作函式無關？

(A) fopen()　(B) fclose()　(C) flock()　(D) move_upload_file()

二、實作題

請製作一個可以切換目錄，刪除檔案及上傳檔案的檔案總管頁面。

(參考解答：lesson9.php)

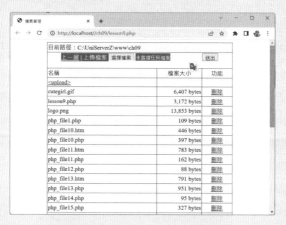

Cookie 與 Session

使用者在瀏覽網頁時，並不是一直與伺服器保持在連線的狀態下，事實上當瀏覽者送出需求到伺服器端處理後將結果回傳顯示，就已經結束了與伺服器的連線。所以當需要新資料或是更新顯示內容時，都必須重新載入頁面或是重新送出需求。

但遇到在網站運作上有些需要「維持記憶」的狀況時，例如記住當前登入使用者的資訊，或是保持在購物車裡未結帳的商品以供下次繼續使用時，Cookie 與 Session 的存在就是為了要解決網站不能保存狀態的問題。

⊙ 關於 Cookie 與 Session
⊙ Cookie 的使用
⊙ Session 的使用

10.1 關於 Cookie 與 Session

使用者在瀏覽網頁時並不是一直與伺服器保持在連線的狀態下,當需要新資料或是更新顯示內容時,都必須重新載入頁面或是重新送出需求。

10.1.1 為什麼要使用 Cookie 與 Session ?

使用者在瀏覽網頁時並不是一直與伺服器保持在連線的狀態下,事實上當瀏覽者送出需求到伺服器端處理後將結果回傳顯示,就已經結束了與伺服器的連線。所以當需要新資料或是更新顯示內容時,都必須重新載入頁面或是重新送出需求。但遇到在網站運作上有些需要「維持記憶」的狀況時,例如記住當前登入使用者的資訊,或是保持在購物車裡未結帳的商品以供下次繼續使用時,該怎麼辦呢?

Cookie 與 Session 的存在就是為了要解決網站不能保存狀態的問題。以一般網站最常見的會員系統來說,當會員以帳號密碼登入系統的同時,程式可以有二個方式來記住登入會員的資料:一個方法是在登入者的電腦中放入一個小檔案來記憶,這個就是 Cookie;另一個方法是在伺服器的記憶體產生一個空間來記憶,這個就是 Session。

▲ 為了維持使用者的狀態,可以使用用戶端的 Cookie 或是伺服器端的 Session 來幫忙。

當瀏覽者成功登入後,在載入頁面的同時,程式即可調出用戶端的 Cookie 或是伺服器端的 Session 來檢查並維持登入的狀態。當使用者要離開時,程式只要清除用戶端的 Cookie 或是伺服器端的 Session,即可將原來的狀態清除。

10.1.2 Cookie 與 Session 的比較

那什麼時候要使用 Cookie,什麼時候要使用 Session 呢?以下我們將說明它們之間的差異與比較,並提供您使用時機上的建議。

關於 Cookie

Cookie 是儲存在瀏覽者電腦中的小檔案，可以用來識別使用者的身份或是相關資訊。因為是放置在用戶端的電腦，瀏覽者不必與伺服器溝通即可取得其中的資訊，免除與伺服器之間多餘的連線。例如瀏覽者將未結帳的商品放置在購物車中，中途可能因故離開或是關閉瀏覽器，都能藉由 Cookie 的幫忙，在下一次回到原網站操作時，調出未結帳的商品繼續購物。

Cookie 放置在瀏覽者的電腦中能保持一段較長的時間，在 Cookie 未消失前都能正確記錄資訊，搭配程式的應用即可免除重複輸入資料的麻煩。例如當登入會員系統之後，程式則將該使用者的資訊記入在 Cookie 中，即使關閉瀏覽器後重新開啟原來的頁面，該使用者依然能夠因為 Cookie 的幫忙維持登入的狀態。

因為 Cookie 是以檔案的型態儲存在瀏覽者的電腦，所以有以下限制：

1. 每個使用者的瀏覽器只能儲存使用 300 個 Cookie。

2. 每個瀏覽器只能針對同一個伺服器存取 20 個 Cookie。

3. 每個 Cookie 的大小最多僅 4k Bytes 的容量。

4. 瀏覽器可以設定關掉 Cookie 的功能，如此可能會造成 Cookie 無法使用。

Cookie 在使用時較讓人擔心的是資訊安全，因為它是以明碼的方式儲存在使用者的電腦中，有可能被擷取進行不當的利用。所以若記錄的資訊較為機密，如帳號密碼、信用卡卡號等，就不適合了。

關於 Session

Session 會將使用者資訊儲存在伺服器端暫存檔中，儲存的位置依照 <php.ini> 的設定，如：

```
session.save _ path="C:\Windows\Temp"
```

當瀏覽者進入網站伺服器瀏覽時，在 Session 的開啟狀態下即會開始記錄使用者所賦予的資訊，一直到關閉瀏覽器才結束 Session 的使用。

在安全性的考量下，許多人在設計程式時都會使用 Session 而不用 Cookie。因為 Session 是產生在伺服器端，不易遭人利用進行其他的操作。

在程式運作正常的考量下，Session 因為存在伺服器端，即使用戶端的瀏覽器關閉 Cookie 的使用時，Session 仍可正常運作。

10.2 Cookie 的使用

Cookie 是將狀態資料記錄在用戶端電腦的技術，當瀏覽者開啟網站時，即可在程式的設定下將指定的資料儲存在用戶端電腦中，並可設定該資料的有效時間、存放路徑與有效網域。

10.2.1 存取 Cookie 資料

儲存 Cookie 資料

您可以使用 setcookie() 函式將資料存入 Cookie 中，其格式如下：

```
setcookie( 名稱 [, 值 ][, 有效時間 ][, 儲存路徑 ][, 網域 ][, 安全性 ])
```

在使用 setcookie() 函式前要注意：setcookie() 函式要在任何輸出或顯示動作前呼叫。其參數的詳細說明如下：

參數	說明
名稱	Cookie 儲存時的名稱。
值	Cookie 儲存值並以 URL 編碼。因為是以明碼的方式儲存，所以不建議儲存重要資料。
有效時間	Cookie 的有效時間，格式為時間戳記。若指定的時間為過去，會刪除 Cookie。
儲存路徑	Cookie 的有效路徑，不設定時預設為 <php.ini> 的 session.cookie_path 設定值。(session.cookie_path 預設的路徑為目前的路徑)
網域	Cookie 的有效網域。
安全性	1：只有 HTTPS 才能傳送 Cookie。 0：能使用 HTTP 傳送 Cookie，也是忽略時的預設值。

註 當使用 setcookie() 函式設定 Cookie 後，頁面必須在重新載入後才能讀出 Cookie 的值。

儲存 Cookie 的方式十分簡單，例如：

```
setcookie("TestCookie", " 這是 Cookie 的內容 ");
```

若要設定 Cookie 的有效時間為 1 個小時方式為：

```
// 將目前的時間戳記加上 3600 秒 (60*60)
setcookie("TestCookie", " 這是 Cookie 的內容 ", time()+3600);
```

若要設定 Cookie 的有效時間、暫存路徑、使用網域及傳遞方式如下：

```
setcookie("TestCookie", " 這 是 Cookie 的 內 容 ", time()+3600, "/tmp/",
    ".example.com", 1);
```

讀取 Cookie 的資料

您可以利用 $_COOKIE 變數的方式讀出 Cookie 中儲存的資料，其格式如下：

```
$ _ COOKIE[ 名稱 ]
```

例如我們設定一個 Cookie 值：

```
setcookie("TestCookie", " 這是 Cookie 的內容 ");
```

在另一頁或重整頁面後，可使用下列方式將 Cookie 的值讀出，並顯示在頁面上：

```
echo $ _ COOKIE["TestCookie"];
```

Cookie 陣列

當多個 Cookie 同屬一個性質的資料時，可以利用陣列的方式儲存。設定的基礎格式為：

```
setcookie( 陣列名稱 [ 索引鍵 ], 值 )
```

在讀取時，因為 Cookie 是以變數 $_COOKIE 方式讀取，若以陣列的方式顯示則格式為：

```
$ _ COOKIE[ 陣列名稱 ][ 索引鍵 ]
```

例如我們將一個同學的基本資料：座號、姓名儲存在一個 Cookie 陣列中：

```
setcookie("students[no]",1);
setcookie("students[name]", " 張君雅 ");
```

讀取時的方式如下：

```
$ _ COOKIE["students"]["no"];
$ _ COOKIE["students"]["name"];
```

範例：儲存並顯示 Cookie 值

以下的範例將示範如何儲存並顯示 Cookie 值：

程式碼：php_cookie1.php	儲存路徑：C:\htdocs\ch10

```php
1   <?php
2   $setResult=setcookie("TestCookie", "這是 Cookie 的內容");
3   ?>
4   <html>
5   <head>
6     <title>Cookie 存取測試</title>
7   </head>
8   <body>
9   <?php
10  if($setResult){
11    if(isset($ _ COOKIE["TestCookie"])){
12      echo "Cookie 的內容為:".$ _ COOKIE["TestCookie"];
13    }else{
14      echo "Cookie 儲存成功,請重整頁面顯示 !";
15    }
16  }
17  ?>
18  </body>
19  </html>
```

執行結果	執行網址：http://localhost/ch10/php_cookie1.php

程式說明

2	在頁面有任何輸出的動作前使用 setcookie() 函式設定 Cookie 值,並將設定結果成功與否儲存在 $setResult 中。
10~16	若 $setResult 的值為 TRUE,即執行顯示 Cookie 內容的動作。
11~15	因為剛設定完畢,Cookie 值並不會馬上產生,所以先用 isset() 函式檢查 Cookie 值是否存在,若存在即顯示內容,若不存在即告知要重整頁面。

再提醒您一次：在儲存 Cookie 前不可以有任何輸出的動作，也就是設定 setcookie() 函式前不能使用 echo 或 print 輸出字串，也必須在 <html><head> 等顯示 HTML 的內容之前。當使用 setcookie() 函式設定 Cookie 後，頁面必須在重新載入後才能讀出 Cookie 的值。所以在範例中，第一次只能得知已經成功儲存 Cookie，重整後才能得到 Cookie 的內容。

10.2.2 Cookie 的有效時間

在剛才的範例中，當您關閉瀏覽器再重新開啟瀏覽器執行該程式，會發現原來儲存的 Cookie 值已經消失，程式又必須重新加入。這是因為我們並沒有在加入 Cookie 時設定它的有效時間，原來的 Cookie 已經在所屬的瀏覽器關閉後自動刪除而消失了。如果想要保持 Cookie 的存在，就必須設定 Cookie 的有效時間。

設定 Cookie 的有效時間

在 setcookie() 函式中有設定 Cookie 有效時間的參數，其設定單位是秒，並以時間戳記為記錄的形式。例如要設定 Cookie 的有效時間為 1 個小時方式為：

```
setcookie("showme", "Cookie 內容", time()+3600);
```

time() 函式可以取得目前的時間戳記，加上 1 個小時的秒數：3600 (60*60)，那這個 Cookie 的有效時間就以現在開始 1 個小時後到期。

以相同的方式計算，若是 12 個小時即為 time() + 12 *(3600)，一天即為 time() + 24*(3600)，以此類推，即可彈性控制 Cookie 的有效時間。

指定 Cookie 的到期時間

若我們想要指定 Cookie 的到期時間精確到某年月日，甚至時分秒，可以利用 mktime() 函式來取得那時的時間戳記，其格式為：

```
mktime( 時 , 分 , 秒 , 月 , 日 , 年 )
```

例如我們希望這個 Cookie 可以在 2008 年 12 月 31 日 23 點 59 分 59 秒過期，設定方式如下：

```
setcookie("showme", "Cookie 內容", mktime(23,59,59,12,31,2008));
```

更簡單的方法是使用 strtotime() 函式，它能快速的將字串型的時間表示化為時間戳記，以剛才的範例來說，可改寫為：

```
setcookie("showme", "Cookie 內容", strtotime("2008-12-31-23-59-59"));
```

10.2.3 刪除 Cookie

要如何刪除存在用戶端的 Cookie 呢？我們都知道 Cookie 在有效期間過後即會自動刪除消失，如果將 Cookie 的有效時間指定為立刻到期，是否就可以完成刪除 Cookie 的動作？沒錯，若將 Cookie 的有效時間指定在當下，最好是過去的時間，那麼該 Cookie 就會馬上失效刪除了。

在實務上，我們習慣將要刪除的 Cookie 設定有效時間為目前的時間戳記再減去一些秒數，即可完成刪除 Cookie 的動作，例如：

```php
setcookie("showme", "Cookie 內容 ", time()-3600);
```

我們以 time() 函式即得目前的時間戳記再減去 3600 秒（1 個小時），因為這個時間是發生在過去，那這個 Cookie 就會被刪除了。

範例：顯示使用者今天瀏覽本頁面的次數

以下將利用 Cookie 來記錄使用者今天瀏覽本頁的次數，若是過了今天則記錄的次數歸零，重新計算：

程式碼：php_cookie2.php	儲存路徑：C:\htdocs\ch10

```php
1   <?php
2   $dateStr = date("Y-m-d 23:59:59");
3   if(isset($ _ COOKIE["counter"])){
4     $counter = $ _ COOKIE["counter"];
5     $counter++;
6     setcookie("counter", $counter, strtotime($dateStr));
7   }else{
8     setcookie("counter", "0", strtotime($dateStr));
9     header("Location: php _ cookie2.php");
10  }
11  ?>
12  <html>
13  <head>
14    <title> 今日瀏覽次數 </title>
15  </head>
16  <body>
17  <?php
```

18	echo " 您今日瀏覽本頁的次數為".$counter."次 ";
19	?>
20	</body>
21	</html>

執行結果　　　　　　　　執行網址：http://localhost/ch10/php_cookie2.php

程式說明

2	以 date() 函式取得今天最後一秒的時間，以字串方式儲存到 $dateStr 中，將做為計算瀏覽人次的 Cookie 值到期時間。
3	先用 isset() 函式檢查 Cookie 值是否存在。
4	若存在即將原來 Cookie 的值儲存到 $counter 中。
5	將 $counter 加 1。
6	設定瀏覽人次 Cookie 的值為 $counter，到期時間為 $dateStr。
8	若原來 Cookie 不存在請設定瀏覽人次 Cookie 的值為 0 為初值，到期時間為 $dateStr。
9	利用 header() 函式重新載入本頁，即可顯示今日瀏覽人數。
18	將今日瀏覽人數 $counter 顯示在頁面中

您可以重整頁面幾次，顯示的次數會一直累加。若您將系統時間調到明日，會發現瀏覽次數會歸零重新計算。

10.3 Session 的使用

Session 是瀏覽者與伺服器連線的工作期間所保持的狀態,它的使用時間是在開啟瀏覽器後進入啟動 Session 機制開始,只要瀏覽器沒有關閉,回到原網站時您會發現原來的 Session 仍然有效。

10.3.1 Session 的運作原理

當使用者使用瀏覽器連線到伺服器網站時,網站伺服器會自動派發一個 SessionID 給這次的連線動作,網站程式即可依照這個 SessionID 分辨使用者來處理所儲存的狀態。事實上:在預設的狀態下,Session 會將伺服器所派發的 SessionID 以 Cookie 的方式儲存在用戶端來記錄狀態,同一個網站的不同網頁可以藉由這個 Cookie 的記錄來維持同一個 SessionID 的狀態。這個 Cookie 並沒有到期時間,所以預設會在瀏覽器關閉時同時消失。

另一個保持 SessionID 的方式是將 SessionID 以 URL 參數的方法放置在網址的後方,如此一來即使是不允許使用 Cookie 的瀏覽器也能正常操作 Session。

 若要使用 SessionID 以 URL 參數的方式來傳遞,必須確定 <php.ini> 中以下二個設定值的內容:
session.use_trans_sid = 1
session.use_only_cookies = 0

10.3.2 存取 Session 資料

啟動 Session

在 PHP 中要使用 Session,必須在操作前以 session_start() 函式啟動頁面 Session 的功能,即可在以下的頁面中操作 Session 的功能。

要注意的是,只要該頁程式有使用到 Session,就要先行使用 session_start() 來啟動,並不是只要在某一頁啟動一次就可以整個網站通用。

也因為 Session 啟動後會將伺服器所派發的 SessionID 以 Cookie 的方式儲存在用戶端的電腦，所以在 session_start() 之前不能使用 echo 或 print 輸出字串，也必須在 <html><head> 等顯示 HTML 的內容之前。

儲存並取得 Session 的資料

啟動 Session 之後，我們就可以使用 $_Session 變數的方式去設定或取得 Session 的資料，其格式如下：

```
$ _ SESSION[ 名稱 ]
```

其使用的方式與一般設定變數的方式並沒有什麼不同，例如：

```
session _ start();  // 啟動 Session
$ _ SESSION["username"] = "David"; // 設定 $ _ SESSION["username"] 變數值
```

設定變數值之後，即可以變數的方式來使用 Session。延續剛才的範例，若要顯示 Session 的內容可以使用下列方式：

```
echo $ _ SESSION["username"];
```

Session 陣列

比起 Cookie 來說，Session 的設定形式就更類似一般變數了。設定的格式為：

```
$ _ SESSION[ 陣列名稱 ][ 索引鍵 ] = 值
```

在讀取時可以直接取用設定的變數即可，例如我們將一個同學的基本資料:座號、姓名儲存在一個 Session 陣列中：

```
session _ start();
$ _ SESSION["students"]["no"] = 1;
$ _ SESSION["students"]["name"] = " 張君雅 ";
```

在使用時即可直接使用變數名稱。

範例：利用 Session 防止計數器灌水

剛才我們使用 Cookie 的技巧寫了一個可以顯示使用者今天瀏覽次數的程式，但是在瀏覽時只要重整一次即執行計次動作，整個瀏覽人次灌了不少水。若我們希望在瀏覽器仍然開啟的狀態下，計次的動作就只計算一次，除非使用者關閉瀏覽器後重新瀏覽，才能再進行計次的動作。

程式碼：php_session1.php	儲存路徑：C:\htdocs\ch10

```php
1   <?php
2   session _ start();
3   if(!isset($ _ SESSION["countOK"])){
4     $dateStr = date("Y-m-d 23:59:59");
5     if(isset($ _ COOKIE["counter"])){
6        $counter = $ _ COOKIE["counter"];
7        $counter++;
8        setcookie("counter", $counter, strtotime($dateStr));
9     }else{
10       setcookie("counter", "0", strtotime($dateStr));
11       header("Location: php _ cookie2.php");
12    }
13    $ _ SESSION["countOK"] = 1;
14  }else{
15    $counter = $ _ COOKIE["counter"];
16  }
17  ?>
18  <html>
19  <head>
20    <title>今日瀏覽次數</title>
21  </head>
22  <body>
23  <?php
24  echo "您今日瀏覽本頁的次數為 ".$counter." 次 ";
25  ?>
26  </body>
27  </html>
```

執行結果　　　　　　　執行網址：http://localhost/ch10/php_session1.php

程式說明

2	啟動 Session。
3	檢查 $_SESSION["countOK"] 是否存在，若不在即開始執行計次的動作。
4~12	以 Cookie 執行計次的動作，請參考 <php_cookie2.php>。
13	設定 $_SESSION["countOK"]=1
15	將今日瀏覽人數 $counter 顯示在頁面中

您 可 以 重 整 頁 面 幾 次，除 非 關 閉 瀏 覽 器 後 重 新 啟 動 瀏 覽，否 則 因 為
$_SESSION["countOK"] 的檢查，瀏覽的次數不會一直累加，如此即可防止灌
水的現象發生。

10.3.3 Session 的有效時間

Session 預設的有效時間，基本上就是在瀏覽器開啟後宣告 Session 啟動開始，
一直到關閉瀏覽器為止。但是實際上，Session 還是有其使用期限。您一定常遇
到登入了某個網站的會員系統，中途可能有事離開座位，等到回到工作崗位重新
操作該網站時，畫面會顯示您已經被登出的訊息，需要重新執行登入的動作。

在 <php.ini> 中其實預設 Session 的有效期限值為：

```
session.gc_maxlifetime = 1440
```

也就是說，Session 最大的有效時間為 24 分鐘 (24 * 60 秒)，所以當您啟動了
Session，若有 24 分鐘沒有執行任何動作，Session 即會自動失效。在這樣的
狀態下，若網站需要延長 Session 存在的時間，可以針對 <php.ini> 進行調整。

但是還是建議您，若網站在登入後所進行的動作有安全性的考量，就不要調整或
縮短 Session 的有效時間，甚至縮短時間，以防瀏覽者離開電腦畫面太久，造
成安全上的顧慮。

10.3.4 刪除 Session

若您想要讓 Session 失效，其實只要關閉瀏覽器即可。但若在瀏覽的過程中，想要刪除目前網站上的 Session，該如何做呢？最常見的狀況是當使用者登入了某個網站的會員系統，正在使用會員功能編輯資料、收發信件或是購物消費時，突然要離開座位去處理其他的事情，為了維護使用者的資訊安全，最好是先登出系統，等回到座位時再重新登入繼續操作。登出會員系統的動作，即是刪除登入時所產生的 Session。

在 PHP 中您可以使用下列二個方式來刪除 Session，若要刪除指定的 Session 可以使用 unset() 函式，其格式如下：

```
unset($ _ SESSION[ 名稱 ])
```

若要刪除目前所有的 Session，可以使用：

```
session _ unset()
```

即可將所有的 Session 刪除。

範例：會員系統的登入與登出

以下我們將實作一個會員系統執行登入及登出的動作，會員登入後會產生一個 Session 值來記錄登入者帳號，也可以該 Session 來判斷是否為登入狀態：

程式碼：php_session2.php	儲存路徑：C:\htdocs\ch10

```
1   <?php
2   session _ start();
3   // 執行登入動作
4   if(!isset($ _ SESSION["membername"])  ||  ($ _ SESSION["membername"]
    =="")){
5     if(isset($ _ POST["username"]) && isset($ _ POST["passwd"])){
6         // 預設帳號密碼
7         $username = "admin";
8         $passwd = "1234";
9         // 比對帳號密碼，若登入成功則呈現登入狀態
10        if(($ _ POST["username"]==$username) && ($ _ POST["passwd"]
    ==$passwd)){
11 $ _ SESSION["membername"]=$username;
```

```php
12        }
13        header("Location: php_session2.php");
14      }
15   }
16   // 執行登出動作
17   if(isset($_GET["logout"]) && ($_GET["logout"]=="true")){
18     unset($_SESSION["membername"]);
19     header("Location: php_session2.php");
20   }
21   ?>
```

```html
22   <html>
23   <head>
24     <meta http-equiv="Content-Type" content="text/html; charset=big5" />
25     <title>網站會員系統</title>
26   </head>
27   <body>
```

```php
28   <?php
29   // 檢查是否為登入狀態，若未登入則顯示登入表單
30   if(!isset($_SESSION["membername"]) || ($_SESSION["membername"]
     =="")){
31   ?>
```

```html
32   <form id="form1" name="form1" method="post" action="php_session2.php">
33     <table width="300" border="0" align="center" cellpadding="5" cellspacing="0" bgcolor="#F2F2F2">
34       <tr>
35         <td colspan="2" align="center" bgcolor="#CCCCCC"><font color="#FFFFFF">會員系統</font></td>
36       </tr>
37       <tr>
38         <td width="80" align="center" valign="baseline">帳號</td>
39         <td valign="baseline"><input type="text" name="username" id="username" /></td>
40       </tr>
```

```
41      <tr>
42        <td width="80" align="center" valign="baseline"> 密碼 </td>
43          <td valign="baseline"><input type="password"
    name="passwd" id="passwd" /></td>
44      </tr>
45      <tr>
46        <td colspan="2" align="center" bgcolor="#CCCCCC"><input
    type="submit" name="button" id="button" value=" 登入 " />
47        <input type="reset" name="button2" id="button2" value=" 重
    設 " /></td>
48      </tr>
49    </table>
50  </form>
51  <?php
52  // 若登入即顯示登入成功訊息
53  }else{
54  ?>
55  <table width="300" border="0" align="center" cellpadding="5"
    cellspacing="0" bgcolor="#F2F2F2">
56    <tr>
57      <td align="center" bgcolor="#CCCCCC"><font color="#FFFFFF">
    會員系統 </font></td>
58    </tr>
59    <tr>
60      <td align="center" valign="baseline"><?php echo $_
    SESSION["membername"];?> 您好，登入成功! </td>
61    </tr>
62    <tr>
63      <td align="center" bgcolor="#CCCCCC"><a href="php_
    session2.php?logout=true"> 登出系統 </a></td>
64    </tr>
65  </table>
66  <?php }?>
67  </body>
68  </html>
```

執行結果　　　　　　　　執行網址：http://localhost/ch10/php_session2.php

程式說明

2	使用 session _ start() 啟動 Session。
3~15	執行登入動作。
4	檢查 $ _ SESSION["membername"] 是否存在或其值為空白時，即執行登入動作區域。
5	若有接收到表單送出的帳號與密碼，即往下執行。
6~7	設定預設的帳號、密碼儲存到 $username 及 $passwd 中。
10	若接收的表單送出的帳號與密碼與系統預設的 $username 及 $passwd 即代表登入成功，就將 $username 儲存到 $ _ SESSION["membername"] 中。
13	登入動作執行完畢後使用 header() 函式重新開啟本頁。
16~20	執行登出動作。
17	檢查 URL 的參數 $ _ GET["logout"] 是否存在，若存在其值是否為 "true"。
18	若符合條件則執行登出動作，將 $ _ SESSION["membername"] 刪除。
19	登出動作執行完畢後使用 header() 函式重新開啟本頁。
28~50	檢查是否為登入狀態，若未登入則顯示登入表單。
32	設定表單的傳送方式為 POST，傳遞的目的地為本頁。
53~65	若在登入狀態，則顯示成功訊息。
60	以 $ _ SESSION["membername"] 顯示登入者帳號名稱。
63	設定登出系統的文字連線，連到本頁並帶 URL 參數 logout=true。

初次執行該程式時，因為還沒有經過登入動作所以會顯示登入畫面。若輸入的帳號、密碼正確即會登入系統並顯示成功訊息，按下登出系統的連結就會登出，並回到原來的登入畫面。

延伸練習

一、選擇題

1. ( ) 使用者在瀏覽網頁時並不是一直與伺服器保持在連線的狀態下，可以使用什麼方式來解決網站不能保存狀態的問題？
   (A) Cookie　(B) Session　(C) 以上皆是　(D) 以上皆否

2. ( ) 當會員以帳號密碼登入系統的同時，在登入者的電腦中放入一個小檔案來記憶，這個就是？
   (A) Cookie　(B) Session　(C) 文字檔　(D) 資料庫

3. ( ) 當會員以帳號密碼登入系統的同時，程式在伺服器的記憶體產生一個空間來記憶，這個就是？
   (A) Cookie　(B) Session　(C) 文字檔　(D) 資料庫

4. ( ) 下列何者不是 Cookie 的限制？
   (A) 每個使用者的瀏覽器只能儲存使用 300 個 Cookie。
   (B) 每個瀏覽器只能針對同一個伺服器存取 20 個 Cookie。
   (C) 每個 Cookie 的大小最多僅 4k Bytes 的容量。
   (D) 以上皆是。

5. ( ) Cookie 在使用時較讓人擔心的是什麼問題？
   (A) 因為將檔案儲存在使用者的瀏覽器，易浪費空間。
   (B) 資訊安全，因為它是以明碼的方式儲存，容易被擷取。
   (C) 瀏覽器關掉 Cookie 的功能會造成 Cookie 無法使用。
   (D) 以上皆是。

6. ( ) 什麼是 Session 在使用時的優勢？
   (A) Session 是產生在伺服器端，不易遭人利用進行其他的操作。
   (B) 即使用戶端的瀏覽器關閉 Cookie 的使用時，Session 仍可正常運作。
   (C) Session 是產生在伺服器端，不會在用戶端產生暫存檔浪費空間。
   (D) 以上皆是。

7. ( ) 設定 Cookie 時是以什麼為方式設定使用時間？
   (A) 年月日　(B) 時分秒　(C) 格林威治標準時間　(D) 時間戳記

延伸練習

8. (　　　　) 下列什麼選項是設定 Cookie 時無法設定的？

(A) 網域　(B) 使用時間　(C) 安全性　(D) 以上皆是

9. (　　　　) 若要刪除 Cookie 必須要如何操作？

(A) 使用 delete() 函式　　　　　　　(B) 使用 unset() 函式

(C) 將使用時間設定在過去的時間　　　(D) 關閉瀏覽器

10.(　　　　) Session 在使用上有什麼特別要注意的地方？

(A) 只要程式有使用到 Session，就要使用 session_start() 來啟動。

(B) 在 session_start() 前不能使用 echo 或 print 輸出字串。

(C) 在 session_start() 時必須在 <html> 等顯示 HTML 的內容之前。

(D) 以上皆是

二、實作題

請使用 Cookie 的技巧製作一個線上心理測試頁面。共有四個單選題，每題有三個答案，每個答案都有其代表的意涵。在回答完畢後按照選取的答案顯示其分析結果，並可重新測試。(參考解答：lesson10.php)

MEMO

11

物件導向程式設計

物件導向的程式設計是近代程式開發的主流觀念，在專案的規劃龐大，處理的動作複雜的狀況下，可以藉助物件導向的特性：重複使用程式碼來簡化重複的動作，並可以解決結構化程式設計所面臨的資料與功能分離的問題。

雖然開發人員可能很難一次完備物件中的所用方法及屬性，但是藉由擴充及延伸導入能讓原始的類別更加強大，產生更完美的物件供程式使用。

- ⊙ 認識物件導向
- ⊙ 定義類別與建立物件
- ⊙ 存取範圍
- ⊙ 繼承

認識物件導向

結構化的程式設計，其開發原理，是分析程式需求並且化為數個不同的程式結構，再依不同程式結構設置相關的函式或是子程式，整個程式主體就架構在層層關聯的函式與程式片段中。

11.1.1 傳統的結構化程式設計

在結構化程式設計中最常使用的技巧，就是使用不同函式或是程式片段處理個別問題，而主程式就藉由呼叫、引用不同函式與程式片段來完成工作。

以開發一個學生資料管理程式為例，在結構化程式開發時，我們分析需要的功能有瀏覽、新增、修改及刪除，所以就為這些功能寫了個別頁面，並將相關函式與程式片段放置在所屬的頁面中。

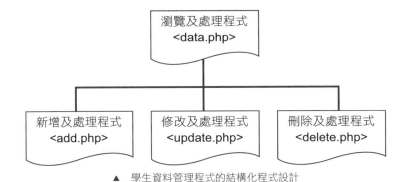

▲ 學生資料管理程式的結構化程式設計

使用結構化程式設計，的確簡化了我們撰寫程式的工作，也提高了程式的可維護性。但是，結構化程式設計在開發大型專案時，因為專注於函式、程式片段…等功能的開發，所以與處理的資料是處於分離關係。在大型專案開發上，由於要處理的問題相對地複雜許多，如果資料與函式之間沒有關聯性，便很容易發生錯誤，維護起來也會很不方便。

11.1.2 物件導向的程式設計

使用物件導向的方式來開發程式，最主要關鍵在於程式設計觀念的改變。之前我們使用結構化程式設計來開發學生資料管理程式時，設計方向是著重於將所有應該具有的功能列出，然後再按照功能來撰寫對應函式、程式片段…等功能。

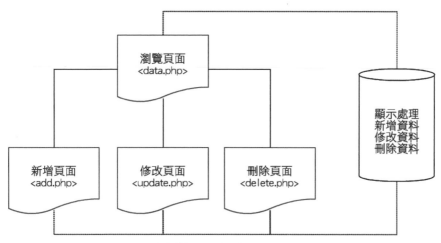

使用物件導向程式設計時，在進行程式分析必須將程式結構看做是一個獨立個體。在這個個體中，除了含有資料內容外，還必須包含能夠處理資料的所有功能。

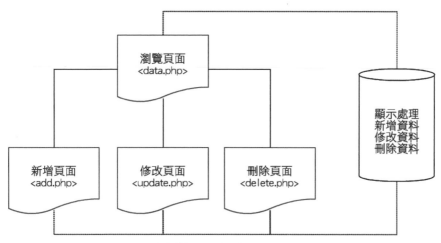

▲　學生資料管理程式的物件導向程式設計

在物件導向程式設計中，開發時只要專注於設計產生物件的類別。將物件的資料定義成類別的屬性，把物件的功能定義成類別的方法。在類別完成開發後，程式只要藉由物件變數來使用這個自訂的類別，即可完成程式中資料處理及所需要的功能。

11.1.3 認識物件與類別

在物件導向程式設計中，有二個最重要的設計元素，一個是類別，另一個是物件。很多人一直無法了解這二者之間的差別，簡單來說：類別就是建構物件的藍圖。

舉例來說：如果想要建構一棟房子，設計師就會把建構房子的方法、材料與規格繪製在藍圖中，開始建構時只要按照藍圖中的資訊施工即可完成一棟房子。其中類別就是這份填滿製作方式、所需材料與相關資訊的藍圖，而房子就是完成後的物件。

建構房子的動作大致相同，若想要多蓋幾棟房子就只要多執行幾次藍圖中的內容即可，不用每次都從頭規劃設計再進行施工的動作。在新增時若想要改變房子規格或是外觀，只要加強或修改藍圖中原來的製作步驟，或是定義不同資訊及使用不同材料，就可以輕易蓋出不一樣的房子來。其實物件也是一種資料型別，其他的資料型別的資料，如整數、字串、陣列…等都可以直接使用，物件最大不同點在於，物件在使用前必須要經過類別定義來產生才能使用。

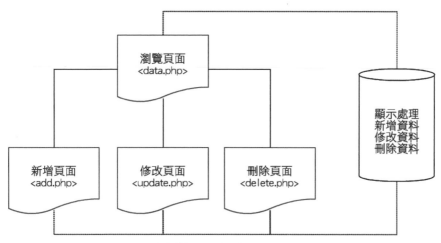
圖中文字：

瀏覽頁面
<data.php>

顯示處理
新增資料
修改資料
刪除資料

新增頁面
<add.php>

修改頁面
<update.php>

刪除頁面
<delete.php>

11.1.4 為什麼要使用物件導向的程式設計？

物件導向的程式設計並不一定是適合所有專案開發，若是專案規模不大或處理的動作不複雜，能在結構化分析下輕鬆完成並進行整合，倒不用大費周章將程式規劃物件化，您可以依照一般結構化程式設計的方向執行，並進行後續維護。

但若是專案規劃龐大，處理動作也相當複雜，您可以藉助物件導向的特性，除了可以重複使用程式碼來簡化重複動作之外，並可以解決結構化程式設計所面臨的資料與功能分的問題。雖然開發人員可能很難一次完備物件中所用方法及屬性，但是藉由擴充及延伸導入能讓原始的類別更加強大，可產生更完美的物件供程式使用。

11.1.5 物件導向程式設計的特色

在物件導向程式設計中有三大特色，分別是封裝 (encapulation)、繼承 (inheritance) 與多型 (polymorphism)。

1. **封裝**：在傳統結構化程式設計的概念下，資料與功能函式是分開定義的。但是在物件導向程式設計概念下，會將資料與功能函式包裝起來成為一個類別，並且在類別內設定資料與功能函式的存取範圍。外界的程式必須透過類別所提供的介面，與這個物件溝通。外界使用者無需知道物件內部如何執行作業，只需要知道如何使用物件的介面來完成自己的工作即可。

2. **繼承**：繼承既有類別產生新類別，原類別稱為基底類別或是父類別，而產生的新類別就稱為衍生類別或是子類別。

   子類別可以藉由繼承父類別的方式，取得父類別所定義的屬性及方法。在實作上父類別通常會定義通用的屬性及方法，而子類別則延伸父類別定義特定的屬性及方法，以解決特定問題。

3. **多型**：當不同物件接收到相同要求時，會以自己的方式進行相關處理。這個方式能在開發程式的過程中因為需求改變，快速進行相關因應。

   例如在父類別定義了計算標準體重的方法，在繼承的二個子類別中又使用相同名稱的方法，但是一個是計算以女性為主的標準體重，另一個是計算男生為主的標準體重。同樣接收到計算標準體重要求時，會因為不同狀況下進行不同處理方式。

11.2 定義類別與建立物件

類別定義與物件建立是物件導向程式設計最主要的核心功能，本節將說明在 PHP 中如何進行這些動作。

11.2.1 定義類別

類別是建立物件的藍圖，在 PHP 中的類別定義包含了下列成員：

類別的內容

1. **屬性 (Property)**：又稱為 **欄位 (Field)** 或 **成員變數 (Member variable)**，是類別中所定義的變數。

2. **方法 (Method)**：又稱為成員函式 (Member function)，是類別所定義的函式。

3. **建構方法 (constructor)**：用來將物件初始化的函式，會在類別建立物件時自動執行。該方法無論有沒有參數都可以使用，但是沒有回傳值。

4. **解構方法 (destructor)**：用來釋放物件使用系統資源的函式，會在物件結束前自動執行。該方法不需要參數即可使用，但是沒有回傳值。

定義類別的基本語法

我們會使用下列的基本語法定義類別：

```
class 類別名稱 {
    var 屬性名稱 [= 值];
    ...
    function 方法 {
    ...
    }
}
```

在定義時有幾個地方要特別注意：

1. class 是定義類別的關鍵字，之後加上類別名稱，並將定義內容放置在「{ }」括號之間。而類別名稱的命名原則與變數相同。

2. 在類別內定義屬性名稱若省略存取範圍的界定，可以 var 關鍵字來定義，如此一來該成員即可被任何程式碼存取 (存取範圍與 public 相同)。是否要賦予初值，可以視需求而定。

3. 類別內定義方法，與在一般狀況下設定函式的方法一樣，可以使用 function 關鍵字加上方法名稱，並將方法內容放置在「{}」括號之間。

舉例來說，若要建立一個類別定義學生的資料：

程式碼：php_class1.php	儲存路徑：C:\htdocs\ch11

```php
1   <?php
2   class Student {
3     var $int _ Id;          // 座號
4     var $str _ Name;        // 姓名
5     var $str _ Sex;         // 性別
6     var $int _ Chinese;     // 國文成績
7     var $int _ English;     // 英語成績
8     var $int _ Maths;       // 數學成績
9
10    function showData(){
11      echo "座號:".$this->int _ Id."<br />";
12      echo "姓名:".$this->str _ Name."<br />";
13      echo "性別:".$this->str _ Sex."<br />";
14      echo "國文成績:".$this->int _ Chinese."<br />";
15      echo "英語成績:".$this->int _ English."<br />";
16      echo "數學成績:".$this->int _ Maths."<br />";
17    }
18  }
19  ?>
```

程式說明

2　　　新增一個學生的類別。

3~8　　將學生的各個資料定義為類別的屬性，各個屬性並不賦予初值。

10~17　定義自訂方法 showData()，內容為顯示該學生的各個屬性資料。

定義類別時，若想要使用同類別中的屬性，可以使用虛擬變數：「$this」來代表物件本身，再加上運算子「->」指定使用的屬性，設定時不用加上「$」。

11.2.2 建立物件

類別屬於參考型別,您必須使用 new 關鍵字建立類別的物件,再進一步對物件內的成員進行存取。

建立物件的基本語法

由類別建立物件的基本語法如下:

```
物件名稱 = new 類別名稱();
```

若要設定或取用物件中的屬性或是使用物件內的方法,語法如下:

```
物件名稱 -> 屬性 [= 值];
物件名稱 -> 方法;
```

我們繼續剛才的範例,若想要新增一個名為 **stdObject1** 的物件,其方法如下:

程式碼:**php_class1.php**　　　　　　　　　　　　　儲存路徑:**C:\htdocs\ch11**

```
...
20  $stdObject1 = new Student;
21  $stdObject1->int _ Id=1;
22  $stdObject1->str _ Name="David";
23  $stdObject1->str _ Sex=" 男 ";
24  $stdObject1->int _ Chinese=92;
25  $stdObject1->int _ English=85;
26  $stdObject1->int _ Maths=80;
27  $stdObject1->showData();
...
```

執行結果　　　　　　　　　　　執行網址:**http://localhost/ch11/php_class1.php**

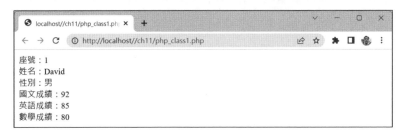

程式說明	
20	使用 new 類別名稱的方法建立 stdObject1 物件。
21~26	設定 stdObject1 物件的屬性值,格式為「物件名稱 -> 屬性 = 值」,其中屬性前不用加上「$」。若屬性值為字串,請在前後加上「"」的符號。
27	使用物件中的方法,其格式為「物件名稱 -> 方法」,在執行物件中 showData() 方法後會將設定的屬性值顯示在頁面上。

由類別建立物件後,可以使用物件名稱加上「->」運算子,再指定屬性名稱來存取其中的值。也可以指定方法名稱來執行其中的功能。

物件中使用參數的方法

剛才的範例中,在物件中所使用的方法不用帶參數即可執行,在類別中也可以設計有參數的方法,讓功能更加的豐富。其基本語法如下:

```
物件名稱 = new 類別名稱 ( 參數值 );
```

舉例來說,我們繼續改寫剛才的範例,在類別中新增一個方法能依參數來填入相關資訊,其語法及結果如下:

程式碼:php_class2.php　　　　　　　　　　　　**儲存路徑:C:\htdocs\ch11**

```php
1    <?php
2    class Student {
3      var $int_Id;        // 座號
4      var $str_Name;      // 姓名
5      var $str_Sex;       // 性別
6      var $int_Chinese;    // 國文成績
7      var $int_English;    // 英語成績
8      var $int_Maths;      // 數學成績
9
10   function setData($Id,$Name,$Sex,$Chinese,$English,$Maths){
11          $this->int_Id = $Id;
12          $this->str_Name = $Name;
13          $this->str_Sex = $Sex;
14          $this->int_Chinese = $Chinese;
15          $this->int_English = $English;
16          $this->int_Maths = $Maths;
17    }
```

```
18    function showData(){
19        echo "座號:".$this->int _ Id."<br />";
20        echo "姓名:".$this->str _ Name."<br />";
21        echo "性別:".$this->str _ Sex."<br />";
22        echo "國文成績:".$this->int _ Chinese."<br />";
23        echo "英語成績:".$this->int _ English."<br />";
24        echo "數學成績:".$this->int _ Maths."<br />";
25    }
26  }
27
28  $stdObject1 = new Student();
29  $stdObject1->setData(1,"David"," 男 ",92,85,80);
30  $stdObject1->showData();
31  $stdObject2 = new Student;
32  $stdObject2->setData(2,"Lily"," 女 ",87,90,76);
33  $stdObject2->showData();
34  ?>
```

執行結果　　　　　　　　　　　　執行網址：**http://localhost/ch11/php_class2.php**

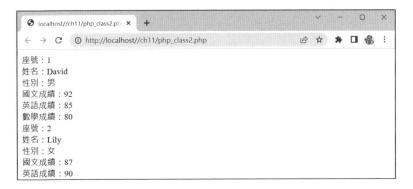

程式說明

10~17	定義自訂方法 setData()，內容為將方法的參數指定為類別的屬性值。
28~30	使用 new 類別名稱的方法建立 stdObject1 物件。執行物件中 setData() 方法，並將學生資訊設定為參數。執行後參數值會變成物件的屬性值。執行物件中 showData() 方法後會將設定的屬性值顯示在頁面上。
31~33	再依相同方式使用 new 類別名稱的方法建立 stdObject2 物件，並執行物件中 setData() 方法設定第二個學生資訊，再執行物件中 showData() 方法後會將設定的屬性值顯示在頁面上。

由結果看來，在類別中我們新增了一個新方法 setData()，可以接收參數來設定學生資料物件的屬性值，如此一來在程式中學生資訊的設定就可以縮短為一行，也能達到相同的效果。所以當再新增另一個學生物件時，也能很快地設定完資料並顯示在頁面上。

11.2.3 建構方法

建構方法 (constructor) 是對物件進行初始化，它會在開始建立物件時自動執行。在設計一些類別時，會於物件建立前先執行一些必須的動作，例如開啟檔案、建立資料連線、啟動 Session、設定初始值…等，就可以使用建構方法來完成。

在 PHP 類別中的建構方法使用的是 __construct()（注意前方是二個「_」底線符號），可以設定參數，但是沒有回傳值。

建構方法的基本使用

繼續改寫剛才的範例，在類別中新增 __construct() 方法來顯示資料開始的字串，其語法及結果如下：

程式碼：php_class3.php　　　　　　　　　　　　　**儲存路徑：C:\htdocs\ch11**

```
1   <?php
2   class Student {
...
10    function _ _ construct(){
11        echo "*****學生資料開始*****<br />";
12    }
...
30  }
32  $stdObject1 = new Student();
33  $stdObject1->setData(1,"David"," 男 ",92,85,80);
34  $stdObject1->showData();
35  $stdObject2 = new Student;
36  $stdObject2->setData(2,"Lily"," 女 ",87,90,76);
37  $stdObject2->showData();
38  ?>
```

執行結果　　　　　　　　　　執行網址：http://localhost/ch11/php_class3.php

程式說明

10~12　定義 _ _construct() 方法來顯示資料開始的字串。

由結果看來類別在建立物件時，會自動執行 __construct() 方法中的內容，所以在新增二個學生的物件時都會先顯示資料開始的資訊，再執行其他方法與內容。

使用參數的建構方法

建構方法可以使用參數，但該參數必須放置在 **new** 類別名稱後，其格式如下：

物件名稱 = new 類別名稱 (建構方法參數)；

繼續改寫剛才的範例，除了在類別中新增 __construct() 方法來顯示字串，還要利用參數來自訂顯示的字串內容，其語法及結果如下：

程式碼：**php_class4.php**　　　　　　　　　　儲存路徑：C:\htdocs\ch11

```
1    <?php
2    class Student {
...
10   function _ _ construct($stdName){
11       echo "*****".$stdName." 學生資料開始 *****<br />";
12   }
...
30   }
32   $stdObject1 = new Student("David");
33   $stdObject1->setData(1,"David"," 男 ",92,85,80);
```

```
34  $stdObject1->showData();
35  $stdObject2 = new Student("Lily");
36  $stdObject2->setData(2,"Lily"," 女 ",87,90,76);
37  $stdObject2->showData();
38  ?>
```

執行結果   執行網址：http://localhost/ch11/php_class4.php

程式說明

10~12	定義 ＿ ＿construct() 方法來顯示資料開始的字串，其中參數 $stdName 接收類別建立物件時所定義的學生姓名參數，並將該參數加入顯示字串中。
32	使用 new 類別名稱的方法建立 stdObject1 物件，並將學生姓名「David」設為參數，此參數會應用在 ＿ ＿construct() 中。
35	使用 new 類別名稱的方法建立 stdObject2 物件，並將學生姓名「Lily」設為參數，此參數會應用在 ＿ ＿construct() 中。

由結果看來類別在建立物件時所定義的參數，會被自動執行 __construct() 方法接收為參數，並使用在顯示的資訊中，我們可以藉由不同的參數，靈活控制一開始顯示的訊息。

11.2.4 解構方法

解構方法 (destructor) 是用來釋放物件使用系統資源的函式，它會在物件結束前自動執行。在設計一些類別時，會對於物件結束後有一些必須執行的動作，例如關閉檔案、關閉資料連線、關閉 Session、清除設定值…等，就可以使用解構方法來完成。

在 PHP 類別中解構方式使用的是 __destruct() (注意前方是二個「_」底線符號)，並不能設定參數，也沒有回傳值。

繼續改寫剛才的範例，在類別中新增 __ destruct () 方法來顯示資料結束的字串，其語法及結果如下：

程式碼：php_class5.php	儲存路徑：C:\htdocs\ch11

```php
1   <?php
2   class Student {
...
10    function _ _ construct($stdName){
11       echo "*****".$stdName." 學生資料開始 *****<br />";
12    }
13    function _ _ destruct(){
14       echo "***** 學生資料結束 *****<hr />";
15    }
...
32  }
33
34  $stdObject1 = new Student("David");
35  $stdObject1->setData(1,"David"," 男 ",92,85,80);
36  $stdObject1->showData();
37  $stdObject1 = NULL;
38  $stdObject2 = new Student("Lily");
39  $stdObject2->setData(2,"Lily"," 女 ",87,90,76);
40  $stdObject2->showData();
41  $stdObject2 = NULL;
42  ?>
```

執行結果　　　　　　　　　　執行網址：http://localhost/ch11/php_class5.php

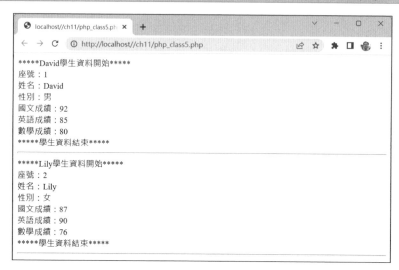

程式說明

13~15	定義 _ _ destruct() 方法來顯示資料結束的字串。
37	要顯示解構方法中的結束訊息，一定要刪除該物件時才會開始執行，所以這裡將 stdObject1 物件設為 NULL 即可刪除該物件，也會開始執行解構的動作。
41	將 stdObject2 物件設為 NULL 即可刪除該物件，也會開始執行解構的動作。

若沒有手動將建立的物件設為 **NULL**，進行刪除的動作，程式會在整個頁面執行完畢才會開始著手所有物件的解構動作，那麼二個結構方法裡的訊息會一起顯示在頁面的底部。例如去除 37 及 41 行刪除物件的動作，程式執行的結果如下：

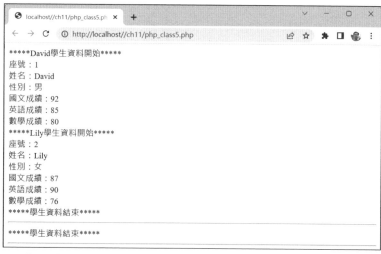

▲　若沒有執行刪除物件的動作，所有物件的結構方法會在頁面執行後一起執行。

11.3 存取範圍

類別利用封裝的方式,將相關的屬性、方法都包裝在同一個類別內,只要明白存取範圍的設定,即可利用適當的方法成功由外部程式存取物件的內容。

11.3.1 物件中成員的存取範圍

物件導向中封裝的意義

物件導向程式設計的特色,即是將所有相關的資料內容與功能函式包裝成一個類別,如此一來內部的成員就無法為外部的程式直接存取,此時使用者只能夠靠類別所提供的方式來操作物件,執行動作達到所要的目的。

舉例來說:汽車公司依照人們的需求將引擎、水箱、螺絲⋯等不同的零件組合成一台汽車,一般駕駛者並不需要知道汽車設計原理為何,零件是如何運作。他們只需學習汽車的駕駛技巧即可讓汽車上路運作。汽車即是物件,汽車的駕駛技巧即為物件所提供的操作方式。

將資料內容與功能包裝成一個類別,僅對外公開必要的使用方式,以備外部程式能夠操作物件,我們稱為「封裝」。外部程式可以操作物件中哪些成員,而物件又如何正確設定每個成員的存取範圍,就是封裝動作裡十分重要的一環。

設定存取範圍

先前在定義類別時,其實還必須對於每個屬性、方法等成員宣告其存取範圍,在未宣告的狀況下,所有的成員都是以 **public** 的方式存在物件之中。宣告時的基本格式為:

```
class 類別名稱 {
    [public|private|protected] 屬性名稱 [= 值];
    ...
    [public|private|protected] function 方法 {
    ...
    }
}
```

以下就是用來定義成員存取範圍的關鍵字：

1. **public**：表示定義的成員是完全公開的，能在任何地方進行存取及呼叫。這也是在省略標示時類別中成員的預設值。

2. **private**：表示定義的成員是私有的，只能在類別中進行存取及呼叫。

3. **protected**：表示定義的成員是受到保護的，在類別本身其存取範圍與 private 相同，只能供類別本身進行存取及呼叫。但若有其他的子類別進行繼承的動作時，子類別能夠使用 protected 定義的成員，而不能存取或呼叫由 private 定義的成員。

繼續改寫剛才的範例，在類別中新增幾個存取範圍為 private 的成員，除了顯示學生資料及成績外，再顯示總分與平均分數，其語法及結果如下：

程式碼：php_class6.php	儲存路徑：C:\htdocs\ch11

```php
1    <?php
2    class Student {
...
9      private $total_scores; // 總成績
10     private $average_scores; // 平均分數
11
12     private function totalScores(){
13     return $this->int_Chinese + $this->int_English + $this->int_Maths;
14     }
15     private function averageScores(){
16        return round($this->total_scores/3);
17     }
18     public function setData($Id,$Name,$Sex,$Chinese,$English,$Maths){
19        $this->int_Id = $Id;
20        $this->str_Name = $Name;
21        $this->str_Sex = $Sex;
22        $this->int_Chinese = $Chinese;
23        $this->int_English = $English;
24        $this->int_Maths = $Maths;
25        $this->total_scores=$this->totalScores();
```

```
26        $this->average _ scores=$this->averageScores();
27    }
28    public function showData(){
29        echo "座號:".$this->int _ Id."<br />";
30        echo "姓名:".$this->str _ Name."<br />";
31        echo "性別:".$this->str _ Sex."<br />";
32        echo "國文成績:".$this->int _ Chinese."<br />";
33        echo "英語成績:".$this->int _ English."<br />";
34        echo "數學成績:".$this->int _ Maths."<br />";
35        echo "總分:".$this->total _ scores."<br />";
36        echo "平均分數:".$this->average _ scores."<br />";
37    }
38 }
40 $stdObject = new Student();
41 $stdObject->setData(1,"David"," 男 ",92,85,80);
42 $stdObject->showData();
43 ?>
```

執行結果　　　　　　　　　　執行網址：**http://localhost/ch11/php_class6.php**

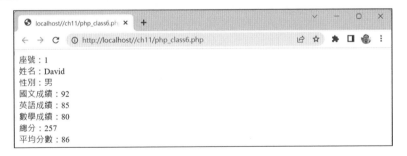

程式說明

2	新增一個學生的類別。
9~10	設定學生的總分與平均分數的屬性，存取範圍為 private。
12~14	設定 private 的方法:totalScores()，會計算總分並返回其值。
15~17	設定 private 的方法:averageScores()，會計算平均分數並返回其值。
18~27	定義自訂方法 setData()，內容為將方法的參數指定為類別的屬性值，但是其中的總分 $total _ scores 為執行 totalScores() 的結果，平均分數 $average _ scores 為執行 averageScores() 的結果。

28~37 定義自訂方法 showData()，內容為顯示該學生的各個屬性資料。

28~30 使用 new 類別名稱的方法建立 stdObject 物件。執行物件中 setData() 方法，並將學生資訊設定為參數。執行後參數值會變成物件的屬性值。執行物件中 showData() 方法後會將設定的屬性值顯示在頁面上。

其中設定學生的總分 \$total_scores 與平均分數 \$average_scores 的存取範圍為 private，所以只能在類別中存取，而其中二個方法：totalScores()、averageScores() 的存取範圍也設定為 private，所以也只能在類別中呼叫。

若我們改寫程式，在物件外呼叫類別中 private 的成員，例如：

程式碼：php_class7.php	儲存路徑：C:\htdocs\ch11

```php
1    <?php
2    class Student {
...
28   public function showData(){
29        echo "座號:".$this->int_Id."<br />";
30        echo "姓名:".$this->str_Name."<br />";
31        echo "性別:".$this->str_Sex."<br />";
32        echo "國文成績:".$this->int_Chinese."<br />";
33        echo "英語成績:".$this->int_English."<br />";
34        echo "數學成績:".$this->int_Maths."<br />";
35   }
36   } ...
38   $stdObject = new Student();
39   $stdObject->setData(1,"David"," 男 ",92,85,80);
40   $stdObject->showData();
41   echo "總分:".$stdObject->total_scores."<br />";
42   echo "平均分數:".$stdObject->average_scores."<br />";
43   ?>
```

因為在外部呼叫類別內定義為 private 的成員，所以就無法執行程式，出現錯誤訊息：

```
數學成績：80

Fatal error: Uncaught Error: Cannot access private property Student::$total_scores in
C:\UniServerZ\www\ch11\php_class7.php:41 Stack trace: #0 {main} thrown in
C:\UniServerZ\www\ch11\php_class7.php on line 41
```

▲ 因為在外部呼叫類別內定義為 **private** 的成員，所以出現錯誤訊息。

11.3.2 靜態成員、靜態方法與類別常數

物件導向程式設計中,所定義類別的成員及方法,都必須在建立物件後才能使用,而每個物件所使用的成員與其他物件並沒有任何關係。但是在某些特別的狀況下,我們會希望能夠在每個物件之間建立共同成員,來記錄共同資訊或是執行共同動作。

靜態成員

雖然在物件導向的程式設計中,由類別建立的物件已各自擁有屬於自己的成員,但是您可以定義靜態成員來儲存共同的屬性,不論由類別中新增多少個物件,該靜態成員所儲存的內容都是相同的,無論由哪個物件中去存取靜態成員,都會取得相同的值。

定義靜態成員的動作必須使用到 **static** 這個關鍵字,其基本語法格式如下:

```
class 類別名稱 {
    static [public|private|protected] 屬性名稱 [= 值];  // 靜態成員
    ...
}
```

因為靜態成員為所有物件所共有,所以在類別中您並不能用 **$this** 或是物件的變數方法存取,而必須使用「類別名稱 ::$ 靜態成員名稱」來進行存取,例如:

```
class testStatic {
    static $sValue;
    ...
}
echo testStatic::$sValue;
```

舉例來說,我們改寫剛才的範例,在類別中新增 **static** 的靜態成員來記錄產生學生的物件數,其語法及結果如下:

程式碼:php_class8.php	儲存路徑:C:\htdocs\ch11

```
1   <?php
2   class Student {
3     public $int _ Id;      // 座號
4     public $str _ Name;      // 姓名
```

```
5    static public $countNum=0;        // 靜態成員記錄物件數
6
7    function _ _construct(){
8        Student::$countNum++;
9    }
10   function _ _destruct(){
11       Student::$countNum--;
12   }
...
17   }
18
19   $stdObject1 = new Student();
20   $stdObject1->setData(1,"David"," 男 ");
21   $stdObject2 = new Student;
22   $stdObject2->setData(2,"Lily"," 女 ");
23   $stdObject3 = new Student;
24   $stdObject3->setData(3,"Perry"," 男 ");
25   $stdObject3 = NULL;
26   echo "目前的學生物件有 ".Student::$countNum." 個。";
27   ?>
```

執行結果　　　　　　　　　　執行網址：http://localhost/ch11/php_class8.php

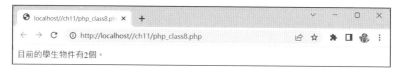

程式說明

2	新增一個學生的類別。
5	定義一個靜態成員 $countNum 來記錄學生物件的總數。
7~9	定義建構方法，當物件建立時，將 $countNum 的靜態成員加 1。
10~12	定義結構方法，當物件刪除時，將 $countNum 的靜態成員減 1。
19~24	以學生類別分別建立 3 個學生物件。
25	將最後一個學生物件設定為 NULL，表示刪除該物件。
26	顯示 $countNum 靜態成員的值，即為目前的會員物件數。

無論在類別內或是在程式中,存取或呼叫靜態成員都必須依照「類別名稱 ::$ 靜態成員名稱」的格式。由結果看來,靜態成員的內容為所有物件共有,並不單獨屬於某一個物件。

靜態方法

雖然靜態方法在類別中也是使用 static 關鍵字來進行定義,但是用法上與靜態成員並不相同。靜態成員必須在類別新增物件時產生,而靜態方法可以在沒有經過建立物件的動作進行存取及操作。

因為靜態方法並不單獨屬於某個物件,與靜態成員一樣,在類別中並不能用 $this 或是一般方法使用,而必須使用「類別名稱 :: 靜態方法名稱 ()」。

舉例來說,我們改寫剛才的範例,在類別中新增 static 的靜態方法在頁面上顯示訊息,其語法及結果如下:

程式碼:php_class9.php	儲存路徑:C:\htdocs\ch11

```php
1   <?php
2   class Student {
3     public $int _ Id;      // 座號
4     public $str _ Name;    // 姓名
5     public $str _ Sex;     // 性別
6
7     public function setData($Id,$Name,$Sex){
8         $this->int _ Id = $Id;
9         $this->str _ Name = $Name;
10        $this->str _ Sex = $Sex;
11    }
12    public function showData(){
13        echo "座號:".$this->int _ Id."<br />";
14        echo "姓名:".$this->str _ Name."<br />";
15        echo "性別:".$this->str _ Sex."<br />";
16    }
17    static function showMsg($msg){
18        return $msg;
19    }
20  }
```

```
21  echo Student::showMsg("***** 學生資料開始 *****<br/>");
22  $stdObject1 = new Student();
23  $stdObject1->setData(1,"David"," 男 ");
24  $stdObject1->showData();
25  $stdObject2 = new Student();
26  $stdObject2->setData(2,"Lily"," 女 ");
27  $stdObject2->showData();
28  echo Student::showMsg("***** 學生資料結束 *****<br/>");
29  ?>
```

執行結果　　　　　　　　　　　執行網址：**http://localhost/ch11/php_class9.php**

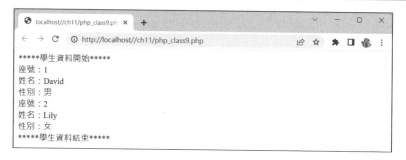

程式說明

17~19	在新增的學生類別中定義一個靜態方法：showMsg() 返回顯示字串。
21	在未建立物件前，就直接指定類別中的靜態方法：showMsg() 返回字串再顯示。
28	在建立物件後，還是直接指定類別中的靜態方法：showMsg() 返回字串再顯示。

由結果看來，靜態方法是不需要經由建立物件的動作，就可以對該方法進行存取及操作。

類別常數

類別常數就是放置在類別中的常數，定義是使用關鍵字 const，其基本語法為：

```
class 類別名稱 {
    const 常數名稱 = 值 ;
    ...
}
```

類別常數的存取範圍不需要定義皆為 Public，命名時也不需要加上「$」符號。

雖然類別常數放置在類別之中，但是它不需要經由建立物件才能進行存取。在不同的情況下，您可以使用二種方式存取其值：類別常數可以藉由「類別名稱 :: 常數名稱」取得其值，若是在同類別中可以使用「self:: 常數名稱」取得其值。

以下我們改寫剛才的範例，在類別中新增類別常數在頁面上顯示訊息，其語法及結果如下：

程式碼：php_class10.php	儲存路徑：C:\htdocs\ch11

```php
1   <?php
2   class Student {
3     const title = "學生資料";  // 類別常數
4     public $int _ Id;      // 座號
5     public $str _ Name;    // 姓名
6     public $str _ Sex;     // 性別
...
13    public function showData(){
14        echo "座號:".$this->int _ Id."<br />";
15        echo "姓名:".$this->str _ Name."<br />";
16        echo "性別:".$this->str _ Sex."<br />";
17        echo "*****".self::title." 結束 *****<br/>";
18    }
19  }
20  echo "*****".Student::title." 開始 *****<br/>";
21  $stdObject = new Student();
22  $stdObject->setData(1,"David"," 男 ");
23  $stdObject->showData();
24  ?>
```

執行結果	執行網址：http://localhost/ch11/php_class10.php

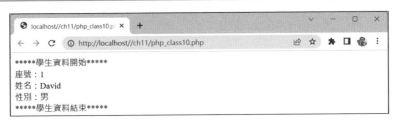

11-23

程式說明	
3	在新增的學生類別中定義一個類別常數：title，並設定其值為一個標題字串。
17	在 showData() 的方法中，使用「self:: 常數名稱」的格式來取得類別中 title 常數的值，並與其他字串結合佈置為顯示訊息。
20	在未建立物件前，使用「類別名稱 :: 常數名稱」的格式直接指定類別中的類別常數：title，並與其他字串結合佈置為顯示訊息

由結果看來，您只需要注意存取類別變數時的所在位置，就可以由規定語法，直接存取類別變數的值。

11.4 繼承

在物件導向程式開發的領域中，繼承扮演了很重要的角色。因為繼承的使用能將物件導向的特色：「程式碼的重複使用」，發揮得淋漓盡致。

11.4.1 什麼是繼承？

我們在定義類別時，會盡可能的把所有會使用到的成員及方法放置在一起，當使用者用該類別建立物件後，即可因應所有可能發生的情況，使用物件中的成員與方法進行相關處理。但是如果遇到超過物件能夠處理的狀況時，過去可能就回到類別定義中，再將這個情況的處理方式加進去，達到解決問題的目的。

但是這樣的維護方法，在大型專案或是複雜的案件中，會讓整個類別更加複雜。尤其是多人共同開發的狀況下，如果沒有良好溝通，可能會造成彼此應用上的不同步，進而變成開發的阻礙。

繼承就是用來解決這個問題的重要方法，我們可以先開發一個類別來處理物件要進行的基本動作。若遇到需要擴充功能的部分，即可再開發一個新類別，並設定繼承原來的類別。如此一來，在新類別裡可以使用由原來的類別中繼承成員與方法，並將擴充的功能直接寫在新類別中。那使用者由新類別建立物件後，即可擁有新類別與繼承的原類別中所有的功能。

這樣開發時就不必在一個類別中不斷地修改，只要繼承原來的類別再進行擴充設計，省略了重複開發的動作。不僅不會破壞原來類別的內容，更能在新類別中延用原來的功能，並享受新功能所帶來的便利。

11.4.2 定義子類別

在繼承中，一般我們稱原類別為 **基底類別** 或是 **父類別**，而產生的新類別就稱為 **衍生類別** 或是 **子類別**。子類別可以藉由繼承父類別的方式，取得父類別所定義的屬性及方法。在實作上父類別通常會定義通用的屬性及方法，而子類別則延伸父類別定義特定的屬性及方法，以解決特定的問題。

定義子類別的基本語法

在定義子類別時要使用到 extends 這個關鍵字,其基本語法如下:

```
class 子類別名稱 extends 父類別名稱 {
    子類別屬性名稱 [= 值];
    ...
    function 子類別方法 {
    ...
    }
}
```

子類別中繼承的內容

在定義了子類別之後,它究竟由父類別繼承了什麼內容呢?

1. 在父類別中設定存取範圍為 public 及 protected 的屬性,存取範圍為 private 的屬性並不會在子類別中繼承。其中定義為 protected 的屬性只能供類別本身及繼承本類別的子類別進行存取。

2. 在父類別中設定存取範圍為 public 及 protected 的方法,存取範圍為 private 的方法並不會在子類別中繼承。其中定義為 protected 的方法只能供類別本身及繼承本類別的子類別進行存取。

如下圖我們使用 B 類別繼承 A 類別後,在 B 類別可以直接用「$this->」加上 A 類別中存取範圍為 public 及 protected 的屬性存取資料。

同樣的,在 B 類別可以直接用「$this->」加上 A 類別中存取範圍為 public 及 protected 的方法進行處理。

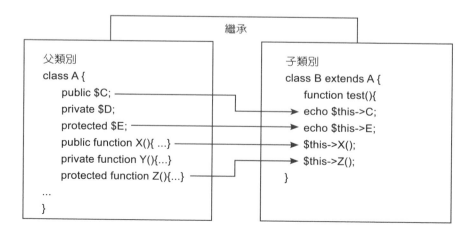

範例：標準體重計算

以下將要開發一個類別來計算標準體重，只要在產生物件時給予產生類別姓名、性別、年齡、身高、體重，即可計算標準體重回傳。在開發初期這個類別功能僅能計算 16 歲以下的兒童標準體重，其公式為：「兒童標準體重 = 年齡 x 2 + 8」。

程式碼：php_class11.php	儲存路徑：C:\htdocs\ch11

```php
1   <?php
2   class People{
3     public $str_Name;        //姓名
4     public $str_Sex;         //性別
5     protected $int_Age;      //年齡
6     protected $int_Weight;   //體重
7     protected $int_Height;   //身高
8
9     public function setData($Name,$Sex,$Age,$Height,$Weight){
10         $this->str_Name = $Name;
11         $this->str_Sex = $Sex;
12         $this->int_Age = $Age;
13         $this->int_Height = $Height;
14         $this->int_Weight = $Weight;
15    }
16    //16歲以下兒童標準體重:標準體重 = 年齡 x 2 + 8
17    public function calcWeight(){
18         return $this->int_Age*2+8;
19    }
20  }
21  ?>
```

程式說明

3~7　定義 People 類別，首先將姓名、性別屬性設定為 public，年齡、身高、體重屬性設定為 protected。

9~15　設定 public 的方法 setData()，以參數將資料填入。

17~19　設定 public 的方法 calcWeight()，計算標準體重並返回。

這是範例中的基礎類別，若要使用，您可以參考以下程式碼與結果：

程式碼：**php_class12.php**　　　　　　　　　　　儲存路徑：**C:\htdocs\ch11**

```php
1   <?php
2   header("Content-Type: text/html; charset=utf-8");
3   require("php _ class11.php");
4   $myObject = new People();
5   $myObject->setData("Perry"," 男 ",15,170,68);
6   echo $myObject->str _ Name." 的標準體重為:";
7   echo $myObject->calcWeight();
8   ?>
```

執行結果　　　　　　　　　　執行網址：**http://localhost/ch11/php_class12.php**

程式說明

3　　　設定 <php _ class11.php> 為引入檔，本頁面即可使用其中的類別。

4　　　以 PeoPle 類別建立 $myObject 物件。

5　　　使用 setData() 的方法輸入計算者的資料。

6　　　取得 $myObject 中姓名的屬性，並佈置為顯示文字。

7　　　使用 $myObject 中 calcWeight() 的方法計算標準體重並顯示。

我們成功的在輸入計算對象的資料後取得標準體重的結果。因為目前的類別中只有計算 16 歲以下兒童標準體重的能力，若是想要計算成年男性的標準體重時就不能用了！計算成年男性的標準體重的公式為：「男性標準體重 ＝（身高－80）× 0.7」，所需要的資料在剛才的類別屬性即足夠使用。以下將擴充原來的類別撰寫新類別來完成這個需求，其程式碼與結果如下：

程式碼：**php_class13.php**　　　　　　　　　　　儲存路徑：**C:\htdocs\ch11**

```php
1   <?php
2   header("Content-Type: text/html; charset=utf-8");
3   require("php _ class11.php");
4   class AdultCalc extends People{
5     // 男性標準體重 ＝（身高－ 80）× 0.7
6     public function calcAdultWeight(){
```

```
7          return round(($this->int _ Height-80)*0.7);
8      }
9  }
10 $myObject = new AdultCalc();
11 $myObject->setData("Perry"," 男 ",20,170,68);
12 echo $myObject->str _ Name." 的標準體重為:";
13 echo $myObject->calcAdultWeight();
14 ?>
```

執行結果   執行網址：http://localhost/ch11/php_class13.php

程式說明

3　設定 <php _ class11.php> 為引入檔，本頁面即可使用其中的類別。

4　定義 AdultCalc 子類別繼承 People 父類別。

6~8　設定 public 的方法 calcAdultWeight()，計算成年男性標準體重並返回。其中使用到父類別中的屬性 int _ Height，因為繼承的關係，可以直接使用 $this->int _ Height 取得其值。

10　以 AdultCalc 子類別建立 $myObject 物件。

11　使用 $myObject 中 setData() 的方法輸入計算者的資料。其中輸入計算者資料的方法是繼承父類別而來。

12　取得 $myObject 中姓名的屬性，並佈置為顯示文字。其中姓名屬性的值也是繼承父類別而來。

13　使用 $myObject 中 calcAdultWeight() 的方法計算標準體重並顯示。

我們使用子類別擴充了父類別的功能之後，成功的計算出成年男性的標準體重。這個方式不會影響父類別中的內容，藉由繼承的方式在子類別中擴充了原類別的功能。

11.4.3 覆寫

在定義子類別中使用到與父類別同名的屬性或方法時，會產生覆寫的效果，在建立物件會以子類別中所定義的屬性與方法為主。

子類別覆寫父類別的成員與方法

舉例來說：這裡修改範例讓子類別中的方法也可以計算成年女性的標準體重，公式：「女性標準體重 ＝（身高－70）× 0.6」。修改方法名稱為「calcWeight」，讓它與父類別中計算標準體重的方法同名，進而測試是否有覆寫的效果。

程式碼：php_class14.php	儲存路徑：C:\htdocs\ch11

```php
1   <?php
2   header("Content-Type: text/html; charset=utf-8");
3   require("php _ class11.php");
4   class AdultCalc extends People{
5     public function calcWeight(){
6       if($this->str _ Sex==" 男 "){
7         // 男性標準體重 ＝（身高－80）× 0.7
8         return round(($this->int _ Height-80)*0.7);
9       }else{
10        // 女性標準體重 ＝（身高－70）× 0.6
11        return round(($this->int _ Height-70)*0.6 );
12      }
13    }
14  }
15  $boyObject = new AdultCalc();
16  $boyObject->setData("David"," 男 ",24,181,89);
17  echo $boyObject->str _ Name." 的標準體重為:";
18  echo $boyObject->calcWeight();
19  echo "<br />";
20  $girlObject = new AdultCalc();
21  $girlObject->setData("Lily"," 女 ",22,162,51);
22  echo $girlObject->str _ Name." 的標準體重為:";
23  echo $girlObject->calcWeight();
24  ?>
```

執行結果　　　　　　　　　執行網址：http://localhost/ch11/php_class14.php

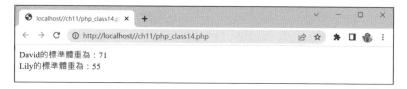

David的標準體重為：71
Lily的標準體重為：55

程式說明

3	設定 <php_class11.php> 為引入檔，本頁面即可使用其中的類別。
4	定義 AdultCalc 子類別繼承 People 父類別。
6~8	設定 public 的方法 calcWeight()，計算成年人標準體重並返回。其中使用到父類別中的屬性 str_Sex 來判斷是男性或是女性，再依判斷結果回傳不同的計算結果。
15~16	以 AdultCalc 子類別建立 $boyObject 物件。使用 $boyObject 中 setData() 的方法輸入男性計算者的資料。其中輸入計算者資料的方法是繼承父類別而來。
17~18	取得 $boyObject 中姓名的屬性，並佈置為顯示文字。其中姓名屬性的值也是繼承父類別而來。使用 $boyObject 中 calcWeight() 的方法計算標準體重並顯示。
20~21	再以 AdultCalc 子類別建立 $girlObject 物件。使用 $girlObject 中 setData() 的方法輸入女性計算者的資料。其中輸入計算者資料的方法是繼承父類別而來。
22~23	取得 $girlObject 中姓名的屬性，並佈置為顯示文字。其中姓名屬性的值也是繼承父類別而來。使用 $girlObject 中 calcWeight() 的方法計算標準體重並顯示。

在這個範例中，在子類別使用了於父類別裡相同名稱的方法：calcWeight()，但是最後執行的結果，是以子類別中的方法為主，也就對父類別中的方法產生覆寫功能。

子類別使用父類別中被覆寫的成員與方法

在父類別中的屬性與方法，被子類別中同名的屬性或方法覆寫後，並不代表父類別中的屬性與方法已經消失，其實它們還是存在的。如果在子類別中想要使用這些被覆寫的屬性與方法，可以使用「parent:: 屬性或方法名稱」進行存取。

舉例來說：我們繼續修改剛才的範例，讓子類別中的方法除了可以計算成年男性及女性的標準體重，也想讓這個方法可以計算兒童的標準體重。目前在子類別中的 calcWeight() 方法已經具有計算成年男性及女性的標準體重的能力，而父類別中的 calcWeight() 方法具有計算兒童的標準體重能力，現在只要讓子類別中的 calcWeight() 方法多一個年齡判斷式：若小於 16 歲時，即回去執行父類別中的 calcWeight() 方法，即可完成這個需求。

程式碼：php_class15.php	儲存路徑：C:\htdocs\ch11

```php
1   <?php
2   header("Content-Type: text/html; charset=utf-8");
3   require("php_class11.php");
4   class AdultCalc extends People{
5     public function calcWeight(){
6         if($this->int_Age<=16){
7             return parent::calcWeight();
8         }else{
9             if($this->str_Sex=="男"){
10                // 男性標準體重 ＝（身高－ 80）× 0.7
11                return round(($this->int_Height-80)*0.7);
12            }else{
13                // 女性標準體重 ＝（身高－ 70）× 0.6
14                return round(($this->int_Height-70)*0.6 );
15            }
16        }
17    }
18  }
19  $boyObject = new AdultCalc();
20  $boyObject->setData("David","男",24,181,89);
21  echo $boyObject->str_Name." 的標準體重為:";
22  echo $boyObject->calcWeight();
```

```
23  echo "<br />";
24  $girlObject = new AdultCalc();
25  $girlObject->setData("Lily"," 女 ",22,162,51);
26  echo $girlObject->str _ Name." 的標準體重為:";
27  echo $girlObject->calcWeight();
28  echo "<br />";
29  $childObject = new AdultCalc();
30  $childObject->setData("Perry"," 男 ",14,158,40);
31  echo $childObject->str _ Name." 的標準體重為:";
32  echo $childObject->calcWeight();
33  ?>
```

執行結果　　　　　　　　　**執行網址：http://localhost/ch11/php_class15.php**

程式說明

3	設定 <php _ class11.php> 為引入檔，本頁面即可使用其中的類別。
4	定義 AdultCalc 子類別繼承 People 父類別。
5	設定 public 的方法 calcWeight()，計算標準體重並返回。
6~7	使用到父類別中的屬性 int _ Age 來判別計算者的年齡，若小於或等於16歲則使用父類別中的 calcWeight() 方法進行計算。由子類別呼叫父類別中被覆蓋的方法要使用「parent:: 方法名稱」進行存取的動作。
8~16	若大於16歲則使用到父類別中的屬性 str _ Sex 來判斷是男性或是女性，再依判斷結果回傳不同的計算結果。
19~20	以 AdultCalc 子類別建立 $boyObject 物件。使用 $boyObject 中 setData() 的方法輸入男性計算者的資料。其中輸入計算者資料的方法是繼承父類別而來。
21~22	取得 $boyObject 中姓名的屬性，並佈置為顯示文字。其中姓名屬性的值也是繼承父類別而來。使用 $boyObject 中 calcWeight() 的方法計算標準體重並顯示。
24~25	再以 AdultCalc 子類別建立 $girlObject 物件。使用 $girlObject 中 setData() 的方法輸入女性計算者的資料。其中輸入計算者資料的方法是繼承父類別而來。
26~27	取得 $girlObject 中姓名的屬性，並佈置為顯示文字。其中姓名屬性的值也是繼承父類別而來。使用 $girlObject 中 calcWeight() 的方法計算標準體重並顯示。

29~30 再以 AdultCalc 子類別建立 $childObject 物件。使用 $childObject 中 setData() 的方法輸入兒童計算者的資料。其中輸入計算者資料的方法是繼承父類別而來。

31~32 取得 $childObject 中姓名的屬性，並佈置為顯示文字。其中姓名屬性的值也是繼承父類別而來使用 $childObject 中 calcWeight() 的方法計算標準體重並顯示。

在這個範例中，子類別中使用了於父類別裡相同名稱的方法：calcWeight()，其中以年齡來判斷，若小於或等於 16 歲，就返回使用父類別中的 calcWeight() 方法計算並回傳結果，若是大於 16 歲，則以性別來判斷，再使用所屬的計算方式回傳結果。

如此一來這個物件就不再只能計算兒童的標準體重，在擴充之後還能一併計算成年男性、女性的標準體重。使用繼承來擴充類別的定義，不僅不會破壞原來的類別內容，還能在新的類別中擴充新功能來補強原來的類別，使得建立的物件功能更加完善。

備註　呼叫父類別的建構方法

再次提醒您，若在子類別中想要使用父類別中被覆寫的屬性與方法，就必須使用「parent:: 屬性或方法名稱」進行存取的動作。

其中所指的方法包含了建構方法，語法為：「parent:: __construct()」(前方為二個底線)，能將子類別中要進行的初始化動作放到父類別中執行。

延伸練習

一、是非題

1. (　　) 所謂結構化的程式設計，是分析程式需求並且化為數個不同的程式結構，再依不同程式結構設置相關的函式或是子程式。

2. (　　) 物件導向程式設計中最常使用的技巧，就是使用不同的函式或是程式片段處理個別的問題，而主程式就藉由呼叫、引用不同的函式與程式片段來完成工作。

3. (　　) 結構化程式設計在開發大型專案時，因為專注於函式、程式片段…等功能的開發，所以與處理的資料是處於分離的關係。

4. (　　) 使用物件導向程式設計來開發程式的時候，設計方向是著重於將所有應該具有的功能列出，然後再按照功能來撰寫對應的函式、程式片段…等功能。

5. (　　) 若是專案規劃龐大，處理動作也相當複雜，您可以藉助物件導向的特性，除了可以重複使用程式碼來簡化重複的動作之外，還可以解決結構化程式設計所面臨的資料與功能分離的問題。

6. (　　) 物件就是建構類別的藍圖。

7. (　　) 類別的定義與物件的建立是物件導向程式設計的核心功能。

8. (　　) 建構方法用來將物件初始化的函式，會在類別建立物件時自動執行，該方法沒有參數也沒有回傳值。

9. (　　) 解構方法用來釋放物件使用系統資源的函式，會在物件結束前自動執行，該方法不需要參數即可使用，但是沒有回傳值。

10. (　　) 類別屬於參考型別，您必須使用 new 關鍵字建立類別的物件，再進一步對物件內的成員進行存取。

11. (　　) 物件導向程式設計的特色，即是將所有相關的資料內容與功能函式包裝成一個類別，如此一來內部的成員就無法為外部的程式直接存取。

延伸練習

12.(　　) 物件導向程式設計中，所定義類別的成員及方法，都必須在建立物件後才能使用，而每個物件所使用的成員與其他物件並沒有任何關係。

13.(　　) 靜態方法並不單獨屬於某個物件，在類別中可以以 $this 或是一般方法去使用。

14.(　　) 類別常數就是放置在類別中的常數，定義是使用關鍵字 construct。

15.(　　) 在繼承中，一般我們稱原類別為基底類別或是父類別，而產生的新類別就稱為衍生類別或是子類別。

二、選擇題

1.(　　) 以下何者是物件導向程式設計的特色？
(A) 封裝　(B) 繼承　(C) 多型　(D) 以上皆是

2.(　　) 在物件導向的程式設計概念下，會將資料與功能函式包裝起來成為一個類別，並且在類別內設定資料與功能函式的存取範圍。外界的程式必須透過類別所提供的介面，來與這個物件溝通，這就是所謂的？
(A) 封裝　(B) 繼承　(C) 多型　(D) 覆寫

3.(　　) 當不同物件接收到相同的要求時，會以自己的方式進行相關處理。這個方式能在開發程式的過程中因為需求改變，快速進行相關的因應，這就是所謂的？
(A) 封裝　(B) 繼承　(C) 多型　(D) 覆寫

4.(　　) 實作上父類別通常會定義通用的屬性及方法，而子類別則延伸父類別定義特定的屬性及方法，以解決特定的問題，這就是所謂的？
(A) 封裝　(B) 繼承　(C) 多型　(D) 覆寫

5.(　　) 在 PHP 中的類別定義包含了下列成員，哪個是類別中所定義的變數？
(A) 屬性　(B) 方法　(C) 建構方法　(D) 解構方法

延伸練習

6. ( ) 在 PHP 中的類別定義包含了下列成員,哪個是類別中所定義的函式?

(A) 屬性　(B) 方法　(C) 建構方法　(D) 解構方法

7. ( ) 下列何者是定義類別的關鍵字?

(A) var　(B) public　(C) private　(D) class

8. ( ) 由類別建立物件後,可以使用物件名稱加上什麼運算子,再指定屬性名稱來存取其中的值?

(A) =　(B) ->　(C) ::　(D) &&

9. ( ) 在 PHP 的類別中的建構方法使用的是?

(A) __destruct()　　　　(B) destruct()

(C) __construct()　　　(D) construct()

10.( ) 在 PHP 的類別中的解構方法使用的是?

(A) __destruct()　　　　(B) destruct()

(C) __construct()　　　(D) construct()

11.( ) 建構方法是對物件進行初始化,它會在開始建立物件時自動執行。下列哪個不是建構方法經常執行的動作?

(A) 開啟檔案　　　　　(B) 建立資料連線

(C) 送出訊息　　　　　(D) 設定初始值

12. ( ) 若要手動將建立的物件刪除,可以將其值設定為?

(A) YES　(B) NO　(C) TRUE　(D) NULL

13.( ) 設定存取範圍時,何者表示定義的成員是完全公開的,能在任何地方進行存取?

(A) public　(B) private　(C) protected　(D) static

14.( ) 設定存取範圍時,何者表示定義的成員是受到保護的,僅能在類別本身及繼承的子類別中存取及呼叫?

(A) public　(B) private　(C) protected　(D) static

15.( ) 類別建立的物件各自擁有屬於自己的成員,但是可以使用什麼關鍵字來定義靜態成員儲存共同的屬性?

(A) public　(B) private　(C) protected　(D) static

MEMO

MySQL 資料庫使用與管理

MySQL 是一個快速、多執行緒、多使用者且功能強大的關聯式資料庫管理系統，不僅在執行時的效能突出、管理上的功能強大，運行中的穩定性更讓人印象深刻。難能可貴的是 MySQL 資料庫對於各式各樣的作業系統平台擁有出色的相容性，對於資訊安全的考量也相當完整，且更重要的，MySQL 資料庫系統具備輕薄短小特質，無須依賴過於龐大的硬體資源來支撐即可順暢運行，大大降低建置的成本。

⊙ 關於資料庫
⊙ phpMyAdmin 的使用
⊙ 資料庫與資料表的新增
⊙ MySQL 資料庫的備份與還原
⊙ MySQL 資料庫的安全設定

12.1 關於資料庫

要使一個網站達到互動的效果，不是讓網頁充滿了動畫、音樂，而是當瀏覽者對網頁提出要求時能出現回應的結果。

12.1.1 認識資料庫

資料庫 (Database) 可以說是一些相關資料的集合並進行儲存的地方，我們可以一定的原則與方法新增、編輯、刪除資料的內容，進而搜尋、分析、比對所有資料，取得可用的資訊，產生所需的結果。

資料庫管理系統

但是若要對資料庫進行新增、編輯、刪除等操作與管理動作，就必須依靠資料庫管理系統 (Database Management System, DBMS)，有人又稱為資料庫伺服器 (Database Server) 或是資料庫引擎 (Database Engine)，使用者可以利用系統中所提供的功能，快速並方便的對資料庫中的資訊進行相關的處理。因為各種不同的資料庫管理系統所能提供功能在完整性、複雜度與資料性能上都有所不同，所以在應用上所要投資的成本也不盡相同。

關聯式資料庫

一個資料庫中不只能儲存一種單純資料，您可以將不同的資料內容儲存在同一個資料庫裡，例如進銷存管理系統中，可以同時將貨品資料與廠商資料儲存在同一個資料庫檔案中，在歸類及管理時較為方便。若不同類的資料間有關聯時，還可以彼此使用，例如您可以查詢出某一樣產品的名稱、規格及價格，而且可以利用它的廠商編號查詢到廠商的名稱及聯絡電話。我們稱儲存在資料庫中不同類別的資料集合為資料表 (Table)，一個資料庫中可以儲存多個資料表，而每個資料表間並不是互不相干，如果有關聯的話，是可以協同作業彼此合作的。

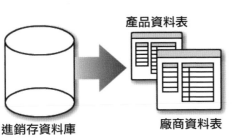

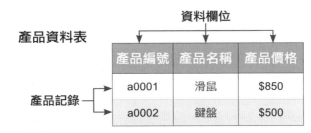

▲ 一個資料庫檔案中可以儲存多個資料表，每個資料表之間可以彼此相關，協同作業。

資料表是由一個個欄位所組合起來的，例如在產品資料表，可能會有產品編號、產品名稱、產品價格等欄位，只要依照欄位的設定將資料項目輸入，即可完成一個完整的資料表。

資料欄位

產品資料表

產品編號	產品名稱	產品價格
a0001	滑鼠	$850
a0002	鍵盤	$500

產品記錄

▲　每一個資料表裡的每筆資料記錄都是由資料欄位所組合起來的

這裡有一個很重要的觀念，一般人認為資料庫是儲存資料的地方是不對的，其實資料表才是真正儲存資料的地方，資料庫是放置資料表的場所。

12.1.2 MySQL 資料庫的特色

早期的資料庫大都屬於操作在單機或是區域網路的系統，雖然在操作上方便，管理上也比較輕鬆，但是談到資料庫本身的效能或是安全性都是相當不利的弱點。

隨著 Internet 的興起，開始興起 Internet 資料庫的概念，此時資料庫的角色已經化為一個在網際網路上提供資料存取編輯、應用查詢的伺服器了。MySQL 資料庫就是這個概念的一個具體表現，在與網站伺服器結合作業後，MySQL 資料庫就成為了一個網路型的資料庫系統。

自 1995 年 MySQL 誕生以來，就因為標榜開放原始程式，效能強大且建置成本低廉，在一次次的更新改版後漸漸成為主流的資料庫管理系統。

MySQL 資料庫計劃一直以來由瑞典的 MySQL AB 公司主導管理，在 2008 年 MySQL AB 公司為 Sun 昇陽公司併購，但在 2009 年，Oracle 甲骨文公司收購 Sun 昇陽公司，MySQL 也因此成為 Oracle 旗下一員，為該產品的遠景投入更強而有力的支援。

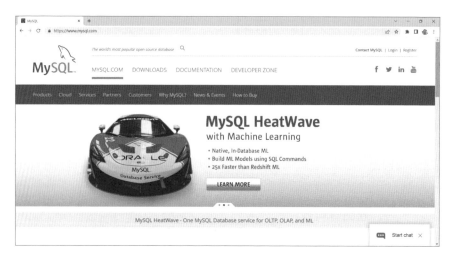

▲ MySQL 官方網站：http://www.mysql.com

MySQL 是一個快速、多執行緒、多使用者且功能強大的關聯式資料庫管理系統，不僅在執行時的效能突出、管理上的功能強大，運行中的穩定更讓人印象深刻。難能可貴的是 MySQL 資料庫對於各式各樣的作業系統平台擁有出色的相容性，對於資訊安全的考量也相當完整，且更重要的，MySQL 資料庫系統具備輕薄短小特質，無須依賴過於龐大的硬體資源來支撐即可順暢運行，降低建置的成本。

權限的觀念，又是 MySQL 資料庫的一大特色。如果您要使用 MySQL 資料庫裡的資源，不是直接連接上後就能取用，而是必須在該 MySQL 資料庫裡有適當的權限才能使用，而且因為權限的不同，可以讓不同階層的使用者使用到不同的資料表，或是有不同的操作方式。這不僅大大提高了資料庫的安全性，也方便管理者對於使用者的管理。操作者可以依照它所擁有的權限，透過 Internet 來使用 MySQL 資料庫的資源。

12.2 phpMyAdmin的使用

在本書中將採用 phpMyAdmin 管理程式來執行，以便能有更簡易的操作環境與使用效果，讓所有學習 MySQL 的初學者可以輕鬆入門，也可以讓已經相當熟悉 SQL 指令的朋友能得心應手。

12.2.1 使用 phpMyAdmin 管理程式

phpMyAdmin 是一套使用 PHP 程式語言開發的管理程式，它所採取的是網頁型態的管理介面。所以如果您要正確執行這個管理程式，就必須要在網站伺服器上安裝 PHP 與 MySQL 資料庫。

登入 phpMyAdmin 的管理畫面

當安裝好 Uniform Server 之後，即可由它的控制面板開啟 phpMyAdmin 管理程式。

請確認 MySQL 伺服器已經啟動，再按下 **MySQL Utilities / phpMyAdmin** 進入程式的管理主畫面。

MySQL 資料庫安裝完畢後在視窗的左方會顯示幾個內建資料庫,其中重要的有:

1. **mysql 資料庫**:是系統資料庫,儲存了整個資料庫的系統設定,十分重要。

2. **information_schema 資料庫**:是個唯讀的資料庫,它提供了資料庫的基礎建置資料,如資料庫或資料表名稱、資料類型,及存取權限等。

12.2.2 MySQL 資料庫的字元集與連線校對

MySQL 資料庫在 4.1 版本後支援 utf8 字元編碼來儲存,如此即可解決資料在不同語系文字上儲存與顯示上的問題。所以在 MySQL 中讀取或是寫入資料時能指定正確的字元集與連線校對,是維持資料內容正確的重要課題。

認識字元集與連線校對

字元集 (character set) 是指資料庫中文字的編碼方式,而 **連線校對** (collation) 是資料中字元的排序方式。在中文的環境中,我們可以選取 big5 繁體中文與 utf8 的編碼方式做為操作 MySQL 資料庫的字元集。

嚴格來說,big5 是正統的繁體中文編碼,但因為在制定編碼字元時會包含程式語言、shell、script 中常會用到的特殊字元,例如「0x5C "\"」、「0x7C "|"」等。在第七章中我們曾介紹「\」符號在許多用途的字串中是當作跳脫字元,例如 \n (換行)、\r (歸位)、\t (tab 定位) 等。而「|」符號在 UNIX 作業系統中大多當作命令管線的使用,如「ls -la | more」等。

如果在字串中出現了這些特殊的轉義符號,會被程式或編譯器判讀為特殊用途。但是因為這些符號已建置在中文的編碼內,所以有時候會無法正確判讀該內容為文字或是命令字元,因此會造成程式錯誤,進而中斷執行。

這個問題影響甚鉅,在中文常用字中如「許」(0xB35C)、「蓋」(0xBB5C)、「功」(0xA55C)、「育」(0xA87C) 都因為編碼內出現轉義符號,造成了許多軟體無法正確處理以 Big5 編碼的字串或文件。這個問題被許多業界的朋友稱為「許功蓋」或「許蓋功」的中文衝碼問題。

一般的解決方法是將有問題的文字加上「\」字元成為跳脫字元,如此一來,即能被程式正確判讀處理。但是並不是所有的軟體或是程式都可正確判讀,所以在顯示時常會無緣無故出現多餘的「\」符號。

建議中文使用的字元集與連線校對

在 MySQL 資料庫最完美的解決方式，還是選擇使用 utf8 的方式來進行文字編碼，如此即可將中文字以 Unicode 的方式進行儲存，徹底解決衝碼問題。

回到剛才 phpMyAdmin 列示字元集與連線校對的畫面，MySQL 為每個連線校對的名稱制定了一個易於判讀的格式：「字元集 _ 校對的方式」，例如若是 big5 繁體中文編碼方式的連線校對為：「big5_chinese_ci」。而本書採用 utf8 的方式來進行文字編碼，選擇的連線校對方式為：「utf8_unicode_ci」。

> **備註** utf8_general_ci 與 utf8_unicode_ci 的差異
>
> 同樣是使用 utf8 的方式編碼，utf8_general_ci 與 utf8_unicode_ci 都可以儲存多國語言，並且區分英文大小寫，那這二個連線校對有什麼不同呢？
>
> 這二種編碼方式的差異在於編碼轉換的速度與精準度：utf8_general_ci 在轉換時速度比較快，而 utf8_unicode_ci 在轉換時比較精準。
>
> 當資料要從一個編碼換成另外一個編碼時，MySQL 資料庫系統要由二個編碼中找出相對應的字元位置，utf8_general_ci 的來源編碼的一個字元只能對應到目標編碼的一個字元，而 utf8_unicode_ci 則可能把來源編碼裡的一個字元對應到目標編碼裡的多個字元。所以 utf8_general_ci 在轉換時雖然可以享受較好的速度，但是精準度可能就較為不足。
>
> 在 utf8 進行中文編碼的層面上，請盡量用 utf8_unicode_ci ，原因是就速度面來看，編碼轉換沒有什麼差異，但是對於精準度上的要求就有區隔了。只要將中文編碼設成 utf8_unicode_ci 後，就不需要擔心資料在轉換間會遺失了。

MySQL 使用的字元集與連線校對

MySQL 若沒有經過設定時的預設字體集為「latin1」，連線校對方式為「latin1_swedish_ci」，若是應用程式使用 MySQL 時沒有定義寫入或讀出時使用何種字體集與連線校對方式，MySQL 一律使用預設的方式進行處理，這就是造成許多人在設計網頁程式時由 MySQL 讀出亂碼資料的原因了！

MySQL 由資料庫、資料表、資料欄位等各個層級中，都可以單獨設定採用的字體集與連線校對方式。若在某一層操作時沒有設定使用字體集與連線校對方式為何，就會繼承上一層的設定來使用，若都沒有設定就會以 MySQL 資料庫的預設值來做使用標準。

所以當您在 MySQL 資料庫中無論新增一個資料庫、資料表或是一個資料欄位，都必須先確定使用的字體集與連線校對方式為何，否則將會造成資料編碼錯誤。

12.3 資料庫與資料表的新增

回到 phpMyAdmin，我們將要在 MySQL 中建置一個學校班級的資料庫：「class」，並新增一個同學通訊錄資料表：「students」。

12.3.1 資料庫的新增

按 **資料庫** 標籤，在 **建立新資料庫** 的區塊中進行下列操作：

1 請在欄位中輸入要新增資料庫的名稱：「**class**」。設定字元集與校對方式：「**utf8_unicode_ci**」後按 **建立** 鈕。

2 如此即完成資料庫的新增，在左方會出現目前所在資料庫名稱：「**class**」。請選按後進入詳細頁面進行資料表的新增。

在新增時要注意的一點，就是一定要指定字元集與校對方式，因為資料表以及欄位在沒有預設的字元集與校對的狀態下，會依循資料庫所指定的字元集與校對方式來儲存資料，確保資料儲存時編碼的正確。

12.3.2 認識資料表的欄位

在資料表新增前，首要的動作是先規劃資料表中所要使用的欄位。其中設定資料欄位的類型非常重要，使用正確的資料型態才能正確的儲存、應用資料。

在 MySQL 資料表中，常用的欄位資料型態可以區分為幾個類別：

數值型態

可運用來儲存、計算的數值資料欄位，例如會員的編號或是產品的價格等。在 MySQL 中的數值欄位依照所儲存的資料所需空間大小有以下的區別：

數值型態	儲存空間	資料的表示範圍
TINYINT	1 byte	SIGNED：-128 ~ 127，UNSIGNED：0 ~ 255
SMALLINT	2 bytes	SIGNED：-32768 ~ 32767，UNSIGNED：0 ~ 65535
MEDIUMINT	3 bytes	SIGNED：-8388608~8388607，UNSIGNED：0~ 16777215
INT 或 INTERGER	4 bytes	SIGNED：-2147483648 ~ 2147483647 UNSIGNED：0 ~ 4294967295
BIGINT	8 bytes	SIGNED: -9223372036854775808~9223372036854775807 UNSIGNED: 0 ~ 18446744073709551615
FLOAT[(M,D)]	4 bytes	單精確度浮點數，能夠記錄小數點。 M 為顯示位數，不得大於 255。 D 為小數位數，其值範圍 M-2 ~ 30 SIGNED: ±1.175494351E-38 UNSIGNED: ±3.402823466E+38
DOUBLE[(M,D)]	8 bytes	雙精度浮點數，用途與 FLOAT 雷同，但是儲存空間是二倍。除非特別需要高精度或範圍極大的值，一般說用 FLOAT 來儲存資料應該是夠了。 Signed: ±1.7976931348623157E+308 UNSIGNED: ±-2.2250738585072014E-308
DECIMAL[(M[,D])]	M+2	DECIMAL 的範圍與 DOUBLE 一樣，但是其有效的取值範圍由 M 和 D 的值決定。如果改變 M 而固定 D，則其取值範圍將隨 M 的變大而變大。

數值型態的資料注意事項如下：

1. SIGNED 為數值資料範圍可能有負值，UNSIGNED 為數值資料皆為正值。

2. 上表中的 M 代表「最大顯示位數」，這個設定在一般儲存資料時並不會有任何不同，但若有設定「ZEROFILL」的屬性時顯示資料就會有所不同，因為 ZEROFILL 會在顯示位數不足的地方補 0。

3. 若存入的數值超過該欄位的範圍時，MySQL 只會取其所能處理的最大值。

4. 如果不確定要存入的數值到底有多大，可以將欄位設定為 DECIMAL，因為這樣的數值欄位可以因存入的資料大小而彈性調整，並能確保資料正確性。

文字型態

可用來儲存文字類型的資料，如學生姓名、地址等。在 MySQL 中文字型態資料有下列幾種格式：

資料型態	儲存空間	資料的特性
CHAR(M)	M bytes，最大為 255 bytes。	必須指定欄位大小，資料不足時以空白字元填滿。
VARCHAR(M)	M bytes，最大為 255 bytes。	必須指定欄位大小，但以實際填入的資料內容來儲存。
TINYTEXT	255 bytes	基本上是 TEXT 的資料型態，依儲存容量大小而有名稱上的區分。在使用設定時要依可能使用到的空間大小來選擇設定。當不確定要儲存文字內容長度的狀況時最建議使用，因為在儲存時可依內容彈性調整儲存大小。
TEXT	65,535 bytes	
MEDIUMTEXT	16,777,215 bytes	
LONGTEXT	4,294,967,295 bytes	
TINYBLOB	255 bytes	基本上是 BLOB 的資料型態，依儲存容量大小而有名稱上的區分。用於儲存圖片、聲音、影片等二進位檔案的資料，在儲存時可依內容彈性調整儲存大小。
BLOB	65,535 bytes	
MEDIUMBLOB	16,777,215 bytes	
LONGBLOB	4,294,967,295 bytes	

文字型態的資料注意事項如下：

1. CHAR 與 VARCHAR 資料型態都需要指定欄位大小，儲存的內容不能超過所指定的容量。

2. TEXT 與 BLOB 系列資料型態適合用來儲存容量較大的資料內容，不同的是一個是儲存文字資料，另一個是二進位檔案的資料，它們的特性是可依儲存資料的內容彈性調整欄位的大小。

日期及時間型態

可用來儲存日期或是時間類型的資料，例如會員的生日、留言的時間等。MySQL 中的日期及時間型態有下列幾種格式：

日期時間型態	儲存空間	範圍及格式	
DATE 日期	3 bytes	"1000-01-01" 到 "9999-12-31"	
		4 位數西元年格式	**2 位數西元年格式**
		YYYY-MM-DD	YY-MM-DD
		YYYYMMDD	YYMMDD
DATETIME 日期時間	3 bytes	"-838:59:59" 到 "838:59:59" 資料格式為：hh:mm:ss 或 hhmmss。	
DATETIME 日期時間	8 bytes	"1000-01-01 00:00:00" 到 "9999-12-31 23:59:59"	
		4 位數西元年格式	**2 位數西元年格式**
		YYYY-MM-DD hh:mm:ss	YY-MM-DD hh:mm:ss
		YYYYMMDDhhmmss	YYMMDDhhmmss
TIMESTAMP[(M)] 時間戳記	4 bytes	"1970-01-01 00:00:00" 到 "2037" 在使用 TIMESTAMP 型態時，M 為顯示位數，但與儲存所需空間無關，而是與顯示的格式有關。請見下表：	
		型態	**顯示格式**
		TIMESTAMP(14)	YYYYMMDDhhmmss
		TIMESTAMP(12)	YYMMDDhhmmss
		TIMESTAMP(10)	YYMMDDhhmm
		TIMESTAMP(8)	YYYYMMDD
		TIMESTAMP(6)	YYMMDD
		TIMESTAMP(4)	YYMM
		TIMESTAMP(2)	YY
YEAR[(2|4)] 年	1 bytes	參數 4 為 1901 到 2155（預設）。 參數 2 為 1970 到 2069。	
備註：表格內格式 Y 為年、M 為月、D 為日、h 為時、m 為分、s 為秒。			

其中 TIMESTAMP 資料欄位在新增資料時，若沒有存入資料，會自動填入目前的時間戳記來作記錄。

特殊資料型態

還有二個特殊的資料型態，嚴格來說它們都屬於文字型態，但是因為它們的內容只能由固定的選項內挑選，又有人稱它們為「列舉資料型態」，內容如下：

資料型態	儲存空間	最多選項	資料的特性
ENUM	1 或 2 bytes。	65535	儲存資料為單選選項的結果。當儲存的資料欄位有多個選項，但只能擇一使用時可以使用這種資料欄位。例如性別 (男、女)、季節 (春、夏、秋、冬) 等選項。
SET	1、2、3、4、8 bytes。	64	儲存資料為複選選項的結果。當儲存的資料欄位有多個選項，可有多個選擇時可以使用這種資料欄位。例如會員資料的興趣、由何處得知本站等。

重要的欄位屬性

在建置資料表時，除了要依不同性質的資料選擇適合的欄位型態，有些重要的欄位屬性定義也能在不同的型態欄位中發揮其功能，常用的設定如下：

特性定義名稱	儲存空間	定義內容
SIGNED,UNSIGNED	數值類型	定義數值資料中是否允許有負值，SIGNED 表示允許。
auto_increment	數值類型	自動編號，由 0 開始以 1 來累加。
BINARY	文字類型	儲存的字元有大小寫的區別
NULL,NOT NULL	全部	是否允許不填入資料於欄位中
預設值	全部	若是欄位中沒有資料，即以預設值代入。
主鍵 PrimaryKey	全部	主鍵，每個資料表中只能允許一個主鍵，而且該欄資料不能重複，加強資料表的檢索功能。

12.3.3 新增資料表

欄位規劃

以下要新增一個同學的個人資料表：「students」，資料表欄位的規劃如下：

名稱	欄位名稱	資料型態	屬性	NULL	其他
座號	cID	TINYINT(2)	USIGNED ZEROFILL	否	主鍵，auto_increment
姓名	cName	VARCHAR(20)		否	
性別	cSex	ENUM('F', 'M')		否	預設為 F (female, 女性)

名稱	欄位名稱	資料型態	屬性	NULL	其他
生日	cBirthday	DATE		否	
電子郵件	cEmail	VARCHAR(100)		是	
電話	cPhone	VARCHAR(50)		是	
住址	cAddr	VARCHAR(255)		是	

其中有幾個要注意的地方：

1. 座號 (cID) 為這個資料表的主鍵，基本上它是數值型態儲存的資料。因為一般座號不會超過 3 位數，也不可能為負數。

2. 姓名 (cName) 屬於文字欄位，一般不會超過 10 個中文字，也就是不會超過 20 Bytes，所以這裡設定為 VARCHAR(20)。

3. 性別 (cSex) 屬於 ENUM 單選選項欄位，選項有 M (male, 男) 及 F (female, 女)，預設值為 F。

4. 生日 (cBirthday) 屬於日期時間格式，因為只需要日期，所以設定為 DATE。

5. 電子郵件 (cEmail)、電話 (cPhone) 及住址 (cAddress) 皆為文字欄位。因為每個人不一定有這些資料，所以這三個欄位可以不輸入資料。

在 phpMyAdmin 中新增欄位

接著回到 phpMyAdmin 的管理介面，為 MySQL 中的「class」資料庫新增資料表 students 了！請依下述步驟操作：

此時會顯示新增欄位的畫面，其中有許多重要的設定內容說明如下：

1. **名稱、型態、長度 / 值**：設定欄位名稱及型態的地方，不同的型態會有不同的顯示長度與集合。若是數值型態，**長度 / 值** 欄即設定顯示的位數；若是文字型態，此欄則設定顯示長度；若是列舉型態 (ENUM、SET)，則填入選項內容。

2. **編碼與排序**：屬於文字型態資料欄位，如 CHAR、VARCHAR、TEXT、BLOB、ENUM、SET 等要設定使用的編碼與排序。

3. **屬性**：若為數值型態可以設定是否有負數，若為 UNSIGNED 即正數，而 ZEROFILL 是當正數數值不達指定位數，數值左方以 0 填滿。若為日期及時間型態的 TIMESTAMP，即可設定 ON UPDATE CURRENT_ TIMESTAMP，如此當有任何修改時，即會自動以目前的 TIMESTAMP 更新該欄的資料。

4. **空值**：設定資料是否允許空白，也就是新增時是否允許不填入資料。

5. **預設值**：當該欄位在新增時沒有填入資料時，可設定預設填入的資料值。

6. **A_I**：若主鍵 (Primary Key) 位為數值型態，可以讓該欄加上自動編號的功能，只要在該欄設定為 auto_increment，即可在新增資料時自動累加編號。這個功能有很嚴格的限制，在資料表中只能有一個 auto_increment 的欄位，而且該欄位必須為數值型態，而且是主鍵。

7. **索引**：若設定欄位時選取，即代表該欄位為資料表的主鍵 (PRIMARY)。

請按照之前所規劃的資料表內容，依下圖所示來新增資料表欄位。

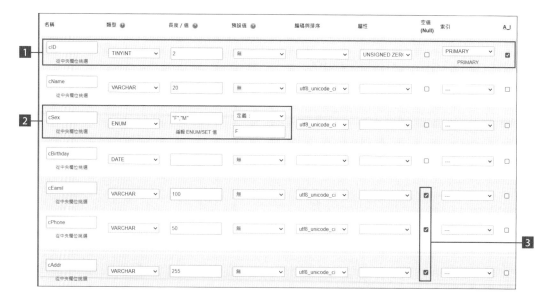

在操作的同時請注意下列標示要注意的地方：

1 設定 cID 為正數並 ZEROFILL (UNSIGNED ZEROFILL)、主索引 (PRIMARY) 及自動編號。

2 設定 cSex 為 ENUM 單選列舉欄位，其選項為 F(female) 及 M(male)，預設為 F。

3 允許 cEmail、cPhone、cAddress 為空值 (NULL)。

資料表備註：	編碼與排序：	儲存引擎：
		InnoDB

編碼與排序保留空白，在新增後該資料表會依循上層的資料庫編碼為其預設的編碼。在設定完畢之後，請按下 **儲存** 鈕執行新增欄位的動作。

> **備註** MySQL 儲存引擎的選擇
>
> MySQL 支援多種儲存引擎，常用的有 MyISAM 與 InnoDB。在選擇使用時，如果需要資料庫欄位鎖定、Foreign Key 及交易 (transaction) 等功能，建議使用 InnoDB 儲存引擎。若不需要交易等功能，建議使用 MyISAM 儲存引擎來增快效能。

如下圖我們已經完成「students」資料表的新增，畫面除了顯示執行的 SQL 語法外，在下方也會顯示目前資料表欄位的內容。

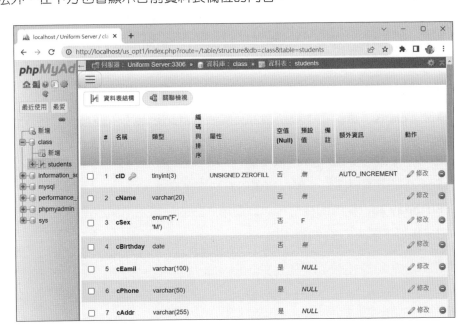

12.3.4 資料的新增、瀏覽、編輯與刪除

phpMyAdmin 有十分完整的介面,讓使用者新增、瀏覽、編輯與刪除資料。以下將介紹如何使用 phpMyAdmin 進行資料的編修。

資料的新增

這是要新增到資料庫中的學生資料:

座號	姓名	性別	生日	電子郵件	電話	住址
1	張惠玲	女	1987-04-04	elven@superstar.com	0922988876	台北市濟洲北路 12 號
2	彭建志	男	1987-07-01	jinglun@superstar.com	0918181111	台北市敦化南路 93 號 5 樓
3	謝耿鴻	男	1987-08-11	sugie@superstar.com	0914530768	台北市中央路 201 號 7 樓
4	蔣志明	男	1984-06-20	shane@superstar.com	0946820035	台北市建國路 177 號 6 樓
5	王佩珊	女	1988-02-15	ivy@superstar.com	0920981230	台北市忠孝東路 520 號 6 樓
6	林志宇	男	1987-05-05	zhong@superstar.com	0951983366	台北市三民路 1 巷 10 號
7	李曉薇	女	1985-08-30	lala@superstar.com	0918123456	台北市仁愛路 100 號
8	賴秀英	女	1986-12-10	crystal@superstar.com	0907408965	台北市民族路 204 號
9	張雅琪	女	1988-12-01	peggy@superstar.com	0916456723	台北市建國北路 10 號
10	許朝元	男	1993-08-10	albert@superstar.com	0918976588	台北市北環路 2 巷 80 號

回到 phpMyAdmin,我們將依照這些資料來執行資料新增的動作:

1 選取「class」資料庫中剛新增的資料表「students」。選按上方的 **新增** 連結。

2 **cID** 為自動編號的欄位,可以不填。

3 **cSex** 為單選選項欄位,請以核選的方式決定結果。

4 **cBirthday** 為日期時間欄位,可以使用一旁的日曆圖示開啟日曆來選取。

5 完成後按下最下方的 **執行** 鈕。

如果資料正確,即會顯示新增成功的訊息,並顯示所執行的 SQL 語法。

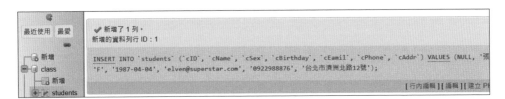

資料瀏覽

請依相同的步驟繼續新增資料,完成後選按上方的 **瀏覽** 來檢視新增的結果:

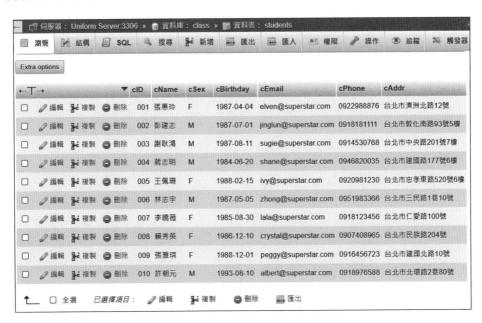

資料的編輯及刪除

若想要編輯或刪除資料，可以使用下列方式：

1 若要修改某一筆資料，可以直接選按該筆資料前的 **編輯** 連結，即可進入編輯畫面。

2 若要同時修改多筆資料，可以先核選要修改資料前的核取方塊，再選按瀏覽畫面下方的 **修改** 連結即可進入編輯畫面。

3 若要刪除某一筆資料，可選按該筆資料前的 **刪除** 連結即可進行刪除動作。

4 若要同時修改多筆資料，可以先核選要刪除資料前的核取方塊，再選按瀏覽畫面下方的 **刪除** 連結即可進行刪除動作。

12.4 MySQL 資料庫的備份與還原

在 MySQL 資料庫裡備份資料，是十分簡單又輕鬆的事情。在本節中我們將說明如何使用 phpMyAdmin 備份 MySQL 的資料表，以及資料表匯入還原的動作。

12.4.1 資料庫的備份

我們可以使用 **phpMyAdmin** 的管理程式選取資料庫中的所有資料表，匯出成一個單獨的文字檔。當資料庫受到損壞或是要將資料搬移到新的 MySQL 資料庫時，只要將這個文字檔匯入即可完成。

請您先進入 **phpMyAdmin** 的管理畫面再依下列步驟設定：

▌1▐　選取要備份的資料庫名稱，選按 **匯出** 功能連結。

▌2▐　選取匯出方式為 **快速 - 僅顯示必要的選項**。

▌3▐　選取輸出的格式，這裡請使用預設的「SQL」。

▌4▐　最後按 **執行** 鈕進行檔案下載，其備份檔的副檔名為「.sql」。

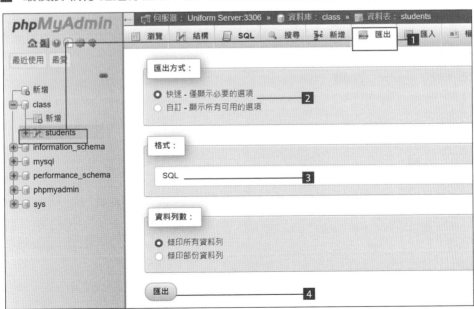

由 MySQL 所備份下來的檔案是一個副檔名為「*.sql」的文字檔，這樣的備份動作不僅單純，檔案內容也較小，包含了資料表結構，以及所有的資料內容。

12.4.2 資料庫的刪除與還原

備份完畢之後，要如何將備份檔匯入還原呢？其實這個動作也相當簡單，請回到原來的畫面，依下列的步驟操作：

1. 選取「students」資料表後，選按畫面上方的 **操作** 進入設定畫面，選按 **刪除資料表 (DROP)** 連結再按 **確定** 鈕即可。

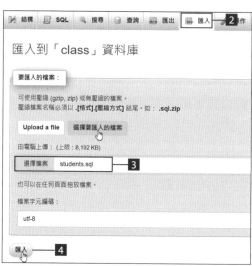

2. 選按畫面上方的 **匯入** 連結，我們要利用剛才備份匯出的檔案來還原資料庫。

3. 按 **選擇檔案** 鈕選取剛才匯出的備份檔 <students.sql>。

4. 按下 **執行** 鈕開始執行還原動作。

5. 顯示了載入成功的訊息，代表資料還原成功，在左方果然又出現了之前所刪除的資料表：「students」。

MySQL 資料庫中資料的備份還原十分重要，但是過程卻意外地簡單，由上述的專題可以知道，使用 phpMyAdmin 可以輕易執行相關的動作。

12.5 MySQL 資料庫的安全設定

MySQL 資料庫管理系統不同於一般檔案型的資料庫,放置在網路上雖然不會直接被下載,但是只要針對 MySQL 服務端口進行攻擊,還是會有安全上的顧慮。

12.5.1 關於 MySQL 資料庫的安全問題

對於 MySQL 資料庫的安全考量

MySQL 資料庫是一個存在於網際網路上的資料庫系統,換句話說只要是網際網路上的使用者都可以連接到這個資源,如果沒有權限或其他措施的控管,任何人都可以對 MySQL 資料庫予取予求,為所欲為。

在設定 MySQL 資料庫的安全性之前,我們先來了解如何才能合法的連結到 MySQL 資料庫並進行使用。要成功的連線到 MySQL 資料庫,必須經過幾個重要的檢驗,在通過後才能開始使用。

第一關是 MySQL 資料庫在連線前要先檢驗連線來源的主機位址,若不是在合法的區域內即會馬上擋掉而無法連線。一般來說,MySQL 資料庫伺服器會與網頁伺服器架在同一台主機上,所以 MySQL 資料庫預設允許連線的主機為:「Localhost」。但若是 MySQL 資料庫與網站伺服器放置在不同的主機中,就必須先將網站伺服器主機的位址加入允許連線主機的區域內。

第二關是帳號密碼的檢驗,要合法連線就必須使用設定的帳號、密碼進行登入,MySQL 資料庫才會根據該帳號所設定的權限賦予使用的資源。在第二章中介紹過 MySQL 資料庫設定時有為最高權限帳號:「root」設定了密碼,它擁有使用整個 MySQL 資料庫資源的權限。若沒有為該帳號設定任何密碼, MySQL 資料庫在安裝完畢後的情況是完全不設防的,也就是任何人都可以在不需密碼的檢驗下連結 MySQL 資料庫來使用,這是一個相當危險的安全漏洞!所以先為「root」帳號加上密碼是第一件要注意的事。

第三關是帳號權限的檢驗,每個帳號可以設定在操作資料庫中,對於資料、結構、系統管理與資源限制的權限,若是權限不符也不能進行相關的操作。

您也可以為特定的資料庫設定特定的帳號來進行連結使用,那該帳號就限制使用特定的資料庫,也不會影響其他資料庫使用。

對於 phpMyAdmin 資料庫的安全考量

phpMyAdmin 是一套網頁介面的 MySQL 管理程式,有許多 PHP 的程式設計師都會將這套工具直接上傳到他的 PHP 網站資料夾裡,管理者只要從遠端透過瀏覽器登入 phpMyAdmin 來管理資料庫就行了!

但是這個方便的管理工具,是否也是個方便的入侵工具呢?

沒有錯,只要是對於 phpMyAdmin 管理較為熟悉的朋友,看到該網站是使用 PHP+MySQL 的互動架構,都會不免測試該網站 <phpMyAdmin> 的資料夾是否有安裝 phpMyAdmin 的管理程式,若是網站管理者一疏忽,很容易就讓人猜中,進入該網站的資料庫的登入畫面,甚至在沒有密碼的控制下就直接進入資料庫了。

防堵安全漏洞的好建議

無論是 MySQL 資料庫本身的權限設定或是 phpMyAdmin 管理程式的安全漏洞,為了避免他人透過網路入侵您的資料庫,有幾件事必須要先做:

1. 修改 phpMyAdmin 管理程式的資料夾名稱:這個做法雖然簡單,但是至少已經擋掉一大半居心不良的人了。最好是修改成一個不容易猜,與管理或是 MySQL、phpMyAdmin 等關鍵字無關的資料夾名稱。

2. 為 MySQL 資料庫的管理帳號加上密碼:我們一再提到 MySQL 資料庫的管理帳號:「root」,預設值是不設任何密碼的,這就好像裝了保全系統,然而卻沒打開電源開關的道理一樣,所以,替「root」加上密碼是相當重要的。

3. 養成備份 MySQL 資料庫的習慣:這是一個亡羊補牢的解決方法,一旦所使用的所有安全措施都失效了,若是平常就有備份的習慣,即使資料被刪除了,還是能輕易的復原回來。

修改 phpMyAdmin 管理程式資料夾的動作很簡單,以下我們針對如何加強 MySQL 資料庫安全的動作詳細來說明,讓您的網站資料庫更安全。

12.5.2 MySQL 的帳號管理

在 MySQL 資料庫中的管理者帳號為：「root」，現在我們就使用 phpMyAdmin 來檢視這個帳號的設定。

檢視帳號設定

回到 phpMyAdmin 的管理主介面。請按下頁面上 **權限** 的標籤，檢視或設定管理者帳號的權限。目前 MySQL 中有一個最高權限使用者：「root」。在列表中顯示了使用者名稱、主機、是否使用密碼，整體權限與授權狀況。

修改帳號的權限

每個帳號可以設定對於資料編輯、結構調整，甚至是系統管理的權限。請在使用者表格中按下要檢視權限使用者 **編輯權限** 連結進行編輯權限的動作。在 **全域權限** 的區塊中，可以設定 **資料**、**結構**、**管理** 與 **資源限制** 的權限，只要取消或核取每個權限前的核取方塊，再按下 **執行** 鈕即可。

建立或修改密碼

若您的帳號沒有使用密碼或是要修改原來的密碼,請按 **Change password** 連結。在 **修改密碼** 區塊中,若不要使用密碼可以核選 **無密碼**,若要使用密碼,請核選 **密碼**,並輸入密碼與確認密碼二次。在設定完畢之後,按 **執行** 鈕。若您的密碼狀態有任何更動,phpMyAdmin 會要求您重新登入。

修改登錄資訊 / 複製使用者

phpMyAdmin 利用這個區塊可以更改登入的資料,也可以利用來複製使用者,請按 **登入資訊** 連結。,請在該頁繼續往下捲動到 **修改登錄資訊 / 複製使用者** 區塊。但若在登入資訊中更改了使用者名稱或是主機的資訊,phpMyAdmin 會以這些選項來進行不同的處理:

1. **保留舊使用者**:保留原來使用者帳號,依相同的權限再新增一個使用者。

2. **從使用者資料表中刪除舊使用者**:將原來使用者帳號刪除,以目前的資料新增使用者。

3. **移除舊使用者的所有權限,然後刪除舊使用者**:將該使用者刪除。

4. **從使用者資料表中刪除舊使用者,然後重新載入權限**:除了刪除使用者,並重新載入權限資料表的限制。

為單一資料庫新增使用者

我們將示範為一個自製的資料庫，新增一個只能使用該資料庫的帳號。在下面的
步驟中，我們要新增一個帳號：「class」來使用資料庫 class。

1 選按 **新增使用者帳號** 連結。

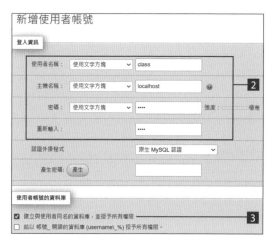

2 **登錄資訊** 輸入 **帳號**：「class」、
主機名稱：「localhost」、**密碼**
及 **重新輸入** ：「1234」。

3 選取 **建立與使用者同名的資料
庫並授予所有權限** 也就是新增
與帳號同名的資料庫，並賦予所
有的權限。但如果目前已有同名
的資料庫，它會直接設定權限。
按 **執行** 鈕完成新增。

4 登出系統後馬上來測試這個新增
的帳號。回到 phpMyAdmin 的
登入畫面，請輸入剛才新增的使
用者帳號與密碼後，按下 **執行**
鈕登入。

5 登入 phpMyAdmin 的管理畫面
之後，在左方除了「class」資
料庫外，看不到其他可以編輯的
資料庫了 (information_schema
為唯讀資料庫不能編輯，test 為
測試資料庫)。

刪除使用者

除了新增使用者,我們一樣能夠刪除使用者,請在登出 phpMyAdmin 後,再利用 root 帳號登入,開啟視窗按下頁面上 **Users** 的文字連結,檢視或設定管理者帳號的權限。請按下述步驟操作:

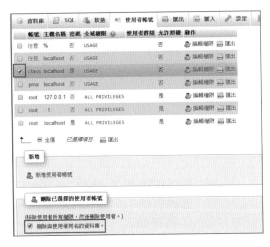

1 在使用者帳號表列中核選要刪除使用者前的核取方塊。

2 若核選 **刪除與使用者同名的資料庫**,在執行時會連同名的資料庫也一併刪除。

3 按 **執行** 鈕,畫面上顯示使用者刪除成功的訊息。

延伸練習

一、是非題

1. (　　) 要使網站達到互動的效果，就是要讓網頁充滿了動畫、音樂。

2. (　　) 在 PHP 中可以連結的資料庫類型相當多，舉凡資料庫的老祖宗 dBase，到目前市場上的主流 Access、SQLServer、MySQL、Oracle 等都能夠使用。

3. (　　) 若要對資料庫進行新增、編輯、刪除等操作與管理動作必須依靠資料庫管理系統。

4. (　　) 資料庫是由一個個欄位所組合，只要依照欄位的設定將資料項目輸入，即可完成一個完整的資料庫。

5. (　　) 資料表才是儲存資料的地方，資料庫是放置資料表的場所。

6. (　　) MySQL 是一個快速、多執行緒、多使用者且功能強大的關聯式資料庫管理系統，不僅在執行時的效能突出、管理上的功能強大，運行中的穩定性更讓人印象深刻。

7. (　　) 如果要使用 MySQL 資料庫裡的資源，必須有適當的權限才能使用，而且因為權限的不同，可以讓不同階層的使用者使用到不同的資料表，或是有不同的操作方式。

8. (　　) phpMyAdmin 是一套使用 PHP 程式語言開發的管理程式，它所採取的是應用程式的管理介面。

9. (　　) MySQL 資料庫在 4.1 版本後支援 utf8 字元編碼來儲存，如此即可解決資料在不同語系文字上儲存與顯示上的問題。

10. (　　) 連線校對 (collation) 是指資料庫中資料文字的編碼方式，而字元集 (character set) 是資料中字元的排序方式。

11. (　　) 在中文的環境中，可以選取 big5 繁體中文與 utf8 的編碼方式來做為操作 MySQL 資料庫的字元集。

12. (　　) MySQL 由資料庫、資料表、資料欄位各個層級中，都可以單獨設定採用的字體集與連線校對方式。

延伸練習

13. (　　) 若在某一層操作時沒有設定使用字體集與連線校對方式為何，就會繼承上一層的設定來使用，若都沒有設定就會以 MySQL 資料庫的預設值來做使用標準。

14. (　　) SIGNED 及 UNSIGNED 可以定義數值資料中是否允許有負值，SIGNED 表示不允許，UNSIGNED 表示允許。

15. (　　) 每個資料表中只能允許一個主鍵，而且該欄資料不能重複，加強資料表的檢索功能。

二、選擇題

1. (　　) 下列何者不是組合資料庫的重要內容？

    (A) 資料表　 (B) 資料項目　 (C) 資料流　 (D) 資料欄位

2. (　　) 下列何者不是 MySQL 資料庫的特色？

    (A) MySQL 資料庫是網路型的資料庫系統。

    (B) MySQL 資料庫是開放原始程式的資料庫系統。

    (C) MySQL 資料庫的效能強大且建置成本低廉。

    (D) MySQL 資料庫沒有權限的觀念。

3. (　　) 為了要解決 MySQL 資料庫中文衝碼的問題，建議您用什麼方式來進行文字編碼？

    (A) big5　 (B) gb232　 (C) utf8　 (D) latin1

4. (　　) 下列何者不是在 MySQL 資料表中常用的欄位資料型態類別？

    (A) 日期時間　 (B) 數值　 (C) 文字　 (D) 布林值

5. (　　) MySQL 資料欄位中何種資料型態可運用來儲存、計算的數值資料欄位，例如會員的編號或是產品的價格等？

    (A) 日期時間　 (B) 數值　 (C) 文字　 (D) 布林值

延伸練習

6. (　　) MySQL 資料庫中數值型態裡，何種資料型態適合用來儲存有小數的資料？

(A) FLOAT　(B) INT　(C) DECIMAL　(D) TINYINT

7. (　　) MySQL 資料庫中文字型態裡，何種資料型態適合用來儲存容量較大的資料內容？

(A) CHAR　(B) VARCHAR　(C) ENUM　(D) TEXT

8. (　　) MySQL 資料庫日期時間型態裡，何種資料型態適合用來儲存時間戳記？

(A) DATE　(B) DATETIME　(C) TIMESTAMP　(D) YEAR

9. (　　) MySQL 資料庫特殊資料型態裡，何種資料型態適合用來儲存單選選項？

(A) SET　(B) SELECT　(C) ENUM　(D) BLOB

10.(　　) 在建置資料表時哪個欄位屬性可以定義數值資料只有正數？

(A) SIGNED　(B) UNSIGNED　(C) ZEROFILL　(D) NULL

11.(　　) phpMyAdmin 由 MySQL 所備份下來的檔案是一個副檔名為什麼的文字檔？

(A) .txt　(B) .sql　(C) .doc　(D) .zip

12. (　　) 要成功的連線到 MySQL 資料庫會經過幾個重要的檢驗，下列何者不是檢驗的重點？

(A) 檢驗連線來源的主機位址。

(B) 檢驗使用者的帳號與密碼。

(C) 檢驗使用者的使用的電腦品牌。

(D) 檢驗使用者的權限。

13.(　　) 在建立 MySQL 使用者時可設定哪些整體權限？

(A) 資料與結構　(B) 系統管理　(C) 資源限制　(D) 以上皆是

14.(　　) 若程式處於本機開發階段，並沒有安全性上的考量，不希望每次使用 phpMyAdmin 時都要一再輸入帳號、密碼，可以使用什麼認證模式？

(A) config　(B) http　(C) cookie　(D) 以上皆是

15.(　　) 若是網站伺服器是使用 httpd 的方式來編譯 PHP 的程式頁面，即可使用什麼認證模式？

(A) config　(B) http　(C) cookie　(D) 以上皆是

SQL 語法的使用

SQL 是用於資料庫中的標準數據查詢語言，是目前關聯式資料庫系統所使用查詢語法的標準，使用者可以應用 SQL 語法對資料庫系統進行資料的存取、編輯、刪除及管理…等動作。

- ⊙ 認識 SQL 語法
- ⊙ 定義資料庫物件語法
- ⊙ 查詢資料庫資料的內容
- ⊙ MySQL 常用函式
- ⊙ 新增、更新與刪除資料
- ⊙ 多資料表關聯查詢

13.1 認識 SQL 語法

SQL 全名是結構化查詢語言 (Structured Query Language)，是用於資料庫中的標準數據查詢語言。

13.1.1 結構化查詢語言：SQL

SQL 是目前關聯式資料庫系統所使用查詢語法的標準，使用者可以應用 SQL 語法對資料庫系統進行資料的存取、編輯、刪除及管理…等動作。SQL 語法的內容是利用簡單的英文語句所構成。不僅在應用上簡單，判讀維護上也相當容易。

例如：

```
SELECT  *                 // 選取所有欄位,其中「*」代表所有的欄位。
FROM MY _ TABLE           // 由 MY _ TABLE 中。
WHERE MY _ COLUMN > 100   // 當 MY _ COLUMN 的值大於 100 時。
```

在上述例子中，您幾乎可以用一般的英文敘述即可清楚了解這個指令，是要由哪個資料表在哪個條件下取出哪些欄位來顯示。而關聯式資料庫系統即能在這樣的 SQL 語法要求下，進行相關的處理並顯示結果。

SQL 的功能關鍵字與指令

SQL 語法是由一系列的指令所組成的，最後採用一個「;」分號來結尾，其中可以任意斷行。每個指令中會包含一些功能關鍵字，如 SELECT、FROM、WHERE、UPDATE 或 DELETE 等，它們在 SQL 語法中都有其代表的功能或是特殊的意義，而且是不區分英文大小寫的。

除了關鍵字，指令中也會包含符號、引號所包圍的字串或是變數，甚至是特殊用途的符號。與英文作文相同，每個單字間以空白分隔，甚至可以分行來斷句。

命名的保留字

在 SQL 語法中也有保留字的顧慮，舉凡語法的關鍵字、SQL 函式名稱、資料型別的名稱因為都有其代表的意義，所以不能直接做為資料庫、資料表、欄位…等項目的名稱，以免造成程式在運作時的混淆。

但是實務上還是很容易因為對於保留字不熟悉而造成命名上的錯誤,所以建議您在 SQL 指令中只要使用到資料表欄位名稱時,可以利用「`」將名稱括住,就可輕易解決這個問題。

> **註** 「`」符號正確的輸入方式,是在英文輸入的狀態下,直接按鍵盤上方數字鍵該排最左方的按鍵,「`」符號與「~」符號在同一鍵上。

13.1.2 在 phpMyAdmin 中使用 SQL 語法

本書將使用 phpMyAdmin 操作 MySQL 資料庫,您也可以使用 phpMyAdmin 來執行 SQL 語法,方式也十分簡單:

1 先進入 phpMyAdmin 的管理畫面,將資料庫切換到剛才新增的「class」。選取畫面上方的 SQL 功能文字連結。

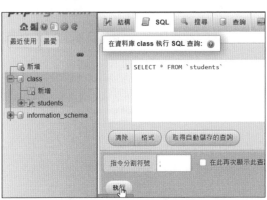

2 此時會出現可輸入 SQL 語法指令的文字方塊,請依左圖輸入 SQL 指令,要顯示「students」資料表中的所有資料。完畢後按 **執行** 鈕。

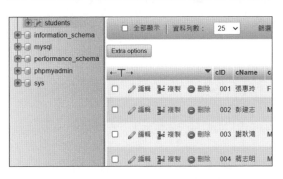

3 頁面顯示執行成功的訊息及執行的 SQL 語法指令內容,最下方會顯示執行後的結果。

13.2 定義資料庫物件語法

資料庫物件的定義是很基礎而重要的，所有的 SQL 語法在應用前都必須進行資料庫物件的定義，首先介紹幾個重要的指令。

SQL 語法在應用上對於 DDL（Data Definition Language）：定義資料庫物件使用的語法是很基礎而重要的，其中重要的功能關鍵字有：

1. **CREATE**：建立資料庫的物件。

2. **ALTER**：變更資料庫的物件。

3. **DROP**：刪除資料庫的物件。

以下將先介紹這三個 SQL 指令。

13.2.1 CREATE：建立資料庫及資料表

建立資料庫

CREATE 是 SQL 指中建立資料庫或資料表的關鍵字，新增資料庫的語法如下：

```
CREATE DATABASE [IF NOT EXISTS] 資料庫名稱
[DEFAULT] CHARACTER SET [=] 字元集
[DEFAULT] COLLATE [=] 編碼
```

在語法中以「[ ]」左右括號所包含的內容表示可以不填，但是「[IF NOT EXISTS]」表示如果沒有該資料庫時才執行建立資料庫的動作。

在上一章中，我們利用 phpMyAdmin 來建立新的資料庫：「class」，並預設其字元集及編碼都為：「utf8」，語法如下：

```
CREATE DATABASE `class`
    DEFAULT CHARACTER SET utf8
    COLLATE utf8 _ unicode _ ci;
```

建立資料表

新增資料表的動作更為頻繁而重要，其語法如下：

```
CREATE TABLE [IF NOT EXISTS] 資料表名稱
( 欄位名稱 資料類別 [ 資料屬性 ]
[, 欄位名稱 資料類別 [ 資料屬性 ]]...);
```

CREATE TABLE 指令可以建立資料表，包含了定義及新增資料表欄位的內容，可以一併新增資料表中的欄位，讓整個資料表能夠完整。

回到範例中，接著要為新增的資料庫：「**class**」，新增一個資料表：**students**，以下是這個資料表欄位的規劃：

名稱	欄位名稱	資料型態	屬性	NULL	其他
座號	cID	TINYINT(2)	USIGNED	否	主鍵，auto_increment
姓名	cName	VARCHAR(20)		否	
性別	cSex	ENUM('F', 'M')		否	預設為 F (female, 女性)
生日	cBirthday	DATE		否	
電子郵件	cEmail	VARCHAR(100)		是	
電話	cPhone	VARCHAR(50)		是	
住址	cAddr	VARCHAR(255)		是	

最重要的一點，是這些欄位的中屬於文字型態的資料，都要以 **utf8** 為字元集與編碼。其新增資料表與欄位的語法為：

```
CREATE TABLE `students` (
  `cID` TINYINT(2) UNSIGNED NOT NULL AUTO _ INCREMENT PRIMARY KEY,
  `cName` VARCHAR(20) CHARACTER SET utf8 collate utf8 _ unicode _ ci NOT NULL,
  `cSex` ENUM('F','M') CHARACTER SET utf8 collate utf8 _ unicode _ ci NOT NULL
    DEFAULT 'F',
  `cBirthday` DATE NOT NULL,
  `cEmail` VARCHAR(100) CHARACTER SET utf8 collate utf8 _ unicode _ ci NULL,
  `cPhone` VARCHAR(50) CHARACTER SET utf8 collate utf8 _ unicode _ ci NULL,
  `cAddr` VARCHAR(255) CHARACTER SET utf8 collate utf8 _ unicode _ ci NULL,
);
```

每個欄位必須要設定資料欄位的資料型別及屬性,其中以主索引:「cID」屬性設定最多,除了要是正數並以 0 填滿 (UNSIGNED ZEROFILL) 外,並且必須有值 (NOT NULL),自動編號 (AUTO_INCREMENT),最後要設定為資料表的主鍵 (PRIMARY KEY)。

其他欄位屬於文字型態的資料,都要以 utf8 為字元集與編碼 (CHARACTER SET utf8 collate utf8_unicode_ci),如此即可完成資料表的新增。

13.2.2 ALTER:變更資料庫及資料表內容

資料庫或是資料表在新增後,可以使用 ALTER 指令語法進行修改。

修改資料庫

```
ALTER DATABASE 指令可以修改存在的資料庫結構,基本語法如下:
ALTER DATABASE 資料庫名稱
[DEFAULT] CHARACTER SET [=] 字元集
[DEFAULT] COLLATE [=] 編碼
```

資料庫能夠更改的是它的字元集及編碼方式。

修改資料表欄位

ALTER TABLE 指令可以修改存在的資料表結構,基本語法如下:

```
ALTER TABLE 資料表名稱
CHANGE 原欄位名稱 新欄位名稱 資料類別 [資料屬性]
[,原欄位名稱 新欄位名稱 資料類別 [資料屬性]]...);
```

在 CHANGE 指令後必須先指定要修改的欄位,再依序填入新的欄位名稱、資料類別以及資料屬性。例如只想修改資料欄位名稱:「cID」為「csID」,而不更動其他的項目,方式如下:

```
ALTER TABLE `students` CHANGE `cID` `csID` TINYINT(2);
```

因為只有變動欄位名稱,所以我們並沒有設定其他的資料屬性,重要的是要一併設定資料型別,若沒有更動則保持原來的資料型別,但是不能不填寫。

如果我們想繼續將「csID」欄位的資料型別更改為 INT,其方式如下:

```
ALTER TABLE `students` CHANGE `csID` `csID` INT(2);
```

因為只有更動資料型別,其他的資訊,如資料表欄位就保持一致即可。

如果想要更動欄位的資料屬性，可以直接將要設定的資料屬性加到後方即可。例如想要將「cName」欄位不可為空值 (NOT NULL) 改為可為空值 (NULL) 其方式如下：

```
ALTER TABLE `students` CHANGE `cName` `cName` VARCHAR(20) NULL;
```

新增資料表欄位

ALTER TABLE 指令可以在已存在的資料表中新增資料表欄位，其語法如下：

```
ALTER TABLE 資料表名稱
ADD 欄位名稱 資料類別 [ 資料屬性 ]
[,ADD 欄位名稱 資料類別 [ 資料屬性 ]]...)
[FIRST | AFTER 欄位名稱];
```

新增資料欄位的方法，與建立資料表的方式相同，只要將原來的指令放置在 ADD 後即可。新增的欄位預設是放置在所有欄位之後，您也可以利用「FIRST」將欄位新增在所有欄位之前，或是用「AFTER 欄位名稱」放在指定欄位之後。

例如我們想新增一個欄位：「興趣」，其格式內容如下：

名稱	欄位名稱	資料型態	屬性	NULL	其他
興趣	cHabits	VARCHAR(255)		是	

新增的語法如下：

```
ALTER TABLE `students` ADD `cHabits` VARCHAR(255) CHARACTER SET
    utf8 COLLATE utf8_unicode_ci NULL;
```

刪除資料表欄位

ALTER TABLE 指令可以在已存在的資料表中刪除資料表欄位，其語法如下：

```
ALTER TABLE 資料表名稱
DROP 欄位名稱;
```

例如想要將新增的欄位：「興趣」刪除，其刪除的語法如下：

```
ALTER TABLE `students` DROP `cHabits`;
```

> **註** ALTER TABLE 指令除了可以使用 DROP 來刪除欄位,也能利用來刪除資料表的主鍵,
> 其方式如下:
>
> ```
> ALTER TABLE 資料表名稱 DROP PRIMARY KEY;
> ```

13.2.3 DROP:刪除資料庫及資料表內容

資料庫或是資料表在新增後,可以使用 DROP 指令語法進行修改。

刪除資料庫與資料表的語法相似,刪除資料庫的語法如下:

```
DROP DATABASE [IF EXISTS] 資料庫名稱;
```

這個刪除資料庫的動作會連同儲存在資料庫中的所有物件,如資料表都一同刪除。

刪除資料表的語法如下:

```
DROP TABLE [IF EXISTS] 資料表名稱;
```

例如我們要刪除剛才使用的資料表:students,其語法如下:

```
DROP TABLE `students`;
```

如果想要進一步將資料庫:「class」刪除,其語法如下:

```
DROP DATABASE `class`;
```

備註　如何回復原來的資料庫?

如果您隨著書上的進度一路操作,資料庫或是資料表的內容或許已經被更動了,甚至新增的資料庫:「class」與資料表:students 都已經被刪除了。

請參考上一章利用 phpMyAdmin 的功能將原來備份的資料庫文字檔:<class.sql> 重新匯入還原,原來的資料庫與資料表就會回復,即可重新練習操作了。

以下的內容將回復原來資料庫:「class」與資料表:students 的狀況下繼續進行說明。

13.3 查詢資料庫資料的內容

在資料庫的操作中，對於查詢資料庫資料內容與維護是很重要的，這些指令包含了控制資料庫的查詢、新增、更新與刪除，首先介紹的是查詢指令。

SQL 語法在應用上對於 DML（Data Manipulation Language）：查詢維護資料庫資料內容的語法在使用上是更重要的，無論是查詢資料庫或顯示資料庫的內容，更新或刪除資料庫中的資料，都必須依靠這些指令。其中重要的功能關鍵字有：

1. SELECT：查詢選取資料庫中的資料。
2. INSERT：新增資料到資料表中。
3. UPDATE：更改資料表中的資料。
4. DELETE：刪除資料表中的資料。

在本節中我們將要討論最重要的資料庫查詢。

13.3.1 SELECT：查詢資料

資料的查詢應是資料庫系統最重要的工作了，所以 SELECT 可能是 SQL 語法中最重要的指令，因為所有查詢資料的動作都必須由這個指令開始。

SELECT 基本語法

SELECT 指令應用於使用者要向資料庫系統查詢資料的時候，其基本的語法格式如下：

```
SELECT 欄位名稱
FROM 資料表名稱 ;
```

例如要顯示「class」資料庫中 students 資料表中座號、姓名二個欄位的內容：

```
SELECT `cID` , `cName`
FROM `students`;
```

若要顯示多個欄位，請使用「,」逗號來區隔每個欄位。使用 phpMyAdmin 執行結果如下：

[圖：phpMyAdmin 介面顯示 SELECT `cID`, `cName` FROM `students`; 查詢與結果]

選取所有的欄位

如果要顯示所有的欄位，可以使用「*」來代表，其語法與結果如下：

```
SELECT *
FROM `students`;
```

使用 phpMyAdmin 執行結果如下：

cID	cName	cSex	cBirthday	cEmail	cPhone	cAddr
001	張惠玲	F	1987-04-04	elven@superstar.com	0922988876	台北市濱洲北路12號
002	彭建志	M	1987-07-01	jinglun@superstar.com	0918181111	台北市敦化南路93號5樓
003	謝耿鴻	M	1987-08-11	sugie@superstar.com	0914530768	台北市中央路201號7樓
004	蔣志明	M	1984-06-20	shane@superstar.com	0946820035	台北市建國路177號6樓
005	王佩珊	F	1988-02-15	ivy@superstar.com	0920981230	台北市忠孝東路520號6樓
006	林志宇	M	1987-05-05	zhong@superstar.com	0951983366	台北市三民路1巷10號
007	李曉薇	F	1985-08-30	lala@superstar.com	0918123456	台北市仁愛路100號
008	賴秀英	F	1986-12-10	crystal@superstar.com	0907408965	台北市民族路204號
009	張雅琪	F	1988-12-01	peggy@superstar.com	0916456723	台北市建國北路10號
010	許朝元	M	1993-08-10	albert@superstar.com	0918976588	台北市北環路2巷80號

指定資料表選取欄位

如果未來在設定資料表關聯與合併時，在 SELECT 語法中可能會由二個或多個資料表中選取欄位，此時若在二個資料表中有同名的欄位時，就會造成顯示的錯誤。所以在選取欄位時要更明確指出該欄位是來自哪個資料表，其基本格式如下：

```
SELECT 資料表名稱.欄位名稱
FROM 資料表名稱;
```

也就是在欄位名稱前要加上資料表名稱，並以「.」符號加以串連，即可避免錯誤發生。

AS：設定選取欄位別名

在選取要顯示的欄位時，可能因為該欄位名稱不易判讀或是套用函式而不易顯示，可以使用 AS 設定顯示時使用的別名，讓顯示時不僅美觀，也更加容易了解。其基本格式如下：

```
SELECT 欄位名稱 AS 欄位別名
FROM 資料表名稱;
```

只要在選取的欄位後加上 AS 並設定別名，在使用時即可用這個別名取代原欄位的名稱。

例如要顯示「class」資料庫中 students 資料表中座號、姓名二個欄位的內容，並且以中文來做為欄位名稱，其語法與結果如下：

```
SELECT `cID` AS '座號', `cName` AS '姓名'
FROM `students`;
```

顯示的表格中欄位名稱已經變成所設定的別名。

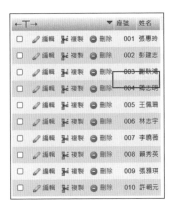

SELECT DISTINCT：去除重複資料顯示一筆

如果需要知道某個資料表欄位內有哪些不同的值，而每個值出現的次數並不重要時，可以使用 SELECT DISTINCT 的方式去達成，其基本的語法格式如下：

```
SELECT DISTINCT 欄位名稱
FROM 資料表名稱;
```

要注意的是一般在使用時只能選取一個欄位來做顯示。例如我們希望能夠知道全班學生共有幾種性別時 (雖然早就知道只有 M 與 F)，其語法與結果如下：

```
SELECT DISTINCT `cSex`
FROM `students`;
```

顯示的資料果然去除該欄重複的資料。

13.3.2 WHERE：設定篩選條件

在查詢資料時，並不是每一次都要顯示所有的內容。我們可能會為顯示的資料設定一些條件，來篩選顯示的內容，這就是 WHERE 指令的功能。

WHERE 基本語法

WHERE 的基本語法格式為：

```
SELECT 欄位名稱
FROM 資料表名稱
WHERE 條件敘述句;
```

例如想要由 students 資料表中挑出所有男性的資料，其語法與結果如下：

```
SELECT *
FROM `students`
WHERE `cSex` = 'M';
```

儲存學生性別的欄位為：「cSex」，女生的值為「F」，男生為「M」。若要顯示全部都是男生的資料，只要讓「cSex」欄位為「M」即可。

其中要注意的是：因為「cSex」欄位是列舉欄位，也是屬於文字性質的資料型別，所以在 SQL 語法中要使用「'」符號將值括起來，才能正確比對。

cID	cName	cSex	cBirthday	cEmail	cPhone	cAddr
002	彭建志	M	1987-07-01	jinglun@superstar.com	0918181111	台北市敦化南路93號5樓
003	謝耿鴻	M	1987-08-11	sugie@superstar.com	0914530768	台北市中央路201號7樓
004	蔣志明	M	1984-06-20	shane@superstar.com	0946820035	台北市建國路177號6樓
006	林志宇	M	1987-05-05	zhong@superstar.com	0951983366	台北市三民路1巷10號
010	許朝元	M	1993-08-10	albert@superstar.com	0918976588	台北市北環路2巷80號

比較運算子

在條件式中會使用比較運算子，功能大致與 PHP 的比較運算子類似：

運算子	說明	運算結果
=	相等	當兩者相等時成立
!=	不等於	當兩者不等時成立
<>	不等於	當兩者不等時成立
<	小於	前者小於後者時成立
>	大於	當前者大於後者時成立
<=	小於或等於	當前者比後者小或兩者一樣時成立
>=	大於或等於	當前者比後者大或兩者一樣時成立
IS NULL	是否為 NULL	指定的內容是否為 NULL 值

AND、OR、NOT：連接多個條件式

當在 SQL 語法中所要使用的條件式不只一個時，就要應用到比較運算子來結合不同的條件式。MySQL 使用 AND、OR、NOT 來連結多個條件式，其用法如下：

運算子	運算結果
AND	AND (且)，左右二方的條件都必須成立時。
OR	OR (或)，左右二方的條件有一成立時。
NOT	NOT(否)，條件不成立時。

例如想要由 students 資料表中找出座號大於 5 的男生，其語法與結果如下：

```
SELECT *
FROM `students`
WHERE `cID` > 5 AND `cSex` = 'M';
```

除了座號要大於 5，性別還必須是男生，所以使用 AND 串連二個條件式。

cID	cName	cSex	cBirthday	cEmail	cPhone	cAddr
006	林志宇	M	1987-05-05	zhong@superstar.com	0951983366	台北市三民路1巷10號
010	許朝元	M	1993-08-10	albert@superstar.com	0918976588	台北市北環路2巷80號

若想改成要由 students 資料表中找出座號不大於 5 的男生，其語法如下：

```
SELECT *
FROM `students`
WHERE NOT `cID` > 5 AND `cSex` = 'M';
```

cID	cName	cSex	cBirthday	cEmail	cPhone	cAddr
002	彭建志	M	1987-07-01	jinglun@superstar.com	0918181111	台北市敦化南路93號
003	謝耿鴻	M	1987-08-11	sugie@superstar.com	0914530768	台北市中央路201號
004	蔣志明	M	1984-06-20	shane@superstar.com	0946820035	台北市建國路177號

但若想改成要由 students 資料表中找出座號大於 5 的男生以外的資料，如下：

```
SELECT *
FROM `students`
WHERE NOT (`cID` > 5 AND `cSex` = 'M');
```

cID	cName	cSex	cBirthday	cEmail	cPhone	cAddr
001	張惠玲	F	1987-04-04	elven@superstar.com	0922988876	台北市清洲北路12號
002	彭建志	M	1987-07-01	jinglun@superstar.com	0918181111	台北市敦化南路93號5樓
003	謝耿鴻	M	1987-08-11	sugie@superstar.com	0914530768	台北市中央路201號7樓
004	蔣志明	M	1984-06-20	shane@superstar.com	0946820035	台北市建國路177號6樓
005	王佩珊	F	1988-02-15	ivy@superstar.com	0920981230	台北市忠孝東路520號6樓
007	李曉薇	F	1985-08-30	lala@superstar.com	0918123456	台北市仁愛路100號
008	賴秀英	F	1986-12-10	crystal@superstar.com	0907408965	台北市民族路204號
009	張雅琪	F	1988-12-01	peggy@superstar.com	0916456723	台北市建國北路10號

13.3.3 BETWEEN … AND：設定篩選範圍

BETWEEN … AND 基本語法

BETWEEN … AND 設定篩選範圍是加在 WHERE 之後，它的基本語法格式為：

```
SELECT  欄位名稱
FROM  資料表名稱
WHERE  欄位名稱
BETWEEN  起始值 AND  結束值
```

它的功能是設定篩選出某個欄位的值在起始值與結束值之間的資料。

設定數值篩選範圍

若是要找出在某個範圍之內的資料，可以使用 BETWEEN 開始敘述式，用 AND 來連結二個起始與終止的範圍值。例如我們如果由 students 資料表中找出座號大於 4 且 小於 6 的學生資料，其語法與結果如下：

```
SELECT *
FROM `students`
WHERE `cID`
BETWEEN 4 AND 6;
```

篩選後顯示的資料也會包含起始與終止值的內容。

cID	cName	cSex	cBirthday	cEmail	cPhone	cAddr
004	蔣志明	M	1984-06-20	shane@superstar.com	0946820035	台北市建國路177號6樓
005	王佩珊	F	1988-02-15	ivy@superstar.com	0920981230	台北市忠孝東路520號6樓
006	林志宇	M	1987-05-05	zhong@superstar.com	0951983366	台北市三民路1巷10號

其實 BETWEEN…AND 也可以用比較運算子與 AND 來取代，例如：

```
SELECT *
FROM `students`
WHERE `cID`>=4 AND `cID`<=6;
```

不過使用 BETWEEN…AND 的寫法精簡多了。

設定日期時間範圍

BETWEEN…AND 除了可以用來篩選數值型態資料的範圍外，也可以用來篩選日期時間型態資料的範圍。例如我們想要找尋出生日期在 1987 ～ 1988 之間的學生資料，其語法與結果如下：

```
SELECT * FROM `students`
WHERE `cBirthday`
BETWEEN '1987-01-01' AND '1988-12-31';
```

用來定義起始與結束的日期資料，請使用「'」符號將值括起來，才能正確比對。

cID	cName	cSex	cBirthday	cEmail	cPhone	cAddr
001	張惠玲	F	1987-04-04	elven@superstar.com	0922988876	台北市濟洲北路12號
002	彭建志	M	1987-07-01	jinglun@superstar.com	0918181111	台北市敦化南路93號5樓
003	謝耿鴻	M	1987-08-11	sugie@superstar.com	0914530768	台北市中央路201號7樓
005	王佩珊	F	1988-02-15	ivy@superstar.com	0920981230	台北市忠孝東路520號6樓
006	林志宇	M	1987-05-05	zhong@superstar.com	0951983366	台北市三民路1巷10號
009	張雅琪	F	1988-12-01	peggy@superstar.com	0916456723	台北市建國北路10號

13.3.4 IN：指定多個篩選值

IN 指定多個篩選值是加在 WHERE 之後，它的基本語法格式為：

```
SELECT 欄位名稱
FROM 資料表名稱
WHERE 欄位名稱 IN (欄位值1, 欄位值2,...);
```

若是設定篩選值時，想要直接由某個欄位指定幾個值來顯示，可以使用 IN 進行值的指定。指定的值必須放置在「( )」左右括號中，每個值之間以「,」逗號區隔。

例如我們想要由 students 資料表中找出座號為 1、3、5、7、9 的學生資料，其語法與結果如下：

```
SELECT *
FROM `students`
WHERE `cID` IN (1, 3, 5, 7, 9);
```

請將要指定的值寫在 IN 後，並以「,」逗號區隔，使用「( )」左右括號包圍。

cID	cName	cSex	cBirthday	cEmail	cPhone	cAddr
001	張惠玲	F	1987-04-04	elven@superstar.com	0922988876	台北市濟洲北路12號
003	謝耿鴻	M	1987-08-11	sugie@superstar.com	0914530768	台北市中央路201號7樓
005	王佩珊	F	1988-02-15	ivy@superstar.com	0920981230	台北市忠孝東路520號6樓
007	李曉薇	F	1985-08-30	lala@superstar.com	0918123456	台北市仁愛路100號
009	張雅琪	F	1988-12-01	peggy@superstar.com	0916456723	台北市建國北路10號

13.3.5 LIKE：設定字串比對的篩選值

萬用字元的使用

在文字資料中常要找以某些文字開頭、某些文字結尾，或是字串中包含哪些文字的內容，此時即可以使用 LIKE 運算子，並搭配以下萬用字元來進行查詢：

萬用字元	說明	範例
_（底線）	任何單一字元，一個中文字也代表一個字元。	條件：「LIKE '文 _ 閣'」，「文淵閣」符合，「文藏經閣」即不符合。
%	任何含有零或多個字元的字串。	條件：「LIKE '文 % 閣'」，「文淵閣」符合，「文藏經閣」都符合。

搜尋以某些字元或字串開頭或結尾的資料

例如想要由 students 資料表中找出電話號碼是「0918」開頭的學生資料，其語法與結果如下：

```
SELECT *
FROM `students`
WHERE `cPhone` LIKE '0918%';
```

cID	cName	cSex	cBirthday	cEmail	cPhone	cAddr
002	彭建志	M	1987-07-01	jinglun@superstar.com	0918181111	台北市敦化南路93號5樓
007	李曉薇	F	1985-08-30	lala@superstar.com	0918123456	台北市仁愛路100號
010	許朝元	M	1993-08-10	albert@superstar.com	0918976588	台北市北環路2巷80號

若是要找尋以某些字元或字串開頭或結尾的資料，只要將萬用字元放在關鍵字前即可。

搜尋內容包含某些字元或字串的資料

除了想找由什麼字開頭或結尾的資料，常用的搜尋還有找尋字串中有某個字元或字串的資料。例如想要由 students 資料表中找出學生的名字中有「志」這個字的學生資料，其語法與結果如下：

```
SELECT *
FROM `students`
WHERE `cName` LIKE '% 志 %';
```

「% 關鍵字或字串 %」搜尋方式是經常使用的，如此即可找出資料內是否包含指定的關鍵字或是字串。

cID	cName	cSex	cBirthday	cEmail	cPhone	cAddr
002	彭建志	M	1987-07-01	jinglun@superstar.com	0918181111	台北市敦化南路93號5樓
004	蔣志明	M	1984-06-20	shane@superstar.com	0946820035	台北市建國路177號6樓
006	林志宇	M	1987-05-05	zhong@superstar.com	0951983366	台北市三民路1巷10號

13.3.6 ORDER BY：設定查詢結果的排序

ORDER BY 基本語法

ORDER BY 的功能是用來設定欄位，進行排序查詢結果，它的基本語法如下：

```
SELECT 欄位名稱
FROM 資料表名稱
ORDER BY 指定排序的欄位 排序方式
```

其中排序方式有二種：

1. **ASC**：遞增排序，由小排到大，也是未指定時預設的排序方法。
2. **DESC**：遞減排序，由大排到小。

例如要將 students 資料表所有同學的資料依生日遞減排序，其語法與結果如下：

```
SELECT *
FROM `students`
ORDER BY `cBirthday` DESC;
```

cID	cName	cSex	cBirthday ▼ 1	cEmail	cPhone	cAddr
010	許朝元	M	1993-08-10	albert@superstar.com	0918976588	台北市北環路2巷80號
009	張雅琪	F	1988-12-01	peggy@superstar.com	0916456723	台北市建國北路10號
005	王佩珊	F	1988-02-15	ivy@superstar.com	0920981230	台北市忠孝東路520號6樓
003	謝耿鴻	M	1987-08-11	sugie@superstar.com	0914530768	台北市中央路201號7樓
002	彭建志	M	1987-07-01	jinglun@superstar.com	0918181111	台北市敦化南路93號5樓
006	林志宇	M	1987-05-05	zhong@superstar.com	0951983366	台北市三民路1巷10號
001	張惠玲	F	1987-04-04	elven@superstar.com	0922988876	台北市清洲北路12號
008	賴秀英	F	1986-12-10	crystal@superstar.com	0907408965	台北市民族路204號
007	李曉薇	F	1985-08-30	lala@superstar.com	0918123456	台北市仁愛路100號
004	蔣志明	M	1984-06-20	shane@superstar.com	0946820035	台北市建國路177號6樓

多欄位排序

使用 ORDER BY 還可以對多個欄位進行排序，只要在每個指定欄位與排序方法間加上以「,」逗號區隔即可，方式如下：

```
ORDER BY 指定排序的欄位1 排序方式1, 指定排序的欄位2 排序方式2, ...
```

例如要將 students 資料表所有同學的資料依性別遞增排序，再依生日遞減排序，其語法與結果如下：

```
SELECT *
FROM `students`
ORDER BY `cSex` ASC, `cBirthday` DESC;
```

顯示結果會先就性別的值進行遞增排序，因為是文字型態，會以字母的排序來做為依據。若是性別的值相同時，會再依生日進行遞減排序。

cID	cName	cSex ▲ 1	cBirthday ▼ 2	cEmail	cPhone	cAddr
009	張雅琪	F	1988-12-01	peggy@superstar.com	0916456723	台北市建國北路10號
005	王佩珊	F	1988-02-15	ivy@superstar.com	0920981230	台北市忠孝東路520號6樓
001	張惠玲	F	1987-04-04	elven@superstar.com	0922988876	台北市濟洲北路12號
008	賴秀英	F	1986-12-10	crystal@superstar.com	0907408965	台北市民族路204號
007	李曉薇	F	1985-08-30	lala@superstar.com	0918123456	台北市仁愛路100號
010	許朝元	M	1993-08-10	albert@superstar.com	0918976588	台北市北環路2巷80號
003	謝耿鴻	M	1987-08-11	sugie@superstar.com	0914530768	台北市中央路201號7樓
002	彭建志	M	1987-07-01	jinglun@superstar.com	0918181111	台北市敦化南路93號5樓
006	林志宇	M	1987-05-05	zhong@superstar.com	0951983366	台北市三民路1巷10號
004	蔣志明	M	1984-06-20	shane@superstar.com	0946820035	台北市建國路177號6樓

13.3.7 LIMIT：設定查詢顯示的筆數

LIMIT 可以設定查詢後由哪一筆開始顯示，並顯示多少筆數，它的基本語法如下：

```
SELECT 欄位名稱
FROM 資料表名稱
LIMIT 開始顯示的筆數, 顯示多少筆資料
```

在 MySQL 中資料筆數是由 0 開始計算。例如想要從頭顯示 5 筆資料語法如下：

```
LIMIT 0, 5
```

開始顯示的筆數是可以省略的，就代表是由資料第一筆開始，由剛才的範例可以改寫為：

```
LIMIT 5
```

LIMIT 是由查詢後的結果再進行擷取資料的動作，如果與 ORDER BY 進行排序搭配可以輕易取得最前的 10 筆資料或是最後的 10 筆資料的結果。也因為如此，LIMIT 在使用時必須放置在 ORDER BY 之後。

13.4 MySQL 常用函式

MySQL 資料庫系統本身提供了許多函式可供使用者搜尋資料時進行相關的處理，以下將分成幾個較常使用的函式類別加以介紹。

13.4.1 算術運算子與數學函式

面對數值資料欄位，可以使用算術運算子及數學函式對於欄位的值進行處理成為查詢結果。為了以下的範例說明，我們將要在 students 資料表新增二個欄位：「身高」、「體重」，其格式內容如下：

名稱	欄位名稱	資料型態	屬性	NULL	其他
身高	cHeight	TINYINT(3)	UNSIGNED	是	
體重	cWeight	TINYINT(3)	UNSIGNED	是	

新增欄位的語法如下：

```
ALTER TABLE `students`
ADD `cHeight` TINYINT(3) UNSIGNED NULL ,
ADD `cWeight` TINYINT(3) UNSIGNED NULL ;
```

欄位新增完畢之後，接著請依下圖將每個同學身高體重的資料更新：

cID	cName	cSex	cBirthday	cEmail	cPhone	cAddr	cHeight	cWeight
001	張惠玲	F	1987-04-04	elven@superstar.com	0922988876	台北市濱洲北路12號	160	49
002	彭建志	M	1987-07-01	jinglun@superstar.com	0918181111	台北市敦化南路93號5樓	175	72
003	謝耿鴻	M	1987-08-11	sugie@superstar.com	0914530768	台北市中央路201號7樓	162	65
004	蔣志明	M	1984-06-20	shane@superstar.com	0946820035	台北市建國路177號6樓	178	72
005	王佩珊	F	1988-02-15	ivy@superstar.com	0920981230	台北市忠孝東路520號6樓	164	45
006	林志宇	M	1987-05-05	zhong@superstar.com	0951983366	台北市三民路1巷10號	172	75
007	李曉薇	F	1985-08-30	lala@superstar.com	0918123456	台北市仁愛路100號	158	56
008	賴秀英	F	1986-12-10	crystal@superstar.com	0907408965	台北市民族路204號	166	48
009	張雅琪	F	1988-12-01	peggy@superstar.com	0916456723	台北市建國北路10號	168	50
010	許朝元	M	1993-08-10	albert@superstar.com	0918976588	台北市北環路2巷80號	169	68

算術運算子

在 MySQL 適用的 SQL 語法中，提供了許多算術運算子能對於選取的欄位進行計算，甚至對多個欄位進行統計，並成為查詢欄位的值。以下是 MySQL 中可以使用的算術運算子：

符號	說明	符號	說明
+	加法	*	乘法
-	減法	/	除法

例如要計算每個學生的標準體重，其公式為：(身高 − 70) × 0.6，並顯示一欄計算目前體重與標準體重的差距，語法與結果如下：

```
SELECT `cID` AS '座號', `cName` AS '姓名', `cHeight` AS '身高',
    `cWeight` AS '體重',
    (`cHeight`-70)*0.6 AS '標準體重',
    (`cWeight`-(`cHeight`-70)*0.6) AS '差距'
FROM `students`;
```

利用計算的結果來顯示「標準體重」與「差距」二欄。

其中「cHeight」與「cWeight」二欄在 SQL 語法中化為變數，經由算術運算子計算後的值為該欄的值，運算的原則與一般四則運算相同：先乘除後加減，有括號先計算。

座號	姓名	身高	體重	標準體重	差距
001	張惠玲	160	49	54.0	-5.0
002	彭建志	175	72	63.0	9.0
003	謝耿鴻	162	65	55.2	9.8
004	蔣志明	178	72	64.8	7.2
005	王佩珊	164	45	56.4	-11.4
006	林志宇	172	75	61.2	13.8
007	李曉薇	158	56	52.8	3.2
008	賴秀英	166	48	57.6	-9.6
009	張雅琪	168	50	58.8	-8.8
010	許朝元	169	68	59.4	8.6

數學函式

因為加減乘除的運算方式有些還不足以實際使用，MySQL 也提供了許多好用的數學函式，可以進行更複雜的運算，以下是 MySQL 常用的數學函式：

函式	說明
ABS(數值)	取絕對值。
POW(基數 , 次方數)	取次方值。
SQRT(數值)	取平方根。
PI()	取得圓周率值，pi() = 3.1415926535898。
ROUND(數值 [, 小數位數])	取得四捨五入的值，可設定要取到小數第幾位，預設是 0。

例如，計算每個學生的 BIM 值，其公式為：體重除以身高的平方 (BMI = kg/m^2)，其語法與結果如下：

```
SELECT `cID` AS '座號',`cName` AS '姓名',`cHeight` AS '身高',`cWeight`
    AS '體重',
    ROUND((`cWeight`/POW((`cHeight`/100),2)),2) AS 'BMI值'
FROM `students`;
```

先將「身高」除以 100 轉為公尺，再用 POW() 函式計算出二次方值。接著使用「體重」除以這個值後取得 BMI 值，但為了美觀，再利用 ROUND() 函式四捨五入取到小數第二位，即可成功顯示。

您會發現 MySQL 數學函式與 PHP 數學函式十分相似，使用方法也相同。

座號	姓名	身高	體重	BMI值
001	張惠玲	160	49	19.14
002	彭建志	175	72	23.51
003	謝耿鴻	162	65	24.77
004	蔣志明	178	72	22.72
005	王佩珊	164	45	16.73
006	林志宇	172	75	25.35
007	李曉薇	158	56	22.43
008	賴秀英	166	48	17.42
009	張雅琪	168	50	17.72
010	許朝元	169	68	23.81

13.4.2 日期時間函式

MySQL 可以使用日期時間函式處理資欄位或是語法中相關的部分,常用的函式如下:

函式	説明
NOW ()	返回目前日期時間,格式為「YYYY-MM-DD HH:MM:SS」、「YYYYMMDDHHMMSS」或時間戳記,依需求返回。
CURDATE();	返回目前系統年月日。 也可寫為 CURRENT_DATE(), CURRENT_DATE。
CURTIME();	返回目前系統時分秒。 CURRENT_TIME(), CURRENT_TIME。
YEAR (日期時間)	返回指定時間的年份,範圍在 1000 到 9999。
MONTH (日期時間)	返回指定時間的月份,範圍在 1 到 12。
DAY(日期時間)	返回指定時間的日期,在 1 到 31 範圍內。
DATE(日期時間)	返回指定時間的年月日。
TIME(日期時間)	返回指定時間的時分秒。
HOUR (日期時間)	返回指定時間的小時,範圍在 0 到 23。
MINUTE (日期時間)	返回指定時間的分鐘,範圍在 0 到 59。
SECOND (日期時間)	返回指定時間的秒數,範圍在 0 到 59。
DAYNAME (日期時間)	返回指定時間的星期名,如 Sunday、Monday 等。
MONTHNAME (日期時間)	返回指定時間的月份名,如 January, February 等。
QUARTER (日期時間)	返回指定時間一年中的季度,範圍 1 到 4。
DAYOFWEEK (日期時間)	返回指定時間的星期索引 (1= 週日 , 2= 週一 , … ,7= 週六)。
DAYOFMONTH (日期時間)	與 DAY() 相同,返回指定時間的日期,在 1 到 31 範圍內。
DAYOFYEAR (日期時間)	返回指定時間在一年中的日數,在 1 到 366 範圍內。
LAST_DAY(日期時間)	返回指定時間該月的最後一天,一般可用來判斷是否為閏年。
TO_DAYS(日期時間)	返回指定時間由西元元年到目前的天數。

例如想要篩選出生日的日期在星期二的同學，其語法與結果如下：

```
SELECT * FROM `students`
WHERE DAYNAME(`cBirthday`)='Tuesday';
```

cID	cName	cSex	cBirthday	cEmail	cPhone	cAddr	cHeight	cWeight
003	謝耿鴻	M	1987-08-11	sugie@superstar.com	0914530768	台北市中央路201號7樓	162	65
006	林志宇	M	1987-05-05	zhong@superstar.com	0951983366	台北市三民路1巷10號	172	75
010	許朝元	M	1993-08-10	albert@superstar.com	0918976588	台北市北環路2巷80號	169	68

利用 DAYNAME() 函式得到「cBirthday」欄位的星期名，若為「Tuesday」表示該位學生為星期二出生。

例如想要篩選出今年 29 歲的同學，其語法與結果如下：

```
SELECT * FROM `students`
WHERE YEAR(NOW())-YEAR(`cBirthday`)=29;
```

利用 YEAR(NOW()) 取得目前的年份，再用 YEAR() 函式得到「cBirthday」欄位的年份，二數相減等於 29 的資料為結果。

cID	cName	cSex	cBirthday	cEmail	cPhone	cAddr	cHeight	cWeight
010	許朝元	M	1993-08-10	albert@superstar.com	0918976588	台北市北環路2巷80號	169	68

日期時間的運算十分重要，多多善用 MySQL 中的日期時間函式，可以免除再利用 PHP 的時間函式去做計算的動作，讓程式達到更好的效能。

13.4.3 統計函式

MySQL 的還提供許多統計函式,可以統計出一些資料表中的彙整資料。

為了以下的範例說明,我們要在「class」資料庫中再加入一個儲存成績的資料表:「scorelist」,以下是這個資料表欄位的規劃:

名稱	欄位名稱	資料型態	屬性	NULL	其他
編號	id	TINYINT(4)	USIGNED	否	主鍵,auto_increment
座號	cID	TINYINT(2)	USIGNED ZEROFILL	否	
科目	course	ENUM(' 國文 ', ' 英文 ', ' 數學 ')		否	預設為國文
分數	score	TINYINT(3)		否	

請在建立好資料表結構之後,再填入每個同學三科的成績:

編號	座號	科目	分數	編號	座號	科目	分數	編號	座號	科目	分數
1	01	國文	82	11	01	英文	67	21	01	數學	87
2	02	國文	68	12	02	英文	87	22	02	數學	52
3	03	國文	78	13	03	英文	88	23	03	數學	76
4	04	國文	85	14	04	英文	92	24	04	數學	56
5	05	國文	80	15	05	英文	55	25	05	數學	72
6	06	國文	76	16	06	英文	62	26	06	數學	80
7	07	國文	90	17	07	英文	65	27	07	數學	38
8	08	國文	87	18	08	英文	40	28	08	數學	68
9	09	國文	78	19	09	英文	89	29	09	數學	90
10	10	國文	65	20	10	英文	64	30	10	數學	61

您也可以利用本章範例資料夾中的 <scorelist.sql>,直接由 phpMyAdmin 匯入來完成資料表的建置。

SUM()：合計值

可以統計出選取欄位的總合，例如想要算出全班國文、英文及數學的總分：

```
SELECT SUM(`score`)
FROM `scorelist`;
```

您可以由結果知道整個班成績的總分。若只想要知道全班國文分數的總分，可以在 SQL 語法加上「WHERE」來篩選資料：

```
SELECT SUM(`score`)
FROM `scorelist`
WHERE `course` = '國文';
```

AVG()：平均值

可以統計出選取欄位的平均值，例如想要算出全班國文的平均分數：

```
SELECT AVG(`score`)
FROM `scorelist`
WHERE `course` = '國文';
```

COUNT()：計次

可以統計出選取欄位的出現次數，例如想要由 students 資料表統計出全班人數：

```
SELECT COUNT(*)
FROM `students`;
```

MAX()、MIN()：最大值、最小值

可以統計出選取欄位的最大值或最小值，例如想要找出全班國文的最高分：

```
SELECT MAX(`score`)
FROM `scorelist`
WHERE `course` = '國文';
```

若想要找出全班數學的最低分:

```
SELECT MIN(`score`)
FROM `scorelist`
WHERE `course` = '數學';
```

GROUP BY:分組排列

在以上的範例中,您會發現只能選取一欄來做統計顯示,若要顯示統計以外的欄位,要使用到 GROUP BY 的語法。例如想要顯示每個學生的總分:

cID	SUM(`score`)
01	236
02	207
03	242
04	233
05	207
06	218
07	193
08	195
09	257
10	190

```
SELECT `cID` , SUM( `score` )
FROM `scorelist`
GROUP BY `cID`;
```

由結果看來,MySQL 先以「cID」欄位分類排列後,將相同的「cID」的「score」分數欄位加總來顯示,如此就可以顯示每個學生三科總合的分數。

> **註** 在使用 GROUP BY 的 SQL 敘述句中,非統計欄位的欄位都必須加入 GROUP BY 的欄位,並以「,」逗號分隔,才能正確計算出結果。

HAVING:GROUP BY 的條件式

若希望對於 GROUP BY 的 SQL 敘述句再加上條件式的限制,就不能使用「WHERE」的方法,而是「HAVING」。例如想要顯示座號 1~5 同學的分數總計:

cID	SUM(`score`)
01	236
02	207
03	242
04	233
05	207

```
SELECT `cID`, SUM(`score`)
FROM `scorelist`
GROUP BY `cID`
HAVING `cID`<= 5;
```

13.4.4 字串函式

字串函式是以字串型別的資料進行處理，在 SQL 語法中無論是字串型別的資料欄位或是以「'」包括的字串，都可以利用這些函式進行內容的調整或處理，以下是 MySQL 常用的字串函式：

函式	說明
CONCAT(字串 , 字串 , ….)	能將參數中的字串組合成一個字串，若指定的字串內容是數字或日期時間，也會被轉換為字串型別的資料。
LENGTH(字串)	回傳指定字串的長度
LOCATE(字串 1, 字串 2)	回傳字串 1 在字串 2 中第一次出現的位置是第幾個字
INSTR(字串 1, 字串 2)	與 LOCATE 功能相同，但字串的位置不同：回傳字串 2 在字串 1 中第一次出現的位置是第幾個字。
LEFT(字串 , 長度)	由左邊取得字串中指定長度的內容
RIGHT(字串 , 長度)	由右邊取得字串中指定長度的內容
SUBSTRING(字串 , 起始字數 , 取出字數)	由字串中取出從起始字數開始到指定字數為止的內容
TRIM([位置 , 取代的字串 FROM] 字串)	去除字串開始處與結束處的空白。位置的選項：LEADING (起頭)、TRAILING (結尾) 及 BOTH (起頭及結尾)。
LTRIM(字串)	去除字串起始處的空白
RTRIM(字串)	去除字串結束處的空白
REPLACE(字串 , 搜尋字串 , 取代字串)	在字串中搜尋指定字串，並以指定字串取代。
INSERT(字串 , 開始字數 , 字串長度 , 新增字串)	在字串中的第幾個字後新增一個指定長度的新增字串
LCASE(字串) LOWER(字串)	將字串中的英文字元轉小寫
UCASE(字串) UPPER(字串)	將字串中的英文字元轉大寫

例如在 students 資料表中，每個學生的英文名字就是電子郵件中「@」之前的帳號名稱，如果希望可以顯示一欄的內容格式為：「學生中文姓名 (英文名字)」，方式如下：

```
SELECT CONCAT(`cName`,'(',SUBSTRING(`cEmail`,1,INSTR(`cEmail`,'@')-1),')')
FROM `students`;
```

使用 INSTR() 函式取得「@」在「cEmail」欄位出現的位置，再使用 SUBSTR() 函式取得「cEmail」欄位由第 1 個字到「@」出現位置前的字串，最後再使用 CONCAT() 函式將「cName」欄位與左右括號及剛才取出的字串結合。

CONCAT(`cName`,'(' ,SUBSTRING(`cEmail`,1,INSTR(`cEmail`,'@')-1),')')
張惠玲(elven)
彭建志(jinglun)
謝耿鴻(sugie)
蔣志明(shane)
王佩珊(ivy)
林志宇(zhong)
李曉薇(lala)
賴秀英(crystal)
張雅琪(peggy)
許朝元(albert)

13.5 新增、更新與刪除資料

查詢雖然是資料庫中重要的功能，但是新增、更新與刪除資料的動作，才是維護資料庫內容的主要核心功能，以下將說明 SQL 語法中新增、更新與刪除資料的指令與語法。

13.5.1 INSERT：新增資料

INSERT 基本語法

可以使用 INSERT 語法為資料表新增資料，其基本語法如下：

```
INSERT [INTO] 資料表名稱 [( 欄位名稱1, 欄位名稱2, …)]
VALUES ( 值 1, 值 2, …);
```

其中欄位名稱的數量必須與值相等，而且所新增的欄位值在資料型態與屬性必須符合該欄位的設定。例如我們要繼續新增 5 位同學的資料進入 students 資料表，其個人資料如下：

座號	姓名	性別	生日	電子郵件	電話	住址	身高	體重
11	李柏恩	男	1981-06-15	born@superstar.com	0929011234	台中市美村南路 12 號	176	89
12	周柔揉	女	1994-07-18	yoyo@superstar.com	0988647834	台北縣永和路 8 號	174	60
13	吳政傑	男	1985-09-08	tahai@superstar.com	0912678884	高雄縣三多路 49 號	168	58
14	楊伯承	男	1990-08-01	evo@superstar.com	0955689145	桃園縣中正二路 10 號	171	61
15	陳鈺嬋	女	1992-06-16	silvia@superstar.com	0932564379	新竹縣中山路 100 號	162	49

新增資料省略欄位的處理

自動編號的主鍵可以不加在新欄位中，我們以第一筆資料為例，其語法如下：

```
INSERT INTO `students` (`cName` ,`cSex` ,`cBirthday` ,`cEmail`
    ,`cPhone` ,`cAddr` ,`cHeight` ,`cWeight` )
VALUES ('李柏恩', 'M', '1981-06-15', 'born@superstar.com', '0929011234',
    '台中市美村南路12 號 ', '176', '89');
```

其中要注意的是欄位「cID」為主鍵，其屬性為「auto_increment」自動編號，所以在新增時請不要選擇該欄並設定其值，該筆資料在新增時會自動依目前編號而自動累加填入。

若是欄位有預設值可以不加在新增欄位中，接著新增第二筆資料，其語法如下：

```
INSERT  INTO  `students`  (`cName`,`cBirthday` ,`cEmail` ,`cPhone`
    ,`cAddr` ,`cHeight` ,`cWeight` )
VALUES ('周柔揉', '1994-07-18', ' yoyo@superstar.com ', '0988647834', '
    台北縣永和路 8 號 ', '174', '60');
```

因為「性別」欄有預設值：「F」(女)，該筆資料可以適用預設值就可以不給值。

 若要插入資料的欄位允許插入空白值 (NULL)，可以使用「NULL」為值插入。若該欄位沒有指定值插入，會自動填入「NULL」為值。

新增多筆資料

您可以一次新增多筆資料，只要將 INSERT 語法中 VALUES 後方多筆資料的值以「,」加以區隔即可，例如請接續以上的範例，繼續新增以下的三筆資料：

```
INSERT  INTO  `students`  (`cName` ,`cSex` ,`cBirthday` ,`cEmail`
    ,`cPhone` ,`cAddr` ,`cHeight` ,`cWeight` ) VALUES
('吳政傑 ', 'M', '1985-09-08', 'tahai@superstar.com', '0912678884', ' 高
    雄縣三多路 49 號 ', '168', '58'),
('楊伯承 ', 'M', '1990-08-01', 'evo@superstar.com', '0955689145', ' 桃園縣
    中正二路 10 號 ', '171', '61'),
('陳鈺嬋 ', 'F', '1992-06-16', 'silvia@superstar.com', '0932564379', ' 新
    竹縣中山路 100 號 ', '162', '49');
```

011	李柏恩	M	1981-06-15	born@superstar.com	0929011234	台中市美村南路12號	176	89
012	周柔揉	F	1994-07-18	yoyo@superstar.com	0988647834	台北縣永和路8號	174	60
013	吳政傑	M	1985-09-08	tahai@superstar.com	0912678884	高雄縣三多路49號	168	58
014	楊伯承	M	1990-08-01	evo@superstar.com	0955689145	桃園縣中正二路10號	171	61
015	陳鈺嬋	F	1992-06-16	silvia@superstar.com	0932564379	新竹縣中山路100號	162	49

13.5.2 UPDATE：更新資料

可以使用 UPDATE 語法為資料表更新資料，其基本語法如下：

UPDATE 資料表名稱

```
SET 欄位名稱1 = 值 1, 欄位名稱2 = 值 2, ...
WHERE 條件式;
```

UPDATE 更新資料的動作可以一次更動多筆資料的內容，所以 WHERE 後加上的條件式十分重要，只要符合條件即會進行更新的動作，要特別注意。

例如要修改座號為 11 的同學的身高體重，其語法及結果如下：

```
UPDATE `students`
SET `cHeight`=174, `cWeight`=92
WHERE `cID`=11;
```

為了要精確指出更新的資料，最好使用該資料的主鍵做為條件式的篩選值。以本資料表為例是以座號為主鍵，所以使用座號做為篩選值是最好的。

| 011 | 李柏恩 | M | 1981-06-15 | born@superstar.com | 0929011234 | 台中市美村南路12號 | | 174 | 92 |

13.5.3 DELETE：刪除資料

可以使用 DELETE 語法為資料表刪除資料，其基本語法如下：

```
DELETE FROM 資料表名稱
WHERE 條件式;
```

DELETE 刪除資料的動作可以一次刪除多筆資料的內容，所以 WHERE 後加上的條件式十分重要，只要符合條件的資料內容即會刪除，要特別注意。

例如要刪除座號大於 11 的同學的資料，其語法及結果如下：

```
DELETE FROM `students`
WHERE `cID`>11;
```

如此一來會將剛才新增的學生資料留下第 11 筆，其餘的一次刪除掉。

13.6 多資料表關聯查詢

除了在一個資料表中選取欄位進行查詢,我們也可以在多個資料表中選取不同的欄位,進行查詢的動作。這樣的查詢方式是必須有前提的,那就是資料表之間要有一欄可以指定相關或是建立關聯。

13.6.1 結合資料表的查詢

結合資料表的基本語法

若要結合二個資料表的基本語法如下:

```
SELECT 顯示欄位…
FROM 資料表 A, 資料表 B
WHERE 資料表 A.相關欄位 = 資料表 B.相關欄位
```

以剛才的範例來說:在「class」資料庫中 students 資料表與「scorelist」資料表,分別記錄著學生的個人資料及成績。在這二個資料表中可以使用 cID 欄位結合並進行查詢。

students 資料表　　　　　　　　　　　　　　　　　　　　**scorelist 資料表**

相關欄位

如果想要製作出顯示學生座號、姓名及其國文成績的查詢,其語法與結果如下:

```
SELECT `students`.`cID` , `students`.`cName` , `scorelist`.`score`
FROM `students` , `scorelist`
WHERE `students`.`cID` = `scorelist`.`cID`
AND `scorelist`.`course` = '國文';
```

因為二個資料表中可能會有相同名稱的欄位，所以指定顯示的欄位時，必須要明確指定資料表的名稱與欄位，其格式為：「資料表名稱.欄位名稱」。除了結合欄位的條件式外，因為還增加了選擇科目為國文的條件式，所以要用「AND」連結。

cID	cName	score
1	張惠玲	82
2	彭建志	68
3	謝耿鴻	78
4	蔣志明	85
5	王佩珊	80
6	林志宇	76
7	李曉薇	90
8	賴秀英	87
9	張雅琪	78
10	許朝元	65

如此即能結合二個資料表顯示在同一個結果中。

加入統計欄位

若在結合資料表的查詢中加入了統計的欄位，非統計欄位的欄位都必須加入 GROUP BY 的欄位，並以「,」逗號分隔，如此才能正確計算出結果。

例如想要顯示同學的座號、姓名、總分及總平均的查詢，其語法與結果如下：

```
SELECT `students`.`cID`,`students`.`cName`
,SUM(`scorelist`.`score`),AVG(`scorelist`.`score`)
FROM `students`,`scorelist`
WHERE `students`.`cID` = `scorelist`.`cID`
GROUP BY `students`.`cID`,`students`.`cName`
```

GROUP BY 出現的位置要在 FROM 及 WHERE 之後。

cID	cName	SUM(`scorelist`.`score`)	AVG(`scorelist`.`score`)
1	張惠玲	236	78.6667
2	彭建志	207	69.0000
3	謝耿鴻	242	80.6667
4	蔣志明	233	77.6667
5	王佩珊	207	69.0000
6	林志宇	218	72.6667
7	李曉薇	193	64.3333
8	賴秀英	195	65.0000
9	張雅琪	257	85.6667
10	許朝元	190	63.3333

13.6.2 使用 JOIN 結合資料表

JOIN 的基本語法

若要 JOIN 語法結合二個資料表的基本語法如下:

```
SELECT 顯示欄位…
FROM 資料表 A [INNER] JOIN 資料表 B
ON A.相關欄位 = 資料表 B.相關欄位
```

另一個方式為:

```
SELECT 顯示欄位…
FROM 資料表 A [INNER] JOIN 資料表 B
USING (相關欄位)
```

在這個語法中,JOIN 也可以使用 INNER JOIN 取代,功能相同。

以剛才的範例來修改:如果想要製作出一個顯示學生座號、姓名及其國文成績的查詢,使用 JOIN 的方法其語法與結果如下:

```
SELECT `students`.`cID` , `students`.`cName` , `scorelist`.`score`
FROM `students` JOIN `scorelist`
ON `students`.`cID` = `scorelist`.`cID`
WHERE `scorelist`.`course` = '國文';
```

由語法的結構來看,ON 的使用讓整個 SQL 語法更容易閱讀,並將條件式獨立在 WHERE 的子句中。

cID	cName	score
1	張惠玲	82
2	彭建志	68
3	謝耿鴻	78
4	蔣志明	85
5	王佩珊	80
6	林志宇	76
7	李曉薇	90
8	賴秀英	87
9	張雅琪	78
10	許朝元	65

LEFT JOIN、RIGHT JOIN 語法

無論是用上述何種方式結合資料表，在二邊的資料表都要有資料才會顯示，只要有一方沒有即不會出現在結果中。例如若有一個學生沒有登錄成績，就不會在結果中顯示這個學生的資訊，如此很容易會有漏失資訊的情況發生！

此時可以使用 LEFT JOIN 或 RIGHT JOIN 的方法來執行資料表連結，語法為：

```
SELECT  顯示欄位…
FROM  資料表 A LEFT|RIGHT JOIN  資料表 B
ON A.相關欄位 = 資料表 B.相關欄位
```

在剛才範例中最後留下了一個新增同學的資料，但是並沒有登錄學生成績，我們希望可以列出全班同學每個人的成績總分與平均。所以使用原來方式來處理時，您會發現並不會列示尚未登錄成績的同學資料：

cID	cName	SUM(`scorelist`.`score`)	AVG(`scorelist`.`score`)
1	張惠玲	236	78.6667
2	彭建志	207	69.0000
3	謝耿鴻	242	80.6667
4	蔣志明	233	77.6667
5	王佩珊	207	69.0000
6	林志宇	218	72.6667
7	李曉敏	193	64.3333
8	賴秀英	195	65.0000
9	張雅琪	257	85.6667
10	許翔元	190	63.3333

```
SELECT  `students`.`cID`,
        `students`.`cName`,
        SUM(`scorelist`.`score`),
        AVG(`scorelist`.`score`)
FROM    `students`,`scorelist`
WHERE   `students`.`cID` = `scorelist`.`cID`
GROUP BY `students`.`cID`, `students`.`cName`
```

若改為 LEFT JOIN 的方式來連結資料表，會發現主資料表的值在另一個資料表中還沒有資料，所以在顯示時會以「NULL」顯示。

cID	cName	SUM(`scorelist`.`score`)	AVG(`scorelist`.`score`)
1	張惠玲	236	78.6667
2	彭建志	207	69.0000
3	謝耿鴻	242	80.6667
4	蔣志明	233	77.6667
5	王佩珊	207	69.0000
6	林志宇	218	72.6667
7	李曉敏	193	64.3333
8	賴秀英	195	65.0000
9	張雅琪	257	85.6667
10	許翔元	190	63.3333
11	李柏恩	NULL	NULL

```
SELECT  `students`.`cID`,
        `students`.`cName`,
        SUM(`scorelist`.`score`),
        AVG(`scorelist`.`score`)
FROM    `students` LEFT JOIN `scorelist`
ON      `students`.`cID` = `scorelist`.`cID`
GROUP BY `students`.`cID`, `students`.`cName`
```

延 伸 練 習

一、是非題

1. (　) SQL 的全名是結構化查詢語言(Structured Query Language)，是用於資料庫中的標準數據查詢語言。

2. (　) SQL 是目前關聯式資料庫系統所使用的查詢語法的標準，使用者可以應用 SQL 語法對資料庫系統進行資料的存取、編輯、刪除及管理等動作。

3. (　) SQL 語法的內容是利用複雜的程式語法構成，應用上需要不斷的記憶、學習。

4. (　) SQL 語法是由一系列的指令所組成的，最後採用一個「。」句號來結尾，其中可以任意斷行。

5. (　) 在 SQL 指令中只要使用到資料表欄位名稱時，可以利用「( )」左右括號將名稱包圍，就可輕易解決命名保留字的問題。

二、選擇題

1. (　) 若要變更資料庫及資料表內容時，可以使用下列哪個指令？
   (A) CREATE　(B) DROP　(C) ALTER　(D) SELECT

2. (　) 使用 SELECT 查詢資料表的結果中，如何去除重複資料只顯示一筆？
   (A) SELECT *　(B) SELECT AS　(C) SELECT IN
   (D) SELECT DISTINCT

3. (　) 使用 SELECT 查詢資料表並以 WHERE 設定篩選值，下列何者不能使用來連結二個條件式？
   (A) AND　(B) OR　(C) XO　(D) NOT

4. (　) 在 LIKE 比對的萬用字元中，何者代表任何單一字元？
   (A) %　(B) _　(C) &　(D) *

5. (　) 在 LIKE 比對的萬用字元中，何者代表任何含有零或多個字元的字串？
   (A) %　(B) _　(C) &　(D) *

延 伸 練 習

6. ( ) 在 MySQL 的數學函式中，下列何者可以設定小數位數？
   (A) ROUND()   (B) RAND()   (C) POW()   (D) ABS()

7. ( ) 在 MySQL 的數學函式中，下列何者可以取得指定時間由西
   元元年到目前的天數？
   (A) DATE()   (B) NOW()   (C) DATETIME()   (D) TO_DAYS()

8. ( ) 在 MySQL 的統計函式中，下列何者選取某一欄的平均值呢？
   (A) SUM()   (B) COUNT()   (C) AVG()   (D) MAX()

9. ( ) 在 MySQL 的統計函式中，使用 GROUP BY 分組排列後設
   條件式要用？
   (A) SET   (B) WHERE   (C) HAVING   (D) CASE

10.( ) 在新增資料到資料表時，哪些欄位可以不填值？
   (A) 欄位為主鍵且設定 auto_increment。
   (B) 欄位有預設值。
   (C) 欄位屬性設定為允許空值。
   (D) 以上皆是。

三、問答題

1. SQL 語法在應用上對於 DDL (Data Definition Language)：定義資料
   庫物件使用的語法是很基礎而重要的，其中重要的關鍵字與功能為何？

2. SQL 語法在應用上對於 DML (Data Manipulation Language)：查詢
   維護資料庫資料內容的語法在使用上是更重要的，其中重要的關鍵字
   與功能為何？

MEMO

14

CHAPTER

PHP 與 MySQL 資料庫

PHP 中提供許多操作 MySQL 資料庫的相關函式，能夠讓使用者存取 MySQL 資料庫中的資料。PHP 在使用 MySQL 資料庫的資源時必須經過以下的流程：建立連線、選擇資料庫、操作資料表、取得結果與讀取資料回傳。

其中 PHP 對於 MySQL 的操作大部分都是應用 SQL 指令，所以若想要快速上手 PHP 與 MySQL 的整合應用，對於 SQL 語法要有相當的基礎。

⊙ 認識 PHP 與 MySQL 的運作
⊙ 使用 MySQLi 函式操作資料庫
⊙ 使用 Mysqli 物件操作 MySQL
⊙ Prepared Statements：預備語法
⊙ 使用 PDO 物件操作 MySQL
⊙ PHP 與 MySQL 存取的安全性
⊙ 新增、讀取、更新與刪除資料
⊙ 查詢資料分頁

14.1 認識 PHP 與 MySQL 的運作

一路認識了 MySQL 的資料庫、資料表及欄位的建置,到使用 SQL 指令來操作資料的新增、查詢、修改與刪除等動作,本章將要說明如何使用 PHP 程式來結合 MySQL 資料庫進行整合運作。

PHP 中提供許多操作 MySQL 資料庫的相關函式,能夠讓使用者存取 MySQL 資料庫中的資料。PHP 在使用 MySQL 資料庫的資源時,必須經過以下的流程:

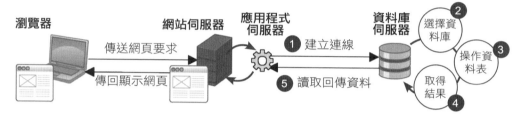

在瀏覽器的使用者網頁伺服器提出要求後,應用程式根據需求準備對資料庫進行操作:

1. **建立連線**:與資料庫伺服器進行連線,必須賦予正確的帳號、密碼,並在權限檢查無誤的狀況下,才能正確連上資料庫伺服器。

2. **選擇資料庫**:連上資料庫伺服器之後,即可選擇要使用的資料庫。

3. **操作資料表**:從資料庫中對資料表進行查詢、新增、修改、刪除資料…等動作。

4. **取得結果**:若上個步驟是進行查詢的動作,即可由此將結果儲存在資源中。

5. **資料回傳**:將儲存在資源中的結果讀出化為內容回傳,最後關閉資料庫連線。

在這些步驟中,PHP 都提供了相關的函式,讓使用者可以完成相關的動作與要求。其中 PHP 對於 MySQL 的操作大部分都是應用 SQL 指令,所以若想要快速上手 PHP 與 MySQL 的整合應用,對於 SQL 語法得要有相當的基礎。

PHP 5.3 之後內建了 MySQLi 取代原來的 MySQL 擴充程式進行 MySQL 資料庫的操作。MySQLi 支援物件導向,使用者除了可以使用傳統的函式或是物件導向的方式操作資料庫,MySQLi 除了提供了相對的進階功能,也大大增強了使用的安全性與效能。在本書中的所有範例將會全面介紹使用 MySQLi 。

14.2 使用 MySQLi 函式操作資料庫

MySQLi 是原來 PHP 中 MySQL 擴充程式的加強版，PHP 可以使用 MySQLi 函式以原來相同的方式進行資料庫的連結、存取、查詢等動作。

14.2.1 mysqli_connect()：建立資料連結

在 PHP 中可以使用 mysqli_connect() 函式建立與 MySQL 之間的連線，其語法格式如下：

```
mysqli_connect(MySQL 伺服器位址, 帳號, 密碼, 資料表, 連線埠位)
```

其中資料表及連線埠位非必填，可以使用預設值。

我們曾說明過，MySQL 在連線時必須有三個關卡，一是檢查連線來源的 IP 是否合法，再來是帳號與密碼是否正確，最後是該帳號是否有適當的權限。

舉例來說如果要連結到目前本機的 MySQL 資料庫伺服器，其帳號、密碼為：「root」、「1234」，程式碼的內容為：

```
mysqli_connect("localhost", "root", "1234");
```

要注意的是在 mysqli_connect() 函式中使用的參數，都是以字串的方式來填入。

若要連結到非本機的 MySQL 資料庫伺服器，可以設定伺服器的位址或是網域名稱。例如要連結到主機 IP 為「192.168.0.50」的 MySQL 資料庫伺服器，其帳號、密碼為：「root」、「1234」，程式碼內容為：

```
mysqli_connect("192.168.0.50", "root", "1234");
```

使用 mysqli_connect() 連線後會回傳一個連接識別碼 (link identifier)，否則會回傳 FALSE 值。

以下的範例我們將依連結後的結果來顯示訊息：

程式碼：php_mysql1.php	儲存路徑：C:\htdocs\ch14

```
1   <?php
2       $db_link = mysqli_connect("localhost", "root", "1234");
3       if (!$db_link) {
```

```
4       die(" 資料連結失敗 ");
5    }else{
6       echo " 資料連結成功 ";
7    }
8  ?>
```

執行結果　　　　　　　　執行網址：http://localhost/ch14/php_mysql1.php

程式說明

2 　使用 mysqli _ connect() 函式連結本機 MySQL 資料庫伺服器，並將連接識別碼回傳至 $db _ link 中。

3~7 　如果 $db _ link 為 FALSE 則顯示連結失敗的訊息，若成功顯示成功的訊息。

使用 **mysqli_connect()** 函式建立連線後，在預設狀況下是在程式碼執行完畢之後即會自動關閉。若有需要在程式中先行關閉連線，可以使用 **mysqli_close()** 函式進行關閉的動作，其語法格式如下：

mysqli _ close([連接識別碼])

使用 **mysqli_connect()** 函式連接資料庫伺服器成功後會產生連接識別碼，使用 **mysqli_close()** 函式時可以直接指定要關閉的連線，若沒有指定即會關閉最新的一個連線。

14.2.2 設定字元集與編碼

在第 12 章中曾深入討論了 MySQL 字元集與編碼的問題，現在我們要利用 PHP 的函式來使用 MySQL 資料庫資源也必須遵守一樣的規則。如果 MySQL 資料庫本身的字元集與編碼是使用 big5 繁體中文，而 PHP 程式中卻是使用 utf-8 的編碼進行連線，那顯示的結果就必然會是亂碼了！

在本書中我們統一使用 utf-8 的字元集與編碼資料庫進行存取的動作，所以在建立資料連線之後就必須馬上宣告，如此一來就不會發生 PHP 存取編碼與資料庫設定編碼不同步的狀況發生。

此時可以使用 mysqli_query() 函式來設定字元集與編碼，其語法格式如下：

```
mysqli_query( 連接識別碼 , SQL 指令字串 )
```

mysqli_query() 函式可以執行指定的 **SQL** 指令，而設定字元集與編碼的指令為：

```
SET NAMES '編碼方式' 或是 SET NAMES 編碼方式
```

如此結合起來，我們若要設定目前程式字元集與編碼為 **utf-8** 程式碼如下：

```
mysqli_query($db_link, "SET NAMES 'utf8'");
```

或是：

```
mysqli_query($db_link, "SET NAMES utf8");
```

14.2.3 建立連線引入檔

使用引入檔的好處

在 PHP 程式中使用 MySQL 資料庫伺服器中的資源，都必須經過建立資料連線，若能將這個流程程式碼儲存成單獨檔案，以後只要需要使用到資料庫時就可將這個檔案引入，即可完成連線動作。不僅可提高開發效率，也讓維護時更加方便。

連線引入檔的設計與使用

以下就是整合上述的程式碼改寫而成的引入檔內容：

程式碼：connMysql.php	儲存路徑：C:\htdocs\ch14

```
1   <?php
2     // 資料庫主機設定
3     $db_host = "localhost";
4     $db_username = "root";
5     $db_password = "1234";
6     // 連線伺服器
7     $db_link = mysqli_connect($db_host, $db_username, $db_password);
8     if (!$db_link) die(" 資料連結失敗！ ");
9     // 設定字元集與編碼
10    mysqli_query($db_link, "SET NAMES 'utf8'");
11  ?>
```

程式說明	
2~6	資料庫主機設定。將伺服器主機、資料庫、帳號與密碼都存入變數中。
7	設定 MySQL 資料庫伺服器連結,其中伺服器主機、帳號與密碼的資訊都使用設定的變數值。
8	如果連結失敗會顯示訊息。
10	設定字元集與編碼為 utf-8。

如此這個引用檔在使用上就十分方便,未來當有需要資料庫資源的程式頁面,在一開始只要匯入該檔,即可馬上完成建立資料庫伺服器連線到設定字元集與編碼的必要步驟。

在程式頁面上使用連線引入檔,只要加上以下程式碼即可:

```
include("connMysql.php"); 或 require("connMysql.php");
```

而且若在別的專案開發時,或是資料庫伺服器的資訊有所改變時,只要將這個引入檔中的資料庫主機設定部分進行變數值的修改,即可馬上使用,在維護上實在太方便了。

引入檔的安全考量

PHP 中的引入檔可以使用一般的文字檔來進行存檔,有些人會使用 .txt 或是 .inc 等副檔名進行存檔,而這些檔案類型是不經伺服器編譯,即會將內容直接顯示在頁面上。若引入檔本身的內容有重要的資訊時,會造成安全上的危險。而連線引入檔就是一個相當明顯的例子,若是將引入檔命名為 <connMysql.inc>,雖然也可以被其他程式頁面引入使用,但若是有人直接將該檔案輸入在網址列時,如果運氣好,發生的狀況不嚴重是出現錯誤訊息,最慘的是在瀏覽器上顯示檔案內容,甚至變成下載檔案。

```php
<?php
        //資料庫主機設定
        $db_host = "localhost";
        $db_username = "root";
        $db_password = "1234";
        //連線伺服器
        $db_link = @mysqli_connect($db_host, $db_username,
$db_password);
        if (!$db_link) die("資料庫連結失敗!");
        //設定字元集與編碼
        mysqli_query($db_link, "SET NAMES 'utf8'");
?>
```

引入檔最好還是命名為 .php 的副檔名,如此當它單獨被讀取時,仍會經過伺服器編譯,而不會顯示出重要的資訊。

14.2.4 mysqli_select_db()：選擇資料庫

其實在使用 mysqli_connect() 時就可以設定要連線的資料庫，不過這個動作仍可以再使用 mysqli_select_db() 函式時選擇，語法格式如下：

```
mysqli_select_db(連接識別碼, 資料庫名稱)
```

例如在建立連線後我們想要選擇使用 class 資料庫，程式碼內容如下：

程式碼：php_mysql3.php	儲存路徑：C:\htdocs\ch14

```
2    include("connMysql.php");
3    $seldb = mysqli_select_db($db_link, "class");
4    if (!$seldb) {
5        die(" 資料庫選擇失敗! ");
6    }else{
7        echo " 資料庫選擇成功! ";
8    }
```

執行結果	執行網址：http://localhost/ch14/php_mysql3.php

資料庫選擇成功！

程式說明

2	使用 include() 函式匯入連線引入檔完成 MySQL 資料庫伺服器連結並設定字元集與編碼的動作。
3	使用 mysqli_select_db() 函式選擇要使用的資料庫：class，並將連接識別碼回傳至 $seldb 中。
5~9	如果 $seldb 為 FALS 則使用 die() 函式顯示選擇失敗的訊息並終止程式執行，若成功顯示成功的訊息。

14.2.5 mysqli_query()：執行資料表查詢

在 PHP 中可以使用 mysqli_query() 函式執行 SQL 指令，其語法格式如下：

```
mysqli_query(連接識別碼, SQL 指令字串)
```

使用 mysqli_query() 執行 SQL 指令後會回傳一個資源識別碼，否則會回傳 FALSE 值。

我們若想要選取 class 資料庫中 students 資料表所有資料，其語法如下：

程式碼：php_mysql4.php　　　　　　　　　　儲存路徑：C:\htdocs\ch14

```php
1   <?php
2       include("connMysql.php");
3       $seldb = mysqli_select_db($db_link, "class");
4       if (!$seldb) die("資料庫選擇失敗！");
5       $sql_query = "SELECT * FROM students";
6       $result = mysqli_query($db_link, $sql_query);
7   ?>
```

程式說明

2	使用 include() 函式匯入連線引入檔完成 MySQL 資料庫伺服器連結並設定字元集與編碼的動作。
3~4	使用 mysqli_select_db() 函式選擇要使用的資料庫：class，並設定錯誤發生時的處理。
5	將要執行的 SQL 指令字串設定在 $sql_query 中，此處要選取 students 資料表中所有欄位。
6	使用 mysqli_query() 函式執行 $sql_query 中的 SQL 指令。

14.2.6 mysqli_fetch_row()：取得以整數為索引鍵的陣列

PHP 提供 mysqli_fetch_row() 函式來讀取查詢結果中的一筆資料，並將記錄指標往下移動，若到達記錄的底部就會回傳 FALSE 值，其語法格式如下：

mysqli_fetch_row(資源識別碼)

重要的是：使用 mysqli_fetch_row() 函式會取得以 **整數為索引鍵** 的陣列資料。

以 students 資料表為例，以下是資料欄位名稱與第一筆資料的內容：

座號	姓名	性別	生日	電子郵件	電話	住址
1	張惠玲	女	1987-04-04	elven@superstar.com	0922988876	台北市濟洲北路 12 號

舉例來說若使用 mysqli_fetch_row() 函數取得第一筆陣列資料儲存為 $row_result，那座號 (cID) 的資料為 $row_result[0]，姓名 (cName) 的資料為 $row_result[1]，以此類推，一直到住址 (cAddr) 的資料為 $row_result[6]。

接下來我們進一步將所有的學生資料一次讀出，而且要顯示主索引鍵，其語法與
結果如下：

程式碼：php_mysql6.php   儲存路徑：C:\htdocs\ch14

```php
1   <?php
2     include("connMysql.php");
3     $seldb = mysqli _ select _ db($db _ link, "class");
4     if (!$seldb) die(" 資料庫選擇失敗！");
5     $sql _ query = "SELECT * FROM students";
6     $result = mysqli _ query($db _ link, $sql _ query);
7     while($row _ result=mysqli _ fetch _ row($result)){
8        foreach($row _ result as $item=>$value){
9           echo $item."=".$value."<br />";
10       }
11       echo "<hr />";
12    }
13  ?>
```

執行結果   執行網址：http://localhost/ch14/php_mysql6.php

程式說明

2	使用 include() 函式匯入連線引入檔完成 MySQL 資料庫伺服器連結並設定字元集與編碼的動作。
3~4	使用 mysqli _ select _ db() 函式選擇要使用的資料庫：class，並設定錯誤發生時的處理。
5	將要執行的 SQL 指令字串設定在 $sql _ query 中，此處要選取 students 資料表中所有欄位。

6	使用 mysqli_query() 函式執行 $sql_query 中的 SQL 指令並將取得的資料放置在 $result 中。
7~12	使用 mysqli_fetch_row() 函式由 $result 依次取出每個學生的資料為 $row_result 陣列到資料底部為止。
8~10	因為 mysqli_fetch_row() 是以整數為索引鍵來儲存學生資料陣列,可使用 foreach 迴圈導出每一欄的主索引 ($item) 與資料 ($value) 來顯示。
11	每顯示完一個學生的所有資料後,使用「<hr/>」進行分行動作。

由結果看來,使用 mysqli_fetch_row() 函式取得的資料內容是以 **整數為索引鍵** 的陣列資料。

14.2.7 mysqli_fetch_assoc():取得以欄位為索引鍵的陣列

PHP 提供 mysqli_fetch_assoc() 函式來讀取查詢結果中的一筆資料,並將記錄指標往下移動,若到達記錄的底部就會回傳 FALSE 值,其語法格式如下:

```
mysqli_fetch_assoc(資源識別碼)
```

重要的是:使用 mysqli_fetch_assoc() 函式會取得以 **欄位名稱為索引鍵** 的陣列資料。再以 students 資料表為例,以下是資料欄位名稱與第一筆資料的內容:

座號	姓名	性別	生日	電子郵件	電話	住址
1	張惠玲	女	1987-04-04	elven@superstar.com	0922988876	台北市濟洲北路 12 號

若使用 mysqli_fetch_assoc() 函數取得第一筆陣列資料儲存為 $row_result,座號 (cID) 的資料將儲存為 $row_result["cID"],姓名 (cName) 的資料將儲存為 $row_result["cName"],以此類推,一直到住址 (cAddr) 的資料將儲存為 $row_result["cAddr"]。

接下來要進一步將所有的學生資料一次讀出,而且要顯示主索引鍵,其語法與結果如下:

程式碼:php_mysql7.php	儲存路徑:C:\htdocs\ch14

```php
1   <?php
2   include("connMysql.php");
3   $seldb = mysqli_select_db($db_link, "class");
4   if (!$seldb) die(" 資料庫選擇失敗!");
5   $sql_query = "SELECT * FROM students";
```

```
6    $result = mysqli _ query($db _ link, $sql _ query);
7    while($row _ result=mysqli _ fetch _ assoc($result)){
8       foreach($row _ result as $item=>$value){
9          echo $item."=".$value."<br />";
10      }
11      echo "<hr />";
12   }
13  ?>
```

執行結果	執行網址：http://localhost/ch14/php_mysql7.php

程式說明

2	使用 include() 函式匯入連線引入檔完成 MySQL 資料庫伺服器連結並設定字元集與編碼的動作。
3~4	使用 mysqli _ select _ db() 函式選擇要使用的資料庫：class，並設定錯誤發生時的處理。
5	將要執行的 SQL 指令字串設定在 $sql _ query 中，此處要選取 students 資料表中所有欄位。
6	使用 mysqli _ query() 函式執行 $sql _ query 中的 SQL 指令並將取得的資料放置在 $result 中。
7~12	使用 mysqli _ fetch _ assoc() 函式由 $result 依次取出每個學生的資料為 $row _ result 陣列到資料底部為止。
8~10	因為 mysqli _ fetch _ assoc() 是以欄位名稱字串為索引鍵來儲存學生資料陣列，可使用 foreach 迴圈導出每一欄的主索引 ($item) 與資料 ($value)。
11	每顯示完一個學生的所有資料後，使用「<hr/>」進行分行動作。

使用 mysqil_fetch_assoc() 函式取得的資料內容是以 **欄位名稱字串為索引鍵** 的陣列資料。如此一來在進行程式佈置顯示頁面時會較為簡單，因為可以直接搭配欄位名稱就可以知道取得的資料內容。

14.2.8 mysqli_fetch_array()：取得以陣列儲存的查詢結果

在 PHP 中可以使用 mysqli_fetch_array() 函式同時取得以 **整數及欄位名稱為索引鍵** 的陣列資料，其語法格式如下：

```
mysqli _ fetch _ array( 資源識別碼 [, 類型 ])
```

其中類型可以決定回傳的陣列以何種方式為索引鍵，類型的內容為下：

類型	說明
MYSQLI_ASSOC	回傳以欄位名稱為索引鍵的陣列資料，與 mysqli_fetch_assoc() 相同。
MYSQLI_NUM	回傳以整數為索引鍵的陣列資料，與 mysqli_fetch_row() 相同。
MYSQLI_BOTH	同時回傳以整數及欄位名稱為索引鍵的陣列資料，為預設值。

我們再以 students 資料表為例，改為 mysqli_fetch_array() 函式將所有的學生資料一次讀出，而且要顯示主索引鍵的內容，其語法與結果如下：

程式碼：php_mysql8.php　　　　　　　　　　　儲存路徑：C:\htdocs\ch14

```php
1   <?php
2     include("connMysql.php");
3     $seldb = mysqli _ select _ db($db _ link, "class");
4     if (!$seldb) die(" 資料庫選擇失敗！");
5     $sql _ query = "SELECT * FROM students";
6     $result = mysqli _ query($db _ link, $sql _ query);
7     while($row _ result=mysqli _ fetch _ array($result)){
8       foreach($row _ result as $item=>$value){
9         echo $item."=".$value."<br />";
10      }
11      echo "<hr />";
12    }
13  ?>
```

執行結果　　　　　　　　執行網址：http://localhost/ch14/php_mysql8.php

程式說明

2	使用 include() 函式匯入連線引入檔完成 MySQL 資料庫伺服器連結並設定字元集與編碼的動作。
3~4	使用 mysqli_select_db() 函式選擇要使用的資料庫：class，並設定錯誤發生時的處理。
5	將要執行的 SQL 指令字串設定在 $sql_query 中，此處要選取 students 資料表中所有欄位。
6	使用 mysqli_query() 函式執行 $sql_query 中的 SQL 指令並將取得的資料放置在 $result 中。
7~12	使用 mysqli_fetch_array() 函式由 $result 依次取出每個學生的資料為 $row_result 陣列到資料底部為止。
8~10	因為 mysqli_fetch_array() 預設是以整數與欄位名稱字串為索引鍵來儲存學生資料陣列，可使用 foreach 迴圈導出每一欄的主索引 ($item) 與資料 ($value)。
11	每顯示完一個學生的所有資料後，使用「<hr/>」進行分行動作。

由結果看來，使用 **mysqli_fetch_array()** 函式預設取得的資料內容是以 **整數及欄位名稱字串為索引鍵** 的陣列資料。所以它花了多一倍的空間，以不同索引鍵的方式，將同一欄位的資料儲存二次。

這個方式在應用上較為彈性，使用者可以看需求以整數或是欄位名稱來取得陣列資料，但是就必須以較大的儲存空間來放置資料。

14.2.9 mysqli_num_rows()：取得查詢結果筆數

在使用 mysqli_query() 即行 SQL 查詢之後，PHP 提供了 mysqli_num_rows() 函式可以取得符合查詢的結果有幾筆資料，其語法格式如下：

```
mysqli_num_rows(資源識別碼)
```

mysqli_num_rows() 函式會將查詢的結果以整數回傳，若沒有符合的記錄則會以 0 回傳。

例如我們選取了 **students** 資料表後計算全班人數，其語法與結果如下：

程式碼：**php_mysql9.php**	儲存路徑：**C:\htdocs\ch14**

```php
1   <?php
2     include("connMysql.inc");
3     $seldb = mysqli_select_db($db_link, "class");
4     if (!$seldb) die(" 資料庫選擇失敗！");
5     $sql_query = "SELECT * FROM students";
6     $result = mysqli_query($db_link, $sql_query);
7     echo " 全班同學人數為:".mysqli_num_rows($result);
8   ?>
```

執行結果　　　　　　　　　　　執行網址：**http://localhost/ch14/php_mysql9.php**

全班同學人數為：15

程式說明

2	使用 include() 函式匯入連線引入檔完成 MySQL 資料庫伺服器連結並設定字元集與編碼的動作。
3~4	使用 mysqli_select_db() 函式選擇要使用的資料庫：class，並設定錯誤發生時的處理。
5	將要執行的 SQL 指令字串設定在 $sql_query 中，此處要選取 students 資料表中所有欄位。
6	使用 mysqli_query() 函式執行 $sql_query 中的 SQL 指令並將取得的資料放置在 $result 中。
7	使用 mysqli_num_rows() 函式由 $result 計算記錄筆數，並使用 echo 與其他字串佈置顯示在頁面上。

14.2.10　mysqli_data_seek()：移動記錄指標

無論使用 mysqli_fetch_row()、mysqli_fetch_assoc() 或 mysqli_fetch_array() 函式，每執行一次資料識別碼中的記錄指標只會向下移動一筆。如果我們想在執行查詢後可以直接前往指定的記錄所在，可以使用 mysqli_data_seek() 函式，其語法格式如下：

```
mysqli _ data _ seek( 資源識別碼 ,  記錄指標位置 )
```

記錄指標位置是以數字表示，0 代表第一筆資料，1 代表第二筆資料，依此類推。如果移動失敗時就會以 FALSE 回傳。

例如我們選取了 students 資料表後想直接顯示第 5 個同學的資料，其語法與結果如下：

程式碼：php_mysql10.php	儲存路徑：C:\htdocs\ch14

```php
1   <?php
2     include("connMysql.inc");
3     $seldb = mysqli _ select _ db($db _ link, "class");
4     if (!$seldb) die(" 資料庫選擇失敗！");
5     $sql _ query = "SELECT * FROM students";
6     $result = mysqli _ query($db _ link, $sql _ query);
7     mysqli _ data _ seek($result,4);
8     $row _ result=mysqli _ fetch _ assoc($result);
9     foreach($row _ result as $item=>$value){
10      echo $item."=".$value."<br />";
11    }
12  ?>
```

執行結果	執行網址：http://localhost/ch14/php_mysql10.php

localhost//ch14/php_mysql10 × +

← → C ⓘ http://localhost/ch14/php_mysql10.php

cID=005
cName=王佩珊
cSex=F
cBirthday=1988-02-15
cEmail=ivy@superstar.com
cPhone=0920981230
cAddr=台北市忠孝東路520號6樓
cHeight=164
cWeight=45

程式說明	
2	使用 include() 函式匯入連線引入檔完成 MySQL 資料庫伺服器連結並設定字元集與編碼的動作。
3~4	使用 mysqli_select_db() 函式選擇要使用的資料庫:class,並設定錯誤發生時的處理。
5	將要執行的 SQL 指令字串設定在 $sql_query 中,此處要選取 students 資料表中所有欄位。
6	使用 mysqli_query() 函式執行 $sql_query 中的 SQL 指令並將取得的資料放置在 $result 中。
7	使用 mysqli_data_seek() 將記錄指標移到第 5 筆資料。
8	使用 mysqli_fetch_assoc() 函式由 $result 取出學生的資料儲存到 $row_result 陣列中。
9~11	因為 mysqli_fetch_assoc() 是以欄位名稱字串為索引鍵來儲存學生資料陣列,可使用 foreach 迴圈導出每一欄的主索引 ($item) 與資料 ($value)。

mysqli_data_seek() 函式果然可以快速將記錄指標移動到指定位置。

14.3 使用 Mysqli 物件操作 MySQL

MySQLi 可以使用物件導向的方式操作 MySQL 資料庫，如此一來即可應用物件的角度管理資料庫的內容，提高使用的效率與安全性。

14.3.1 使用 MySQLi 類別建立資料庫物件

建立資料連結

MySQLi 支援物件導向，它可以使用物件的方式來操作 MySQL 資料庫，其中建立資料連結並選擇資料表的語法格式為：

```
MySQLi 物件名稱 = new mysqli(MySQL 伺服器位址, 帳號, 密碼, 資料表名稱)
...
MySQLi 物件名稱 -> close()
```

建議在物件使用完畢後利用 **close()** 方法將它關閉，以保持物件使用語法的完整，也養成程式撰寫時的良好習慣。當連接發生錯誤時會產生錯誤訊息，除了可以使用 **@** 運算子來抑制錯誤訊息的產生，接著再使用 **mysqli_connect_error()** 或 MySQLi 物件的 **connect_error** 屬性取得訊息內容並進行相關的處理。

以下我們將之前的資料庫範例以物件的方式進行連結，程式碼如下：

程式碼：php_mysql11.php	儲存路徑：C:\htdocs\ch14

```php
1   <?php
2   header("Content-Type: text/html; charset=utf-8");
3   // 資料庫主機設定
4   $db_host = "localhost";
5   $db_username = "root";
6   $db_password = "1234";
7   $db_name = "class";
8   // 連線資料庫
9   $db_link = @new mysqli($db_host, $db_username, $db_password, $db_name);
```

```
10     // 錯誤處理
11     if ($db_link -> connect_error != "") {
12         echo "資料庫連結失敗！";
13     }else{
14         echo "資料庫連結成功！";
15     }
16   ?>
```

執行結果　　　　　　　　　　　執行網址：http://localhost/ch14/php_mysql11.php

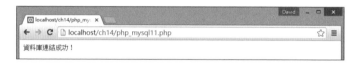

程式說明

2　　　使用 header() 函式宣告本頁的編碼。

4~7　　設定資料庫連結的主機、帳號、密碼及選用資料庫資料。

9　　　利用 mysqli() 類別新增 $db_link 資料庫物件，並利用 @ 運算子抑制錯誤訊息。

11~15　使用 mysqli_connect_error() 來取得錯誤訊息，若有訊息產生即顯示資料庫連結失敗的訊息，反之則顯示連結成功的訊息。

設定字元集及編碼

資料庫連結後預設會使用系統預設的字元集與編碼，為了要避免使用到錯誤的字元集與編碼，在這裡要利用 MySQLi 類別的 query() 方法來設定，語法如下：

```
MySQLi 物件名稱 -> query("SET NASES 'utf8'");
```

連線引入檔的設計與使用

以下就是整合上述的程式碼改寫而成的引入檔內容：

程式碼：connMysqlObj.php　　　　　　　　　　儲存路徑：C:\htdocs\ch14

```
1    <?php
2    // 資料庫主機設定
3    $db_host = "localhost";
4    $db_username = "root";
5    $db_password = "abcd";
6    $db_name = "class";
```

```
7     // 連線資料庫
8     $db_link = @new mysqli($db_host, $db_username, $db_
      password, $db_name);
9     // 錯誤處理
10    if ($db_link -> connect_error != "") {
11        echo "資料庫連結失敗！";
12    }else{
13        // 設定字元集與編碼
14        $db_link -> query("SET NAMES 'utf8'");
15    }
16    ?>
```

程式說明

3~6　設定 MySQL 資料庫伺服器連結，其中伺服器主機、帳號與密碼的資訊都使用設定的變數值。

8　利用 mysqli() 類別新增 $db_link 資料庫物件，並利用 @ 運算子抑制錯誤訊息。

10~15　使用 MySQLi 物件的 connect_error 屬性取得錯誤訊息，若有就會顯示訊息，否則就設定資料庫使用的字元集與編碼為 utf-8。

如此這個引用檔在使用上就十分方便，未來當有需要資料庫資源的程式頁面，在一開始只要匯入該檔，即可馬上完成建立資料庫伺服器連線到設定字元集與編碼的必要步驟。

14.3.2 select_db()：選擇資料庫

在利用 **MySQLi** 類別新增資料庫物件時，預設必須指定一個資料庫進行連接。如果要切換到別的資料庫時，可以使用 **select_db()** 這個方法，格式如下：

```
MySQLi 物件名稱 -> select_db( 資料庫名稱 )
```

例如在建立連線後我們想要選擇使用 **class** 資料庫，程式碼內容如下：

程式碼：php_mysql12.php　　　　　　　　　　**儲存路徑：C:\htdocs\ch14**

```
2     header("Content-Type: text/html; charset=utf-8");
3     include("connMysqlObj.php");
4
5     if ($result = $db_link->query("SELECT DATABASE()")) {
6         $row = $result->fetch_row();
```

```
7        printf(" 目前連接的資料庫是「%s」<br>", $row[0]);
8        $result -> close();
9    }
10   /* change db to world db */
11   $db_link->select_db("test");
12
13   /* return name of current default database */
14   if ($result = $db_link->query("SELECT DATABASE()")) {
15       $row = $result -> fetch_row();
16       printf(" 目前連接的資料庫是「%s」<br>", $row[0]);
17       $result -> close();
18   }
19
20   $db_link -> close();
```

執行結果　　　　　　　　　　　執行網址：http://localhost/ch14/php_mysql12.php

程式說明

3　　使用 include() 函式匯入連線引入檔完成 MySQL 資料庫物件建立，預設連結到 class 資料庫，並設定字元集與編碼的動作。

5~9　執行 SELECTDATABASE()SQL 指令取回目前使用的資料庫，並將結果顯示在畫面上。

11　　使用 select_db() 方法改變 $db_link 資料庫物件使用的資料庫為 test。

14~18　再次執行 SELECTDATABASE()SQL 指令取回目前使用的資料庫，並將結果顯示在畫面上。

20　　關閉資料庫物件。

14.3.3 query()：執行資料表查詢

利用 MySQLi 類別新增資料庫物件後可以使用 query() 方法執行 SQL 指令，其語法格式如下：

```
MySQLi 物件名稱 -> query( SQL 指令字串 )
```

執行成功時會返回一個 mysqli_result 物件，失敗時會返回 FALSE。例如我們若想要選取 class 資料庫中 students 資料表所有資料，其語法如下：

程式碼：php_mysql13.php	儲存路徑：C:\htdocs\ch14

```php
1   <?php
2     header("Content-Type: text/html; charset=utf-8");
3     include("connMysqlObj.php");
4     $sql _ query = "SELECT * FROM students";
5     $result = $db _ link->query($sql _ query);
6   ?>
```

程式說明

2	使用 header() 函式宣告本頁的編碼。
3	使用 include() 函式匯入連線引入檔完成 MySQL 資料庫物件建立，預設連結到 class 資料庫，並設定字元集與編碼的動作。
4	將要執行的 SQL 指令字串設定在 $sql _ query 中，此處要選取 students 資料表中所有欄位。
5	使用 query() 方法執行 $sql _ query 中的 SQL 指令並將取得的資料放置在 $result 物件中。

14.3.4 fetch_row()：取得以整數為索引鍵的陣列

在查詢後取得 mysqli_result 物件後可以使用 fetch_row() 方法來讀取查詢結果中的一筆資料，並將記錄指標往下移動，若到達記錄的底部就會回傳 FALSE 值，其語法格式如下：

```
mysqli _ result 物件名稱 -> fetch _ row()
```

重要的是：使用 fetch_row() 方法會取得以 **整數為索引鍵** 的陣列資料。

以 students 資料表為例，若使用 fetch_row() 方法取得第一筆陣列資料儲存為 $row_result，那座號 (cID) 的資料將儲存為 $row_result[0]，姓名 (cName) 的資料將儲存為 $row_result[1]，以此類推，一直到住址 (cAddr) 的資料將儲存為 $row_result[6]。

接下來我們進一步將所有的學生資料一次讀出，而且要顯示主索引鍵，其語法與結果如下：

PHP8 / MySQL 網頁程式設計自學聖經

程式碼：php_mysql14.php	儲存路徑：C:\htdocs\ch14

```
2    header("Content-Type: text/html; charset=utf-8");
3    include("connMysqlObj.php");
4    $sql_query = "SELECT * FROM students";
5    $result = $db_link->query($sql_query);
6
7    while($row_result = $result->fetch_row()){
8        foreach($row_result as $item=>$value){
9            echo $item."=".$value."<br>";
10       }
11       echo "<hr>";
12   }
13
14   $db_link->close();
```

執行結果	執行網址：http://localhost/ch14/php_mysql14.php

程式說明

2	使用 header() 函式宣告本頁的編碼。
3	使用 include() 函式匯入連線引入檔完成 MySQL 資料庫物件建立，預設連結到 class 資料庫，並設定字元集與編碼的動作。
4	將要執行的 SQL 指令字串設定在 $sql_query 中，此處要選取 students 資料表中所有欄位。
5	使用 query() 方法執行 $sql_query 中的 SQL 指令並將取得的資料放置在 $result 物件中。
7~12	使用 fetch_row() 方法由 $result 物件依次取出每個學生的資料為 $row_result 陣列到資料底部為止。

| 8~11 | 因為 fetch_row() 是以整數為索引鍵來儲存學生資料陣列，可使用 foreach 迴圈導出每一欄的主索引 ($item) 與資料 ($value) 來顯示。每顯示完一個學生的所有資料後，使用「<hr>」進行分行動作。 |
| 14 | 關閉資料庫物件。 |

由結果看來，使用 fetch_row() 方法取得的資料內容是以 **整數為索引鍵** 的陣列。

14.3.5 fetch_assoc()：取得以欄位為索引鍵的陣列

在查詢後取得 mysqli_result 物件後可以使用 fetch_assoc() 方法來讀取查詢結果中的一筆資料，並將記錄指標往下移動，若到達記錄的底部就會回傳 FALSE 值，其語法格式如下：

```
mysqli_result 物件名稱 -> fetch_assoc( 資源識別碼)
```

重要的是：使用 fetch_assoc() 方法會取得以 **欄位名稱為索引鍵** 的陣列資料。再以 students 資料表為例，若使用 fetch_assoc() 方法取得第一筆陣列資料為 $row_result，那座號 (cID) 的資料為 $row_result["cID"]，姓名 (cName) 的資料為 $row_result["cName"]，以此類推，一直到住址 (cAddr) 的資料為 $row_result["cAddr"]。接下來要將所有的學生資料讀出，而且要顯示主索引鍵，如下：

程式碼：php_mysql15.php	儲存路徑：C:\htdocs\ch14

```php
1   <?php
2     header("Content-Type: text/html; charset=utf-8");
3     include("connMysqlObj.php");
4     $sql_query = "SELECT * FROM students";
5     $result = $db_link->query($sql_query);
6
7     while($row_result=$result->fetch_assoc()){
8       foreach($row_result as $item=>$value){
9         echo $item."=".$value."<br>";
10      }
11      echo "<hr>";
12    }
13
14    $db_link->close();
15  ?>
```

執行結果　　　　　　　　　　執行網址：http://localhost/ch14/php_mysql15.php

程式說明

2	使用 header() 函式宣告本頁的編碼。
3	使用 include() 函式匯入連線引入檔完成 MySQL 資料庫物件建立，預設連結到 class 資料庫，並設定字元集與編碼的動作。
4	將要執行的 SQL 指令字串設定在 $sql_query 中，此處要選取 students 資料表中所有欄位。
5	使用 query() 方法執行 $sql_query 中的 SQL 指令並將取得的資料放置在 $result 物件中。
7~12	使用 fetch_assoc() 方法由 $result 物件依次取出每個學生的資料為 $row_result 陣列到資料底部為止。
8~11	因為 fetch_assoc() 是以欄位名稱字串為索引鍵來儲存學生資料陣列，可使用 foreach 迴圈導出每一欄的主索引 ($item) 與資料 ($value)。每顯示完一個學生的所有資料後，使用「<hr>」進行分行動作。
14	關閉資料庫物件。

使用 fetch_assoc() 方法取得的資料內容是以 **欄位名稱字串為索引鍵** 的陣列資料。如此一來在進行程式佈置顯示頁面時會較為簡單，因為可以直接搭配欄位名稱就可以知道取得的資料內容。

14.3.6 fetch_array()：取得以陣列儲存的查詢結果

在查詢後取得 mysqli_result 物件後可以使用 fetch_array() 方法同時取得以整數及欄位名稱為索引鍵的陣列資料，其語法格式如下：

```
mysqli _ result 物件名稱 -> fetch _ array([ 類型 ])
```

其中類型可以決定回傳的陣列以何種方式為索引鍵，類型的內容為下：

類型	說明
MYSQLI_ASSOC	回傳以欄位名稱為索引鍵的陣列資料，與 mysqli_fetch_assoc() 相同。
MYSQLI_NUM	回傳以整數為索引鍵的陣列資料，與 mysqli_fetch_row() 相同。
MYSQLI_BOTH	同時回傳以整數及欄位名稱為索引鍵的陣列資料，為預設值。

我們再以 students 資料表為例，改為 fetch_array() 方法將所有的學生資料一次讀出，而且要顯示主索引鍵的內容，其語法與結果如下：

程式碼：php_mysql16.php   儲存路徑：C:\htdocs\ch14

```php
1    <?php
2    header("Content-Type: text/html; charset=utf-8");
3    include("connMysqlObj.php");
4    $sql _ query = "SELECT * FROM students";
5    $result = $db _ link->query($sql _ query);
6
7    while($row _ result=$result->fetch _ array()){
8      foreach($row _ result as $item=>$value){
9        echo $item."=".$value."<br>";
10     }
11     echo "<hr>";
12   }
13
14   $db _ link-->close();
15  ?>
```

程式說明

2	使用 header() 函式宣告本頁的編碼。
3	使用 include() 函式匯入連線引入檔完成 MySQL 資料庫物件建立，預設連結到 class 資料庫，並設定字元集與編碼的動作。
5	將要執行的 SQL 指令字串設定在 $sql_query 中，此處要選取 students 資料表中所有欄位。
7	使用 query() 方法執行 $sql_query 中的 SQL 指令並將取得的資料放置在 $result 物件中。
8~13	使用 fetch_array() 方法由 $result 物件依次取出每個學生的資料為 $row_result 陣列到資料底部為止。
9~11	因為 fetch_array() 是以欄位名稱字串為索引鍵來儲存學生資料陣列，可使用 foreach 迴圈導出每一欄的主索引 ($item) 與資料 ($value)。每顯示完一個學生的所有資料後，使用「<hr>」進行分行動作。
12	關閉資料庫物件。

由結果看來，使用 fetch_array() 方法預設取得的資料內容是以 **整數及欄位名稱字串為索引鍵** 的陣列資料。所以它花了多一倍的空間，以不同索引鍵的方式，將同一欄位的資料儲存二次。

這個方式在應用上較為彈性，使用者可以看需求以整數或是欄位名稱來取得陣列資料，但是就必須以較大的儲存空間來放置資料。

14.3.7 num_rows：取得查詢結果筆數

在查詢後取得 mysqli_result 物件後可以使用 num_rows 屬性取得符合查詢的結果有幾筆資料，其語法格式如下：

```
mysqli_result 物件名稱 -> num_rows
```

num_rows 會將查詢的結果以整數回傳，若沒有符合的記錄則會以 0 回傳。

例如我們選取了 students 資料表後計算全班人數，其語法與結果如下：

程式碼：**php_mysql17.php**　　　　　　　　　　　儲存路徑：C:\htdocs\ch14

```php
1   <?php
2     header("Content-Type: text/html; charset=utf-8");
3     include("connMysqlObj.php");
4     $sql_query = "SELECT * FROM students";
5     $result = $db_link->query($sql_query);
6
7     echo " 全班同學人數為:".$result->num_rows;
8
9     $db_link->close();
10  ?>
```

執行結果　　　　　　　　　執行網址：**http://localhost/ch14/php_mysql17.php**

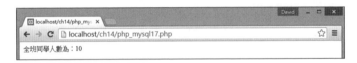

程式說明

2	使用 header() 函式宣告本頁的編碼。
3	使用 include() 函式匯入連線引入檔完成 MySQL 資料庫物件建立，預設連結到 class 資料庫，並設定字元集與編碼的動作。
4	將要執行的 SQL 指令字串設定在 $sql_query 中，此處要選取 students 資料表中所有欄位。
5	使用 query() 方法執行 $sql_query 中的 SQL 指令並將取得的資料放置在 $result 物件中。
7	使用 num_rows 屬性由 $result 物件計算記錄筆數，並使用 echo 與其他字串佈置顯示在頁面上。
9	關閉資料庫物件。

num_rows 可以取得查詢後的資料筆數，對於計算分頁或是計算資料表內容都是相當重要的屬性。

14.3.8 data_seek()：移動記錄指標

無論是 fetch_row()、fetch_assoc() 或 fetch_array() 方法，每執行一次 mysqli_result 物件中的記錄指標只會向下移動一筆。如果我們想在執行查詢後可以直接前往指定的記錄所在，可以使用 data_seek() 方法，其語法格式如下：

```
mysqli_result 物件名稱 -> data_seek( 記錄指標位置 )
```

記錄指標位置是以數字表示，0 代表第一筆資料，1 代表第二筆資料，依此類推。如果移動失敗時就會以 FALSE 回傳。

例如我們選取了 students 資料表後想直接顯示第 5 個同學的資料，其語法與結果如下：

程式碼：php_mysql18.php	儲存路徑：C:\htdocs\ch14

```php
1   <?php
2     header("Content-Type: text/html; charset=utf-8");
3     include("connMysqlObj.php");
4     $sql_query = "SELECT * FROM students";
5     $result = $db_link->query($sql_query);
6     $result->data_seek(4);
7
8     $row_result=$result->fetch_assoc();
9     foreach($row_result as $item=>$value){
10      echo $item."=".$value."<br />";
11    }
12
13    $db_link->close();
14  ?>
```

執行結果	執行網址：http://localhost/ch14/php_mysql18.php

程式說明

2	使用 header() 函式宣告本頁的編碼。
3	使用 include() 函式匯入連線引入檔完成 MySQL 資料庫物件建立,預設連結到 class 資料庫,並設定字元集與編碼的動作。
4	將要執行的 SQL 指令字串設定在 $sql_query 中,此處要選取 students 資料表中所有欄位。
5	使用 query() 方法執行 $sql_query 中的 SQL 指令並將取得的資料放置在 $result 物件中。
6	使用 data_seek() 方法將記錄指標移到第 5 筆資料。
8	使用 fetch_assoc() 方法由 $result 物件取出學生的資料儲存到 $row_result 陣列中。
9~11	因為 fetch_assoc() 方法是以欄位名稱字串為索引鍵來儲存學生資料陣列,可使用 foreach 迴圈導出每一欄的主索引 ($item) 與資料 ($value)。
13	關閉資料庫物件。

data_seek() 方法果然可以快速將記錄指標移動到指定位置。

14.4 Prepared Statements：預備語法

MySQLi 可以利用預備語法將經常使用但內容又重覆的查詢敘述預存起來，搭配參數的綁定即可快速調用。如此一來不僅可以增加查詢的效率，因為參數的綁定更能加強資安的防護。

14.4.1 認識預備語法

在建立了 MySQL 資料庫後，PHP 就會利用 SQL 的查詢敘述對資料庫伺服器進行溝通來執行工作。以 SQL 的查詢敘述來說，有許多經常執行的工作內容是一樣的，差異只在條件的設定，不過 MySQL 資料庫伺服器每次接收到敘述時還是要執行相同的工作。針對這樣的情況，MySQLi 提供了預備語法的機制，將經常使用的 SQL 敘述事先儲存起來，其中要設定的條件以參數進行綁定，當要執行時只要呼叫並賦予相關的參數即可進行資料的互動。

14.4.2 使用預備語法的標準步驟

要使用預備語法有幾個重要的步驟：

以下我們將針對每個步驟進行詳細說明。

預備 SQL 敘述

在使用預備語法前要先將要使用的 SQL 敘述化為字串，使用 MySQLi 類別的 prepare 方法將這個字串進行預存產生一個 mysqli_stmt 物件在其語法格式如下：

```
mysqli_stmt 物件名稱 = mysqli 物件 -> prepare(SQL 敘述字串)
```

舉例來說以剛才的範例來說，如果想要取得所有同學的資料，要產生預備 SQL 敘述方式如下：

```
$sql_query = "SELECT * FROM students";
$stmt = $db_link -> prepare($sql_query);
```

綁定參數

使用 SQL 敘述時大部份會利用不同的條件進行資料的篩選，此時會應用到相關的參數。在預備語法的 SQL 敘述中，若要加入參數可以使用問號 (?) 取代。

利用 MySQLi 類別的 prepare 方法建立了 mysql_stmt 物件後，可以利用 mysql_stmt 類別的 bind_param 方法來綁定 SQL 敘述中使用的參數，其格式如下：

```
mysqli_stmt 物件 -> bind_param(參數格式, 參數 1 [, 參數 2, ...])
```

這裡要特別說明的是在 bind_param 方法的參數格式，即是要定義後方每個使用參數要使用的資料格式。其格式類型整理如下：

類型	說明
i	整數
d	浮點數
b	BLOB
s	字串

再以剛才的範例來說，如果想要取得座號大於某個數值，特定性別的同學資料，要產生預備 SQL 敘述及綁定參數方式如下：

```
$sql_query = "SELECT * FROM students WHERE cID > ? AND cSex = ?";
$stmt = $db_link -> prepare($sql_query);
$stmt -> bind_param('is', $cid, $csex);
```

在 SQL 敘述中分別使用了 2 個參數，一個是座號 (cID)，另一個是性別 (cSex)，在綁定參數時先定義這 2 個參數的格式，座號是整數，性別是字串，所以用「'is'」進行定義，其後再分別以 2 個變數代入。

執行預備語法

完成了參數綁定後即可以使用 mysql_stmt 類別的 execute 方法來執行預備語法，其語法如下：

```
mysqli_stmt 物件 -> execute()
```

執行後會生成 **mysqli_result** 物件，您可以將它儲存到變數中進行應用。

綁定結果並取出資料

在執行了預備語法後可將查詢的結果利用 bind_result 方法綁定到指定的變數中，接著再利用 mysqli_stmt 類別的 fetch 方法即可利用迴圈取得資料內容。

這裡要特別注意的，bind_result 方法所綁定的是預備語法中 SQL 敘述選取的欄位名稱，所以最好能指定要使用的欄位而不是用「SELECT *」選取所有欄位，如此一來才能成功的綁定結果，其範例格式如下：

```
...
SQL 敘述 = "SELECT 欄位 1 [,欄位 2, ...] FROM 資料表 ...";
mysqli _ stmt 物件 = mysqli 物件 -> prepare(SQL 敘述 );
mysqli _ stmt 物件 -> bind _ param( 參數 );
mysqli _ stmt 物件 -> execute();
mysqli _ stmt 物件 -> bind _ result( 變數 1 [, 變數 2, ...]);
while (mysqli _ stmt 物件 -> fetch()){
    echo 變數 1 [.變數 2. ...];
}
...
```

在這個範例格式中即是將 SQL 敘述中的欄位 1、欄位 2 ... 綁定到變數 1、變數 2 進行使用。

關閉預備語法

當 mysqli_stmt 物件使用完畢之後，記得要養成良好的習慣，利用 close 方法將它關閉，其格式如下：

```
mysqli _ stmt 物件 -> close()
```

14.4.3 MySQLi 預備語法的應用實例

例如選取 students 資料表的座號、姓名、電子郵件、電話欄位後想座號小於或等於 5 的男同學的資料，其語法與結果如下：

程式碼：php_mysql19.php	儲存路徑：C:\htdocs\ch14

```
1   <?php
2     header("Content-Type: text/html; charset=utf-8");
3     include("connMysqlObj.php");
```

```
4      $sex = "M";   $id = 5;

5      if ($stmt = $db_link->prepare("SELECT cID, cName, cEmail,
       cPhone FROM students WHERE cSex = ? AND cID <= ?")) {

6          $stmt->bind_param("si", $sex, $id);

7          $stmt->execute();

8          $stmt->bind_result($col1, $col2, $col3, $col4);

9          while ($stmt->fetch()) {

10             echo "座號:{$col1}<br> 姓名:{$col2}<br> 電子郵件:{$col3}<br>
       電話:{$col4}<hr>";

11         }

12         $stmt->close();

13     }

14     $db_link->close();

15  ?>
```

執行結果　　　　　　　　　　執行網址：http://localhost/ch14/php_mysql19.php

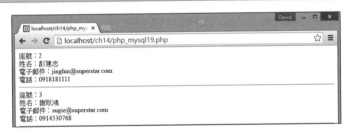

程式說明

2	使用 header() 函式宣告本頁的編碼。
3	使用 include() 函式匯入連線引入檔完成 MySQL 資料庫物件建立，預設連結到 class 資料庫，並設定字元集與編碼的動作。
4	設定 $sex、$id 變數，將使用的性別 (F) 及座號範圍 (5) 代入。
5	準備 SQL 敘述字串，選取欄位座號、姓名、電話、電子郵件，並用參數來篩選性別及座號範圍。接著用 prepare 方法將預備語法化為 mysqli_stmt 物件。
6	使用 bind_param 方法綁定 $sex、$id 變數為預備語法中的參數。
7	使用 execute 方法執行預備語法。
8	使用 bind_result 方法綁定預備語法中的選取的欄位結果到指定的變數。
9~11	使用 fetch 方法取出結果並顯示在頁面上。
12	關閉預備語法物件。
14	關閉資料庫物件。

14.5 使用 PDO 物件操作MySQL

除了 MySQLi，現在 PHP 可以使用 PDO 物件的方式操作 MySQL 資料庫，除了提高使用的效率與安全性，也能輕易整合其他不同類型的資料庫。

14.5.1 使用 PDO 類別建立資料庫物件

使用 PDO 的好處

過去許多人在 PHP 中利用 MySQL 或 MySQLi 函式來進行資料庫的連結，並依照標準步驟取得資料庫中的內容進行應用。但若要使用的資料庫平台更多元、更複雜，往往就會必須視 PHP 是否有支援該資料庫的擴充程式或對應的語法，對於開發者來說會是相當頭痛的問題。

PHP 引入了一個新的資料庫物件擴充程式：PDO (PHP Data Objects)，試途使用更簡單的方式，但更安全有效率的連接資料庫，以下將介紹 PDO 的使用方式。

建立資料庫連結

這個方式是利用 PDO 類別來新增資料庫連結物件，無論使用何種資料庫驅動程式，只要指定資料連結的資料來源名稱 DSN (Data Sourse Name)，再依需求提供連結時要使用的帳號、密碼，即可建立資料庫的連結並進行使用。DSN 中描述了要連結資料庫的結構，包含了資料庫類型、主機位址埠位，以及預設要使用的資料表。以 MySQL 為例，PDO 的語法格式為：

```
PDO 物件名稱 = new PDO("mysql:host=MySQL 伺服器位址 ;dbname= 資料表名稱 ;
    charset= 預設字元集編碼 " , 帳號 , 密碼 , )
```

當連接發生錯誤時會產生錯誤的 **PDOException** 物件，您必須將連接步驟包裝在一個 **try / catch** 區域中進行錯誤補捉，並進行相關處理。以下我們將之前的資料庫範例以物件的方式進行連結，程式碼如下：

程式碼：connMysqlPdo.php	儲存路徑：C:\htdocs\ch14

```php
1   <?php
2       // 資料庫主機設定
3       $db _ host = "localhost";
4       $db _ username = "root";
```

```
5      $db _ password = "1234";

6      $db _ name = "class";

7      // 錯誤處理

8      try{

9          // 連線資料庫

10         $db _ link = new PDO("mysql:host={$db _ host};dbname={$db _
   name};charset=utf8", $db _ username, $db _ password);

11     } catch (PDOException $e) {

12         print " 資料庫連結失敗，訊息:{$e->getMessage()}<br/>";

13         die();

14     }

15  ?>
```

執行結果　　　　　　　　　　　執行網址：http://localhost/ch14/php_mysql11.php

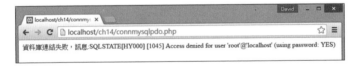

程式說明

2	使用 header() 函式宣告本頁的編碼。
3~6	設定資料庫連結的主機、帳號、密碼及選用資料庫資料。
8~14	利用 try/catch 區域進行資料庫連結與錯誤補捉。
9~10	利用 PDO() 類別新增 $db _ link 資料庫物件。其中應用之前設定好的資料庫主機、帳號、密碼及預設資料庫，最後再設定要使用的字元集編碼即可完成。
11~13	當有錯誤發生時在 catch 中會補捉到 PDOException 物件並進行錯誤處理。

在這個範例中，如果 DSN 的資料都設定正確，並不會顯示任何訊息。請刻意輸入錯誤的連線密碼，在執行時因為產生錯誤，所以會 catch 到 PDOException 物件，就會顯示到畫面中。

這個範例也可以成為 PDO 資料庫連結的引用檔，未來當有需要資料庫資源的程式頁面，在一開始只要匯入該檔，即可馬上完成建立資料庫伺服器連線到設定字元集與編碼的必要步驟。

14.5.2 執行資料表查詢並顯示

利用 PDO 類別新增資料庫物件後可以使用 query() 方法執行 SQL 指令,其語法格式如下:

```
PDO 物件名稱 -> query( SQL 指令字串)
```

執行成功時會返回一個 **mysqli_result** 物件,失敗時會返回 **FALSE**。此時可以使用 **fetch()** 方法來讀取查詢結果中的一筆資料,並將記錄指標往下移動,若到達記錄的底部就會回傳 **FALSE** 值,其語法格式如下:

```
mysqli _ result 物件名稱 -> fetch()
```

例如我們若想要選取 class 資料庫中 students 資料表所有資料,其語法如下:

程式碼:**php_mysql20.php**　　　　　　　　　　　　儲存路徑:**C:\htdocs\ch14**

```php
1    <?php
2      header("Content-Type: text/html; charset=utf-8");
3      include("connMysqlPdo.php");
4
5      $sql _ query = "SELECT * FROM students";
6      $result = $db _ link->query($sql _ query);
7      while($row _ result=$result->fetch()){
8        foreach($row _ result as $item=>$value){
9          echo $item."=".$value."<br>";
10       }
11       echo "<hr>";
12     }
13   ?>
```

執行結果　　　　　　　　執行網址:**http://localhost/ch14/php_mysql20.php**

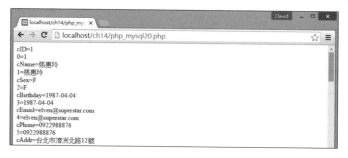

程式說明

2	使用 header() 函式宣告本頁的編碼。
3	使用 include() 函式匯入連線引入檔完成 MySQL 資料庫物件建立，預設連結到 class 資料庫，並設定字元集與編碼的動作。
5	將要執行的 SQL 指令字串設定在 $sql_query 中，此處要選取 students 資料表中所有欄位。
6	使用 query() 方法執行 $sql_query 中的 SQL 指令並將取得的資料放置在 $result 物件中。
7~12	使用 fetch 方法由 $result 物件依次取出每個學生的資料為 $row_result 陣列到資料底部為止。
8~11	使用 foreach 迴圈導出每一欄的主索引 ($item) 與資料 ($value) 來顯示。每顯示完一個學生的所有資料後，使用「<hr>」進行分行動作。

14.5.3 PDO 的預備語法

PDO 也支援預備語法，以下將先說明使用流程後再以實例說明。

預備 SQL 敘述

在使用預備語法前，首先要將使用的 SQL 敘述化為字串，這裡使用 PDO 物件的 prepare 方法將這個字串進行預存產生一個 pdo_stmt 物件，其語法格式如下：

```
pdo_stmt 物件名稱 = pdo 物件 -> prepare(SQL 敘述字串)
```

以剛才的範例來說，如果想要取得所有同學的資料，要產生預備 SQL 敘述方式如下：

```
$sql_query = "SELECT * FROM students";
$stmt = $db_link -> prepare($sql_query);
```

使用 SQL 敘述時大部份會利用不同的條件進行資料的篩選，此時會應用到相關的參數。在預備語法的 SQL 敘述中，若要加入參數可以使用問號 (?) 取代。例如我們要取得座號為「1」的同學資料，其預備 SQL 敘述方式如下：

```
$sql_query = "SELECT * FROM students WHERE cID = ?";
$stmt = $db_link -> prepare($sql_query);
```

執行預備語法

利用 PDO 物件的 **prepare** 方法建立了 pdo_stmt 物件後，可以使用 pdo_stmt 物件的 **execute** 方法來執行預備語法，其語法如下：

```
pdo_stmt 物件 -> execute()
```

執行後會生成 **pdo_result** 物件，您可以將它儲存到變數中進行應用。

若在 SQL 敘述中使用參數，在執行時必須要將所有參數以 **array()** 函式化為陣列，再置入 **execute()** 中執行。

再以剛才的範例來說，如果想要取得座號大於某個數值，特定性別的同學資料，要產生預備 SQL 敘述及綁定參數方式如下：

```
$sql_query = "SELECT * FROM students WHERE cID > ? AND cSex = ?";
$stmt = $db_link -> prepare($sql_query);
$stmt -> execute(array($cid, $csex));
```

在 SQL 敘述中分別使用了 **2** 個參數，一個是座號 (**cID**)，另一個是性別 (**cSex**)，在執行時請以 **array()** 函式將 2 個變數化為陣列，再置入 **execute()** 中執行。

綁定結果並取出資料

在執行了預備語法後會產生 **pdo_result** 物件，可將查詢的結果儲存在變數中，接著再利用 pdo_stmt 物件的 **fetch** 方法即可利用迴圈取得資料內容。

14.5.4 PDO 預備語法的應用實例

例如選取 **students** 資料表的座號、姓名、電子郵件、電話欄位後想座號小於或等於 5 的男同學的資料，其語法與結果如下：

程式碼：php_mysql21.php	儲存路徑：C:\htdocs\ch14

```
1   <?php
2     header("Content-Type: text/html; charset=utf-8");
3     include("connMysqlPdo.php");
4
5     $sex = "M";   $id = 5;
6     $stmt = $db_link->prepare("SELECT * FROM students WHERE cSex
    = ? AND cID <= ?");
7     if($stmt->execute(array($sex, $id))){
```

8	`    while($row=$stmt->fetch()){`
9	`        echo "座號:{$row['cID']}  姓名:{$row['cName']} 電子郵件:` `{$row['cEmail']}  電話:{$row['cPhone']}<hr>";`
10	`    }`
11	`}`
12	`?>`

執行結果　　　　　　　　　執行網址:http://localhost/ch14/php_mysql21.php

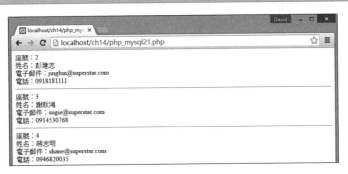

程式說明

2	使用 header() 函式宣告本頁的編碼。
3	使用 include() 函式匯入連線引入檔完成 MySQL 資料庫物件建立,預設連結到 class 資料庫,並設定字元集與編碼的動作。
5	設定 $sex、$id 變數,將使用的性別 (F) 及座號範圍 (5) 代入。
6	準備 SQL 敘述字串,選取所有欄位,並用參數來篩選性別及座號範圍。接著用 prepare 方法將預備語法化為 pdo _ stmt 物件。
6	使用 bind _ param 方法綁定 $sex、$id 變數為預備語法中的參數。
7	將預備語法中的參數利用 array() 函式化為陣列,代入 execute 方法中進行預備語法的執行。
8~10	使用 fetch 方法取出結果並顯示在頁面上。

14.6 PHP 與 MySQL 存取的安全性

PHP 與 MySQL 互動程式進行存取時有許多安全性的考量，許多網站因為疏於注意而飽受駭客攻擊之苦。在本節中將針對幾種常見的資安漏洞進行防範工作的說明。

14.6.1 PHP、MySQL 程式中常見的資安問題

在 PHP 的程式中，如果每個頁面的內容都是單純由程式產生或由資料庫中調出設定好的資料，就不容易有資安的問題。但因為不同的需求，PHP 程式常會因為外來的要求，如 URL 參數、POST 傳送的表單資料、Session 與 Cookie 的存在而產生不同的內容。若是這些要求的來源都是正確無誤，就能取得相關的資訊，但是如果這些要求的來源受到了有心人「加料」，就可能會讓網站中敏感的資訊外洩，造成資安的問題。以下是在 PHP 與 MySQL 互動程式中幾種最常見的資安攻擊方式，我們將進行說明與建議的解決方式：

跨站腳本攻擊 (Cross-Site Scripting, XSS)

跨站腳本攻擊常是利用網站上可以輸入的表單或是可以修改的 URL 參數，將有惡意的 HTML 或是 Script 語言插入到網站的網頁之中。如此一來會造成其他正常的瀏覽者在觀看網頁同時，瀏覽器會自動下載並執行植入的惡意程式碼，甚至將瀏覽者導向惡意的網站。

防堵跨站腳本攻擊最簡單的方式，就是當接受表單輸入的資料或是 URL 參數等外來的資料時進行過濾消毒的動作，如字串中含有「<」、「>」、「%」、「/」、「()」、「&」等符號進行過濾，甚至設定接受資料的長度或是類型，不讓這些有危險因子的字串輸出至網頁上。

跨站請求偽造 (Cross-site request forgery, CSRF)

跨站請求偽造常是使用者在登入認證過的網站後又進入惡意網站時，攻擊者透過一些技術欺騙用戶瀏覽器對目前已經登入過的網站進行操作。因為瀏覽器曾經認證過，所以被訪問的網站會認為是真正的用戶操作而去執行相關的指令。

跨站請求偽造利用了網頁中用戶身份驗證的一個漏洞：簡單的身份驗證只能保證請求發自某個用戶的瀏覽器，而不能保證請求本身是用戶自願發出的。

一般防堵跨站請求偽造都會朝檢驗請求來源的方向下手。例如檢查 HTTP 表頭中 Referer 參數是否與目前的網址相同，因為 Referer 的值即為請求來源的網址，當不相同時即代表可能為跨站請求偽造，程式即可直接忽略請求。

另一個方式是在網站請求時加入隨機產生的校驗記號，例如加上一個亂數在傳遞的要求裡，如果是正常的網站訪問，即可正確獲得並返回這個校驗記號，並通過檢查。但若是跨站請求偽造的攻擊，因為無法事先得知這個校驗記號值，程式即可因為校驗值為空或錯誤而拒絕這個請求。

SQL 注入攻擊 (SQL Injection)

SQL 注入攻擊又稱為隱碼攻擊，是目前網路上駭客最常用的攻擊方式。因為攻擊方式簡單，一般不需要使用任何軟體或是入侵網站植入程式，即可取得網站資料庫的內容，甚至進行破壞。

簡單來說，SQL 注入的攻擊方式是利用網站程式接收表單資料或 URL 參數時，攻擊者在傳輸的資料中以特殊的語法及字串改變了資料的邏輯，進而夾帶了 SQL 指令，只要程式忽略檢查，這些夾帶的指令就會被資料庫視為正常的 SQL 指令而執行，即可成功的入侵資料庫。除了能取得資料庫中所有內容，甚至能進行實際的破壞。

14.6.2 過濾輸入、轉義輸出

對於輸入的資料進行過濾，輸出的資料進行轉義，就是 PHP 程式面對資安問題時最基礎，也是最重要的工作。無論何種攻擊方式，大部份都是針對傳送到網站程式的資料進行「污染」的動作，例如加入有危險因子的符號或是文字，就可能導致程式在接收後遭到入侵，執行了不明的指令進行破壞或導出資料庫的內容。

使用 mysqli_real_escape_string 函式

mysqli_real_escape_string 函式是用來過濾輸入的資料，轉義成可在 SQL 語句中合法使用的 SQL 字串。一般的使用格式如下：

```
mysqli_real_escape_string(連接識別碼, 過濾的字串)
```

如果成功，則該函數返回被轉義的字串。如果失敗，則返回 **false**。

若是使用 **MySQLi** 物件的格式如下：

```
mysqli 物件 -> real_escape_string(過濾的字串);
```

使用 htmlspecialchars 函式

若是要存入資料庫或顯示的字串是不允許有 HTML 相關的符號，例如「<」、「>」、「%」、「/」、「()」、「&」、「'」、「"」 等，都可以利用 htmlspecialchars 函式將符號轉為編碼，以避免這樣的狀況。格式如下：

```
htmlspecialchars(過濾的字串, ENT _ QUOTES)
```

在這裡若不填第二個參數，預設是 ENT_COMPAT，僅會對字串中的「"」雙引號進行轉換，這裡設定為 ENT_QUOTES 後，即會對字串中的「"」及「'」單雙引號都進行轉換。

使用 filter_var 函式

filter_var 是一個用來過濾或驗證變數格式的函式，可以輕易的去除變數中不合法的字元，也能針對變數的格式來進行驗證，真是一個不可多得的好武器。

變數若成功通過 filter_var 函數的過濾與驗證，會回傳過濾後的變數內容，如果失敗，則返回 false。一般的使用語法格式如下：

```
filter _ var(變數 [, 驗證或過濾的方式 [, 選項 ]])
```

1. **變數**：必填的項目，是要進行過濾的變數。

2. **驗證或過濾的方式**：是選填的項目，預設值為 FILTER_DEFAULT，也就是不進行過濾，去除或編碼特殊字元的動作。

3. **選項**：規定包含符號 / 選項的陣列。檢查驗證或過濾方式可能的標誌和選項。

以下是常見的驗證或過濾方式：

驗證或過濾的方式	說明
FILTER_CALLBACK	呼叫使用者自訂函數來過濾資料
FILTER_SANITIZE_STRING	除了去除 HTML 標籤，也可以選擇性去除或編碼特殊字元。
FILTER_SANITIZE_STRIPPED	與 FILTER_SANITIZE_STRING 相同
FILTER_SANITIZE_ENCODED	URL-encode 字串，也可以選擇性去除或編碼特殊字元。
FILTER_SANITIZE_SPECIAL_CHARS	對 HTML 字元 "'<>& 以及 ASCII 值小於 32 的字元進行轉義，也可以選擇性去除或編碼特殊字元。
FILTER_SANITIZE_EMAIL	除了字母、數字以及 !#$%&'*+-=?^_`{|}~@.[] 以外的字元都刪除。

驗證或過濾的方式	說明
FILTER_SANITIZE_URL	除了字母、數字以及 !#$%&'*+-=?^_`{|}~@.[] 以外的字元都刪除。
FILTER_SANITIZE_NUMBER_INT	刪除所有字元，除了數字和 +-。
FILTER_SANITIZE_NUMBER_FLOAT	刪除所有字元，除了數字、+- 以及 .,eE。
FILTER_SANITIZE_ADD_SLASHES	應用 addslashes()
FILTER_UNSAFE_RAW	不進行任何過濾，去除或編碼特殊字元。
FILTER_VALIDATE_INT	以整數驗證指定範圍內的值
FILTER_VALIDATE_BOOLEAN	如果是「1」,「true」,「on」以及「yes」，則返回 true，如果是「0」,「false」,「off」,「no」以及「""」，則返回 false。否則返回 NULL。
FILTER_VALIDATE_FLOAT	驗證值是否為浮點數
FILTER_VALIDATE_REGEXP	根據正規表達式對值進行驗證
FILTER_VALIDATE_URL	驗證值是否為 URL
FILTER_VALIDATE_EMAIL	驗證值是否為 e-mail
FILTER_VALIDATE_IP	驗證值是否為 IP 地址

14.6.3 操作資料庫更安全的方式：MySQLi、PDO

除了過濾驗證 PHP 程式中接收的資料外，要防堵各種攻擊的措施是使用更安全的方式進行資料庫的連結與操作。推薦使用 MySQLi 函式或類別，搭配預備語法，或是使用 PDO 的方法進行資料庫連結與操作，最能達到資安防護的效果。

無論是 MySQLi 函式、類別，或是 PDO 的方法來使用資料庫，在存取時只要遵守預備語法的規定，限定接收值的格式與內容，就能安全的連結資料庫並進行相關的操作，達到防堵惡意攻擊的結果。

14.7 新增、讀取、更新與刪除資料

在資料庫的操作中,使用 SQL 語法時新增、讀取、更新與刪除是最核心,也是最重要的指令動作。

14.7.1 讀取並顯示資料

SQL 語法中經常會利用資料處理語言 (Data Manipulation Language, DML) 對資料庫物件執行資料的存取工作。其中最核心的動作為新增 (Create)、讀取 (Read)、更新 (Update) 與刪除 (Delete),許多人就用「CRUD」來稱呼這四個重要的動作。

接著將使用實際範例來進行這些資料編輯的動作,讓您在閱讀的同時能藉由實例的操作更了解程式的開發方式。以下我們將使用 students 資料表來開發一個學生資料管理程式,其架構如下:

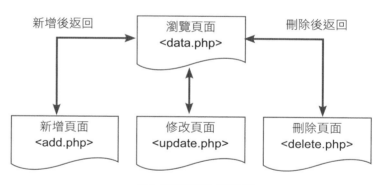

▲ 學生資料管理程式架構圖

在學生資料管理程式中,以瀏覽頁面 <data.php> 為主頁面,在執行新增、修改或刪除時都會前往所屬頁面執行,完畢後會返回瀏覽頁面顯示結果。在這個範例中將用 MySQLi 以物件的方式進行程式的開發並放置在 <mysqli_demo1>,若想以 MySQLi 函式開發的程式,可以參考 <mysqli_demo2>。

備註 **重新載入資料表以方便範例操作**

為了方便程式開發,建議刪除目前的 students 資料表再重新載入本章範例資料夾的 <class.sql>,其中為原 10 位同學的資料,不包含身高及體重。

在製作所有檔案之前先來製作資料庫連線引入檔,這與之前的內容相同,就不再進一步說明。

程式碼:connMysqlObj.php	儲存路徑:C:\htdocs\ch14\mysqli_demo1

```php
<?php
    // 資料庫主機設定
    $db_host = "localhost";
    $db_username = "root";
    $db_password = "1234";
    $db_name = "class";
    // 連線資料庫
    $db_link = @new mysqli($db_host, $db_username, $db_password, $db_name);
    // 錯誤處理
    if ($db_link->connect_error != "") {
      echo "資料庫連結失敗!";
    }else{
      // 設定字元集與編碼
      $db_link->query("SET NAMES 'utf8'");
    }
?>
```

以下我們先製作瀏覽頁面 **<data.php>**,這是整個管理程式中的主要頁面,其程式碼與結果如下:

程式碼:data.php	儲存路徑:C:\htdocs\ch14\mysqli_demo1

```php
1   <?php
2     include("connMysqlObj.php");
3     $sql_query = "SELECT * FROM students ORDER BY cID ASC";
4     $result = $db_link->query($sql_query);
5     $total_records = $result->num_rows;
6   ?>
7   <html>
8   <head>
9   <meta http-equiv="Content-Type" content="text/html; charset=utf-8" />
```

```
10    <title>學生資料管理系統</title>
11    </head>
12    <body>
13    <h1 align="center">學生資料管理系統</h1>
14    <p align="center">目前資料筆數:<?php echo $total_records;?>'<a
      href="add.php">新增學生資料</a>。</p>
15    <table border="1" align="center">
16      <!-- 表格表頭 -->
17      <tr>
18        <th>座號</th>
19        <th>姓名</th>
20        <th>性別</th>
21        <th>生日</th>
22        <th>電子郵件</th>
23        <th>電話</th>
24        <th>住址</th>
25        <th>功能</th>
26      </tr>
27      <!-- 資料內容 -->
28    <?php
29      while($row_result=$result->fetch_assoc()){
30        echo "<tr>";
31        echo "<td>".$row_result["cID"]."</td>";
32        echo "<td>".$row_result["cName"]."</td>";
33        echo "<td>".$row_result["cSex"]."</td>";
34        echo "<td>".$row_result["cBirthday"]."</td>";
35        echo "<td>".$row_result["cEmail"]."</td>";
36        echo "<td>".$row_result["cPhone"]."</td>";
37        echo "<td>".$row_result["cAddr"]."</td>";
38        echo "<td><a href='update.php?id=".$row_result["cID"]."'>修改</a> ";
39        echo "<a href='delete.php?id=".$row_result["cID"]."'>刪除</a></td>";
40        echo "</tr>";
41      }
```

```
42    ?>
43    </table>
44    </body>
45    </html>
```

執行結果　　　　　　執行網址：http://localhost/ch14/mysqli_demo1/data.php

程式說明

2	使用 include() 函式匯入連線引入檔完成 MySQL 資料庫物件建立，預設連結到 class 資料庫，並設定字元集與編碼的動作。
3	將要執行的 SQL 指令字串設定在 $sql_query 中，此處要選取 students 資料表中所有欄位。
4	使用 query() 方法執行 $sql_query 中的 SQL 指令並將取得的資料放置在 $result 物件中。
5	取得 $result 物件的 num_rows 資料筆數屬性並儲存在 $total_records 中。
14	顯示目前共有幾筆資料，並佈置新增資料的文字連結到 <add.php> 中。
15~43	佈置顯示學生資料的表格內容。
29	使用 while 迴圈逐次利用 $result 物件的 fetch_assoc() 方法取出一筆筆學生的資料並儲存到 $row_result 陣列中。
31~37	每執行一次迴圈即會讀取一個學生資料，再將該學生的資料每一欄位分別顯示到不同的儲存格中。
38~39	分別要佈置前往修改頁面 <update.php> 及刪除頁面 <delete.php> 的文字連結。因為前往這些頁面要傳參數讓該頁面可以調出要修改或刪除的資料，這裡我們使用參數 id 帶著該筆資料的主索引欄位：「cID」的值到前往的頁面。

在這裡使用 **fetch_assoc()** 方法讓每一筆資料化為欄位名稱為索引鍵的陣列，如此一來在頁面中要顯示某個欄位資料時，就可以直接用欄位調出資料。

因為在修改頁面 <update.php> 及刪除頁面 <delete.php> 執行動作前，必須知道要修改或刪除的資料是哪一筆，所以如果能由網址列承接上一頁帶來的參數再篩選出資料來進行處理，是我們佈置修改與刪除頁面的主要重點。一般由主頁面要帶參數前往執行頁面的值最好是該筆資料的主鍵，因為主鍵的排他性與唯一性，很容易地就可以精確的把所要修改或是刪除的資料調出來。

14.7.2 新增資料

如果要新增資料可以使用 INSERT 的 SQL 語法。我們先來複習一下 INSERT 的 SQL 指令，其基本語法如下：

```
INSERT [INTO] 資料表名稱 ( 欄位名稱 1[, 欄位名稱 2, …])
VALUES ( 值 1[, 值 2, …]);
```

在新增的程式頁面中只要能順利接收表單的值，並佈置成 INSERT 的 SQL 指令，再執行即可完成。以下將繼續製作新增頁面 <add.php>，其程式碼與結果如下：

程式碼：add.php	儲存路徑：C:\htdocs\ch14\mysqli_demo1

```php
1   <?php
2   if(isset($_POST["action"])&&($_POST["action"]=="add")){
3     include("connMysqlObj.php");
4     $sql_query = "INSERT INTO students (cName ,cSex ,cBirthday
      ,cEmail ,cPhone ,cAddr) VALUES (?, ?, ?, ? ,? ,?)";
5     $stmt = $db_link -> prepare($sql_query);
6     $stmt -> bind_param("ssssss", $_POST["cName"], $_POST["cSex"],
      $_POST["cBirthday"], $_POST["cEmail"], $_POST["cPhone"], $_
      POST["cAddr"]);
7     $stmt -> execute();
8     $stmt -> close();
9     $db_link -> close();
10    // 重新導向回到主畫面
11    header("Location: data.php");
12  }
13  ?>
14  <html>
15  <head>
```

```
16  <meta http-equiv="Content-Type" content="text/html; charset=utf-8" />

17  <title>學生資料管理系統</title>

18  </head>

19  <body>

20  <h1 align="center">學生資料管理系統 - 新增資料</h1>

21  <p align="center"><a href="data.php">回主畫面</a></p>

22  <form action="" method="post" name="formAdd" id="formAdd">

23      <table border="1" align="center" cellpadding="4">

24          <tr>

25              <th>欄位</th><th>資料</th>

26          </tr>

27          <tr>

28              <td>姓名</td><td><input type="text" name="cName"
    id="cName"></td>

29          </tr>

30          <tr>

31              <td>性別</td><td>

32              <input type="radio" name="cSex" id="radio" value="M"
    checked>男

33              <input type="radio" name="cSex" id="radio" value="F">女

34              </td>

35          </tr>

36          <tr>

37              <td>生日</td><td><input type="text" name="cBirthday"
    id="cBirthday"></td>

38          </tr>

39          <tr>

40              <td>電子郵件</td><td><input type="text" name="cEmail"
    id="cEmail"></td>

41          </tr>

42          <tr>

43              <td>電話</td><td><input type="text" name="cPhone"
    id="cPhone"></td>

44          </tr>
```

```
45      <tr>
46        <td> 住址 </td><td><input name="cAddr" type="text"
   id="cAddr" size="40"></td>
47      </tr>
48      <tr>
49        <td colspan="2" align="center">
50        <input name="action" type="hidden" value="add">
51        <input type="submit" name="button" value=" 新增資料 ">
52        <input type="reset" name="button2" value=" 重新填寫 ">
53        </td>
54      </tr>
55    </table>
56  </form>
57  </body>
58  </html>
```

執行結果　　　　　　　執行網址：**http://localhost/ch14/mysqli_demo1/add.php**

程式說明

2~15	接收表單資料佈置為 SQL 指令執行新增資料的動作。
2	不是一進入本頁就執行新增資料的動作，而是必須先判斷本頁中的表單是否有被送出，若有送出回到本頁才會執行新增的動作。 在下面的表單中我們有藏了一個隱藏欄位：「action」，它的值為「add」，只有在下方的表單有被送出時程式才會接收到這個值，這個值是否存在就代表了表單是否有填資料後送出了。所以這裡先檢查有沒有 $_POST["action"] 這個參數，而且值是否為「add」，若是即執行新增資料的動作，若沒有就跳過這一段程式往下執行。
3	使用 include() 函式匯入連線引入檔完成 MySQL 資料庫物件建立，預設連結到 class 資料庫，並設定字元集與編碼的動作。
4~5	準備 SQL 敘述字串要新增資料到 students 資料表中，其中欄位中要新增的值以「?」代表。接著用 prepare 方法將預備語法化為 mysqli_stmt 物件。
6	接收表單的值可以使用 $_POST[欄位名稱] 來進行接收，請使用 bind_param 方法綁定每個表單傳遞的值為預備語法中的參數。
7	使用 execute 方法執行預備語法完成資料新增。
8~9	關閉預備語法物件，再關閉資料庫物件。
11	執行完新增資料後，使用 header() 函式將頁面導回主頁 <data.php>。
22~56	佈置新增學生資料的表單。
22	表單設定資料送出的方式為「method="post"」，接收頁面為「action=""」，因為值為空白，即表示表單的值將重新送回本頁。
28	設定姓名的文字欄位：「cName」。
32~33	設定性別的單選按鈕，因為有二個選項所以有二個按鈕，名稱都為「cSex」，但是值分別為「M」與「F」，其中「M」為預設選項，所以在標籤中有「checked」的屬性。
37	設定生日的文字欄位：「cBirthday」。
40	設定電子郵件的文字欄位：「cEmail」。
43	設定電話的文字欄位：「cPhone」。
46	設定住址的文字欄位：「cAddr」。
50	設定隱藏欄位：「action」，其值為「add」，目的是讓表單值重新送回本頁時能讓最上方的程式接收判斷表單已經送回，並進行資料新增的動作。
51~52	設定送出按鈕與重置按鈕。

由結果看來，在表單中填入新同學的資料，果然就寫入資料表並顯示在主要頁面上了。

14.7.3 更新資料

如果要更新資料，可以使用 UPDATE 的 SQL 語法。我們先來複習一下 UPDATE 的 SQL 指令，其基本語法如下：

```
UPDATE 資料表名稱
SET 欄位名稱1 = 值 1, 欄位名稱2 = 值 2, ...
WHERE 條件式 ;
```

在更新的程式頁面中要先取出要修改的資料，將該筆資料每一欄的值設定為表單中的預設值，在表單送出後即可接收表單的值並佈置成 UPDATE 的 SQL 指令，再執行即可完成。以下將繼續製作新增頁面 <update.php>，程式碼與結果如下：

程式碼：update.php	儲存路徑：C:\htdocs\ch14\mysqli_demo1

```php
1   <?php
2     include("connMysqlObj.php");
3     if(isset($_POST["action"])&&($_POST["action"]=="update")){
4         $sql_query = "UPDATE students SET cName=?, cSex=?,
    cBirthday=?, cEmail=?, cPhone=?, cAddr=? WHERE cID=?";
5         $stmt = $db_link -> prepare($sql_query);
6         $stmt -> bind_param("sssssssi", $_POST["cName"], $_
    POST["cSex"], $_POST["cBirthday"], $_POST["cEmail"], $_
    POST["cPhone"], $_POST["cAddr"], $_POST["cID"]);
7         $stmt -> execute();
8         $stmt -> close();
9         $db_link -> close();
10        // 重新導向回到主畫面
11        header("Location: data.php");
12    }
13    $sql_select = "SELECT cID, cName, cSex, cBirthday, cEmail,
    cPhone, cAddr FROM students WHERE cID = ?";
14    $stmt = $db_link -> prepare($sql_select);
15    $stmt -> bind_param("i", $_GET["id"]);
16    $stmt -> execute();
17    $stmt -> bind_result($cid, $cname, $csex, $cbirthday, $cemail,
    $cphone, $caddr);
```

```php
18    $stmt -> fetch();
19  ?>
20  <html>
21  <head>
22  <meta http-equiv="Content-Type" content="text/html; charset=utf-8" />
23  <title> 學生資料管理系統 </title>
24  </head>
25  <body>
26  <h1 align="center"> 學生資料管理系統 － 修改資料 </h1>
27  <p align="center"><a href="data.php"> 回主畫面 </a></p>
28  <form action="" method="post" name="formFix" id="formFix">
29    <table border="1" align="center" cellpadding="4">
30      <tr>
31        <th> 欄位 </th><th> 資料 </th>
32      </tr>
33      <tr>
34        <td> 姓名 </td><td><input type="text" name="cName"
    id="cName" value="<?php echo $cname;?>"></td>
35      </tr>
36      <tr>
37        <td> 性別 </td><td>
38        <input type="radio" name="cSex" id="radio" value="M" <?php
    if($csex=="M") echo "checked";?>> 男
39        <input type="radio" name="cSex" id="radio" value="F" <?php
    if($csex=="F") echo "checked";?>> 女
40      </td>
41      </tr>
42      <tr>
43        <td> 生日 </td><td><input type="text" name="cBirthday"
    id="cBirthday" value="<?php echo $cbirthday;?>"></td>
44      </tr>
45      <tr>
46        <td> 電子郵件 </td><td><input type="text" name="cEmail"
    id="cEmail" value="<?php echo $cemail;?>"></td>
```

```
47      </tr>
48      <tr>
49        <td>電話</td><td><input type="text" name="cPhone"
   id="cPhone" value="<?php echo $cphone;?>"></td>
50      </tr>
51      <tr>
52        <td>住址</td><td><input name="cAddr" type="text"
   id="cAddr" size="40" value="<?php echo $caddr;?>"></td>
53      </tr>
54      <tr>
55        <td colspan="2" align="center">
56        <input name="cID" type="hidden" value="<?php echo $cid;?>">
57        <input name="action" type="hidden" value="update">
58        <input type="submit" name="button" value="更新資料">
59        <input type="reset" name="button2" value="重新填寫">
60        </td>
61      </tr>
62    </table>
63  </form>
64  </body>
65  </html>
66  <?php
67    $stmt -> close();
68    $db _ link -> close();
69  ?>
```

執行結果　　　　　執行網址：http://localhost/ch14/mysqli_demo1/update.php

程式說明

2	使用 include() 函式匯入連線引入檔完成 MySQL 資料庫物件建立,預設連結到 class 資料庫,並設定字元集與編碼的動作。
3~12	接收表單資料佈置為 SQL 指令執行更新資料的動作。
3	不是一進入本頁就執行更新資料的動作,而是必須先判斷本頁中的表單是否有被送出,若有送出回到本頁才會執行更新的動作。在下面的表單中我們有藏了一個隱藏欄位:「action」它的值為「update」只有在下方的表單有被送時時程式才會接收到這個值,所以這個值是否存在就代表了表單是否有填資料後送出了。所以這裡先檢查有沒有 $_POST["action"] 這個參數,而且值是否為「update」,若是即執行更新資料的動作,若沒有就跳過這一段程式往下執行。
4~5	準備 SQL 敘述字串要更新 students 資料表的資料,其中欄位中要更新的值以「?」代表。接著用 prepare 方法將預備語法化為 mysqli_stmt 物件。
6	接收表單的值可以使用 $_POST[欄位名稱] 來進行接收,請使用 bind_param 方法綁定每個表單傳遞的值為預備語法中的參數。
7	使用 execute 方法執行預備語法完成資料更新。
8~9	關閉預備語法物件,再關閉資料庫物件。
11	執行完更新資料後,使用 header() 函式將頁面導回主頁 <data.php>。
13	進入本頁而未送出表單資料時會將要修改的資料調出並依所屬資料欄位佈置在要更新的表單中。這裡要先將要修改的資料調出。準備 SQL 敘述字串請選取 students 資料表中所有欄位 (請分別選取以利綁定結果),並設定篩選條件為主鍵欄位「cID」的值要等於由前一頁帶來的 URL 參數,在 SQL 敘述字串中先以「?」代表。

15	接收 URL 的值可以使用 $ _ GET[欄位名稱] 來進行接收，請使用 bind _ param 方法綁定 URL 的參數為預備語法中的參數。
16	使用 execute 方法執行預備語法完成資料取得。
17	請使用 bind _ result 方法將取得欄位資料分別綁定在對應的變數。
18	使用 fetch 方法取出該學生的資料。
27	佈置回到主頁面 <data.php> 的文字連結。
28~63	佈置修改學生資料的表單。
28	表單設定資料送出的方式為「method="post"」，接收頁面為「action=""」，因為值為空白，即表示表單的值將重新送回本頁。
34	姓名的文字欄位：「cName」，其預設值為是由資料表綁定結果的 $cname。
38~39	性別的單選按鈕，因為有二個選項所以有二個按鈕，名稱都為「cSex」，但是值分別為「M」與「F」。在這二個欄位中使用由資料表綁定結果的 $csex 與二個按鈕的預設值比對，相等即顯示「checked」的屬性。
43	生日的文字欄位：「cBirthday」，預設值為由資料表綁定結果的 $cbirthday。
46	電子郵件的文字欄位：「cEmail」，預設值為是由資料表綁定結果的 $cemail。
49	電話的文字欄位：「cPhone」，預設值為是由資料表綁定結果的 $cphone。
52	住址的文字欄位：「cAddr」，預設值為由資料表綁定結果的 $caddr。
56	主鍵的隱藏欄位：「cID」，預設值為由資料表綁定結果的 $cid，目的是要做為更新時 SQL 語法的篩選值。
57	隱藏欄位：「action」，值為「update」，目的是讓表單值重新送回本頁時能讓最上方的程式接收判斷表單已經送回，並進行資料更新的動作。
58~59	設定送出按鈕與重置按鈕。
66~69	關閉預備語法物件，再關閉資料庫物件。

我們在主頁面 <data.php> 選取一個同學的資料，即可以在更新頁面 <update.php> 顯示該同學資料在表單欄位中，修改後送出表單回到主頁面，我們在表單中修改的同學資料，果然就寫入資料表並顯示在主要頁面上了。

因為在本頁中除了執行修改動作時，需要建立資料連線並選擇資料庫，在調出要修改的資料時也必須要建立資料連線並選擇資料庫。所以這裡與新增頁面不同，要將建立資料連線並選擇資料庫的動作放在頁面的最前方，而不放在條件式中。

另外，在修改頁面上的表單佈置，較為不同的是性別欄位。因為單選按鈕並不是以設定預設值來代表送出值，而是被核選的狀態。所以要使用欄位值與單選按鈕的值來比對，若相等即顯示核選的屬性值。

14.7.4 刪除資料

如果要刪除資料，可以使用 DELETE 的 SQL 語法。我們先來複習一下
DELETE 的 SQL 指令，其基本語法如下：

```
DELETE FROM 資料表名稱
WHERE 條件式；
```

在刪除的程式頁面中要先取出要刪除的資料，確定後執行 DELETE 的 SQL 指令
即可完成。以下將繼續製作刪除的頁面 **<delete.php>**，其程式碼與結果如下：

程式碼：delete.php	儲存路徑：C:\htdocs\ch14\mysqli_demo1

```php
1   <?php
2     include("connMysqlObj.php");
3     if(isset($_POST["action"])&&($_POST["action"]=="delete")){
4       $sql_query = "DELETE FROM students WHERE cID=?";
5       $stmt = $db_link -> prepare($sql_query);
6       $stmt -> bind_param("i", $_POST["cID"]);
7       $stmt -> execute();
8       $stmt -> close();
9       $db_link -> close();
10      // 重新導向回到主畫面
11      header("Location: data.php");
12    }
13    $sql_select = "SELECT cID, cName, cSex, cBirthday, cEmail, cPhone, cAddr FROM students WHERE cID = ?";
14    $stmt = $db_link -> prepare($sql_select);
15    $stmt -> bind_param("i", $_GET["id"]);
16    $stmt -> execute();
17    $stmt -> bind_result($cid, $cname, $csex, $cbirthday, $cemail, $cphone, $caddr);
18    $stmt -> fetch();
19  ?>
20  <html>
21  <head>
22  <meta http-equiv="Content-Type" content="text/html; charset=utf-8" />
```

```
23    <title>學生資料管理系統</title>
24    </head>
25    <body>
26    <h1 align="center">學生資料管理系統 - 刪除資料</h1>
27    <p align="center"><a href="data.php">回主畫面</a></p>
28    <form action="" method="post" name="formDel" id="formDel">
29      <table border="1" align="center" cellpadding="4">
30      <tr>
31        <th>欄位</th><th>資料</th>
32      </tr>
33      <tr>
34        <td>姓名</td><td><?php echo $cname;?></td>
35      </tr>
36      <tr>
37        <td>性別</td><td>
38        <?php
39        if($csex=="M"){
40            echo "男";
41          }else{
42            echo "女";
43          }
44        ?>
45        </td>
46      </tr>
47      <tr>
48        <td>生日</td><td><?php echo $cbirthday;?></td>
49      </tr>
50      <tr>
51        <td>電子郵件</td><td><?php echo $cemail;?></td>
52      </tr>
53      <tr>
54        <td>電話</td><td><?php echo $cphone;?></td>
55      </tr>
56      <tr>
```

```
57        <td> 住址 </td><td><?php echo $caddr;?></td>
58      </tr>
59      <tr>
60        <td colspan="2" align="center">
61          <input name="cID" type="hidden" value="<?php echo $cid;?>">
62          <input name="action" type="hidden" value="delete">
63          <input type="submit" name="button" id="button" value="確
    定刪除這筆資料嗎? ">
64        </td>
65      </tr>
66    </table>
67  </form>
68  </body>
69  </html>
70  <?php
71    $stmt -> close();
72    $db _ link -> close();
73  ?>
```

執行結果　　　　　　　執行網址：http://localhost/ch14/mysqli_demo1/delete.php

目前資料筆數：11，新增學生資料。

座號	姓名	性別	生日	電子郵件	電話	住址	功能
1	張惠玲	F	1987-04-04	elven@superstar.com	0922988876	台北市濱洲北路12號	修改 刪除
2	彭建志	M	1987-07-01	jinglun@superstar.com	0918181111	台北市敦化南路93號5樓	修改 刪除
3	謝耿鴻	M	1987-08-11	sugie@superstar.com	0914530768	台北市中央路201號7樓	修改 刪除
4	蔣志明	M	1984-06-20	shane@superstar.com	0946820035	台北市建國路177號6樓	修改 刪除
5	王佩珊	F	1988-02-15	ivy@superstar.com	0920981230	台北市忠孝東路520號6樓	修改 刪除
6	林志宇	M	1987-05-05	zhong@superstar.com	0951983366	台北市三民路1巷10號	修改 刪除
7	李曉薇	F	1985-08-30	lala@superstar.com	0918123456	台北市仁愛路100號	修改 刪除
8	賴秀英	F	1986-12-10	crystal@superstar.com	0907408965	台北市民族路204號	修改 刪除
9	張雅琪	F	1988-12-01	peggy@superstar.com	0916456723	台北市建國北路10號	修改 刪除
10	許朝元	M	1993-08-10	albert@superstar.com	0918976588	台北市北環路2巷80號	修改 刪除
11	李柏恩	M	1981-06-15	born@superstar.com	0929011234	台中市美村南路12號	修改 刪除

學生資料管理系統 - 刪除資料

回主畫面

欄位	資料
姓名	李柏恩
性別	男
生日	1981-06-15
電子郵件	born@superstar.com
電話	0929011234
住址	台中市美村南路12號

確定刪除這筆資料嗎？

目前資料筆數：10，新增學生資料。

座號	姓名	性別	生日	電子郵件	電話	住址	功能
1	張惠玲	F	1987-04-04	elven@superstar.com	0922988876	台北市濱洲北路12號	修改 刪除
2	彭建志	M	1987-07-01	jinglun@superstar.com	0918181111	台北市敦化南路93號5樓	修改 刪除
3	謝耿鴻	M	1987-08-11	sugie@superstar.com	0914530768	台北市中央路201號7樓	修改 刪除
4	蔣志明	M	1984-06-20	shane@superstar.com	0946820035	台北市建國路177號6樓	修改 刪除
5	王佩珊	F	1988-02-15	ivy@superstar.com	0920981230	台北市忠孝東路520號6樓	修改 刪除
6	林志宇	M	1987-05-05	zhong@superstar.com	0951983366	台北市三民路1巷10號	修改 刪除
7	李曉薇	F	1985-08-30	lala@superstar.com	0918123456	台北市仁愛路100號	修改 刪除
8	賴秀英	F	1986-12-10	crystal@superstar.com	0907408965	台北市民族路204號	修改 刪除
9	張雅琪	F	1988-12-01	peggy@superstar.com	0916456723	台北市建國北路10號	修改 刪除
10	許朝元	M	1993-08-10	albert@superstar.com	0918976588	台北市北環路2巷80號	修改 刪除

PHP8 / MySQL 網頁程式設計自學聖經

程式說明

2	使用 include() 函式匯入連線引入檔完成 MySQL 資料庫物件建立，預設連結到 class 資料庫，並設定字元集與編碼的動作。
3~12	接收表單資料佈置為 SQL 指令執行刪除資料的動作。
3	但不是一進入本頁就執行刪除資料的動作，而是必須先判斷本頁中的表單是否有被送出，若有送出回到本頁才會執行刪除的動作。在下面的表單中我們有藏了一個隱藏欄位：「action」，它的值為「delete」只有在下方的表單有被送出時程式才會接收到這個值，所以這個值是否存在就代表了表單是否有填資料後送出了。所以這裡先檢查有沒有 \$_POST["action"] 這個參數，而且值是否為「delete」，若是即執行刪除資料的動作，若沒有就跳過這一段程式往下執行。
4~5	準備 SQL 敘述字串要刪除 students 資料表的資料。因為是刪除的動作，所以要加上篩選值，一般是資料表的主鍵欄位，這裡為「cID」。其中欄位中要篩選的值以「?」代表。接著用 prepare 方法將預備語法化為 mysqli_stmt 物件。
6	接收表單的值可以使用 \$_POST[欄位名稱] 來進行接收，請使用 bind_param 方法綁定表單傳遞的值為預備語法中的參數。
7	使用 execute 方法執行預備語法完成資料更新。
8~9	關閉預備語法物件，再關閉資料庫物件。
11	執行完刪除資料後，使用 header() 函式將頁面導回主頁 <data.php>。
13	先將要刪除的資料調出。準備 SQL 敘述字串請選取 students 資料表中所有欄位 (請分別選取以利綁定結果)，並設定篩選條件為主鍵欄位「cID」的值要等於由前一頁帶來的 URL 參數，在 SQL 敘述字串中先以「?」代表。
15	接收 URL 的值可以使用 \$_GET[欄位名稱] 來進行接收，請使用 bind_param 方法綁定 URL 的參數為預備語法中的參數。
16	使用 execute 方法執行預備語法完成資料取得。
17	請使用 bind_result 方法將取得欄位資料分別綁定在對應的變數。
18	使用 fetch 方法取出該學生的資料。
27	佈置回到主頁面 <data.php> 的文字連結。
28~67	佈置刪除學生資料的表單。
28	表單設定資料送出的方式為「method="post"」，接收頁面為「action=""」，因為值為空白，即表示表單的值將重新送回本頁。
34	顯示由資料表綁定結果的 \$cname。
38~44	使用由資料表綁定結果的 \$csex 來判斷，若等於「M」即顯示「男」，否則即顯示「女」。
48	顯示由資料表綁定結果的 \$cbirthday。
51	顯示由資料表綁定結果的 \$cemail。
54	顯示由資料表綁定結果的 \$cphone。

57	顯示由資料表綁定結果的 $caddr。
61	設定主鍵的隱藏欄位:「cID」,其預設值為是由資料表綁定結果的 $cid,目的是要做為刪除時 SQL 語法的篩選值。
62	設定隱藏欄位:「action」,其值為「delete」,目的是讓表單值重新送回本頁時能讓最上方的程式接收判斷表單已經送回,並進行資料刪除的動作。
63	設定送出按鈕。
70~73	關閉預備語法物件,再關閉資料庫物件。

我們在主頁面 <data.php> 選取一個同學的資料,即可以在刪除頁面 <delete.php> 顯示該同學資料在表格中,按下確定刪除的按鈕後回到主頁面,該筆資料果然就刪除了。

因為在本頁中除了執行刪除動作時,需要建立資料連線並選擇資料庫,在調出要刪除的資料時也必須要建立資料連線並選擇資料庫。所以這裡與新增頁面不同,要將建立資料連線並選擇資料庫的動作放在頁面的最前方,而不放在條件式中。

另外,在刪除頁面上的顯示欄位值,較為不同的是性別欄位。因為性別欄位的內容是「M」或是「F」,而不是一般易懂的的「男」與「女」,所以我們利用判別式依欄位值來顯示指定的文字。

這個學生資料管理系統到此已經大致完成,您可以馬上來測試它的功能。一般的網頁程式分析起來,不外乎是由資料的查詢、新增、更新與刪除的動作再去加強或是衍生,只要將基礎打好,相信您就能開發出功能強大的程式。

14.8 查詢資料分頁

在查詢的頁面加上分頁控制，不僅能夠控制每一頁顯示的資料筆數，讓使用者好閱讀及維護，並且能夠降低伺服器負擔。

14.8.1 為什麼要加上資料分頁？

查詢資料量龐大時造成的困擾

在剛才的範例中，我們都是由資料庫查詢出資料後一次全部顯示在頁面上。因為目前的資料筆數不多，不會造成閱讀或是程式執行上的困擾。若查詢的結果有上千筆，甚至上萬筆時，就可能造成資料顯示或是程式執行時因為資料太多而不好閱讀，甚至造成程式執行過久而出錯無法顯示。

計算資料分頁的重要數據

以下將介紹二種最常使用的分頁方式，並實際應用在範例中。在加入資料分頁功能前，有幾個數據是在計算分頁時很重要的依據：

1. **每頁顯示的筆數**：設定一頁要顯示的資料筆數。
2. **目前頁面**：目前顯示的頁數是第幾頁。
3. **本頁開始記錄筆數**：每一頁資料是由第幾筆開始顯示，公式是：目前頁數減 1，再乘以每頁設定顯示的筆數。
4. **資料總筆數**：查詢的資料總筆數。
5. **顯示總頁數**：查詢的資料總共分成幾頁，公式是：資料總筆數除以每頁顯示的筆數，有餘數無條件進位。因為有餘數表示最後有幾筆資料未足一頁的數量，即為最後一頁的內容。

14.8.2 第一頁、上一頁、下一頁、最末頁的分頁

這個分頁方法即是在查詢資料下方出現第一頁、上一頁、下一頁、最末頁的文字連結，點選時可以翻到第一頁或最後一頁，或是往上一頁、往下一頁來翻頁。

若是頁面在第一頁時即不顯示第一頁、上一頁的文字連結,而在最後一頁時就不顯示下一頁、最末頁的文字連結。

以下我們將改寫剛才學生資料管理程式的主頁面 <data.php>,並另存為 <data_page.php>:

程式碼:data_page.php	儲存路徑:C:\htdocs\ch14

```php
1   <?php
2     include("connMysqlObj.php");
3
4     // 預設每頁筆數
5     $pageRow_records = 3;
6     // 預設頁數
7     $num_pages = 1;
8     // 若已經有翻頁,將頁數更新
9     if (isset($_GET['page'])) {
10      $num_pages = $_GET['page'];
11    }
12    // 本頁開始記錄筆數 = (頁數 -1)* 每頁記錄筆數
13    $startRow_records = ($num_pages -1) * $pageRow_records;
14    // 未加限制顯示筆數的 SQL 敘述句
15    $sql_query = "SELECT * FROM students";
16    // 加上限制顯示筆數的 SQL 敘述句,由本頁開始記錄筆數開始,每頁顯示預設筆數
17    $sql_query_limit = $sql_query." LIMIT {$startRow_records},
      {$pageRow_records}";
18    // 以加上限制顯示筆數的 SQL 敘述句查詢資料到 $result 中
19    $result = $db_link->query($sql_query_limit);
20    // 以未加上限制顯示筆數的 SQL 敘述句查詢資料到 $all_result 中
21    $all_result = $db_link->query($sql_query);
22    // 計算總筆數
23    $total_records = $all_result->num_rows;
24    // 計算總頁數 =( 總筆數 / 每頁筆數 ) 後無條件進位。
25    $total_pages = ceil($total_records/$pageRow_records);
26  ?>
27  <html>
```

```
28  <head>

29  <meta http-equiv="Content-Type" content="text/html; charset=utf-8" />

30  <title>學生資料管理系統</title>

31  </head>

32  <body>

33  <h1 align="center">學生資料管理系統</h1>

34  <p align="center">目前資料筆數:<?php echo $total_records;?>'<a
    href="add.php">新增學生資料</a>。</p>

35  <table border="1" align="center">

36    <!-- 表格表頭 -->

37    <tr>

38      <th>座號</th>

39      <th>姓名</th>

40      <th>性別</th>

41      <th>生日</th>

42      <th>電子郵件</th>

43      <th>電話</th>

44      <th>住址</th>

45      <th>功能</th>

46    </tr>

47    <!-- 資料內容 -->

48  <?php

49    while($row_result=$result->fetch_assoc()){

50      echo "<tr>";

51      echo "<td>".$row_result["cID"]."</td>";

52      echo "<td>".$row_result["cName"]."</td>";

53      echo "<td>".$row_result["cSex"]."</td>";

54      echo "<td>".$row_result["cBirthday"]."</td>";

55      echo "<td>".$row_result["cEmail"]."</td>";

56      echo "<td>".$row_result["cPhone"]."</td>";

57      echo "<td>".$row_result["cAddr"]."</td>";

58      echo "<td><a href='update.php?id=".$row_result["cID"]."'>修改</a> ";

59      echo "<a href='delete.php?id=".$row_result["cID"]."'>刪除</a></td>";

60      echo "</tr>";
```

```
61      }
62   ?>
63   </table>
64   <table border="0" align="center">
65      <tr>
66      <?php if ($num_pages > 1) { // 若不是第一頁則顯示 ?>
67      <td><a href="data_page.php?page=1">第一頁</a></td>
68       <td><a href="data_page.php?page=<?php echo $num_
     pages-1;?>">上一頁</a></td>
69      <?php } ?>
70      <?php if ($num_pages < $total_pages) { // 若不是最後一頁則顯
     示 ?>
71       <td><a href="data_page.php?page=<?php echo $num_
     pages+1;?>">下一頁</a></td>
72       <td><a href="data_page.php?page=<?php echo $total_
     pages;?>">最後頁</a></td>
73      <?php } ?>
74      </tr>
75   </table>
76   </body>
77   </html>
```

執行結果   執行網址：**http://localhost/ch14/data_page.php**

程式說明

2	使用 include() 函式匯入連線引入檔完成 MySQL 資料庫物件建立，預設連結到 class 資料庫，並設定字元集與編碼的動作。
5	設定預設每頁筆數：$pageRow_records，這裡設定每頁顯示 3 筆資料。
7	設定預設目前所在的頁數：$num_pages 為第 1 頁。

9~11	若已經翻頁，在 URL 會多一個參數「page」，值為目前頁面。這裡檢查若有這個參數，即將值代入 $num_pages。
13	設定本頁開始記錄筆數：$startRow_records，即是每一頁資料是由第幾筆開始顯示，公式是：目前頁數減 1，再乘以每頁設定顯示的筆數。
15	設先要設定的是未加限制顯示筆數的 SQL 指令字串設定在 $sql_query 中，此處要選取 students 資料表中所有欄位。
17	接著要設定加上 LIMIT 指令限制顯示筆數的 SQL 指令字串設定在 $sql_query_limit 中，它的內容是結合 $sql_query 字串，並加上 LIMIT 指令設定由本頁開始記錄筆數開始，顯示每頁顯示預設筆數。
19	使用 query 方法執行 $sql_query_limit 中的 SQL 指令並將取得的資料放置在 $result 物件中。
21	使用 query() 方法執行 $sql_query 中的 SQL 指令並將取得的資料放置在 $all_result 物件中，這個動作是為了等一下要計算所有記錄的總筆數。
23	取得 $result 的 num_rows 屬性為資料筆數並儲存在 $total_records 中。
25	計算顯示總頁數：$total_pages，公式是：資料總筆數除以每頁顯示的筆數，並使用 ceil() 函式將結果無條件進位到整數。
34	顯示目前共有幾筆資料，並佈置新增資料的文字連結到 <add.php> 中。
48~62	佈置顯示學生資料的表格內容。
49	使用 while 迴圈逐次執行 fetch_assoc() 方法由 $result 中一筆筆取出學生的資料儲存到 $row_result 陣列中。
50~57	每執行一次迴圈即會讀取一個學生資料，再將該學生的資料每一欄位分別顯示到不同的儲存格中。
58~59	分別要佈置前往修改頁面 <update.php> 及刪除頁面 <delete.php> 的文字連結。因為前往這些頁面要傳參數讓該頁面可以調出要修改或刪除的資料，這裡我們使用參數 id 帶著該筆資料的主索引欄位：「cID」的值到前往的頁面。
63~75	加入分頁連結的表格。
66~69	若是頁面在第一頁時即不顯示第一頁、上一頁的文字連結。第一頁的文字連結是加上「page」的 URL 參數，值為 1 也就是前往第一頁。而上一頁的文字連結是加上「page」URL 參數，值為目前頁數 –1。
70~73	若是在最後一頁時就不顯示下一頁、最末頁的文字連結。最末頁的文字連結是加上「page」的 URL 參數，值為總頁數。而下一頁的文字連結是加上「page」URL 參數，值為目前頁數 +1。

14.8.3 頁碼分頁

使用第一頁、上一頁、下一頁、最末頁的分頁方法,雖然也能將資料依頁數分批顯示,但是如果使用者忽然要前往某一個指定頁數時,就不是很方便了。

這裡提供了另一種分頁方法,就是以頁碼來分頁。也就是把所有頁數顯示出來,使用者可以點選要前往的頁數即可翻頁。

其程式碼與結果如下,我們將這些程式碼加在剛才分頁表格的下方:

程式碼:**data_page.php**　　　　　　　　　　　　　　儲存路徑:C:\htdocs\ch14

```
...
76  <table border="0" align="center">
77    <tr>
78      <td>
79        頁數:
80        <?php
81        for($i=1;$i<=$total _ pages;$i++){
82          if($i==$num _ pages){
83            echo $i." ";
84          }else{
85            echo "<a href=\"data _ page.php?page={$i}\">{$i}</a> ";
86          }
87        }
88        ?>
89      </td>
90    </tr>
91  </table>
...
```

執行結果　　　　　　　　執行網址：http://localhost/ch14/data_page.php

程式說明

81	設定一個 for 迴圈，定義 $i 變數由 1 一直到小於或等於總頁數為止，每次迴圈加 1。
82~83	若是 $i 的值等於目前的頁數，即顯示 $i 而不加上連結。
84~86	若是 $i 的值不等於目前的頁數則顯示 $i 並加上文字連結，連結的內容是目前頁面是加上「page」的 URL 參數，值為 $i。

延 伸 練 習

一、選擇題

1. (　　) 使用 mysqli_connect() 建立與資料庫伺服器之間的連線，下列何者不是必備資訊？
   (A) MySQL 資料庫伺服器位址　　　(B) 連線的時間
   (C) 使用者帳號　　　　　　　　　(D) 使用者密碼

2. (　　) 若要抑制 PHP 函式執行時錯誤訊息的產生，可以在函式前加一個什麼符號？
   (A) $　(B) &　(C) @　(D) %

3. (　　) 在使用引入檔時可以使用什麼方法？
   (A) include()　(B) require()　(C) 以上皆可　(D) 以上皆非

4. (　　) 若想取得以整數為索引鍵的陣列結果，可以使用什麼函式？
   (A) mysqli_fetch_row()　　　　(B) mysqli_fetch_assoc()
   (C) mysqli_fetch_array()　　　(D) mysqli_num_rows()

5. (　　) 若要取得以欄名為索引鍵的陣列結果可以使用什麼函式？
   (A) mysqli_fetch_row()　　　　(B) mysqli_fetch_assoc()
   (C) mysqli_fetch_array()　　　(D) mysqli_num_rows()

6. (　　) 若想要取得查詢結果的資料筆數，可以使用什麼函式？
   (A) mysqli_fetch_row()　　　　(B) mysqli_fetch_assoc()
   (C) mysqli_fetch_array()　　　(D) mysqli_num_rows()

7. (　　) 在使用預備語法時，哪個步驟可以提升資安的防護？
   (A) 預備 SQL 敘述　　　　　　　(B) 綁定結果
   (C) 綁定參數　　　　　　　　　　(D) 預備 SQL 敘述

8. (　　) 利用網站上可以輸入的表單或是可以修改的 URL 參數，將有惡意的 HTML 或是 Script 語言插入到網站的網頁之中的攻擊方式為？
   (A) 跨站腳本攻擊　　　　　　　　(B) 跨站請求偽造
   (C) SQL 注入攻擊　　　　　　　　(D) 阻斷服務攻擊

延 伸 練 習

9. ( ) 使用者在登入認證過的網站後又進入惡意網站時，攻擊者透過一些技術欺騙用戶瀏覽器對目前已經登入過的網站進行操作的攻擊方式為？

(A) 跨站腳本攻擊 　　　　　　(B) 跨站請求偽造

(C) SQL 注入攻擊 　　　　　　(D) 阻斷服務攻擊

10. ( ) 利用網站程式接收表單資料或 URL 參數時，利用特殊的語法及字串夾帶 SQL 指令，進而入侵資料庫進行破壞的攻擊方式為？

(A) 跨站腳本攻擊 　　　　　　(B) 跨站請求偽造

(C) SQL 注入攻擊 　　　　　　(D) 阻斷服務攻擊

二、問答題

1. PHP 中提供許多操作 MySQL 資料庫的相關函式，能夠讓使用者存取 MySQL 資料庫中的資料。PHP 在使用 MySQL 資料庫的資源時，必須經過哪些流程？

2. 使用 MySQLi 擴充程式在 PHP 程式操作 MySQL 資料庫可以使用哪二種語法樣式？

3. 簡述在 PHP 操作 MySQL 資料庫時使用預備語法的好處。

4. 簡述在 PHP 操作 MySQL 資料庫時使用 PDO 物件的好處。

15

専題：網路留言版的製作

一個網站上的留言版，可以說是站長與網友溝通的橋樑。所以許多網站都希望能夠放置一個留言版，讓網友可以有一個交流的空間。

在程式的撰寫上也是個很好的練習主題，除了連接資料庫，並可進行程式的瀏覽、新增、修改和刪除，將所有基本的功能一次完成，對於學習進階的程式開發，有很好的幫助。

⊙ 專題說明及準備工作
⊙ 資料連線引入檔的製作
⊙ 網路留言版主頁面的製作
⊙ 網路留言版留言頁面的製作
⊙ 網路留言版登入頁面的製作
⊙ 網路留言版管理主頁面的製作
⊙ 網路留言版修改頁面的製作
⊙ 網路留言版刪除頁面的製作

15.1 專題說明及準備工作

本章將製作一個實用的網路留言版，留言顯示及管理留言的功能都十分完整，相信您可以在以下的說明中，製作出一個設計出色、功能完整的留言版。

15.1.1 認識網路留言版及學習重點

什麼是網路留言版？

一個網站上的留言版，可以說是站長與網友溝通的橋樑。所以許多網站都希望能夠放置一個留言版，讓網友可以有一個交流的空間。

▲ 網路留言版完成圖

本章學習重點

在網路留言版的程式設計中，有幾個學習重點：

1. 熟悉 PHP 與 MySQL 的資料連線，並選擇所需要的資料在頁面上顯示。

2. 依照資料的特性佈置顯示的區域，例如依性別的值判別來顯示不同的圖片，依電子郵件或個人網站資料與否來顯示連結圖片…等。

3. 設定每頁的顯示筆數，並顯示分頁的導覽。

4. 設定新增資料的表單及新增資料到 MySQL 資料庫中的動作。

5. 製作登入管理介面的頁面，並在管理頁面檢查管理者是否有正確登入，否則導出管理介面。

6. 製作登出管理介面的功能。

7. 製作修改資料的頁面。

8. 製作刪除資料的頁面。

9. MySQL 資料庫操作的安全性

15.1.2 程式環境及資料庫分析

程式環境

本書把每個不同的程式以資料夾的方式完整地整理在 <C:\htdocs\> 裡，我們已經將作品完成檔放置在本章範例資料夾 <phpboard> 中，您可以將它整個複製到 <C:\htdocs\> 裡，就可以開始進行網站的規劃。

> **註** 強烈建議您可以先按照下述步驟，將資料庫匯入到 MySQL 中，再調整完成檔中連線的設定，如此即可將程式的完成檔安裝起來執行並測試功能，再依書中的說明對照每一頁程式的原始碼，了解整個程式的運作與執行結果。

匯入程式資料庫

本書範例中，一律將程式使用資料庫備份檔 <*.sql> 放置在各章範例資料夾的根目錄中，在這裡請將 <phpboard> 資料夾中資料庫的備份檔 <phpboard.sql> 匯入，其中包含了二個資料表：「admin」及「board」。

1 首先要新增資料庫。選取 **資料庫** 標籤後，在 **建立新資料庫** 區域輸入名稱：「phpboard」，並設定校對為：「utf8_unicode_ci」，最後按 **建立** 鈕。

2 選取新增的「phpboard」資料庫後，選按 **匯入** 文字連結來執行備份匯入的動作，按 **瀏覽** 鈕選取本章範例夾 <phpboard.sql>，最後按 **執行** 鈕。

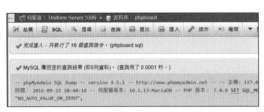

3 畫面上顯示了執行成功的訊息，馬上可以在左列看到二個新增的資料表。

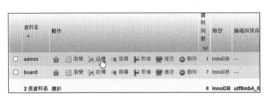

4 按 **結構** 文字連結來看看這二個資料表的結構。

請開啟瀏覽器進入 phpMyAdmin 的管理介面，使用設定的帳號、密碼登入。

資料表分析

請分別選按二個資料表後方的 **屬性** 圖片連結觀看資料表內容。

1. **admin 資料表**：這個資料表即是儲存登入管理介面的帳號與密碼，主索引欄為「username」欄位。目前已經預存一筆資料在資料表中，值皆為「admin」，為預設使用的帳號及密碼。

2. **board 資料表**：儲存所有留言版的資料，欄位的命名都以「board」為前置字元。

   本資料表以「boardid」(留言編號) 為主索引，並設定屬性為「UNSIGNED」(正數)、「auto_increment」(自動編號)，如此即能在新增資料時為每一則留言加上一個單獨的編號而不重複。

   其中較為特別的是「boardsex」欄位，是單選的列舉資料型態，在這裡設定值為「男」及「女」，以「男」為預設值。

#	名稱	類型	編碼與排序	屬性	空值(Null)	預設值	備註	額外資訊	動作
☐ 1	boardid 🔑	int		UNSIGNED	否	無		AUTO_INCREMENT	✏ 修改 ⊖ 刪除 更多
☐ 2	boardname	varchar(50)			是	NULL			✏ 修改 ⊖ 刪除 更多
☐ 3	boardsex	enum('男', '女')			是	男			✏ 修改 ⊖ 刪除 更多
☐ 4	boardsubject	varchar(100)			是	NULL			✏ 修改 ⊖ 刪除 更多
☐ 5	boardtime	datetime			是	NULL			✏ 修改 ⊖ 刪除 更多
☐ 6	boardmail	varchar(100)			是	NULL			✏ 修改 ⊖ 刪除 更多
☐ 7	boardweb	varchar(100)			是	NULL			✏ 修改 ⊖ 刪除 更多
☐ 8	boardcontent	text			是	NULL			✏ 修改 ⊖ 刪除 更多

相關資訊整理

1. 本機伺服器網站主資料夾是 <C:\htdocs\>，程式所儲存的資料夾為 <C:\htdocs\phpboard\>，本章的測試網址會變為：<http://localhost/phpboard/>。

2. 目前 MySQL 是架設在本機上，其伺服器位址為：「localhost」，為了安全性考量我們修改了它的管理帳號：「root」的密碼為：「1234」。

3. 目前欲使用的是「phpboard」資料庫，並匯入了資料表「admin」與「board」。

15.1.3 網路留言版程式流程圖分析

以下是整個網路留言版程式運作的流程圖：

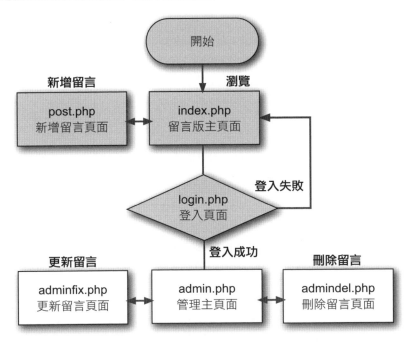

15.2 資料連線引入檔的製作

在這個作品中無時無刻都要使用 PHP 連結 MySQL 資料庫,取得相關資料。若能將連結 MySQL 的動作整理成一個單獨檔案,在每一頁開始時即引入使用,讓該頁享有使用資料庫資源的能力。

<connMysql.php> 即是這個程式中的資料連線引入檔,其內容如下:

程式碼:connMysql.php	儲存路徑:C:\htdocs\phpboard

```php
1   <?php
2       // 資料庫主機設定
3       $db_host = "localhost";
4       $db_username = "root";
5       $db_password = "1234";
6       $db_name = "phpboard";
7       // 連線資料庫
8       $db_link = new mysqli($db_host, $db_username, $db_password,
    $db_name);
9       // 錯誤處理
10      if ($db_link->connect_error != "") {
11          echo "資料庫連結失敗!";
12      }else{
13          // 設定字元集與編碼
14          $db_link->query("SET NAMES 'utf8'");
15      }
16  ?>
```

程式說明

2~6	因為整個程式都使用同一個資料庫,所以這裡先將 MySQL 資料庫伺服器主機的位址、資料庫名稱、使用帳號與密碼都宣告到變數中。
8~15	建立資料連線,使用 mysqli() 類別並利用宣告的資料庫伺服器主機位址、使用帳號與密碼進行連結新增 $db_link 物件。若新增失敗即顯示錯誤訊息並停止程式。
14	設定 MySQL 資料庫的編碼為 utf-8。

15.3 網路留言版主頁面的製作

這是相當重要的頁面，所有瀏覽留言的動作都會在本頁中完成。以下將依各個重要的功能分段說明程式碼，較重要的部分會直接註解在程式碼中，讓您閱讀較為方便。

15.3.1 設定資料繫結

所謂資料繫結就是將本頁中要顯示或使用的資料，由 MySQL 中以陣列的方式選取並儲存為資料集，如此一來在頁面中即可使用陣列的方式操作資料集，進而顯示資料內容。

在本頁中需要使用到二個資料集，一個是用來顯示所有留言的內容，另一個是用來計算所有留言的筆數，其程式碼內容如下：

程式碼：index.php	儲存路徑：C:\htdocs\phpboard

```php
1   <?php
2   require_once("connMysql.php");
3   // 預設每頁筆數
4   $pageRow_records = 5;
5   // 預設頁數
6   $num_pages = 1;
7   // 若已經有翻頁，將頁數更新
8   if (isset($_GET['page'])) {
9     $num_pages = $_GET['page'];
10  }
11  // 本頁開始記錄筆數 = (頁數 -1)* 每頁記錄筆數
12  $startRow_records = ($num_pages -1) * $pageRow_records;
13  // 未加限制顯示筆數的 SQL 敘述句
14  $query_RecBoard = "SELECT * FROM board ORDER BY boardtime DESC";
15  // 加上限制顯示筆數的 SQL 敘述句，由本頁開始記錄筆數開始，每頁顯示預設筆數
16  $query_limit_RecBoard = $query_RecBoard." LIMIT {$startRow_records}, {$pageRow_records}";
17  // 以加上限制顯示筆數的 SQL 敘述句查詢資料到 $RecBoard 中
```

```
18  $RecBoard = $db_link->query($query_limit_RecBoard);
19  // 以未加上限制顯示筆數的 SQL 敘述句查詢資料到 $all_RecBoard 中
20  $all_RecBoard = $db_link->query($query_RecBoard);
21  // 計算總筆數
22  $total_records = $all_RecBoard->num_rows;
23  // 計算總頁數 =( 總筆數 / 每頁筆數 ) 後無條件進位。
24  $total_pages = ceil($total_records/$pageRow_records);
25  ?> ...
```

程式說明

3~12	因為資料顯示要分頁，這裡要分別設定並計算每頁的資料筆數、預設頁數及開始筆數。
3~4	設定每頁顯示筆數 $pageRow_records，也就是一頁有幾筆資料，這裡設定為 5，若要更改顯示筆數可以直接更改這個值。
5~10	在翻頁時，會在本頁的網址後方加上 URL 參數：「page」，舉例來說若目前是第 2 頁時網址為「index.php?page=2」，程式會接收這個參數值為目前頁數。在預設的狀況下 $num_pages 為 1，若接收到參數值時，取得參數值儲存更新到 $num_pages。
11~12	要計算目前頁數顯示的資料，由第幾筆開始。公式為:(頁數 -1)* 每頁記錄筆數，這個值等一下要應用在取得目前頁面要顯示的資料是由第幾筆開始。
13~14	佈置要取得資料內容的 SQL 敘述句，在 $query_RecBoard 字串中，我們要選取「board」資料表中所有欄位，並依「boardtime」留言時間遞減排序。
15~16	剛才的 SQL 敘述句中並沒有設定資料的筆數限制，所以是取得所有資料。這裡再設定另一個敘述句 $query_limit_RecBoard 以原來的 $query_RecBoard 再加上筆數限制的指令:「LIMIT」，由本頁開始筆數顯示，一共顯示 $pageRow_records 所設定的筆數。
17~18	以 $db_link->query 方法執行 $query_limit_RecBoard 加上限制顯示筆數的 SQL 敘述句，並將取得的資料儲存到 $RecBoard 中。
19~20	以 $db_link->query 方法執行 $query_RecBoard 取得所有資料儲存到 $all_RecBoard 中。
21~22	取得 $all_RecBoard->num_rows 屬性，也就是 $query_RecBoard 的資料筆數，並儲存到 $total_records 中。
23~24	計算總頁數，方式是利用 $total_records 總筆數 /$pageRow_records 每頁筆數，再使用 ceil() 函式將結果無條件進位到整數。

在頁面一開始先將本頁中所需要的資料繫結完畢，並為分頁的導覽列設定好所有需要的變數，以下就要進入顯示頁面的製作。

15.3.2 設定資料顯示

資料繫結後，就可以在頁面上顯示資料的內容。在以下的程式碼中，我們雖然會列示所有的原始碼內容，但是主要說明的是 PHP 的程式碼內容。

顯示留言內容

在 26~48 行中主要是 HTML 一開始進來時的內容，接下來由 49~77 行中使用 while() 迴圈將 \$RecBoard 中的資料一筆一筆取出，並佈置顯示在頁面上：

程式碼：index.php	儲存路徑：C:\htdocs\phpboard

(接續前程式碼) 前略 ...

```
49  <?php while($row_RecBoard=$RecBoard->fetch_assoc()){ ?>
50  <table width="90%" border="0" align="center" cellpadding="4"
    cellspacing="0">
51    <tr valign="top">
52      <td width="60" align="center" class="underline">
53        <?php if($row_RecBoard["boardsex"]=="男"){;?>
54        <img src="images/male.gif" alt="我是男生" width="49"
    height="49">
55        <?php }else{?>
56        <img src="images/female.gif" alt="我是女生" width="49"
    height="49">
57        <?php }?>
58        <br>
59        <span class="postname"><?php echo $row_
    RecBoard["boardname"];?></span>
60      </td>
61      <td class="underline">
62        <span class="smalltext">[<?php echo $row_
    RecBoard["boardid"];?>]</span>
63        <span class="heading"> <?php echo $row_
    RecBoard["boardsubject"];?></span>
64        <p><?php echo nl2br($row_RecBoard["boardcontent"]);?></p>
65        <p align="right" class="smalltext">
66        <?php echo $row_RecBoard["boardtime"];?>
67        <?php if($row_RecBoard["boardmail"]!=""){?>
```

68	`<a href="mailto:<?php echo $row _ RecBoard["boardmail"];?>"`
	`><img src="images/email-a.png" alt=" 電子郵件 " width="16"`
	`height="16" border="0" align="absmiddle"></a>`

69	`<?php }?>`
70	`<?php if($row _ RecBoard["boardweb"]!=""){?>`

71	`<a href="<?php echo $row _ RecBoard["boardweb"];?>"><img`
	`src="images/home-a.png" alt=" 個人網站 " width="16" height="16"`
	`border="0" align="absmiddle"></a>`

72	`<?php }?>`
73	`</p>`
74	`</td>`
75	`</tr>`
76	`</table>`
77	`<?php }?>`

...

程式說明

49	使用 `fetch _ assoc()` 方法將 $RecBoard 中的資料以欄位名稱為索引鍵的陣列一筆筆取出，每執行一次就取出一筆資料，並將資料指標往下移動一筆，一直到資料底端為止。
53~57	取出「boardsex」性別值來判斷，若為男生則顯示 `<male.gif>` 圖示，否則就顯示 `<female.gif>` 圖示。
59	顯示「boardname」姓名。
62~63	顯示「boardid」編號及「boardsubject」標題。
64	顯示「boardcontent」留言內容，並利用 `nl2br()` 函式讓內容自動分行。
66	顯示「boardtime」留言時間。
67~69	取出「boardmail」電子郵件值來判斷，若不為空值表示有填寫電子郵件，則顯示電子郵件的圖片，並設定電子郵件連結。
70~72	取出「boardweb」個人網站值來判斷，若不為空值表示有填寫個人網站，則顯示個人網站的圖片，並設定連結。

顯示分頁導覽列

最後要顯示資料總筆數及分頁導覽列，讓使用者可以進行分頁瀏覽的動作：

程式碼：index.php	儲存路徑：C:\htdocs\phpboard

(接續前程式碼)...

```
78  <table width="90%" border="0" align="center" cellpadding="4"
    cellspacing="0">
79    <tr>
80      <td valign="middle"><p>資料筆數:<?php echo $total _ records;
    ?></p></td>
81      <td align="right"><p>
82  <?php if ($num _ pages > 1) { // 若不是第一頁則顯示 ?>
83  <a href="?page=1">第一頁</a> | <a href="?page=<?php echo $num _
    pages-1;?>">上一頁</a> |
84  <?php }?>
85  <?php if ($num _ pages < $total _ pages) { // 若不是最後一頁則顯示 ?>
86  <a href="?page=<?php echo $num _ pages+1;?>">下 一 頁</a> | <a
    href="?page=<?php echo $total _ pages;?>">最末頁</a>
87  <?php }?>
88      </p></td>
89    </tr>
90  </table>
```

...後略

程式說明

80	顯示資料總筆數：$total _ records。
82~84	以目前頁數：$num _ pages 來判斷，若不在第一頁就顯示第一頁及上一頁的連結。第一頁連結「page」的參數是 1，上一頁的連結「page」的參數，就是將目前的頁數減 1。
85~87	以目前頁數：$num _ pages 來判斷，若不在最後一頁就顯示最末頁及下一頁的連結。最末頁連結「page」的參數是總頁面：$total _ pages，下一頁的連結「page」的參數，就是將目前的頁數加 1。

如此即完成網路留言版主頁面的製作。

15.4 網路留言版留言頁面的製作

網路留言版的內容，最主要都是由這一頁產生。整個留言頁面只有一頁，留言人填完表單後送出資料到原頁接收資料，存入資料表後再回到首頁顯示內容。

15.4.1 設定新增資料到資料庫

這是本頁一開始就要放置的程式碼，最主要的目的就是接收表單的資料並寫入資料庫中。但不是還沒有填寫資料嗎，要拿什麼去寫入資料庫呢？沒錯，所以我們必須在本頁的表單中放置一個隱藏欄位，當載入這個頁面時，一檢查沒有接收到這個欄位值即代表並沒有任何資料被表單送出，也就會跳過這個程式區段先往下執行，並顯示表單讓留言者填寫資料。

當填寫資料後送出資料到原頁，載入時會發現已經有資料送來，於是就開始執行新增資料的動作，完成後就不往下執行，直接轉回主頁面顯示留言內容。

這就是本頁運作的流程與原理，以下就先介紹最重要的主要程式：

程式碼：post.php	儲存路徑：C:\htdocs\phpboard

```
1  <?php
2  function GetSQLValueString($theValue, $theType) {
3    switch ($theType) {
4    case "string":
5    $theValue = ($theValue != "") ?
      filter_var($theValue, FILTER_SANITIZE_ADD_SLASHES) : "";
6    break;
7    case "int":
8    $theValue = ($theValue != "") ?
        filter_var($theValue, FILTER_SANITIZE_NUMBER_INT) : "";
9    break;
10   case "email":
11   $theValue = ($theValue != "") ?
        filter_var($theValue, FILTER_VALIDATE_EMAIL) : "";
12   break;
```

```
13    case "url":
14    $theValue = ($theValue != "") ?
        filter_var($theValue, FILTER_VALIDATE_URL) : "";
15    break;
16    }
17    return $theValue;
18    }
19
20    if(isset($_POST["action"])&&($_POST["action"]=="add")){
21      require_once("connMysql.php");
22      $query_insert = "INSERT INTO board (boardname, boardsex,
        boardsubject, boardtime, boardmail, boardweb, boardcontent)
        VALUES (?, ?, ?, NOW(), ?, ?, ?)";
23      $stmt = $db_link->prepare($query_insert);
24      $stmt->bind_param("ssssss",
25        GetSQLValueString($_POST["boardname"], "string"),
26        GetSQLValueString($_POST["boardsex"], "string"),
27        GetSQLValueString($_POST["boardsubject"], "string"),
28        GetSQLValueString($_POST["boardmail"], "email"),
29        GetSQLValueString($_POST["boardweb"], "url"),
30        GetSQLValueString($_POST["boardcontent"], "string"));
31      $stmt->execute();
32      $stmt->close();
33      $db_link->close();
34      // 重新導向回到主畫面
35      header("Location: index.php");
36    }
37    ?> ...
```

程式說明

2~18	自製 GetSQLValueString() 函式，當接受到由外部所傳入的資料時可以先進行輸入過濾、輸出轉義的動作，提高資安的保護。
3~16	使用 Switch 的方式根據不同的資料類型進行處理。

4~6	當資料的類型為字串 (string) 時用 filter _ var() 函式進行過濾，利用參數：FILTER _ SANITIZE _ ADD _ SLASHES 來過濾如單引號、雙引號及反斜線。
7~9	當資料的類型為整數 (int) 時用 filter _ var() 函式進行過濾，利用參數：FILTER _ SANITIZE _ NUMBER _ INT 來刪除了數字和 +- 之外所有字元。
10~12	當資料的類型為電子郵件 (email) 時用 filter _ var() 函式進行過濾，利用參數：FILTER _ VALIDATE _ EMAIL 來驗證值是否為電子郵件。
13~15	當資料的類型為網址 (url) 時用 filter _ var() 函式進行過濾，利用參數：FILTER _ VALIDATE _ URL 來驗證值是否為網址。
20~36	當接收到表單傳來的資料時進行資料新增動作。
20	如果接收到表單值：$ _ POST["action"]，而且其值為「add」，即表示本頁的表單有填寫並送出填寫值，如此即可往下執行新增資料的動作。
21	設定使用資料連線引入檔。
22~23	接收表單的參數並佈置 SQL 指令的字串。這裡採用預備語法，最重要的是將要插入的資料欄位對應「?」來代表。其中較為不同的是「boardtime」留言時間欄位，因為希望可以當時的系統時間直接存入，所以在 SQL 敘述中使用 MySQL 的 NOW() 函式來取得系統時間。接著用 $db _ link->prepare() 方法將該字串設定為預備語法。
24~30	接著用 $db _ link->bind _ Param() 方法來綁定參數，其中第一個參數要設定各個欄位的資料屬性。因為表單的名稱將以欄位名稱命名，在這裡可以使用 $ _ POST[欄位名稱] 來進行接收，分別再使用 GetSQLValueString() 函式進行過濾。
31~35	執行預備語法新增完資料後關閉語法物件及資料庫物件，並重新導向回到首頁中。

15.4.2 設定新增資料的表單

顯示 HTML 開始的內容與檢查表單的 Javascript

這個區段顯示的是 HTML 開始內容，在 <head> 區域中內含了一個檢查表單的 Javascript 程式：

程式碼：**post.php**	儲存路徑：**C:\htdocs\phpboard**

(接續前程式碼)...

```
38  <html>
39  <head>
40  <title>訪客留言版</title>
41  <meta  http-equiv="Content-Type"  content="text/html;
    charset=utf-8">
42  <link href="style.css" rel="stylesheet" type="text/css">
43  <script language="javascript">
```

```
44  function checkForm(){
45    if(document.formPost.boardsubject.value==""){
46      alert("請填寫標題!");
47      document.formPost.boardsubject.focus();
48      return false;
49    }
50    if(document.formPost.boardname.value==""){
51      alert("請填寫姓名!");
52      document.formPost.boardname.focus();
53      return false;
54    }
55    if(document.formPost.boardmail.value!=""){
56      if(!checkmail(document.formPost.boardmail)){
57        document.formPost.boardmail.focus();
58        return false;
59      }
60    }
61    if(document.formPost.boardcontent.value==""){
62      alert("請填寫留言內容!");
63      document.formPost.boardcontent.focus();
64      return false;
65    }
66      return confirm('確定送出嗎? ');
67  }
68
69  function checkmail(myEmail) {
70    var filter  = /^([a-zA-Z0-9_ \.\-])+\@(([a-zA-Z0-9\-])+\.)+([a-zA-Z0-9]{2,4})+$/;
71    if(filter.test(myEmail.value)){
72      return true;
73    }
74    alert("電子郵件格式不正確");
75    return false;
76  }
```

```
77   </script>
78   </head> ...
```

程式說明

43~67　為客戶端的 Javascript:checkForm()，其目的是為了檢查表單在送出時是否有符合我們所規定的格式。其中標題、姓名與留言內容是必填的欄位，電子郵件欄位雖然不是必填，但是若有填寫時就要檢查是否符合格式要求。

69~76　搭配 checkForm() 檢查電子郵件格式的 Javascript:checkmail()。

佈置新增資料表單

在新增資料的表單裡大部分為文字方塊，只有性別為單選按鈕：

程式碼：**post.php**	儲存路徑：**C:\htdocs\phpboard**

（接續前程式碼）前略 ...

```
96   <form action="" method="post" name="formPost" id="formPost"
     onSubmit="return checkForm();">
97     <table width="90%" border="0" align="center" cellpadding="4"
       cellspacing="0">
98       <tr valign="top">
99         <td width="80" align="center"><img src="images/talk.gif"
         alt="我要留言" width="80" height="80"><span class="heading">留言
         </span></td>
100        <td>
101        <p>標題<input type="text" name="boardsubject"
             id="boardsubject"></p>
102        <p>姓名<input type="text" name="boardname"
             id="boardname"></p>
103        <p>性別
104        <input name="boardsex" type="radio" id="radio" value="男"
             checked>男
105        <input type="radio" name="boardsex" id="radio2" value="女">女
106        </p>
107        <p>郵件<input type="text" name="boardmail"
             id="boardmail"></p>
108        <p>網站<input type="text" name="boardweb" id="boardweb">
             </p>
109        </td>
```

110	`    <td align="right">`
111	`        <p><textarea  name="boardcontent"  id="boardcontent"` `cols="40" rows="10"></textarea></p>`
112	`    </td>`
113	`    </tr>`
114	`    <tr valign="top">`
115	`    <td colspan="3" align="center" valign="middle">`
116	`    <input name="action" type="hidden" id="action" value="add">`
117	`    <input type="submit" name="button" id="button" value=" 送出` `留言 ">`
118	`    <input type="reset" name="button2" id="button2" value=" 重設` `資料 ">`
119	`    <input type="button" name="button3" id="button3" value=" 回` `上一頁 " onClick="window.history.back();"></td>`
120	`    </tr>`
121	`    </table>`
122	`    </form>`

... 後略

程式說明

96	設定表單開始，其中「action」屬性沒有設定即表示表單的值會送到本頁。「onSubmit」的屬性表示為表單送出時要執行的動作，這裡設定「returnformCheck()」表示會執行表單檢查，若無誤才會送出表單中的值。
101	設定「boardsubject」標題的文字欄位。
102	設定「boardname」姓名的文字欄位。
104	設定「boardsex」性別的單選按鈕，其值為「男」。
105	設定「boardsex」性別的單選按鈕，其值為「女」。
107	設定「boardmail」電子郵件的文字欄位。
108	設定「boardweb」個人網站的文字欄位。
111	設定「boardcontent」留言內容的多行文字欄位。
116	設定「action」隱藏欄位，值為「add」。這是一個很重要的欄位，它的值會隨著表單一起送出，讓本頁一開始執行新增資料的程式碼區段能夠判別表單是否送出，進而執行新增資料的動作。

如此即完成網路留言版留言頁面的製作。

15.5 網路留言版登入頁面的製作

管理者可以使用網路留言版的管理介面進行留言的修改或是刪除的動作，但是為了區隔使用者是否有管理的權限，我們必須使用登入頁面。

透過登入的動作可以檢查使用者是否有足夠的權限，一旦通過驗證就能進入畫面執行管理功能的操作，否則就會被退回到一般的瀏覽頁面。

在我們的程式中，管理者的帳號、密碼會儲存在 phpboard 資料庫中的 admin 資料表，目前預設的管理帳號為：「admin」，密碼為：「admin」。

15.5.1 使用者登入原理

為什麼使用者通過登入頁面，PHP 的程式就能認識使用者呢？是因為這個地方使用了 Session 記錄登入者的帳號。一旦在輸入帳號密碼後，經過比對而通過驗證，我們就使用一個 Session 記錄登入者使用的帳號。

在管理介面的每個頁面一開始就會檢查是否有這個 Session 值，如果沒有就視為沒有經過登入，程式會將使用者導出管理介面，如此就可以達到保護管理介面的效果。

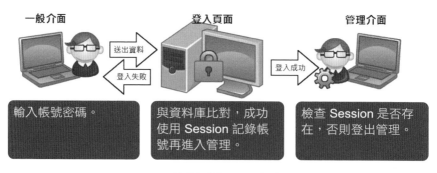

▲ 使用者登入原理示意圖

使用 Session 記錄帳號有許多好處，以下是常見的優點：

1. Session 產生並存在於伺服器，所以無法使用本機上的技巧，如偽造 Cookie 破解登入的動作，較為安全。

2. Session 有固定的運作時間，當使用者離開座位忘記登出管理介面時，在一定期間後系統會因為 Session 消失而自動登出，必須重新登入才能操作。

15.5.2 設定登入系統的動作

這裡是登入動作最重要的程式區段，除了要比對資料庫中的資料是否與接收的表單值相同，還要利用 Session 記錄登入者的帳號，將使用者的頁面導向管理頁面，以下就先介紹內容：

程式碼：login.php	儲存路徑：C:\htdocs\phpboard

```
1    <?php
2    session _ start();
3    // 如果沒有登入 Session 值或是 Session 值為空則執行登入動作
4    if(!isset($ _ SESSION["loginMember"]) || ($ _
     SESSION["loginMember"]=="")){
5       if(isset($ _ POST["username"]) && isset($ _ POST["passwd"])){
6          require _ once("connMysql.php");
7          // 選取儲存帳號密碼的資料表
8          $sql _ query = "SELECT * FROM admin";
9          $result = $db _ link->query($sql _ query);
10         // 取出帳號密碼的值
11         $row _ result=$result->fetch _ assoc();
12         $username = $row _ result["username"];
13         $passwd = $row _ result["passwd"];
14         $db _ link->close();
15         // 比對帳號密碼，若登入成功則前往管理介面，否則就退回主畫面。
16         if(($username==$ _ POST["username"]) &&
              ($passwd==$ _ POST["passwd"])){
17            $ _ SESSION["loginMember"]=$username;
18            header("Location: admin.php");
19         }else{
20            header("Location: index.php");
21         }
22      }
23   }else{
24      // 若已經有登入 Session 值則前往管理介面
```

```
25        header("Location: admin.php");
26    }
27    ?> ...
```

程式說明

2	啟動 Session。
4	以 $ _ SESSION["loginMember"] 來記錄登入者的帳號,如果沒有登入 Session 值或是 Session 值為空則往下執行。
5	若接收到表單傳來「username」及「passwd」的值即執行以下的登入動作。
6	設定使用資料連線引入檔。
7~9	佈置選取管理者帳號、密碼的 SQL 指令的字串,由「admin」資料表取出資料將結果儲存在 $result 中。因為只有一筆,所以如此即可調出管理者資料。
10~14	將由資料表取出的帳號、密碼資料分別儲存在 $username、$passwd 變數中。
15~21	如果由「admin」資料表中取出的帳號、密碼與表單接收的帳號、密碼相同,表示登入成功,就將表單傳送帳號儲存到 $ _ SESSION["loginMember"] 之中,並將頁面導向管理頁面,否則將頁面重新導向主頁面。
24~25	若一開始檢查時已經有登入 Session 值則前往管理介面。

第一次進入本頁面時因沒有登入的 **Session** 值,所以程式不會執行登入動作而往下執行,一直到送出本頁的表單回到原頁,就會執行登入的動作。

15.5.3 設定登入的表單

接下來的頁面要佈置的是登入的表單,程式碼如下:

程式碼:login.php　　　　　　　　　　**儲存路徑:C:\htdocs\phpboard**

(接續前程式碼)...

```
28  <html>
29  <head>
30  <title>訪客留言版</title>
31  <meta http-equiv="Content-Type" content="text/html;
    charset=utf-8">
32  <link href="style.css" rel="stylesheet" type="text/css">
33  </head>
34  <body bgcolor="#ffffff">
35  <table width="700" border="0" align="center" cellpadding="0"
    cellspacing="0">
```

```
36    <tr>
37      <td>
38      <table align="left" border="0" cellpadding="0"
    cellspacing="0" width="700">
39          <tr>
40              <td><img name="board _ r1 _ c1" src="images/board _
    r1 _ c1.jpg" width="465" height="36" border="0" alt=""></td>
41              <td><a href="index.php"><img name="board _ r1 _ c5"
    src="images/read.jpg" width="110" height="36" border="0" alt="瀏
    覽留言 "></a></td>
42              <td><a href="post.php"><img name="board _ r1 _ c7"
    src="images/post.jpg" width="110" height="36" border="0" alt="我
    要留言 "></a></td>
43              <td width="15"><img name="board _ r1 _ c8" src="images/
    board _ r1 _ c8.jpg" width="15" height="36" border="0" alt=""></
    td>
44          </tr>
45      </table>
46      </td>
47    </tr>
48    <tr>
49      <td><img name="board _ r2 _ c1" src="images/board _ r2 _
    c1.jpg" width="700" height="28" border="0" alt=""></td>
50    </tr>
51    <tr>
52      <td background="images/board _ r3 _ c1.jpg"><div
    id="mainRegion">
53          <form name="form1" method="post" action="">
54          <table border="0" align="center" cellpadding="4"
    cellspacing="0">
55              <tr valign="top">
56                  <td colspan="2" align="center" class="heading"> 登
    入管理 </td>
57              </tr>
58              <tr valign="top">
```

```
59              <td width="80" align="center"><img src="images/
    login.gif" alt=" 我要留言 " width="80" height="80"></td>

60                  <td valign="middle"><p> 管理帳號

61                      <input type="text" name="username"
    id="username">

62                      </p>

63                  <p> 管理密碼

64                      <input type="password" name="passwd"
    id="passwd">

65                      </p>

66                  <p align="center">

67                      <input type="submit" name="button"
    id="button" value=" 登入管理 ">

68                      <input type="button" name="button3"
    id="button3" value=" 回上一頁 " onClick="window.history.back();">

69                      </p></td>

70              </tr>

71          </table>

72        </form>

73      </div>

74    </td>

75  </tr>

76  <tr>

77    <td>

78    <table align="left" border="0" cellpadding="0"
    cellspacing="0" width="700">

79        <tr>

80          <td width="15"><img name="board _ r4 _ c1" src="images/
    board _ r4 _ c1.jpg" width="15" height="31" border="0" alt=""></
    td>

81          <td align="center" valign="top" background="images/
    botbg.jpg" class="trademark">© 2016 eHappy Studio All Rights
    Reserved. </td>

82          <td width="15"><img name="board _ r4 _ c8" src="images/
    board _ r4 _ c8.jpg" width="15" height="31" border="0" alt=""></
    td>
```

```
83              </tr>
84          </table>
85          </td>
86      </tr>
87  </table>
88  </body>
89  </html>
```

程式說明

53~72	輸入帳號、密碼的表單。
53	表單設定開始，其中「action」為空，表示資料送出的目的頁面為本頁。
61	可填寫「username」帳號的文字方塊。
64	可填寫「passwd」密碼的文字方塊，其屬性「type="password"」表示輸入時文字會以符號代表。

如此即完成登入頁面的製作。

15.6 網路留言版管理主頁面的製作

網路留言版管理主頁面的內容,其實與留言版的一般頁面沒有什麼不同,差別在加上了登入的檢查與前往修改或刪除頁面的連結。

15.6.1 登入檢查及登出管理的製作

程式碼:admin.php	儲存路徑:C:\htdocs\phpboard

```php
1    <?php
2    require _ once("connMysql.php");
3    session _ start();
4    // 檢查是否經過登入
5    if(!isset($ _ SESSION["loginMember"])||($ _ SESSION["loginMember"]
     =="")){
6      header("Location: index.php");
7    }
8    // 執行登出動作
9    if(isset($ _ GET["logout"]) && ($ _ GET["logout"]=="true")){
10     unset($ _ SESSION["loginMember"]);
11     header("Location: index.php");
12   } ...
```

程式說明

2 設定使用資料連線引入檔。

3 啟動 Session。

4~7 以 $ _ SESSION["loginMember"] 來記錄登入者的帳號,如果沒有登入 Session 值或是 Session 值為空則代表目前的使用者並沒有經過登入的過程,如此一來就將目前的頁面導向瀏覽的主頁面 <index.php>。

8~12 當我們接收到 URL 的參數「logout」,而且其值為「true」時就執行登出的動作。這裡使用 unset() 函式將 $ _ SESSION["loginMember"] 的記錄刪除,再將目前的頁面導向瀏覽的主頁面 <index.php>,完成登出的動作。

所謂登出管理,並不是將頁面導到一般瀏覽的頁面即可,因為使用者可以直接在網址列輸入管理頁面的網址,即可直接到達管理頁面,執行管理的動作。

登出時必須刪除登入者帳號的 Session 值：**$_SESSION["loginMember"]**。使用者即使輸入管理頁面的網址，也會因為檢查到沒有 **$_SESSION["loginMember"]** 的存在而被導回主頁面。若要再進入管理頁面，就要經過登入頁面的流程，重新產生 Session 值才能執行。

15.6.2 設定資料繫結

<admin.php> 設定資料繫結與 <index.php> 相同。其程式內容如下：

程式碼：admin.php	儲存路徑：C:\htdocs\phpboard

```
(接續前程式碼)...

13  // 預設每頁筆數
14  $pageRow _ records = 5;
15  // 預設頁數
16  $num _ pages = 1;
17  // 若已經有翻頁，將頁數更新
18  if (isset($ _ GET['page'])) {
19    $num _ pages = $ _ GET['page'];
20  }
21  // 本頁開始記錄筆數 ＝ (頁數 -1)* 每頁記錄筆數
22  $startRow _ records = ($num _ pages -1) * $pageRow _ records;
23  // 未加限制顯示筆數的 SQL 敘述句
24  $query _ RecBoard = "SELECT  *  FROM  board  ORDER  BY  boardtime
    DESC";
25  // 加上限制顯示筆數的 SQL 敘述句，由本頁開始記錄筆數開始，每頁顯示預設筆數
26  $query _ limit _ RecBoard = $query _ RecBoard." LIMIT {$startRow _
    records}, {$pageRow _ records}";
27  // 以加上限制顯示筆數的 SQL 敘述句查詢資料到 $RecBoard 中
28  $RecBoard = $db _ link->query($query _ limit _ RecBoard);
29  // 以未加上限制顯示筆數的 SQL 敘述句查詢資料到 $all _ RecBoard 中
30  $all _ RecBoard = $db _ link->query($query _ RecBoard);
31  // 計算總筆數
32  $total _ records = $all _ RecBoard->num _ rows;
33  // 計算總頁數 =( 總筆數 / 每頁筆數 ) 後無條件進位。
34  $total _ pages = ceil($total _ records/$pageRow _ records);
35  ?>
```

15.6.3 設定資料顯示

<admin.php> 設定資料顯示的內容與 <index.php> 大致相同,除了加入前往修改及刪除頁面的連結,以及登出管理的連結之外,其他說明可以參考 15.3.2 節,內容如下:

程式碼:admin.php	儲存路徑:C:\htdocs\phpboard

(接續前程式碼)...

```
36  <html>
37  <head>
38  <title>訪客留言版管理系統 </title>
39  <meta http-equiv="Content-Type" content="text/html;
    charset=utf-8">
40  <link href="style.css" rel="stylesheet" type="text/css">
41  </head>
42  <body bgcolor="#ffffff">
43  <table width="700" border="0" align="center" cellpadding="0"
    cellspacing="0">
44    <tr>
45      <td><table align="left" border="0" cellpadding="0"
    cellspacing="0" width="700">
46        <tr>
47          <td background="images/admin _ topbg.jpg"><img
    name="admin _ r1 _ c1" src="images/admin _ r1 _ c1.jpg" width="465"
    height="36" border="0" alt=""></td>
48          <td width="15"><img name="admin _ r1 _ c8" src="images/
    admin _ r1 _ c8.jpg" width="15" height="36" border="0" alt=""></
    td>
49        </tr>
50      </table></td>
51    </tr>
52    <tr>
53      <td><img name="admin _ r2 _ c1" src="images/admin _ r2 _
    c1.jpg" width="700" height="28" border="0" alt=""></td>
54    </tr>
55    <tr>
```

56	`<td background="images/admin_r3_c1.jpg"><div id="mainRegion">`
57	`<?phpwhile($row_RecBoard=$RecBoard->fetch_assoc()){ ?>`
58	`<table width="90%" border="0" align="center" cellpadding="4" cellspacing="0">`
59	`<tr valign="top" class="underline">`
60	`<td width="60" align="center"><?php if($row_RecBoard["boardsex"]=="男"){;?>`
61	`<img src="images/male.gif" alt="我是男生" width="49" height="49">`
62	`<?php }else{?>`
63	`<img src="images/female.gif" alt="我是女生" width="49" height="49">`
64	`<?php }?>`
65	` `
66	`<span class="postname"> <?php echo $row_RecBoard["boardname"];?></span></td>`
67	`<td class="underline">`
68	`<span class="smalltext"> [<?php echo $row_RecBoard["boardid"];?>]</span><span class="heading"> <?php echo $row_RecBoard["boardsubject"];?></span>`
69	`<div class="actiondiv"><a href="adminfix.php?id=<?php echo $row_RecBoard["boardid"];?>">[修改]</a> <a href="admindel.php?id=<?php echo $row_RecBoard["boardid"];?>">[刪除]</a></div>`
70	`<p><?php echo nl2br($row_RecBoard["boardcontent"]);?></p>`
71	`<p align="right" class="smalltext"><?php echo $row_RecBoard["boardtime"];?>`
72	`<?php if($row_RecBoard["boardmail"]!=""){?>`
73	`<a href="mailto:<?php echo $row_RecBoard["boardmail"];?>"> <img src="images/email-a.png" alt="電子郵件" width="16" height="16" border="0" align="absmiddle"></a>`
74	`<?php }?>`
75	`<?php if($row_RecBoard["boardweb"]!=""){?>`

```
76        <a href="<?php echo $row _ RecBoard["boardweb"];?>"><img
     src="images/home-a.png" alt="個人網站" width="16" height="16"
     border="0" align="absmiddle"></a>

77        <?php }?>

78      </p></td>

79      </tr>

80      </table>

81      <?php }?>

82      <table width="90%" border="0" align="center" cellpadding="4"
     cellspacing="0">

83        <tr>

84        <td valign="middle"><p>資料筆數:<?php echo $total _
     records;?></p></td>

85        <td align="right"><p>

86        <?php if ($num _ pages > 1) { // 若不是第一頁則顯示 ?>

87        <a href="?page=1">第一頁</a> | <a href="?page=<?php echo
     $num _ pages-1;?>">上一頁</a> |

88        <?php }?>

89        <?php if ($num _ pages < $total _ pages) { // 若不是最後一頁則
     顯示 ?>

90        <a href="?page=<?php echo $num _ pages+1;?>">下一頁</a> |
     <a href="?page=<?php echo $total _ pages;?>">最末頁</a>

91        <?php }?>

92      </p></td>

93      </tr>

94      </table>

95      </div></td>

96    </tr>

97    <tr>

98      <td><table align="left" border="0" cellpadding="0"
     cellspacing="0" width="700">

99        <tr>

100       <td width="15"><img name="admin _ r4 _ c1" src="images/
     admin _ r4 _ c1.jpg" width="15" height="31" border="0" alt=""></
     td>
```

```
101        <td background="images/admin _ botbg.jpg"><a
    href="?logout=true"><img name="admin _ r4 _ c2" src="images/
    logout.jpg" width="77" height="31" border="0" alt="登出管理"></
    a></td>
102        <td align="right" valign="top" background="images/admin _
    botbg.jpg" class="trademark">© 2016 eHappy Studio All Rights
    Reserved. </td>
103        <td width="15"><img name="admin _ r4 _ c8" src="images/
    admin _ r4 _ c8.jpg" width="15" height="31" border="0" alt=""></
    td>
104        </tr>
105        </table></td>
106    </tr>
107 </table>
108 </body>
109 </html>
110 <?php
111   $db _ link->close();
112 ?>
```

程式說明

69	設定前往修改頁面 <adminfix.php> 與刪除頁面 <admindel.php> 的文字連結，但是都要帶一個 URL 參數：「id」，其值為該筆資料的主索引欄位「boardid」的值，如此一來在這二個功能頁面中就可以依 URL 參數順利調出要修改或是刪除的資料，進而執行功能。
101	設定登出管理頁面的連結：「?logout=true」，在這裡我們並沒有指定要前往的頁面，這樣的設定會讓 HTML 以本頁加上這個連結成為連結的頁面完整網址，如此一來重新進入本頁時，最上方的程式會接收到這個 URL 參數與值，進而執行登出的動作。

如此即完成管理主頁面的製作。

15.7 網路留言版修改頁面的製作

請在主頁面 <admin.php> 中選按某一則留言修改的連結，即可以在 <adminfix.php> 顯示該筆留言資料在表單欄位中，修改後送出表單回到主頁面。

由管理主頁面可以進入本頁調出指定的留言進行修改。程式碼行號 2~30 為自製 GetSQLValueString() 函式與登入檢查與登出管理的程式區段，與 <post.php> 與 <admin.php> 相同，請參考 15.4.1 與 15.6.1 節。

程式碼：adminfix.php	儲存路徑：C:\htdocs\phpboard

(接續前程式碼)...

```
31  // 執行更新動作
32  if(isset($_POST["action"])&&($_POST["action"]=="update")){
33    $query_update = "UPDATE board SET boardname=?, boardsex=?,
      boardsubject=?, boardmail=?, boardweb=?, boardcontent=? WHERE
      boardid=?";
34    $stmt = $db_link->prepare($query_update);
35    $stmt->bind_param("sssssssi",
36      GetSQLValueString($_POST["boardname"], "string"),
37      GetSQLValueString($_POST["boardsex"], "string"),
38      GetSQLValueString($_POST["boardsubject"], "string"),
39      GetSQLValueString($_POST["boardmail"], "email"),
40      GetSQLValueString($_POST["boardweb"], "url"),
41      GetSQLValueString($_POST["boardcontent"], "string"),
42      GetSQLValueString($_POST["boardid"], "int"));
43    $stmt->execute();
44    $stmt->close();
45    // 重新導向回到主畫面
46    header("Location: admin.php");
47  }
48  $query_RecBoard = "SELECT boardid, boardname, boardsex,
      boardsubject, boardmail, boardweb, boardcontent FROM board
      WHERE boardid=?";
```

```
49  $stmt=$db_link->prepare($query_RecBoard);
50  $stmt->bind_param("i", $_GET["id"]);
51  $stmt->execute();
52  $stmt->bind_result($boardid, $boardname, $boardsex,
    $boardsubject, $boardmail, $boardweb, $boardcontent);
53  $stmt->fetch();
54  ?> ...
```

程式說明

31~47 接收表單資料佈置為 SQL 指令執行更新資料的動作。

32 但不是一進入本頁就執行更新資料的動作，而是必須先判斷本頁中的表單是否有被送出，若有送出回到本頁才會執行更新的動作。在下面的表單中我們藏了一個隱藏欄位：「action」它的值為「update」只有在下方的表單有被送出時程式才會接收到這個值，所以這個值是否存在就代表了表單是否有填資料後送出了。所以這裡先檢查有沒有 $_POST["action"] 這個參數，而且值是否為「update」，若是即執行更新資料的動作，若沒有就跳過這一段程式往下執行。

33~34 接收表單的參數並佈置 SQL 指令的字串。這裡採用預備語法，最重要的是將要更新的資料欄位對應「?」來代表。接著用 $db_link->prepare() 方法將該字串設定為預備語法。

35~42 接著用 $db_link->bind_Param() 方法來綁定參數，其中第一個參數要設定各個欄位的資料屬性。因為表單的名稱將以欄位名稱命名，在這裡可以使用 $_POST[欄位名稱] 來進行接收，分別再使用 GetSQLValueString() 函式進行過濾。

43~46 執行預備語法修改完資料後關閉語法物件及資料庫物件，並重新導向回到管理首頁。

48~51 進入本頁而未送出表單資料時會將要修改的資料調出並依所屬資料欄位佈置在要更新的表單中。這裡要先將要修改的資料調出，請選取「board」資料表中所有欄位，並設定篩選條件為主鍵欄位「boardid」的值要等於由前一頁帶來的 URL 參數：「id」。在佈置好 SQL 字串後用 $db_link->prepare() 方法將該字串設定為預備語法。接著用 $db_link->bind_Param() 方法來綁定參數，接著執行預備語法。

52~53 使用 bind_result() 方法來綁定結果，再使用 fetch() 取出該筆留言的資料。

接收了前一頁所傳遞來的 URL 參數：「id」調出要修改的資料，接著要把資料佈置到表單中讓使用者進行修改，再送出執行修改的動作。

程式碼：adminfix.php	儲存路徑：C:\htdocs\phpboard

(接續前程式碼) 前略 ...

```
76      <form name="form1" method="post" action="">
77          <table width="90%" border="0" align="center"
    cellpadding="4" cellspacing="0">
```

```
78              <tr valign="top">
79                  <td colspan="2" class="heading"> 更新訪客留言版資料 </td>
80              </tr>
81              <tr valign="top">
82                  <td>
83                      <p> 標題 <input name="boardsubject" type="text"
    id="boardsubject" value="<?php echo $boardsubject;?>"></p>
84                      <p> 姓名 <input name="boardname" type="text"
    id="boardname" value="<?php echo $boardname;?>"></p>
85                      <p> 性別 <input name="boardsex" type="radio"
    id="radio" value=" 男 " <?php if($boardsex==" 男 "){echo
    "checked";}?>> 男
86                  <input name="boardsex" type="radio" id="radio2"
    value=" 女 " <?php if($boardsex==" 女 "){echo "checked";}?>> 女 </p>
87                      <p> 郵件 <input name="boardmail" type="text"
    id="boardmail" value="<?php echo $boardmail;?>"></p>
88                      <p> 網站 <input name="boardweb" type="text"
    id="boardweb" value="<?php echo $boardweb;?>"></p>
89                  </td>
90                  <td align="right">
91                      <p><textarea name="boardcontent"
    id="boardcontent" cols="50" rows="8"><?php echo $boardcontent;?>
    </textarea></p>
92                      <p>
93                      <input name="boardid" type="hidden" id="boardid"
    value="<?php echo $boardid;?>">
94                      <input name="action" type="hidden" id="action"
    value="update">
95                      <input type="submit" name="button" id="button"
    value=" 更新資料 ">
96                      <input type="button" name="button3" id="button3"
    value=" 回上一頁 " onClick="window.history.back();">
97                  </p></td>
98              </tr>
99          </table>
100     </form> ... 後略
```

程式說明

76	表單設定資料送出的方式為「method="post"」，接收頁面為「action=""」，因為值為空白，即表示表單的值將重新送回本頁。
83	設定標題的文字欄位：「boardsubject」，其預設值為是由資料庫調出的「boardsubject」欄位值。
84	設定姓名的文字欄位：「boardname」，其預設值為是由資料庫調出的「boardname」欄位值。
85~86	設定性別的單選按鈕，因為有二個選項所以有二個按鈕，名稱都為「boardsex」，但是值分別為「男」與「女」。在這二個欄位中使用資料庫調出的「boardsex」欄位值與二個按鈕的預設值比對，相等即顯示「checked」的屬性。
87	設定電子郵件的文字欄位：「boardmail」，其預設值為是由資料表調出的「boardmail」欄位值。
88	設定個人網站的文字欄位：「boardweb」，其預設值為是由資料表調出的「boardweb」欄位值。
91	設定留言內容的多文字欄位：「boardcontent」，其預設值為是由資料表調出的「boardcontent」欄位值。
93	設定主鍵的隱藏欄位：「boardid」，其預設值為是由資料表調出的「boardid」欄位值，目的是要做為更新時 SQL 語法的篩選值。
94	設定隱藏欄位：「action」，其值為「update」，目的是讓表單值重新送回本頁時能讓最上方的程式接收判斷表單已經送回，並進行資料更新的動作。
95~96	設定送出按鈕與回上一頁的按鈕。

15.8 網路留言版刪除頁面的製作

請在主頁面 <admin.php> 中選按某則留言刪除的連結，即可以在刪除頁面 <admindel.php> 中顯示該筆留言資料在表格中，完成後回到主頁面，該筆資料就會刪除。

由管理主頁面可以進入本頁，檢視要刪除的留言，並可進行刪除的動作。刪除頁面程式碼行號 3~12 為登入檢查與登出管理的程式區段，與 <admin.php> 相同，請參考 15.6.1 節。

程式碼：admindel.php	儲存路徑：C:\htdocs\phpboard

(接續前程式碼)...

```
13   // 執行刪除動作
14   if(isset($_POST["action"])&&($_POST["action"]=="delete")){
15     $sql_query = "DELETE FROM board WHERE boardid=?";
16     $stmt=$db_link->prepare($sql_query);
17     $stmt->bind_param("i",$_POST["boardid"]);
18     $stmt->execute();
19     $stmt->close();
20     // 重新導向回到主畫面
21     header("Location: admin.php");
22   }
23   $query_RecBoard = "SELECT boardid, boardname, boardsex,
       boardsubject, boardmail, boardweb, boardcontent FROM board
       WHERE boardid=?";
24   $stmt=$db_link->prepare($query_RecBoard);
25   $stmt->bind_param("i", $_GET["id"]);
26   $stmt->execute();
27   $stmt->bind_result($boardid, $boardname, $boardsex,
       $boardsubject, $boardmail, $boardweb, $boardcontent);
28   $stmt->fetch();
29   ?>
```

...

13~22　接收表單資料佈置為 SQL 指令執行刪除資料的動作。

14　　　不是一進入本頁就執行更新資料的動作，而是必須先判斷本頁中的表單是否有被送出，若有送出回到本頁才會執行刪除的動作。在下面的表單中藏了一個隱藏欄位：「action」，它的值為「delete」，只有在下方的表單有被送出時程式才會接收到這個值，所以這個值是否存在就代表了表單是否有填資料後送出了。所以這裡先檢查有沒有 $_POST["action"] 這個參數，而且值是否為「delete」，若是即執行刪除資料的動作，若沒有就跳過這一段程式往下執行。

15~16　接收表單的參數並佈置 SQL 指令的字串。這裡採用預備語法，最重要的是將要刪除的資料欄位對應「?」來代表。因為是刪除的動作，所以要加上篩選值，一般都接收資料表的主鍵欄位，這裡為「boardid」，如此即不會刪除到別的資料。接著用 $db_link->prepare() 方法將該字串設定為預備語法。

17~21　接著用 $db_link->bind_Param() 方法來綁定參數，其中第一個參數要設定各個欄位的資料屬性。執行預備語法刪除完資料後關閉語法物件及資料庫物件，並重新導向回到管理首頁。

23~25　進入本頁而未送出表單資料時會將要刪除的資料調出並依所屬資料欄位佈置在要更新的表單中。這裡要先將要修改的資料調出，請選取「board」資料表中所有欄位，並設定篩選條件為主鍵欄位「boardid」的值要等於由前一頁帶來的 URL 參數：「id」。在佈置好 SQL 字串後用 $db_link->prepare() 方法將該字串設定為預備語法。接著用 $db_link->bind_Param() 方法來綁定參數，接著執行預備語法。

27~28　使用 bind_result() 方法來綁定結果，再使用 fetch() 取出該筆留言的資料。

接收了前一頁所傳遞來的 URL 參數：「id」調出要刪除的資料，接著要把資料佈置到頁面上與表單中，在確定後送出執行刪除的動作。

程式碼：admindel.php　　　　　　　　儲存路徑：C:\htdocs\phpboard

(接續前程式碼) 前略 ...

```
51    <form name="form1" method="post" action="">
52    <table width="90%" border="0" align="center" cellpadding="4"
      cellspacing="0">
53      <tr valign="top">
54        <td class="heading"> 刪除訪客留言版資料 </td>
55      </tr>
56      <tr valign="top">
57        <td>
58        <p><strong> 標題 </strong>:<?php echo $boardsubject;?>
      <strong> 姓名 </strong>:<?php echo $boardname;?> <strong> 性別 </
      strong>:<?php echo $boardsex;?></p>
```

```
59         <p><strong> 郵件 </strong>:<?php echo $boardmail;?>
    <strong> 網站 </strong>:<?php echo $boardweb;?></p>
60         <p><?php echo nl2br($boardcontent);?></p>
61       </td>
62     </tr>
63     <tr valign="top">
64       <td align="center"><p>
65       <input name="boardid" type="hidden" id="boardid"
    value="<?php echo $boardid;?>">
66       <input name="action" type="hidden" id="action"
    value="delete">
67       <input type="submit" name="button" id="button" value=" 確定
    刪除資料 ">
68       <input type="button" name="button3" id="button3" value=" 回
    上一頁 " onClick="window.history.back();">
69       </p></td>
70     </tr>
71   </table>
72 </form> ... 後略
```

程式說明

51~72	佈置刪除留言資料的表單。
51	表單設定資料送出的方式為「method="post"」，接收頁面為「action=""」，因為值為空白，即表示表單的值將重新送回本頁。
58	顯示由資料庫調出標題「boardsubject」、姓名「boardname」、性別「boardsex」欄位值。
59	顯示由資料庫調出郵件「boardmail」、網站「boardweb」欄位值。
60	顯示由資料庫調出留言內容「boardcontent」欄位值，並利用 nl2br() 函式設定顯示時自動分行。
65	設定主鍵的隱藏欄位:「boardid」，其預設值為是由資料表調出的「boardid」欄位值，目的是要做為刪除時 SQL 語法的篩選值。
66	設定隱藏欄位:「action」，其值為「delete」，目的是讓表單值重新送回本頁時能讓最上方的程式接收判斷表單已經送回，並進行資料刪除的動作。
67~68	設定送出按鈕與回上一頁的按鈕。

到此整個網站留言版的程式就全部完成了。

專題：會員系統的製作

在完整的網站中加入會員系統是十分重要的，因為會員的收集與資料使用，不僅可以讓網站累積人脈，善用這些會員的資料，也可能為網站帶來無窮的商機。

會員系統可以結合許多其他的作品，讓其他的程式能夠加上群組或是分眾化的特性，對於網站經營或是客戶服務都很有幫助，所以應用層面是十分廣泛的。

⊙ 專題說明及準備工作
⊙ Password Hasing 加密函式
⊙ 資料連線引入檔的製作
⊙ 會員系統主頁面的製作
⊙ 會員系統加入會員頁面的製作
⊙ 會員系統會員中心頁面的製作
⊙ 會員系統修改資料頁面的製作
⊙ 會員系統管理主頁面的製作
⊙ 會員系統管理員修改會員資料頁面
⊙ 會員系統補寄密碼信頁面的製作

16.1 專題說明及準備工作

本章將以一個完整的範例來介紹網站會員系統的程式,讓會員可以依本身不同的權限前往不同頁面,執行不同功能。

16.1.1 認識會員系統及學習重點

什麼是會員系統?

在完整的網站中加入會員系統是十分重要的,因為會員的收集與資料使用,不僅可以讓網站累積人脈,善用這些會員的資料,也可能為網站帶來無窮的商機。

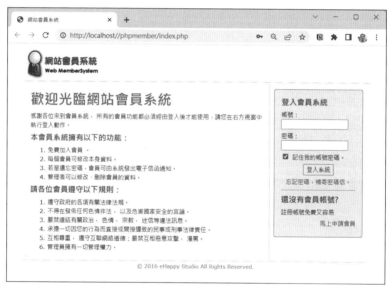

▲ 會員系統完成圖

本章學習重點

在會員系統的程式設計中,有幾個學習重點:

1. 使用 Session 記錄會員帳號與權限,依權限瀏覽不同的頁面,執行不同功能。

2. 會員的密碼以 password_hash() 進行加密,重新以亂數隨機產生密碼。

3. 使用 Cookie 記錄會員的登入資訊。

16.1.2 程式環境及資料庫分析

程式環境

本書把每個不同的程式以資料夾的方式完整地整理在 <C:\htdocs\> 裡，我們已經將作品完成檔放置在本章範例資料夾 <phpmember> 中，您可以將它整個複製到 <C:\htdocs\> 裡，就可以開始進行網站的規劃。

> **註** 強烈建議您可以先按照下述步驟，將資料庫匯入到 MySQL 中，再調整完成檔中連線的設定，如此即可將程式的完成檔安裝起來執行並測試功能，再依書中的說明對照每一頁程式的原始碼，了解整個程式的運作與執行結果。

匯入程式資料庫

本書範例中，一律將程式使用資料庫備份檔 <*.sql> 放置在各章範例資料夾的根目錄中，在這裡請將 <phpmember> 資料夾中資料庫的備份檔 <phpmember.sql> 匯入，其中包含了一個資料表：「memberdata」。

1 首先要新增一個資料庫，請輸入資料庫名稱：「phpmember」，並設定校對為：「utf8_unicode_ci」，最後按 **建立** 鈕。

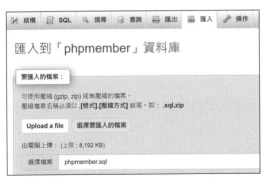

2 在左側選取「phpmember」資料庫後，請選按 **匯入** 連結執行備份匯入的動作，按 **瀏覽** 鈕來選取本章範例資料庫檔案 <phpmember.sql>，最後按 **執行** 鈕。

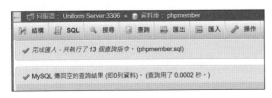

3 畫面上顯示了執行成功的訊息，即可在左列看到新增的資料表。

4 請按 **結構** 文字連結來看看這資料表的結構。

請開啟瀏覽器進入 phpMyAdmin 的管理介面，使用設定的帳號、密碼登入。

資料表分析

請選按資料表後方的 **屬性** 圖片連結，觀看資料表內容。

memberdata 資料表：儲存網站會員的資料，欄位的命名都以「m_」為前置字元。本資料表以「m_id」(計數編號)為主索引，並設定為「UNSIGNED」(正數)、「auto_increment」(自動編號)，如此即能在新增資料時加上一個單獨的編號而不重複。

1. 會員性別「m_sex」欄位，是單選的列舉資料型態，在這裡設定值為「男」及「女」。

2. 會員等級「m_level」欄位，是單選的列舉資料型態，在這裡設定值為「admin」及「member」，預設值為「member」。

3. 會員生日「m_birthday」欄位因為我們只需要日期的資料，所以設定其欄位的型態為「date」。

4. 會員登入次數「m_login」欄位記錄登入次數，設定其欄位的型態為「int」，預設值為 0。

5. 會員本次登入時間「m_logintime」欄位及會員加入時間「m_jointime」欄位，包含了日期與時間的資訊，所以設定其欄位的型態為「datetime」。

相關資訊整理

最後我們將相關的資訊再做一次整理，讓您在開發時參考：

1. 本機伺服器網站主資料夾是 <C:\htdocs\>，程式儲存的資料夾為 <C:\htdocs\phpmember\>，本章的測試網址會變為：<http://localhost/phpmember/>。

2. 目前 MySQL 是架設在本機上，其伺服器位址為：「localhost」，為了安全性考量，我們修改了它的管理帳號：「root」的密碼為：「1234」。

3. 目前欲使用的「phpmember」資料庫，並匯入了資料表：「memberdata」。

16.1.3 會員系統程式流程圖分析

以下是整個會員系統程式運作的流程圖：

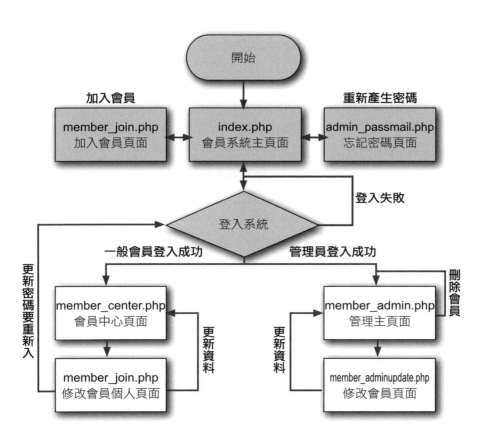

16.2 Password Hasing 加密函式

面臨越來越多的資安問題，對於程式中重要資訊的加密就相當重要。在 PHP 中雖然已經提供許多加密方式，這裡將要介紹一個強大但相當簡單而實用的函式進行加密動作。

password_hash() 函式

PHP 在過去常使用 MD5 或 SHA1 演算法進行加密的動作，但隨著電腦的運算速度越來越快，這二種方式都很容易遭到破解。新一代的 PHP 推出更理想的加密函式：password_hash()，可以輕易產生更難以破解的加密結果。

password_hash() 使用強度足夠的單向散列演算法進行資料的加密動作。它的功能是將指定字串以選擇的演算法進行加密，成功即回傳加密結果，否則回傳 False，格式為：

```
password _ hash( 加密字串, 加密演算法 )
```

目前提供了二種加密方式：

1. **PASSWORD_BCRYPT**：使用 BCRYPT 演算法進行加密，會產生 60 個字元長度的密碼，所以在設定儲存欄位長度時要特別注意。

2. **PASSWORD_DEFAULT**：當沒有提供演算法時會以預設的方式進行加密，這是較為推薦的方式，因為這個選項會隨著 PHP 擴充程式的升級調用更好的演算方式進行加密。但目前預設還是使用 BCRYPT 演算法，請注意儲存資料欄位的長度。

password_verify() 函式

使用 passowrd_hash() 函式加密的結果，可以利用 password_verify() 函式進行比對，成功即回傳 True，否則回傳 False，格式為：

```
password _ hash( 比對字串, 加密字串 )
```

無論加密的方法再好，使用的密碼過於簡單還是容易遭到破解。透過 password_hash() 加密後的密碼，因為每次生成的密碼都不一樣，想破解只能採用暴力演算，不易成功，真的是很推薦的解決方案。

16.3 資料連線引入檔的製作

在這個作品中無時無刻都要使用 PHP 連結 MySQL 資料庫，取得相關資料。若能將連結 MySQL 的動作整理成一個單獨檔案，在每一頁開始時即引入使用，就能讓該頁享有使用資料庫資源的能力。

<connMysql.php> 即是這個程式中的資料連線引入檔，其內容如下：

程式碼：connMysql.php	儲存路徑：C:\htdocs\phpmember

```php
1   <?php
2   // 資料庫主機設定
3   $db_host = "localhost";
4   $db_username = "root";
5   $db_password = "1234";
6   $db_name = "phpmember";
7   // 連線資料庫
8   $db_link = new mysqli($db_host, $db_username, $db_password,
    $db_name);
9   // 錯誤處理
10    if ($db_link->connect_error != "") {
11      echo "資料庫連結失敗！";
12    }else{
13      // 設定字元集與編碼
14      $db_link->query("SET NAMES 'utf8'");
15    }
16  ?>
```

程式說明

2~6	因為整個程式都使用同一個資料庫，所以這裡先將 MySQL 資料庫伺服器主機的位址、資料庫名稱、使用帳號與密碼都宣告到變數中。
8~15	建立資料連線，使用 mysqli() 類別並利用宣告的資料庫伺服器主機位址、使用帳號與密碼進行連結新增 $db_link 物件。若新增失敗即顯示錯誤訊息並停止程式。
14	設定 MySQL 資料庫的編碼為 utf-8。

會員系統主頁面的製作

會員系統主頁面第一個功能是負責會員登入，依不同權限能進入不同的頁面，執行不同功能；第二個功能是負責會員申請加入的動作。

在這裡有幾個重要的功能：第一是負責會員登入的首頁，在這個會員系統中我們只有一個登入的窗口，在會員登入後即可以依照其權限進入不同的頁面、使用不同的功能。第二是讓新會員申請加入的頁面，所有瀏覽人都可以藉由這個循環加入到會員系統中。

16.4.1 檢查登入狀態與執行會員登入

在進入會員系統的首頁時，第一件事就是要檢查目前使用者的登入狀態，若是已經登入則會將頁面導向會員中心或是管理會員的頁面。

在這個範例中，我們使用 Session 的 $_SESSION["loginMember"] 來記錄登入者的帳號與 $_SESSION["memberLevel"] 會員等級，一旦這二個值都不存在即會往下執行。

登入檢查狀態

程式碼：index.php	儲存路徑：C:\htdocs\phpmember

```php
1   <?php
2   require_once("connMysql.php");
3   session_start();
4   // 檢查是否經過登入，若有登入則重新導向
5   if(isset($_SESSION["loginMember"]) && ($_SESSION["loginMember"]
    !="")){
6       // 若帳號等級為 member 則導向會員中心
7       if($_SESSION["memberLevel"]=="member"){
8           header("Location: member_center.php");
9       // 否則則導向管理中心
10      }else{
11          header("Location: member_admin.php");
```

12	}
13	} ...

程式說明

2	設定使用資料連線引入檔。
3	啟動 Session。
5	我們以 $ _ SESSION["loginMember"] 來記錄登入者的帳號，如果沒有登入 Session 值或是 Session 值為空則跳過此區，若有則往下執行程式。
7~8	我們以 $ _ SESSION["memberLevel"] 來記錄登入者的會員等級，若會員等級等於 「member」則將頁面導向會員中心 <member _ center.php>。
10~11	否則就將頁面導向管理中心 <member _ admin.php>。

執行會員登入動作

接著要執行會員登入的動作，這裡與其他範例不同的地方在於：登入系統時不僅要檢查帳號、密碼，還要視會員權限等級不同，導向不同的頁面去執行功能。

在資料表中儲存密碼的欄位，其值是經由 password_hash() 函式加密後才存入，所以使用表單送出的密碼值也要先經過 password_verify() 函式才能進行比對。以下是程式碼的內容：

程式碼：index.php	儲存路徑：C:\htdocs\phpmember

(接續前程式碼)...

```
14   // 執行會員登入
15   if(isset($ _ POST["username"]) && isset($ _ POST["passwd"])){
16     // 繫結登入會員資料
17     $query _ RecLogin = "SELECT m _ username, m _ passwd, m _ level
       FROM memberdata WHERE m _ username=?";
18     $stmt=$db _ link->prepare($query _ RecLogin);
19     $stmt->bind _ param("s", $ _ POST["username"]);
20     $stmt->execute();
21     // 取出帳號密碼的值
22     $stmt->bind _ result($username, $passwd, $level);
23     $stmt->fetch();
24     $stmt->close();
25   // 比對密碼，若登入成功則呈現登入狀態
26   if(password _ verify($ _ POST["passwd"],$passwd)){
```

```
27    // 計算登入次數及更新登入時間
28    $query_RecLoginUpdate = "UPDATE memberdata SET m_login=m_
      login+1, m_logintime=NOW() WHERE m_username=?";
29    $stmt=$db_link->prepare($query_RecLoginUpdate);
30      $stmt->bind_param("s", $username);
31      $stmt->execute();
32      $stmt->close();
33    // 設定登入者的名稱及等級
34    $_SESSION["loginMember"]=$username;
35    $_SESSION["memberLevel"]=$level;
36    // 使用 Cookie 記錄登入資料
37    if(isset($_POST["rememberme"])&&($_POST["rememberme"]=="true"
      )){
38      setcookie("remUser", $_POST["username"], time()+365*24*60);
39      setcookie("remPass", $_POST["passwd"], time()+365*24*60);
40    }else{
41      if(isset($_COOKIE["remUser"])){
42        setcookie("remUser", $_POST["username"], time()-100);
43        setcookie("remPass", $_POST["passwd"], time()-100);
44      }
45    }
46    // 若帳號等級為 member 則導向會員中心
47    if($_SESSION["memberLevel"]=="member"){
48      header("Location: member_center.php");
49    // 否則則導向管理中心
50    }else{
51      header("Location: member_admin.php");
52    }
53  }else{
54    header("Location: index.php?errMsg=1");
55  }
56 }
57 ?> ...
```

程式說明

15	若接收到表單傳來「username」及「passwd」的值即執行以下的登入動作。
17~21	佈置選取登入者資料的 SQL 指令的字串，選取「memberdata」資料表使用者帳號、密碼及等級欄位並篩選「m＿username」欄位的值等於 $＿POST["username"] 的值，利用 $db＿link->prepare() 轉為預備語法，再利用 bind＿param() 方法綁定 $＿POST["username"] 為參數，在執行預備語法後用 bind＿result() 綁定使用者帳號、密碼及等級欄位為變數：$username、$passwd、$level。
23~24	使用 fetch 方法將資料取出。
26	使用 password＿verify 函式將 $＿POST["passwd"] 與 $passwd 相比，若符合即代表登入成功，則往下執行登入系統的動作。
28~32	因為會員登入後要累計該會員的登入次數及更新登入時間，所以要佈置更新登入者資料的 SQL 指令字串。其中我們要將「m＿login」登入次數欄位值加 1 及將「m＿logintime」更新為目前時間 (使用 NOW() 函式)。接著化為預備語法，綁定參數後再執行更新動作。
34	將會員帳號變數：$username 儲存在 $＿SESSION["loginMember"] 之中。
35	將會員權限變數：$level 儲存在 $＿SESSION["memberLevel"] 之中。
37	接著要以 Cookie 來記錄登入者的資料，若使用者有核選要記錄登入資訊，我們會接收到一個表單值：$＿POST["rememberme"]。若該值存在，並且等於「true」，就往下執行。
38	設定 COOKIE 欄位：「remUser」值為 POST["username"]，可執行的時間為一年 (目前的時間加上 365*24*60 秒)。
39	設定 COOKIE 欄位：「remPass」值為 POST["passwd"]，可執行的時間為一年 (目前的時間加上 365*24*60 秒)。
41~44	否則先檢查原來的 COOKIE 是否存在，若存在就去除二個 COOKIE 值。
47~48	若帳號等級 $＿SESSION["memberLevel"] 為「member」則導向會員中心頁面 <member＿center.php>。
51	否則該會員的 $＿SESSION["memberLevel"] 為「admin」，即導向管理中心頁面 <member＿admin.php>。
54	若登入失敗，則將導回原頁，並帶 URL 參數：「?errMsg=1」，那原頁面就會在接收到這個參數後顯示相關訊息。

16.4.2 設定登入表單

(接續前程式碼) 前略 ...

```
91          <td width="200">

92          <div class="boxtl"></div><div class="boxtr"></div>

93  <div class="regbox"><?php if(isset($_GET["errMsg"]) && ($_
    GET["errMsg"]=="1")){?>

94              <div class="errDiv"> 登入帳號或密碼錯誤！</div>

95          <?php }?>

96          <p class="heading"> 登入會員系統 </p>

97          <form name="form1" method="post" action="">

98              <p> 帳號：

99              <br>

100         <input name="username" type="text" class="logintextbox"
    id="username" value="<?php if(isset($_COOKIE["remUser"]) && ($_
    COOKIE["remUser"]!="")) echo $_COOKIE["remUser"];?>">

101             </p>

102             <p> 密碼：<br>

103       <input name="passwd" type="password" class="logintextbox"
    id="passwd" value="<?php if(isset($_COOKIE["remPass"]) && ($_
    COOKIE["remPass"]!="")) echo $_COOKIE["remPass"];?>">

104             </p>

105             <p>

106         <input name="rememberme" type="checkbox" id="rememberme"
    value="true" checked>

107 記住我的帳號密碼。</p>

108             <p align="center">

109       <input type="submit" name="button" id="button" value=" 登入
    系統 ">

110             </p>

111         </form>

112             <p align="center"><a href="admin_passmail.php"> 忘記
    密碼，補寄密碼信。</a></p>

113             <hr size="1" />
```

114	`<p class="heading">` 還沒有會員帳號 ?`</p>`
115	`<p>` 註冊帳號免費又容易 `</p>`
116	`<p align="right"><a href="member _ join.php">` 馬上申請會員 `</a></p>`
117	`</div>`
118	`<div class="boxbl"></div><div class="boxbr"></div></td>`
119	`</tr>`
120	`</table></td>` ... 後略

93~95	若接收到 URL 參數：「errMsg」，值等於「1」，就顯示帳號密碼錯誤的訊息區塊。
97	表單設定開始，其中「action」為空，表示資料送出的目的頁面為本頁。
100	可填寫「username」帳號的文字方塊，若 COOKIE 值：「remUser」存在即顯示為預設值。
103	可填寫「passwd」密碼的文字方塊，其屬性「type="password"」表示輸入時文字會以符號代表。若 COOKIE 值：「remPass」存在即顯示為預設值。
106	顯示記住使用者的帳號密碼的核選方塊，核選會隨表單送出，在上方的程式接收後會將表單的帳號、密碼以 COOKIE 儲存，否則會刪除 COOKIE 值。
109	設定登入系統的送出鈕。
112	設定「忘記密碼，補寄密碼信。」的連結，目的頁面為 `<admin _ passmail.php>`。
116	設定「馬上申請會員」的連結，目的頁面為 `<member _ join.php>`。

如此即完成會員系統主頁面的製作。

16.5 會員系統加入會員頁面的製作

加入新會員是每個會員系統的重要關鍵,因為經過設計可以在這裡收集到會員最詳細又正確的資料。

16.5.1 設定新增會員資料到資料庫

本頁將把會員資料新增到資料庫的動作與填寫會員資料的表單放置在同一頁中,其中以是否接收到一個表單的隱藏欄位的值為判斷,若有則表示表單有送出的動作,即執行新增會員資料到資料庫的動作,否則就會跳過這個程式區段先往下執行,顯示表單讓會員填寫資料。

這就是本頁運作的流程與原理,以下先介紹最重要的主要程式:

程式碼:member_join.php	儲存路徑:C:\htdocs\phpmember

```php
1   <?php
2   function GetSQLValueString($theValue, $theType) {
3     switch ($theType) {
4       case "string":
5           $theValue = ($theValue != "") ? filter_var($theValue,
    FILTER_SANITIZE_ADD_SLASHES) : "";
6         break;
7       case "int":
8           $theValue = ($theValue != "") ? filter_var($theValue,
    FILTER_SANITIZE_NUMBER_INT) : "";
9         break;
10      case "email":
11          $theValue = ($theValue != "") ? filter_var($theValue,
    FILTER_VALIDATE_EMAIL) : "";
12        break;
13      case "url":
14          $theValue = ($theValue != "") ? filter_var($theValue,
    FILTER_VALIDATE_URL) : "";
```

```
15        break;
16      }
17    return $theValue;
18  }
19
20  if(isset($ _ POST["action"])&&($ _ POST["action"]=="join")){
21    require _ once("connMysql.php");
22    // 找尋帳號是否已經註冊
23    $query _ RecFindUser = "SELECT m _ username FROM memberdata
      WHERE m _ username='{$ _ POST["m _ username"]}'";
24    $RecFindUser=$db _ link->query($query _ RecFindUser);
25    if ($RecFindUser->num _ rows>0){
26      header("Location: member _ join.php?errMsg=1&username={$ _
      POST["m _ username"]}");
27    }else{
28    // 若沒有執行新增的動作
29      $query _ insert = "INSERT INTO memberdata (m _ name, m _
      username, m _ passwd, m _ sex, m _ birthday, m _ email, m _ url,
      m _ phone, m _ address, m _ jointime) VALUES (?, ?, ?, ?, ?, ?, ?, ?,
      ?, NOW())";
30      $stmt = $db _ link->prepare($query _ insert);
31      $stmt->bind _ param("sssssssss",
32        GetSQLValueString($ _ POST["m _ name"], 'string'),
33        GetSQLValueString($ _ POST["m _ username"], 'string'),
34        password _ hash($ _ POST["m _ passwd"], PASSWORD _ DEFAULT),
35        GetSQLValueString($ _ POST["m _ sex"], 'string'),
36        GetSQLValueString($ _ POST["m _ birthday"], 'string'),
37        GetSQLValueString($ _ POST["m _ email"], 'email'),
38        GetSQLValueString($ _ POST["m _ url"], 'url'),
39        GetSQLValueString($ _ POST["m _ phone"], 'string'),
40        GetSQLValueString($ _ POST["m _ address"], 'string'));
41      $stmt->execute();
42      $stmt->close();
43      $db _ link->close();
```

```
44        header("Location: member _ join.php?loginStats=1");
45    }
46  }
47  ?> ...
```

程式說明

2~18	自製 GetSQLValueString() 函式,當接受到由外部所傳入的資料時可以先進行輸入過濾、輸出轉義的動作,提高資安的保護。
3~16	使用 Switch 的方式根據不同的資料類型進行處理。
4~6	當資料的類型為字串 (string) 時用 filter _ var() 函式進行過濾,利用參數:FILTER _ SANITIZE _ ADD _ SLASHES 來過濾如單引號、雙引號及反斜線。
7~9	當資料的類型為整數 (int) 時用 filter _ var() 函式進行過濾,利用參數:FILTER _ SANITIZE _ NUMBER _ INT 來刪除了數字和 +- 之外所有字元。
10~12	當資料的類型為電子郵件 (email) 時用 filter _ var() 函式進行過濾,利用參數:FILTER _ VALIDATE _ EMAIL 來驗證值是否為電子郵件。
13~15	當資料的類型為網址 (url) 時用 filter _ var() 函式進行過濾,利用參數:FILTER _ VALIDATE _ URL 來驗證值是否為網址。
20	如果接收到表單值:$ _ POST["action"],而且其值為「join」,即表示本頁的表單有填寫並送出填寫值,如此即可往下執行新增資料的動作。
21	設定使用資料連線引入檔。
23	接收表單送出的帳號欄位 $ _ POST["m _ username"] 是否已經存在於資料表中,這裡佈置 SQL 指令字串:由「memberdata」資料表選取「m _ username」欄位,並篩選該欄位值等於表單的帳號欄位 $ _ POST["m _ username"] 值。
24	使用 $db _ link->query 方法執行後將結果儲存在 $RecFindUser 中。
25~26	使用 num _ rows 屬性來取得 $RecFindUser 的資料筆數,若大於 0 表示該帳號已經有人使用,則將頁面導回原頁並帶 URL 參數:「?errMsg=1」並將這個帳號也帶入 URL 參數:「username」中。
29~40	如果該帳號沒有人使用,則進行寫入資料表的動作。這裡開始接收表單的參數並佈置 SQL 指令的字串。這裡採用預備語法,其中將要插入的資料欄位對應「?」來代表。其中新增時希望可以系統時間直接存入「m _ jointime」欄位,所以在 SQL 敘述中使用 MySQL 的 NOW() 函式來取得系統時間代入。大部份的欄位是以 $ _ POST[欄位名稱] 進行接收,再使用 GetSQLValueString() 函式進行過濾。其中較為不同的是「m _ passwd」密碼欄位,這裡使用 password _ hash() 函式將表單值加密後再存入。
41~43	執行預備語法新增完資料後關閉語法物件及資料庫物件。
44	新增完資料後將頁面導回本頁並帶 URL 參數:「?loginStats=1」,以下將會接收這個值來顯示對話方塊。

16.5.2 設定新增資料的表單

以下將要顯示設定新增資料的表單，其中也包含了在客戶端執行檢查表單的
Javascript：

程式碼：**member_join.php**　　　　　　　儲存路徑：**C:\htdocs\phpmember**

（接續前程式碼）前略...

```javascript
53  <script language="javascript">
54  function checkForm(){
55    if(document.formJoin.m_username.value==""){
56      alert("請填寫帳號!");
57      document.formJoin.m_username.focus();
58      return false;
59    }else{
60      uid=document.formJoin.m_username.value;
61      if(uid.length<5 || uid.length>12){
62        alert( "您的帳號長度只能 5 至 12 個字元!" );
63        document.formJoin.m_username.focus();
64        return false;}
65      if(!(uid.charAt(0)>='a' && uid.charAt(0)<='z')){
66        alert(" 您的帳號第一字元只能為小寫字母!" );
67        document.formJoin.m_username.focus();
68        return false;}
69      for(idx=0;idx<uid.length;idx++){
70        if(uid.charAt(idx)>='A'&&uid.charAt(idx)<='Z'){
71          alert("帳號不可以含有大寫字元!" );
72          document.formJoin.m_username.focus();
73          return false;}
74        if(!(( uid.charAt(idx)>='a'&&uid.charAt(idx)<='z')||(uid.charAt(idx)>='0'&& uid.charAt(idx)<='9')||( uid.charAt(idx)=='_'))){
75          alert( "您的帳號只能是數字,英文字母及「_」等符號,其他的符號都不能使用!" );
76          document.formJoin.m_username.focus();
77          return false;}
78        if(uid.charAt(idx)=='_'&&uid.charAt(idx-1)=='_'){
```

```
79              alert( "「 _ 」符號不可相連  !\n" );
80              document.formJoin.m _ username.focus();
81              return false;}
82          }
83      }
84      if(!check _ passwd(document.formJoin.m _ passwd.value,document.
        formJoin.m _ passwdrecheck.value)){
85          document.formJoin.m _ passwd.focus();
86          return false;}
87      if(document.formJoin.m _ name.value==""){
88          alert(" 請填寫姓名 !");
89          document.formJoin.m _ name.focus();
90          return false;}
91      if(document.formJoin.m _ birthday.value==""){
92          alert(" 請填寫生日 !");
93          document.formJoin.m _ birthday.focus();
94          return false;}
95      if(document.formJoin.m _ email.value==""){
96          alert(" 請填寫電子郵件 !");
97          document.formJoin.m _ email.focus();
98          return false;}
99      if(!checkmail(document.formJoin.m _ email)){
100         document.formJoin.m _ email.focus();
101         return false;}
102     return confirm(' 確定送出嗎? ');
103 }
104 function check _ passwd(pw1,pw2){
105     if(pw1==''){
106         alert(" 密碼不可以空白 !");
107         return false;}
108     for(var idx=0;idx<pw1.length;idx++){
109         if(pw1.charAt(idx) == ' ' || pw1.charAt(idx) == '\"'){
110             alert(" 密碼不可以含有空白或雙引號  !\n");
111             return false;}
```

```
112      if(pw1.length<5 || pw1.length>10){
113          alert( "密碼長度只能 5 到 10 個字母 !\n" );
114          return false;}
115      if(pw1!= pw2){
116          alert("密碼二次輸入不一樣,請重新輸入 !\n");
117          return false;}
118    }
119    return true;
120 }
121 function checkmail(myEmail) {
122    var filter  = /^([a-zA-Z0-9 _ \.\-])+\@(([a-zA-Z0-9\-])+\.)+([a-zA-Z0-9]{2,4})+$/;
123    if(filter.test(myEmail.value)){
124        return true;}
125    alert(" 電子郵件格式不正確 ");
126    return false;
127 }
128 </script>
129 </head>
131 <body>
132 <?php if(isset($ _ GET["loginStats"]) && ($ _ GET["loginStats"]=="1")){?>
133 <script language="javascript">
134 alert(' 會員新增成功 \n 請用申請的帳號密碼登入。');
135 window.location.href='index.php';
136 </script>
137 <?php }?>
138 <table width="780" border="0" align="center" cellpadding="4" cellspacing="0">
139    <tr>
140      <td class="tdbline"><img src="images/mlogo.png" alt=" 會員系統 " width="164" height="67"></td>
141    </tr>
142    <tr>
```

```
143        <td class="tdbline"><table width="100%" border="0"
   cellspacing="0" cellpadding="10">

144         <tr valign="top">

145          <td class="tdrline"><form action="" method="POST"
   name="formJoin" id="formJoin" onSubmit="return checkForm();">

146           <p class="title">加入會員 </p>

147         <?php if(isset($_GET["errMsg"]) && ($_GET["errMsg"]=="1")){?>

148           <div class="errDiv">帳號 <?php echo $_
   GET["username"];?> 已經有人使用! </div>

149           <?php }?>

150           <div class="dataDiv">

151            <hr size="1" />

152            <p class="heading">帳號資料 </p>

153            <p><strong>使用帳號 </strong>:

154            <input name="m_username" type="text"
   class="normalinput" id="m_username">

155            <font color="#FF0000">*</font><br><span
   class="smalltext">請填入 5~12 個字元以內的小寫英文字母、數字、以及 _ 符號。
   </span></p>

156            <p><strong>使用密碼 </strong>:

157            <input name="m_passwd" type="password"
   class="normalinput" id="m_passwd">

158            <font color="#FF0000">*</font><br><span
   class="smalltext">請填入 5~10 個字元以內的英文字母、數字、以及各種符號組合,
   </span></p>

159            <p><strong>確認密碼 </strong>:

160            <input name="m_passwdrecheck" type="password"
   class="normalinput" id="m_passwdrecheck">

161            <font color="#FF0000">*</font> <br><span
   class="smalltext">再輸入一次密碼 </span></p>

162            <hr size="1" />

163            <p class="heading">個人資料 </p>

164            <p><strong>真實姓名 </strong>:

165            <input name="m_name" type="text"
   class="normalinput" id="m_name">
```

166	`<font color="#FF0000">*</font></p>`
167	`<p><strong>性　　別</strong>：`
168	`<input name="m_sex" type="radio" value="女" checked>女`
169	`<input name="m_sex" type="radio" value="男">男`
170	`<font color="#FF0000">*</font></p>`
171	`<p><strong>生　　日</strong>：`
172	`<input name="m_birthday" type="text" class="normalinput" id="m_birthday">`
173	`<font color="#FF0000">*</font>  `
174	`<span class="smalltext">為西元格式 (YYYY-MM-DD)。</span></p>`
175	`<p><strong>電子郵件</strong>：`
176	`<input name="m_email" type="text" class="normalinput" id="m_email">`
177	`<font color="#FF0000">*</font><span class="smalltext">請確定此電子郵件為可使用狀態，以方便未來系統使用，如補寄會員密碼信。</span></p>`
178	`<p><strong>個人網頁</strong>：`
179	`<input name="m_url" type="text" class="normalinput" id="m_url">`
180	` <span class="smalltext">請以「http://」為開頭。</span></p>`
181	`<p><strong>電　　話</strong>：`
182	`<input name="m_phone" type="text" class="normalinput" id="m_phone"></p>`
183	`<p><strong>住　　址</strong>：`
184	`<input name="m_address" type="text" class="normalinput" id="m_address" size="40"></p>`
185	`<p> <font color="#FF0000">*</font> 表示為必填的欄位</p>`
186	`</div>`
187	`<hr size="1" />`
188	`<p align="center">`
189	`<input name="action" type="hidden" id="action" value="join">`
190	`<input type="submit" name="Submit2" value="送出申請">`

```
191    <input type="reset" name="Submit3" value=" 重設資料 ">
```

```
192    <input type="button" name="Submit" value=" 回上一頁 "
  onClick="window.history.back();"></p>
```

```
194        </form></td>
```

... 後略

程式說明

53~103 為客戶端的 checkForm()，其目的是為了檢查表單在送出時是否符合規定的格式。其中帳號、使用密碼、確認密碼、姓名、性別、生日與電子郵件是必填的欄位，帳號、密碼二欄與電子郵件欄位還要檢查其格式是否符合。

104~120 搭配 checkForm() 檢查密碼二欄格式與是否相同的 check _ passwd()。

121~127 搭配 checkForm() 檢查電子郵件格式的 checkmail()。

132~137 若接收到 URL 參數：「loginStats」值為 1，則顯示一段顯示會員加入成功的對話方塊，並將頁面導回 <index.php>。

145 設定表單，其中「action」屬性沒有設定即表示表單的值會送到本頁。「onSubmit」的屬性表示為表單送出時要執行的動作，這裡設定「returnformCheck()」表示會執行表單檢查，若無誤才會送出表單中的值。

147~149 若接收到 URL 參數：「errMsg」值為 1，則接收 URL 參數：「username」顯示該會員帳號已經有人使用的訊息區塊。

154 設定「m _ username」使用帳號的文字欄位。

157 設定「m _ passwd」密碼的文字欄位。

160 設定「m _ passwdrecheck」確認密碼的文字欄位。

165 設定「m _ name」姓名的文字欄位。

168 設定「m _ sex」性別的單選按鈕，其值為「女」，預設為核選。

169 設定「m _ sex」性別的單選按鈕，其值為「男」。

172 設定「m _ birthday」生日的文字欄位。

176 設定「m _ email」電子郵件的文字欄位。

179 設定「m _ url」個人網站的文字欄位。

182 設定「m _ phone」電話的文字欄位。

184 設定「m _ address」住址的文字欄位。

189 設定「action」隱藏欄位，值為「join」。這是一個很重要的欄位，它的值會隨著表單一起送出，讓本頁一開始執行新增資料的程式碼區段能夠判別表單是否送出，進而執行新增資料的動作。

190~192 設定送出、重置與回上一頁按鈕。

如此即完成會員系統加入會員頁面的製作。

16.6 會員系統會員中心頁面的製作

會員專區的頁面是提供給所有登入會員使用的，在這個頁面中您可以看到會員的登入資訊，進入修改頁面更改自己的基本資料。

16.6.1 登入檢查及登出管理的製作

程式碼：member_center.php	儲存路徑：C:\htdocs\phpmember

```php
1   <?php
2   require _ once("connMysql.php");
3   session _ start();
4   // 檢查是否經過登入
5   if(!isset($ _ SESSION["loginMember"])||($ _ SESSION["loginMember"]
    =="")){
6     header("Location: index.php");
7   }
8   // 執行登出動作
9   if(isset($ _ GET["logout"]) && ($ _ GET["logout"]=="true")){
10    unset($ _ SESSION["loginMember"]);
11    unset($ _ SESSION["memberLevel"]);
12    header("Location: index.php");
13  } ...
```

程式說明

2	設定使用資料連線引入檔。
3	啟動 Session。
4~7	$ _ SESSION["loginMember"] 是用來記錄登入者的帳號，如果沒有登入 Session 值或是 Session 值為空則代表目前的使用者並沒有經過登入的過程，如此一來就將目前的頁面導向瀏覽的主頁面 <index.php>。
8~12	當我們接收到 URL 的參數「logout」，而且其值為「true」時就執行登出的動作。這裡使用 unset() 函式將 Session 值刪除，再將目前的頁面導向瀏覽的主頁面 <index.php>，完成登出的動作。

16.6.2 繫結登入會員資料及顯示

接下來要將繫結登入會員的資料及在頁面上顯示：

程式碼：member_center.php	儲存路徑：C:\htdocs\phpmember

(接續前程式碼)...

```
14    // 繫結登入會員資料
15    $query_RecMember = "SELECT * FROM memberdata WHERE m_
      username = '{$_SESSION["loginMember"]}'";
16    $RecMember = $db_link->query($query_RecMember);
17    $row_RecMember=$RecMember->fetch_assoc();
18    ?>
```

略...

```
55              <p class="heading"><strong> 會員系統 </strong></p>
56
57                  <p><strong><?php echo $row_RecMember["m_
      name"];?></strong> 您好。</p>
58                  <p> 您總共登入了 <?php echo $row_RecMember["m_
      login"];?> 次。<br>
59              本次登入的時間為:<br>
60              <?php echo $row_RecMember["m_logintime"];?></p>
61              <p align="center"><a href="member_update.php"> 修改
      資料 </a> | <a href="?logout=true"> 登出系統 </a></p>
62    </div> ... 後略
```

程式說明

14	將登入本頁的會員資料繫結進來，這裡佈置要用的 SQL 指令：選取「memberdata」資料表中所有欄位，並設定篩選條件為欄位「m_username」的值要等於 $_SESSION["loginMember"] 的值。
15~17	執行 $db_link->query 方法取得資料放置在 $RecMember 中。使用 fetch_assoc() 方法取出該會員的資料儲存在 $row_$RecMember 陣列中。
57~58	顯示登入者姓名「m_name」欄位與顯示登入次數「m_login」欄位。
60	顯示本次登入時間「m_logintime」欄位。
61	設定前往 <member_update.php> 的文字連結及設定登出管理頁面的連結：「?logout=true」，當重新進入本頁時會因為 URL 參數與值執行登出管理的動作。

如此即完成會員中心頁面的製作。

16.7 會員系統修改資料頁面的製作

網路留言版管理主頁面的內容，其實與留言版的一般頁面沒有什麼不同，差別在於加上了登入的檢查與前往修改或刪除頁面的連結。

16.7.1 會員資料更新的處理

一般會員登入系統後，可由會員中心頁面進入本頁，修改自己的會員資料。程式碼行號 2~30 為自製 GetSQLValueString() 函式與登入登出管理的程式區段，與 <member_center.php> 大致相同。

在會員資料更新的程式區段中，大致與一般資料更新的動作相同。但是其中較為特別的是密碼欄的設定。若要修改密碼，就必須要連密碼確認一起填寫，並且在更新後登出退回首頁重新登入。若沒有修改密碼，送出的值會將其他欄位進行修改，但是不需要重新登入。

程式碼：member_update.php	儲存路徑：C:\htdocs\phpmember

（接續前程式碼）前略 ...

```
31  // 重新導向頁面

32  $redirectUrl="member_center.php";

33  // 執行更新動作

34  if(isset($_POST["action"])&&($_POST["action"]=="update")){

35    $query_update = "UPDATE memberdata SET m_passwd=?, m_
      name=?, m_sex=?, m_birthday=?, m_email=?, m_url=?, m_
      phone=?, m_address=? WHERE m_id=?";

36    $stmt = $db_link->prepare($query_update);

37    // 檢查是否有修改密碼

38    $mpass = $_POST["m_passwdo"];

39    if(($_POST["m_passwd"]!="")&&($_POST["m_passwd"]==
      $_POST["m_passwdrecheck"])){

40      $mpass = password_hash($_POST["m_passwd"],
      PASSWORD_DEFAULT);

41    }

42    $stmt->bind_param("sssssssssi",
```

```
43          $mpass,
44          GetSQLValueString($_POST["m_name"], 'string'),
45          GetSQLValueString($_POST["m_sex"], 'string'),
46          GetSQLValueString($_POST["m_birthday"], 'string'),
47          GetSQLValueString($_POST["m_email"], 'email'),
48          GetSQLValueString($_POST["m_url"], 'url'),
49          GetSQLValueString($_POST["m_phone"], 'string'),
50          GetSQLValueString($_POST["m_address"], 'string'),
51          GetSQLValueString($_POST["m_id"], 'int'));
52      $stmt->execute();
53      $stmt->close();
54      // 若有修改密碼，則登出回到首頁。
55      if(($_POST["m_passwd"]!="")&&($_POST["m_passwd"]==$_
        POST["m_passwdrecheck"])){
56          unset($_SESSION["loginMember"]);
57          unset($_SESSION["memberLevel"]);
58          $redirectUrl="index.php";
59      }
60      // 重新導向
61      header("Location: $redirectUrl");
62  }
63
64  // 繫結登入會員資料
65  $query_RecMember = "SELECT * FROM memberdata WHERE m_
    username='{$_SESSION["loginMember"]}'";
66  $RecMember = $db_link->query($query_RecMember);
67  $row_RecMember = $RecMember->fetch_assoc();
68  ?> ...
```

程式說明

31~32	設定重新導向頁面為 <member_center.php>，並儲存在 $redirectUrl 中。
34	在表單中藏了一個隱藏欄位：「action」，值為「update」，只有在表單被送出時程式才會接收到這個值。這裡先檢查有沒有 $_POST["action"] 這個參數且值為「update」，若是即執行更新資料的動作，若沒有就跳過這一段程式往下執行。
35~36	接收表單的參數並佈置 SQL 指令的字串，這裡採用預備語法。

38~41	其中較為特殊的是密碼的修改。若 $ _ POST["m _ passwd"] 表單密碼欄不為空白且密碼欄與確認密碼欄的值相同，代表要修改密碼。此時將「m _ pass」欄位設定與 $ _ POST["m _ passwd"] 表單值，再加上 password _ hash() 函式加密後對應。
42~51	接著用 $db _ link->bind _ Param() 方法來綁定參數，其中第一個參數要設定各個欄位的資料屬性。因為表單的名稱將以欄位名稱命名，在這裡可以使用 $ _ POST[欄位名稱] 來進行接收，分別再使用 GetSQLValueString() 函式進行過濾。
52~53	執行預備語法修改完資料後關閉語法物件及資料庫物件。
55~59	若有執行修改密碼的動作，使用 unset() 函式將 $ _ SESSION["loginMember"] 與 $ _ SESSION["memberLevel"] 的記錄刪除，再將 $redirectUrl 變數的值更改為主頁面 <index.php>。
61	根據 $redirectUrl 變數的值執行重新導向的動作。
65~68	繫結登入會員的資料。

控制不同前往頁面的祕訣是在一開始即可利用 $redirectUrl 變數儲存前往的頁面，在程式執行中可以因應狀況的不同修改 $redirectUrl 變數值。

16.7.2 顯示更新表單與資料

佈置更新資料表單

接下來要佈置 HTML 的內容，程式碼 74~132 是對於表單檢查的 Javascript。本頁最主要的工作是佈置更新會員資料的表單，方式大致與新增相同，不同的是表單欄位要填上目前登入會員的資料，讓表單送出時能進行更新的動作。

程式碼：member_update.php	儲存路徑：C:\htdocs\phpmember

```
(接續前程式碼) 前略 ...
143  <td class="tdrline"><form action="" method="POST"
     name="formJoin" id="formJoin" onSubmit="return checkForm();">
144  <p class="title"> 修改資料 </p>
145  <div class="dataDiv">
146  <hr size="1" />
147  <p class="heading"> 帳號資料 </p>
148   <p><strong> 使用帳號 </strong>:<?php echo $row _ RecMember["m _
     username"];?></p>
149  <p><strong> 使用密碼 </strong>:
150  <input name="m _ passwd" type="password" class="normalinput"
     id="m _ passwd">
```

151　　`<input name="m_passwdo" type="hidden" id="m_passwdo"`
　　　`value="<?php echo $row_RecMember["m_passwd"];?>"></p>`

152　　`<p><strong>` 確認密碼 `</strong>` :

153　　`<input name="m_passwdrecheck" type="password"`
　　　`class="normalinput" id="m_passwdrecheck"><br>`

154　　`<span class="smalltext">` 若不修改密碼，請不要填寫。若要修改，請輸入密碼
　　　`</span><span class="smalltext">` 二次。`<br>` 若修改密碼，系統會自動登出，請
　　　用新密碼登入。`</span></p>`

155　　`<hr size="1" />`

156　　`<p class="heading">` 個人資料 `</p>`

157　　`<p><strong>` 真實姓名 `</strong>`:

158　　`<input name="m_name" type="text" class="normalinput" id="m_`
　　　`name" value="<?php echo $row_RecMember["m_name"];?>">`

159　　`<font color="#FF0000">*</font></p>`

160　　`<p><strong>` 性　　別 `</strong>`:

161　　`<input name="m_sex" type="radio" value="` 女 `" <?php if($row_`
　　　`RecMember["m_sex"]=="` 女 `") echo "checked";?>>` 女

162　　`<input name="m_sex" type="radio" value="` 男 `" <?php if($row_`
　　　`RecMember["m_sex"]=="` 男 `") echo "checked";?>>` 男

163　　`<font color="#FF0000">*</font></p>`

164　　`<p><strong>` 生　　日 `</strong>`:

165　　`<input name="m_birthday" type="text" class="normalinput"`
　　　`id="m_birthday" value="<?php echo $row_RecMember["m_`
　　　`birthday"];?>">`

166　　`<font color="#FF0000">*</font><br><span class="smalltext">` 為西
　　　元格式 (YYYY-MM-DD)。`</span></p>`

167　　`<p><strong>` 電子郵件 `</strong>`:

168　　`<input name="m_email" type="text" class="normalinput"`
　　　`id="m_email" value="<?php echo $row_RecMember["m_`
　　　`email"];?>">`

169　　`<font color="#FF0000">*</font><br><span class="smalltext">` 請確
　　　定此電子郵件為可使用狀態，以方便未來系統使用，如補寄會員密碼信。`</span></p>`

170　　`<p><strong>` 個人網頁 `</strong>`:

171　　`<input name="m_url" type="text" class="normalinput" id="m_`
　　　`url" value="<?php echo $row_RecMember["m_url"];?>">`

172　　`<br><span class="smalltext">` 請以「http://」為開頭。`</span></p>`

173　　`<p><strong>`電　　話`</strong>`:

174　　`<input name="m_phone" type="text" class="normalinput" id="m_phone" value="<?php echo $row_RecMember["m_phone"];?>"></p>`

175　　`<p><strong>`住　　址`</strong>`:

176　　`<input name="m_address" type="text" class="normalinput" id="m_address" value="<?php echo $row_RecMember["m_address"];?>" size="40"> </p>`

177　　`<p><font color="#FF0000">*</font>`表示為必填的欄位`</p>`

178　`</div>`

179　`<hr size="1" />`

180　`<p align="center">`

181　`<input name="m_id" type="hidden" id="m_id" value="<?php echo $row_RecMember["m_id"];?>">`

182　`<input name="action" type="hidden" id="action" value="update">`

183　`<input type="submit" name="Submit2" value="`修改資料`">`

184　`<input type="reset" name="Submit3" value="`重設資料`">`

185　`<input type="button" name="Submit" value="`回上一頁`" onClick="window.history.back();">`

186　`</p>`

187　`</form></td>` ...

程式說明

143	設定表單開始，其中「action」屬性沒有設定即表示表單的值會送到本頁。「onSubmit」的屬性表示為表單送出時要執行的動作，這裡設定「returnformCheck()」表示會執行表單檢查，若無誤才會送出表單中的值。
149	顯示登入會員資料表中帳號的欄位值，帳號並不允許更改，所以直接顯示值。
151	設定「m_passwd」密碼的文字欄位，不設定預設值。
153	設定「m_passwdrecheck」確認密碼的文字欄位，不設定預設值。
158	設定「m_name」姓名的文字欄位，預設值為登入會員資料表中姓名欄位值。
161	設定「m_sex」性別的單選按鈕，其值為「女」，若，登入會員資料表中性別欄位值等於「女」則顯示核選屬性。
162	設定「m_sex」性別的單選按鈕，其值為「男」，若，登入會員資料表中性別欄位值等於「男」則顯示核選屬性。
165	設定「m_birthday」生日的文字欄位，預設值為登入會員資料表生日欄位值。
168	設定「m_email」電子郵件的文字欄位，預設值為登入會員資料表郵件欄位值。
171	設定「m_url」個人網站的文字欄位，預設值為登入會員資料表網站欄位值。

174	設定「m_phone」電話的文字欄位，預設值為登入會員資料表電話欄位值。
176	設定「m_address」住址的文字欄位，預設值為登入會員資料表住址欄位值。
181	設定「m_id」會員編號的隱藏欄位，預設值為登入會員資料表編號欄位值。
182	設定「action」隱藏欄位，值為「update」。這是一個很重要的欄位，它的值會隨著表單一起送出，讓本頁一開始執行更新資料的程式碼區段能夠判別表單是否送出，進而執行更新資料的動作。

183~185 設定修改、重置與回上一頁按鈕。

設定登入會員資料顯示

最後要將登入會員的資料顯示在頁面上，內容如下：

程式碼：member_update.php　　　　　　　　儲存路徑：C:\htdocs\phpmember

(接續前程式碼)...

```
188 <td width="200">
189 <div class="boxtl"></div><div class="boxtr"></div>
190 <div class="regbox">
191 <p class="heading"><strong> 會員系統 </strong></p>
193 <p><strong><?php echo $row_RecMember["m_name"];?></strong> 您
    好。</p>
194 <p> 您總共登入了 <?php echo $row_RecMember["m_login"];?> 次。<br>
195 本次登入的時間為：<br>
196 <?php echo $row_RecMember["m_logintime"];?></p>
197 <p align="center"><a href="member_center.php"> 會員中心 </a> | <a
    href="?logout=true"> 登出系統 </a></p>
198 </div>
199 <div class="boxbl"></div><div class="boxbr"></div></td> ... 後略
```

程式說明

193	顯示登入者姓名「m_name」欄位。
194	顯示登入次數「m_login」欄位。
196	顯示本次登入時間「m_logintime」欄位。
197	設定前往 <member_center.php> 的文字連結及設定登出管理頁面的連結：「?logout=true」，當重新進入本頁時會因為 URL 參數與值執行登出管理的動作。

如此即完成會員系統修改資料頁面的製作。

16.8 會員系統管理主頁面的製作

會員管理的頁面是供給系統管理員使用的，在這個頁面中您可以前往修改系統管理員的資料，也可以前往修改其他會員資料的頁面，甚至刪除其他會員的資料。

16.8.1 登入檢查及登出管理的製作

系統管理員登入系統後，會自動導向本頁。為了防止權限不足的會員或有心人潛入，還是必須加上登入檢查及登出管理的動作，其程式碼如下：

程式碼：member_admin.php	儲存路徑：C:\htdocs\phpmember

```php
1  <?php
2  require _ once("connMysql.php");
3  session _ start();
4  // 檢查是否經過登入
5  if(!isset($ _ SESSION["loginMember"]) || ($ _ SESSION["loginMember"]
     =="")){
6    header("Location: index.php");
7  }
8  // 檢查權限是否足夠
9  if($ _ SESSION["memberLevel"]=="member"){
10   header("Location: member _ center.php");
11 }
12 // 執行登出動作
13 if(isset($ _ GET["logout"]) && ($ _ GET["logout"]=="true")){
14   unset($ _ SESSION["loginMember"]);
15   unset($ _ SESSION["memberLevel"]);
16   header("Location: index.php");
17 } ...
```

程式說明

2	設定使用資料連線引入檔。
3	啟動 Session。

5~7	以 \$_SESSION["loginMember"] 記錄登入者的帳號，沒有登入 Session 值或是 Session 值為空則代表目前的使用者並沒有登入，如此一來就將目前的頁面導向瀏覽的主頁面 <index.php>。
9~11	檢查登入還不足夠，接下來還必須檢查權限。以 \$_SESSION["memberLevel"] 記錄登入者的權限，在本頁這個值必須等於「admin」才能進入，否則會重新導向到 <member_center.php> 一般會員的頁面。
13~17	當接收到 URL 參數「logout」且其值為「true」時就執行登出的動作。用 unset() 函數將 \$_SESSION["loginMember"] 與 \$_SESSION["memberLevel"] 的記錄刪除，再將目前的頁面導向瀏覽的主頁面 <index.php>，完成登出的動作。

16.8.2 會員資料刪除的處理

本頁將把會員資料刪除的動作也放置在同一頁中，其中以是否接收到一個 URL 的參數的值為判斷是否執行刪除會員資料的動作，否則就會跳過這個程式區段先往下執行。以下是刪除會員資料的程式區段：

程式碼：member_admin.php	儲存路徑：C:\htdocs\phpmember

```
(接續前程式碼)...
18   // 刪除會員
19   if(isset($_GET["action"])&&($_GET["action"]=="delete")){
20     $query_delMember = "DELETE FROM memberdata WHERE m_id=?";
21     $stmt=$db_link->prepare($query_delMember);
22     $stmt->bind_param("i", $_GET["id"]);
23     $stmt->execute();
24     $stmt->close();
25     // 重新導向回到主畫面
26     header("Location: member_admin.php");
27   } ...
```

程式說明

19	如果接收到 URL 參數值：\$_GET["action"]，而且其值為「delete」，即可往下執行刪除資料的動作。
20~26	接收表單的參數並佈置 SQL 指令的字串，將由「memberdata」資料表中刪除一筆資料，條件是「m_id」的值為 URL 參數值：\$_GET["id"]。先將要使用的資料欄位以「?」來代表，接著用 \$db_link->prepare() 方法將該字串設定為預備語法。用 \$db_link->bind_Param() 方法來綁定參數 \$_GET["id"]，最後執行預備語法。刪除完資料後關閉語法物件及資料庫物件，重新導向回到主畫面。

16.8.3 繫結管理者與其他會員的資料

在本頁除了顯示登入管理者的資料，並列示其他的會員資料來修改或刪除資料：

繫結管理者資料

程式碼：member_admin.php	儲存路徑：C:\htdocs\phpmember

(接續前程式碼)...

```
28   // 選取管理員資料
29   $query_RecAdmin = "SELECT m_id, m_name, m_logintime FROM
     memberdata WHERE m_username=?";
30   $stmt=$db_link->prepare($query_RecAdmin);
31   $stmt->bind_param("s", $_SESSION["loginMember"]);
32   $stmt->execute();
33   $stmt->bind_result($mid, $mname, $mlogintime);
34   $stmt->fetch();
35   $stmt->close(); ...
```

程式說明

29 繫結登入本頁的管理員資料，SQL 指令選取「memberdata」資料表中所有欄位，並設定篩選條件為「m_username」=$_SESSION["loginMember"]，將要使用的資料欄位以「?」來代表。

30~33 用 $db_link->prepare() 方法將字串設定為預備語法。接著用 $db_link->bind_Param() 方法來綁定參數 $_SESSION["loginMember"]，在執行預備語法後用 bind_result() 綁定使用編號、姓名及登入時間為要使用的變數。

34~35 使用 fetch 方法將資料取出存到變數中，再關閉物件。

繫結其他會員資料

程式碼：member_admin.php	儲存路徑：C:\htdocs\phpmember

(接續前程式碼)...

```
36   // 選取所有一般會員資料
37   // 預設每頁筆數
38   $pageRow_records = 5;
39   // 預設頁數
40   $num_pages = 1;
```

```
41    // 若已經有翻頁，將頁數更新
42    if (isset($_GET['page'])) {
43      $num_pages = $_GET['page'];
44    }
45    // 本頁開始記錄筆數 = ( 頁數 -1)* 每頁記錄筆數
46    $startRow_records = ($num_pages -1) * $pageRow_records;
47    // 未加限制顯示筆數的 SQL 敘述句
48    $query_RecMember = "SELECT * FROM memberdata WHERE m_
      level<>'admin' ORDER BY m_jointime DESC";
49    // 加上限制顯示筆數的 SQL 敘述句，由本頁開始記錄筆數開始，每頁顯示預設筆數
50    $query_limit_RecMember = $query_RecMember." LIMIT
      {$startRow_records}, {$pageRow_records}";
51    // 以加上限制顯示筆數的 SQL 敘述句查詢資料到 $resultMember 中
52    $RecMember = $db_link->query($query_limit_RecMember);
53    // 以未加上限制顯示筆數的 SQL 敘述句查詢資料到 $all_resultMember 中
54    $all_RecMember = $db_link->query($query_RecMember);
55    // 計算總筆數
56    $total_records = $all_RecMember->num_rows;
57    // 計算總頁數 =( 總筆數 / 每頁筆數 ) 後無條件進位。
58    $total_pages = ceil($total_records/$pageRow_records);
59    ?> ...
```

程式說明

37~46	因為資料顯示要分頁，這裡要分別設定並計算每頁的資料筆數、預設頁數及資料開始筆數。
38	設定每頁顯示筆數 $pageRow_records，也就是一頁有幾筆資料，這裡設定為 5，若要更改顯示筆數可以直接更改這個值。
42~44	在翻頁時會在本頁的網址後方加上 URL 參數：「page」，舉例來說若目前是第 2 頁時網址為「index.php?page=2」，程式會接收這個參數值為目前頁數。在預設的狀況下 $num_pages 為 1，若接收到參數值時，則取得參數值儲存更新到 $num_pages 中。
46	要計算目前頁數顯示的資料，由第幾筆開始。公式為：(頁數 -1)* 每頁記錄筆數，這個值等一下要應用在取得目前頁面要顯示的資料是由第幾筆開始。
48	佈置要取得資料內容的 SQL 敘述句，在 $query_RecMember 字串中，我們要選取「memberdata」資料表中所有欄位，篩選出「m_level」不等於「admin」的會員，並依「m_jointime」加入時間遞減排序。

50	剛才的 SQL 敘述句中並沒有設定資料的筆數限制，所以是取得所有資料。這裡再設定另一個敘述句 $query _ limit _ RecMember 以原來的 $query _ RecMember 再加上筆數限制的指令：「LIMIT」，由本頁開始筆數顯示，一共顯示 $pageRow _ records 所設定的筆數。
52	以 $db _ link->query 方法 $query _ limit _ RecMember 執行加上限制顯示筆數的 SQL 敘述句，並將取得的資料儲存到 $RecMember 中。
54	以 $db _ link->query 方法執行 $query _ RecMember 取得所有資料儲存到 $all _ RecMember 中。
56	取得 $query _ RecMember 的 num _ rows 屬性值，即為所有資料筆數，儲存到 $total _ records 中。
58	計算總頁數，方式是利用 $total _ records 總筆數 /$pageRow _ records 每頁筆數，再使用 ceil() 函式將結果無條件進位到整數。

16.8.4 顯示一般會員列表

接下來要顯示的是一般會員列表，每個會員資料前有二個文字連結：修改、刪除。修改會前往修改頁面 <member_adminupdate.php>，刪除會加上 URL 參數回到本頁執行刪除會員的動作。以下是程式的內容：

顯示 HTML 開始的內容與確定刪除的 Javascript

以下是 HTML 開始的內容，在 <head> 的區域中內含了一個確定刪除的 Javascript 程式：

程式碼：member_admin.php	儲存路徑：C:\htdocs\phpmember

(接續前程式碼)...

```
60  <html>
61  <head>
62  <meta  http-equiv="Content-Type"  content="text/html;
    charset=utf-8" />
63  <title> 網站會員系統 </title>
64  <link href="style.css" rel="stylesheet" type="text/css">
65  <script language="javascript">
66  function deletesure(){
67      if  (confirm('\n 您確定要刪除這個會員嗎 ?\n 刪除後無法恢復 !\n'))
    return true;
68      return false;
```

```
69   }
70   </script>
71   </head> ...
```

程式說明

65~70　客戶端的 Javascript:deletesure()，其目的是為了在按下刪除文字連結時能顯示一個要求確認的文字方塊，當按**確定**鈕時才會真的執行刪除功能。

顯示一般會員的資料

使用 while() 迴圈將 $RecMember 中的資料一筆一筆取出，並顯示在頁面上：

程式碼：member_admin.php	儲存路徑：C:\htdocs\phpmember

(接續前程式碼) 前略 ...

```
91   <?php while($row _ RecMember=$RecMember->fetch _ assoc()){ ?>
92     <tr>
93       <td width="10%" align="center" bgcolor="#FFFFFF"><p><a
     href="member _ adminupdate.php?id=<?php echo $row _
     RecMember["m _ id"];?>"> 修改 </a><br>
94       <a href="?action=delete&id=<?php echo $row _ RecMember["m _
     id"];?>" onClick="return deletesure();"> 刪除 </a></p></td>
95       <td width="20%" align="center" bgcolor="#FFFFFF"><p><?php
     echo $row _ RecMember["m _ name"];?></p></td>
96       <td width="20%" align="center" bgcolor="#FFFFFF"><p><?php
     echo $row _ RecMember["m _ username"];?></p></td>
97       <td width="20%" align="center" bgcolor="#FFFFFF"><p><?php
     echo $row _ RecMember["m _ jointime"];?></p></td>
98       <td width="20%" align="center" bgcolor="#FFFFFF"><p><?php
     echo $row _ RecMember["m _ logintime"];?></p></td>
99       <td width="10%" align="center" bgcolor="#FFFFFF"><p><?php
     echo $row _ RecMember["m _ login"];?></p></td>
100    </tr>
101  <?php }?> ...
```

程式說明

91　使用 fetch _ assoc() 方法將 $RecMember 中的資料以欄位名稱為索引鍵的陣列一筆筆取出，並將資料指標往下移動一筆，一直到資料底端為止。

93	顯示修改文字連結，連結的目的頁面 `<member _ adminupdate.php>`，並加上 URL 參數：「id」，值為該會員的編號欄位「m _ id」值。
94	顯示刪除文字連結，連結的目的頁面留白表示回原頁面，並加上二個 URL 參數，第一個為「action=delete」，表示要執行刪除會員的動作。第二個參數為「id」值為該會員的編號欄位「m _ id」。如此一來點選後會回到本頁，在接收參數執行刪除的動作。在這個連結我們加上了 onClick 的屬性，也就是在按下時會執行 deletesure() 的 Javascript 來詢問您是否真的要執行刪除的動作。
95	顯示「m _ name」姓名。
96	顯示「m _ username」帳號。
97	顯示「m _ jointime」加入時間。
98	顯示「m _ logintime」登入時間。
99	顯示「m _ login」登入次數。

顯示分頁導覽列

最後要顯示資料總筆數及分頁導覽列，讓使用者可以進行分頁瀏覽的動作：

程式碼：member_admin.php	儲存路徑：C:\htdocs\phpmember

(接續前程式碼)...

```
104   <table width="98%" border="0" align="center" cellpadding="4"
      cellspacing="0">
105     <tr>
106       <td valign="middle"><p>資料筆數:<?php echo $total _
      records;?></p></td>
107       <td align="right"><p>
108       <?php if ($num _ pages > 1) { // 若不是第一頁則顯示 ?>
109       <a href="?page=1">第一頁</a> | <a href="?page=<?php echo
      $num _ pages-1;?>">上一頁</a> |
110       <?php }?>
111       <?php if ($num _ pages < $total _ pages) { // 若不是最後一頁則
      顯示 ?>
112       <a href="?page=<?php echo $num _ pages+1;?>">下一頁</a> | <a
      href="?page=<?php echo $total _ pages;?>">最末頁</a>
113       <?php }?>
114       </p></td>
115     </tr>
116   </table> ...
```

程式說明

106	顯示資料總筆數：$total＿records。
108~110	以目前頁數：$num＿pages 來判斷，若不在第一頁就顯示第一頁及上一頁的連結。第一頁連結「page」的參數是 1，上一頁的連結「page」的參數，就是將目前的頁數減 1。
111~113	以目前頁數：$num＿pages 來判斷，若不在最後一頁就顯示最末頁及下一頁的連結。最末頁連結「page」的參數是總頁數：$total＿pages，下一頁的連結「page」的參數，就是將目前的頁數加 1。

設定登入管理員資料顯示

最後要將登入管理員的資料顯示在頁面上，內容如下：

程式碼：**member_admin.php**　　　　　　　　　儲存路徑：C:\htdocs\phpmember

```
(接續前程式碼)...
118  <td width="200">
119  <div class="boxtl"></div><div class="boxtr"></div>
120  <div class="regbox">
121  <p class="heading"><strong> 會員系統 </strong></p>
122
123  <p><strong><?php echo $mname;?></strong> 您好。<br>
124  本次登入的時間為:<br><?php echo $mlogintime;?></p>
125   <p align="center"><a href="member＿adminupdate.php?id=<?php
     echo $mid;?>"> 修改資料 </a> | <a href="?logout=true"> 登出系統 </
     a></p>
126  </div>
127  <div class="boxbl"></div><div class="boxbr"></div></td>
128  </tr>
129  </table></td> ...
```

程式說明

123	顯示登入者姓名「m＿name」欄位。
124	顯示本次登入時間「m＿logintime」欄位。
125	設定前往 <member＿update.php> 的文字連結，並加上 URL 參數：「id」，值為該管理員的編號欄位「m＿id」值。

如此即完成會員系統管理主頁面的製作。

16.9 會員系統管理員修改會員資料頁面

這個頁面與一般會員登入後修改自己資料的頁面 <member_admin.php> 十分類似，但是因為這是管理員用來修改選取會員資料的地方，在功能上有些小小的不同。

16.9.1 會員資料更新的處理

因為本頁是使用 URL 的參數「id」來調出要修改會員的資料，所以對於登入與權限的檢查就十分重要，否則有心人可以利用 URL 參數任意修改會員的資料。程式行號 1~18 是登入檢查與登出管理與 <member_admin.php> 相同。

在會員資料更新的程式區段中，大致與 <member_update.php> 相同，較為不同的是這裡取消了修改密碼後會登出系統要求重新登入的設定。

程式碼：member_adminupdate.php	儲存路徑：C:\htdocs\phpmember

(接續前程式碼) 前略 ...

```
35  // 執行更新動作
36  if(isset($_POST["action"])&&($_POST["action"]=="update")){
37    $query_update = "UPDATE memberdata SET m_passwd=?, m_
    name=?, m_sex=?, m_birthday=?, m_email=?, m_url=?, m_
    phone=?, m_address=? WHERE m_id=?";
38    $stmt = $db_link->prepare($query_update);
39    // 檢查是否有修改密碼
40    $mpass = $_POST["m_passwdo"];
41    if(($_POST["m_passwd"]!="")&&($_POST["m_passwd"]==$_
    POST["m_passwdrecheck"])){
42      $mpass = password_hash($_POST["m_passwd"], PASSWORD_
    DEFAULT);
43    }
44    $stmt->bind_param("ssssssssi",
45      $mpass,
46      GetSQLValueString($_POST["m_name"], 'string'),
47      GetSQLValueString($_POST["m_sex"], 'string'),
48      GetSQLValueString($_POST["m_birthday"], 'string'),
```

```
49    GetSQLValueString($_POST["m_email"], 'email'),
50    GetSQLValueString($_POST["m_url"], 'url'),
51    GetSQLValueString($_POST["m_phone"], 'string'),
52    GetSQLValueString($_POST["m_address"], 'string'),
53    GetSQLValueString($_POST["m_id"], 'int'));
54  $stmt->execute();
55  $stmt->close();
56    // 重新導向
57  header("Location: member_admin.php");
58  } ...
```

程式說明

36	在下面的表單中藏了一個隱藏欄位:「action」,值為「update」,只有在表單被送出時程式才會接收到這個值。這裡先檢查有沒有 $_POST["action"] 這個參數且值為「update」,若是即執行更新資料的動作,若沒有就跳過這一段程式往下執行。
37~38	接收表單的參數並佈置 SQL 指令的字串。這裡採用預備語法,最重要的是將要更新的資料欄位對應「?」來代表。接著用 $db_link->prepare() 方法將該字串設定為預備語法。
40~43	其中較為特殊的是密碼的修改。若 $_POST["m_passwd"] 表單密碼欄不為空白且密碼欄與確認密碼欄的值相同,代表要修改密碼。此時將「m_pass」欄位設定與 $_POST["m_passwd"] 表單值,再加上 password_hash() 函式加密後對應。
44~53	接著用 $db_link->bind_Param() 方法來綁定參數,其中第一個參數要設定各個欄位的資料屬性。因為表單的名稱將以欄位名稱命名,在這裡可以使用 $_POST[欄位名稱] 來進行接收,分別再使用 GetSQLValueString() 函式進行過濾。
54~55	執行預備語法修改完資料後關閉語法物件及資料庫物件。
57	執行重新導向的動作前往管理主頁 <member_admin.php>。

16.9.2 繫結管理者及執行修改會員資料

接下來要將繫結登入會員的資料,原始碼如下:

程式碼:member_adminupdate.php　　　　　　**儲存路徑:C:\htdocs\phpmember**

(接續前程式碼)...

```
59  // 選取管理員資料
60  $query_RecAdmin = "SELECT * FROM memberdata WHERE m_username='{$_SESSION["loginMember"]}'";
61  $RecAdmin = $db_link->query($query_RecAdmin);
```

```
62   $row _ RecAdmin=$RecAdmin->fetch _ assoc();
```

```
63   // 繫結選取會員資料
```

```
64   $query _ RecMember = "SELECT * FROM memberdata WHERE m _
     id='{$ _ GET["id"]}'";
```

```
65   $RecMember = $db _ link->query($query _ RecMember);
```

```
66   $row _ RecMember=$RecMember->fetch _ assoc();
```

```
67   ?> ...
```

程式說明

60~62　佈置 SQL 指令字串將登入本頁的管理員資料繫結進來，請選取「memberdata」
資料表中所有欄位，並設定篩選條件為欄位「m _ username」的值要等於 $ _
SESSION["loginMember"] 的值。使用 $db _ link->query 方法執行 SQL 指
令將取得的資料放置在 $RecAdmin 中。最後 fetch _ assoc() 方法由 $RecAdmin
取出管理員的資料儲存為 $row _ $RecAdmin 陣列。

64~66　佈置 SQL 指令字串將登入本頁的會員資料繫結進來，選取「memberdata」資料表中
所有欄位並設定篩選條件為資料表的主鍵欄位：「m _ id」要等於 URL 參數：「id」。
使用 $db _ link->query 方法執行 SQL 指令將取得的資料放置在 $RecMember
中。最後 fetch _ assoc() 方法由 $RecMember 取出該會員的資料儲存為
$row _ $RecMember 陣列。

16.9.3　佈置更新會員資料表單

接下來佈置更新會員資料表單與顯示登入管理員資料在頁面上，都與 <member_
update.php> 頁面完全相同，首先程式碼行號 73~131 是在 HTML 中剛開始的
部分，包含了對於表單檢查的 JavaScript，說明可參考 16.5.2 節。

程式碼行號 142~185 是要佈置更新會員資料的表單，請參考 16.7.2 節。

最後程式碼行號 186~197 中要將登入管理員的資料顯示在頁面上，可參考
16.8.4 節。如此即完成會員系統修改資料頁面的製作。

16.10 會員系統補寄密碼信頁面的製作

有許多會員可能會因為太久沒有使用系統而遺忘密碼,所以一般會員系統都有讓會員查詢密碼的機制。

以電子郵件寄發會員密碼認證信,是最常使用的一種方式。原因是不但保密性高,而且使用上比較方便。

16.10.1 如何解決加密的密碼補寄?

在這個會員系統中,我們是使用 password_hash() 加密的方式來儲存密碼值,但因為 password_hash() 無法反算的特性,所以無法由資料庫中儲存的密碼反算回原來的密碼,再寄送給使用者。

該如何讓使用者能夠再次登入到系統中呢?這時候唯一的解決方式就是由程式重新產生一組密碼,將該密碼寄送給使用者,再將該密碼以 password_hash() 加密後儲存到資料庫中。如此一來使用者會收到一組新的,並且未經過加密程序的密碼,再利用它順利重新登入系統,去設定喜歡的密碼。

也就是因為這個因素,我們在設計會員欄位資料時,電子郵件必須為必填並且要檢查郵件格式的欄位,否則會員永遠無法收到補寄的密碼信,除非重新申請另一個帳號,否則就無法重新回到會員系統中了。

16.10.2 製作補寄密碼信的頁面

自動產生指定長度的密碼函式

在程式頁面一開始,我們將撰寫一個自動產生指定長度的密碼函式,需要重新產生密碼時可使用,程式碼如下:

程式碼:admin_passmail.php	儲存路徑:C:\htdocs\phpmember

```
1   <?php
2   function GetSQLValueString($theValue, $theType) {
3     switch ($theType) {
4       case "string":
```

```
5        $theValue = ($theValue != "") ? filter_var($theValue,
   FILTER_SANITIZE_ADD_SLASHES) : "";
6       break;
7     case "int":
8        $theValue = ($theValue != "") ? filter_var($theValue,
   FILTER_SANITIZE_NUMBER_INT) : "";
9       break;
10    case "email":
11       $theValue = ($theValue != "") ? filter_var($theValue,
   FILTER_VALIDATE_EMAIL) : "";
12      break;
13    case "url":
14       $theValue = ($theValue != "") ? filter_var($theValue,
   FILTER_VALIDATE_URL) : "";
15      break;
16   }
17   return $theValue;
18 }
19 require_once("connMysql.php");
20 session_start();
21 // 函式：自動產生指定長度的密碼
22 function MakePass($length) {
23   $possible = "0123456789!@#$%^&*()_+abcdefghijklmnopqrstuvwxyzA
   BCDEFGHIJKLMNOPQRSTUVWXYZ";
24   $str = "";
25   while(strlen($str)<$length){
26     $str .= substr($possible, rand(0, strlen($possible)), 1);
27   }
28   return($str);
29 } ...
```

程式說明

2~18	自訂函式：GetSQLValueString() 過濾接收的參數。
19	設定使用資料連線引入檔。
20	啟動 Session。

22~29	自訂函式：MakePass() 能夠自動產生指定長度的密碼。
23	將密碼中可以使用的字元內容儲存在 $possible 中。這裡我們設定數字、常用符號及英文大小寫字母。等一下在自動產生密碼時會由字串中的字母隨機挑選，若您要增加或是減少可用的字母，只要調整這個字串的內容即可。
24	定義 $str 字串為空值，要來儲存產生完的密碼。
25~27	使用 while() 迴圈來產生密碼的內容，當 $str 的字數小於指定的字元數時就繼續執行迴圈中的動作。
26	使用 substr() 函式由 $possible 字串取出字元，隨機由 $possible 的字元中取出一個字元，再與原 $str 合併為新的 $str，一直到字數到達指定的字數 $length 為止。
28	跳出迴圈後將重新產生的密碼 $str 回傳。

其中 substr() 函式的用法為 substr(指定字串 , 由第幾個字元 , 取出幾個字元)。因為我們的指定字串是 $possible，所以「由第幾個字元」參數的值就不能超過 $possible 的字串長度。你可以使用 strlen() 函式計算出 $possible 的字串長度，那就可以使用 rand() 函式由 0 到字串長度間取得一個數字，然後隨機由 $possible 中取出一個字元。

檢查是否登入並重新導向

若進入本頁的人已經登入過，可以用這段程式碼導向所屬的頁面。

程式碼：admin_passmail.php	儲存路徑：C:\htdocs\phpmember

(接續前程式碼)...

```
30   // 檢查是否經過登入，若有登入則重新導向
31   if(isset($_SESSION["loginMember"]) && ($_SESSION["loginMember"]
     !="")){
32     // 若帳號等級為 member 則導向會員中心
33     if($_SESSION["memberLevel"]=="member"){
34       header("Location: member_center.php");
35     // 否則則導向管理中心
36     }else{
37       header("Location: member_admin.php");
38     }
39   }
```

...

	程式說明
31	以 $ _ SESSION["loginMember"] 來記錄登入者的帳號，如果沒有登入 Session 值或是 Session 值為空則跳過此區，若有則往下執行程式。
33~34	以 $ _ SESSION["memberLevel"] 來記錄登入者的會員等級，若會員等級等於「member」則將頁面導向會員中心 <member _ center.php>。
36~37	否則就將頁面導向管理中心 <member _ admin.php>。

補發密碼信

若有接收到表單值 $_POST["m_username"]，即可利用其值來找資料庫中是否有相符的會員資料，若有即重新產生一組密碼，在 password_hash() 加密後儲存到資料庫中該會員的密碼欄，未加密的原始密碼即發信傳給該會員。

程式碼：admin_passmail.php	儲存路徑：C:\htdocs\phpmember

(接續前程式碼)...

```
40   // 檢查是否為會員
41   if(isset($ _ POST["m _ username"])){
42     $muser = GetSQLValueString($ _ POST["m _ username"], 'string');
43     // 找尋該會員資料
44     $query _ RecFindUser = "SELECT m _ username, m _ email FROM
       memberdata WHERE m _ username='{$muser}'";
45     $RecFindUser = $db _ link->query($query _ RecFindUser);
46     if ($RecFindUser->num _ rows==0){
47       header("Location: admin _ passmail.php?errMsg=1&username={$m
       user}");
48     }else{
49     // 取出帳號密碼的值
50       $row _ RecFindUser=$RecFindUser->fetch _ assoc();
51       $username = $row _ RecFindUser["m _ username"];
52       $usermail = $row _ RecFindUser["m _ email"];
53       // 產生新密碼並更新
54       $newpasswd = MakePass(10);
55       $mpass = password _ hash($newpasswd, PASSWORD _ DEFAULT);
56       $query _ update = "UPDATE memberdata SET m _ passwd=
       '{$mpass}' WHERE m _ username='{$username}'";
57       $db _ link->query($query _ update);
```

```
58        // 補寄密碼信
59        $mailcontent ="您好，<br /> 您的帳號為：{$username} <br/> 您的新密
   碼為：{$newpasswd} <br/>";
60        $mailFrom="=?UTF-8?B?" . base64_encode("會員管理系統") . "?=
   <service@e-happy.com.tw>";
61        $mailto=$usermail;
62        $mailSubject="=?UTF-8?B?" . base64_encode("補寄密碼信").
   "?=";
63        $mailHeader="From:".$mailFrom."\r\n";
64        $mailHeader.="Content-type:text/html;charset=UTF-8";
65        if(!@mail($mailto,$mailSubject,$mailcontent,$mailHeader))
   die("郵寄失敗！");
66        header("Location: admin_passmail.php?mailStats=1");
67    }
68 }
69 ?> ...
```

程式說明

41　先判斷本頁中的表單中的值 $_POST["m_username"] 是否有被送出，若有送出回到本頁才會執行補發密碼信的動作。

44　接收表單送出的帳號欄位 $_POST["m_username"] 是否已經存在於資料表中，這裡佈置 SQL 指令字串：由「memberdata」資料表選取「m_username」欄位，並篩選該欄位值等於表單的帳號欄位 $_POST["m_username"] 值。

45　使用 $db_link->query 方法執行後將結果儲存在 $RecFindUser 中。

46~47　取得 $RecFindUser 的 num_rows 屬性即為資料筆數，若等於 0 表示該帳號沒有人使用，則將頁面導回原頁並帶 URL 參數：「?errMsg=1」並將這個帳號也帶入 URL 參數：「username」中。

50　使用 fetch_assoc() 方法將 $RecFindUser 中的資料以欄位名稱為索引鍵的陣列儲存為 $row_$RecMember。

51~52　將由資料表取出的「m_username」帳號欄位、「m_email」電子郵件欄位資料分別儲存在 $username、$usermail 變數中。

54　使用 MakePass() 函式產生一個新的 10 個字元的密碼儲存在 $newpasswd 變數中。

55　使用 password_hash() 函式將 $newpasswd 加密儲存到 $mpass 變數中。

56~57　佈置更新使用者資料的 SQL 指令字串。將「m_passwd」密碼欄位值以新密碼以 password_hash() 函式加密後的 $mpass 存入。SQL 指令佈置完成後再利用 $db_link->query 方法執行後指令完成更新動作。

59~67	以會員資料補發密碼信。
59	設定 $mailcontent 郵件內容，包含補發的會員帳號 $username，以及新密碼 $newpasswd。
60	設定 $mailFrom 寄件者，這是固定的資料欄位，你可以設定自訂的名稱及網站官方的郵件。要注意因為是 UTF-8 的編碼，所以要以設定格式來修改。
61	設定 $mailto 收件者，也就是補發會員的信箱 $usermail。
62	設定 $mailsubject 郵件標題，可以設定自訂名稱，但是也要注意 UTF-8 編碼來設定格式修改。
63~64	設定 $mailHeader 郵件標頭，包含了寄件者與郵件編碼。
65	使用 mail() 函式執行發信的動作。
66	發信完畢後將頁面導回本頁並帶 URL 參數：「?mailStats=1」，以下將會接收這個值來顯示對話方塊。

佈置補發密碼信的表單

程式碼：admin_passmail.php	儲存路徑：C:\htdocs\phpmember

(接續前程式碼)...

```
77   <body>
78   <?php if(isset($ _ GET["mailStats"]) && ($ _ GET["mailStats"]=="1")){?>
79   <script>alert(' 密碼信補寄成功！ ');window.location.href='index.
     php';</script>
80   <?php }?>
```

...略

```
106      <td width="200">
107      <div class="boxtl"></div><div class="boxtr"></div><div
     class="regbox">
108  <?php if(isset($ _ GET["errMsg"]) && ($ _ GET["errMsg"]=="1")){?>
109  <div class="errDiv"> 帳號「<strong><?php echo $ _
     GET["username"];?></strong>」沒有人使用！ </div>
110  <?php }?>
111  <p class="heading"> 忘記密碼？ </p>
112  <form name="form1" method="post" action="">
113  <p> 請輸入您申請的帳號，系統將自動產生一個十位數的密碼寄到您註冊的信箱。</p>
114  <p><strong> 帳號 </strong>:<br>
115  <input name="m _ username" type="text" class="logintextbox" id="m _
     mail"></p>
```

```
116    <p align="center">
117    <input type="submit" name="button" id="button" value=" 寄密碼信 ">
118    <input type="button" name="button2" id="button2" value=" 回上一
       頁 " onClick="window.history.back();">
119    </p>
120    </form>
121    <hr size="1" />
122    <p class="heading"> 還沒有會員帳號 ?</p>
123    <p> 註冊帳號免費又容易 </p>
124    <p align="right"><a href="member _ join.php"> 馬上申請會員 </a></
       p></div>
125        <div class="boxbl"></div><div class="boxbr"></div></td>
126    </tr>
127    </table></td>
```

... 後略

程式說明

78~80	接收到 URL 參數「mailStats=1」時即顯示郵件發送成功的訊息方塊,並將目前頁面導向首頁 <index.php>。
108~110	接收到 URL 參數「errMsg=1」時即顯示帳號:$ _ GET["username"] 沒有人使用的訊息。
112~120	佈置補寄密碼信的表單。
112	表單設定開始,其中「action」為空,表示資料送出的目的頁面為本頁。
115	可填寫「m _ username」帳號的文字方塊。
117	設定送出表單按鈕。
118	設定回上一頁按鈕。
124	設定前往 <member _ join.php> 申請新會員的文字連結。

如此即完成補寄密碼信的頁面製作。

17

CHAPTER

專題：網路相簿的製作

隨著數位相機的流行，拍下生活中的點點滴滴放到網路上與朋友分享，已經是許多現代人的日常習慣。

本章將介紹一個實用的網路相簿程式，管理者可以輕易新增相簿內容。這個網路相簿程式的重點除了利用程式來整理、展示照片外，如何在網頁上執行檔案上傳的動作更是一大重點，不容錯過！

⊙ 專題說明及準備工作
⊙ 資料連線引入檔的製作
⊙ 網路相簿系統主頁面的製作
⊙ 網路相簿瀏覽所有照片頁面的製作
⊙ 網路相簿瀏覽單張照片頁面的製作
⊙ 網路相簿登入頁面的製作
⊙ 網路相簿管理主頁面的製作
⊙ 網路相簿新增頁面的製作
⊙ 網路相簿修改頁面的製作

17.1 專題說明及準備工作

本章將介紹一個實用的網路相簿程式，管理者可以輕易新增相簿內容。這個網路相簿程式的重點除了利用程式來整理、展示照片外，如何在網頁上執行檔案上傳的動作更是一大重點，不容錯過！

17.1.1 認識網路相簿及學習重點

什麼是網路相簿？

隨著數位相機的流行，拍下生活中的點點滴滴放到網路上與朋友分享，已經是許多現代人的日常習慣，而網路相簿的程式也跟著流行。使用者不僅能與朋友分享照片的內容，也能在網路上保存一份照片的檔案。

▲ 網路相簿完成圖

本章學習重點

在網路相簿的程式設計中，有幾個學習重點：

1. 因為相簿主要資訊與相簿照片資訊分別存在不同的資料表中，要利用 SQL 的語法建立關聯式資料表來顯示資料。

2. 要利用 SQL 的統計語法計算照片總數等資訊。

3. 儲存相關的記錄到不同資料表中。

4. 在關聯資料表中刪除相關記錄。

5. 檔案上傳、刪除的處理。

6. 多個檔案一次上傳、一次刪除的處理。

17.1.2 程式環境及資料庫分析

程式環境

本書把每個不同的程式以資料夾的方式完整地整理在 <C:\htdocs\> 裡，我們已經將作品完成檔放置在本章範例資料夾 <phpalbum> 中，您可以將它整個複製到 <C:\htdocs\> 裡，就可以開始進行網站的規劃。

註　強烈建議您可以先按照下述步驟，將資料庫匯入到 MySQL 中，再調整完成檔中連線的設定，如此即可將程式的完成檔安裝起來執行並測試功能，再依書中的說明對照每一頁程式的原始碼，了解整個程式的運作與執行結果。

匯入程式資料庫

本書範例中，一律將程式使用資料庫備份檔 <*.sql> 放置在各章範例資料夾的根目錄中，在這裡請將 <phpalbum> 資料夾中資料庫的備份檔 <phpalbum.sql> 匯入，其中包含了三個資料表：「admin」、「album」及「albumphoto」。

1 首先要新增一個資料庫，請輸入資料庫名稱：「phpalbum」，並設定校對為：「utf8_unicode_ci」，最後按 建立 鈕。

2 在左側選取「phpalbum」資料庫後，請選按 匯入 連結執行備份匯入的動作，按 瀏覽 鈕來選取本章範例資料夾 < phpalbum.sql>，最後按 執行 鈕。

3 畫面顯示了執行成功的訊息，即可在左列看到三個新增的資料表。

4 請按 **結構** 文字連結來看看這資料表的結構。

請開啟瀏覽器進入 phpMyAdmin 的管理介面，使用設定的帳號、密碼登入。

資料表分析

分別選按三個資料表後方的 **屬性** 圖片連結，觀看資料表內容。

1. **admin 資料表**：這個資料表即是儲存登入管理介面的帳號與密碼，主索引欄為「username」欄位。目前已經預存一筆資料在資料表中，值皆為「admin」，為預設使用的帳號及密碼。

2. **album 資料表**：這個資料表最主要的目的是在儲存相簿的主要資訊，以「album_id」(相簿編號) 為主索引，並設定為「UNSIGNED」(正數)、「auto_increment」(自動編號)，如此即能在新增資料時，為每一筆資料加上一個單獨的編號不重複。

   「album_date」(拍攝時間) 型態為「datetime」，「album_location」(拍攝地點)、「album_title」(相簿標題) 型態為字串。而「album_desc」(相簿說明) 的字數可能較多，所以設定型態為「text」。

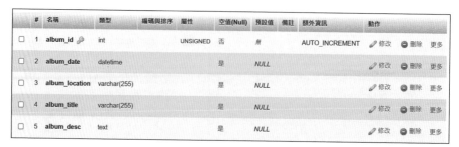

3. **albumphoto 資料表**：這個資料表最主要的目的是在儲存相簿照片的內容，以「ap_id」(照片編號) 為主索引，並設定為「UNSIGNED」(正數)、「auto_increment」(自動編號)，如此即能在新增資料時，為每一筆資料加上一個單獨的編號而不重複。

較特別的是「album_id」(相簿編號)，它是用來記錄目前的照片是屬於哪一個相簿我們將使用這個欄位的值與「album」資料表進行關聯。

「ap_date」(上傳時間) 型態為「datetime」，「ap_subject」(照片標題)、「ap_picurl」(檔案名稱) 型態為字串，而「ap_hits」(點閱率) 的型態為整數。

	#	名稱	類型	編碼與排序	屬性	空值(Null)	預設值	備註	額外資訊	動作		
☐	1	ap_id 🔑	int		UNSIGNED	否	無		AUTO_INCREMENT	✏ 修改	⊖ 刪除	更多
☐	2	album_id	int		UNSIGNED	是	NULL			✏ 修改	⊖ 刪除	更多
☐	3	ap_subject	varchar(255)			是	NULL			✏ 修改	⊖ 刪除	更多
☐	4	ap_date	datetime			是	NULL			✏ 修改	⊖ 刪除	更多
☐	5	ap_picurl	varchar(100)			是	NULL			✏ 修改	⊖ 刪除	更多
☐	6	ap_hits	int		UNSIGNED	否	0			✏ 修改	⊖ 刪除	更多

相關資訊整理

最後將相關的資訊再做一次整理，讓您在開發時可參考：

1. 本機伺服器網站主資料夾是 <C:\htdocs\>，程式所儲存的資料夾為 <C:\htdocs\phpalbum\>，本章的測試網址會變為：<http://localhost/phpalbum/>。

2. 未來規劃圖片在上傳後將儲存在本作品資料夾下的 <photos> 資料夾，所以必須要在這個資料夾加上檔案寫入的權限。

3. 目前 MySQL 是架設在本機上，所以其伺服器位址為：「localhost」，為了安全性考量，我們修改了它的管理帳號：「root」的密碼為：「1234」。

4. 目前使用的是「phpalbum」資料庫，並匯入了三個資料表「admin」、「album」與「albumphoto」。

網路相簿程式流程圖分析

以下是整個網路相簿程式運作的流程圖：

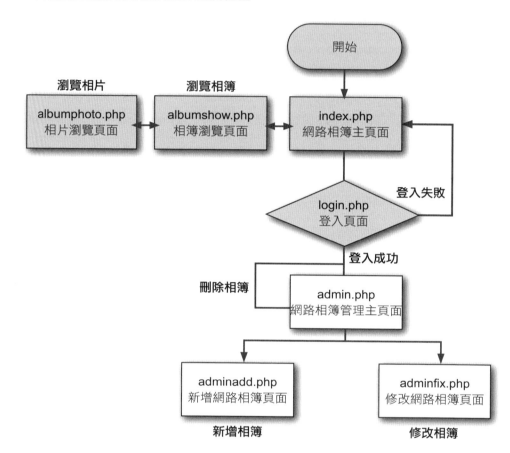

17.2 資料連線引入檔的製作

在這個作品中無時無刻都要使用 PHP 連結 MySQL 資料庫，取得相關資料。若能將連結 MySQL 的動作整理成一個單獨檔案，在每一頁開始時即引入使用，讓該頁享有使用資料庫資源的能力。

<connMysql.php> 即是這個程式中的資料連線引入檔，其內容如下：

程式碼：connMysql.php	儲存路徑：C:\htdocs\phpalbum

```php
1  <?php
2    // 資料庫主機設定
3    $db_host = "localhost";
4    $db_username = "root";
5    $db_password = "1234";
6    $db_name = "phpalbum";
7    // 連線資料庫
8    $db_link = new mysqli($db_host, $db_username, $db_password, $db_name);
9    // 錯誤處理
10   if ($db_link->connect_error != "") {
11     echo "資料庫連結失敗！";
12   }else{
13     // 設定字元集與編碼
14     $db_link->query("SET NAMES 'utf8'");
15   }
16 ?>
```

程式說明

2~6	因為整個程式都使用同一個資料庫，所以這裡先將 MySQL 資料庫伺服器主機的位址、資料庫名稱、使用帳號與密碼都宣告到變數中。
8~15	建立資料連線，使用 mysqli() 類別並利用宣告的資料庫伺服器主機位址、帳號與密碼進行連結新增 $db_link 物件，新增失敗即顯示錯誤訊息並停止程式。
14	設定 MySQL 資料庫的編碼為 utf-8。

17.3 網路相簿系統主頁面的製作

在網路相簿的主頁面中，會將目前資料庫所有的相簿檔案列示在頁面上，除了顯示每個相簿的名稱以及相簿中有多少張照片，還會顯示一張該相簿的照片做為預覽。

17.3.1 設定關聯式資料繫結

在本頁中不能只使用「album」相簿資料表來顯示內容，還必須連結到「albumphoto」照片資料表調出一張所屬的照片以及統計照片總數。

在這裡將使用 LEFT JOIN 的方式來結合二個資料表，先來複習一下它的格式：

```
SELECT 顯示欄位…
FROM 資料表 A LEFT JOIN 資料表 B
ON A.相關欄位 = 資料表 B.相關欄位
```

原因是使用其他的方式結合資料表，都必須在二方的資料表中都有資料，才能出現在查詢的結果中。但在範例中，如果您先新增了相簿的資料而還沒有上傳照片，頁面就找不到該筆資料了！所以利用 LEFT JOIN 的方式是最適合的。

另外我們會使用 COUNT() 函式來統計「albumphoto」資料表中所屬的照片總數，因為會有其他的欄位要顯示，所以就要利用到 GROUP BY 的分組功能。

程式碼：index.php	儲存路徑：C:\htdocs\phpalbum

```php
1 <?php
2 require _ once("connMysql.php");
3 // 預設每頁筆數
4 $pageRow _ records = 8;
5 // 預設頁數
6 $num _ pages = 1;
7 // 若已經有翻頁，將頁數更新
8 if (isset($ _ GET['page'])) {
9     $num _ pages = $ _ GET['page'];
10 }
```

```
11  // 本頁開始記錄筆數 = ( 頁數 -1)* 每頁記錄筆數

12  $startRow_records = ($num_pages -1) * $pageRow_records;

13  // 未加限制顯示筆數的 SQL 敘述句

14  $query_RecAlbum = "SELECT album.album_id , album.album_date
    , album.album_location , album.album_title , album.album_
    desc , albumphoto.ap_picurl, count( albumphoto.ap_id ) AS
    albumNum FROM album LEFT JOIN albumphoto ON album.album_id =
    albumphoto.album_id GROUP BY album.album_id , album.album_
    date , album.album_location , album.album_title , album.
    album_desc ORDER BY album_date DESC";

15  // 加上限制顯示筆數的 SQL 敘述句，由本頁開始記錄筆數開始，每頁顯示預設筆數

16  $query_limit_RecAlbum = $query_RecAlbum." LIMIT {$startRow_
    records}, {$pageRow_records}";

17  // 以加上限制顯示筆數的 SQL 敘述句查詢資料到 $RecAlbum 中

18  $RecAlbum = $db_link->query($query_limit_RecAlbum);

19  // 以未加上限制顯示筆數的 SQL 敘述句查詢資料到 $all_RecAlbum 中

20  $all_RecAlbum = $db_link->query($query_RecAlbum);

21  // 計算總筆數

22  $total_records = $all_RecAlbum->num_rows;

23  // 計算總頁數 =( 總筆數 / 每頁筆數 ) 後無條件進位。

24  $total_pages = ceil($total_records/$pageRow_records);

25  ?> ...
```

程式說明

2	設定使用資料連線引入檔。
3~12	因為資料顯示要分頁，這裡要分別設定並計算每頁的資料筆數、預設頁數及資料開始筆數。
4	設定每頁顯示筆數 $pageRow_records，也就是一頁有幾筆資料，這裡設定為 8，若要更改顯示筆數可以直接更改這個值。
8~10	在翻頁時，會在本頁的網址後方加上 URL 參數：「page」，舉例來說若目前是第 2 頁時網址為「index.php?page=2」，程式會接收這個參數值為目前頁數。在預設的狀況下 $num_pages 為 1，若接收到參數值時，則取得參數值儲存更新到 $num_pages 中。
12	要計算目前頁數顯示的資料，由第幾筆開始。公式為：(頁數 -1)* 每頁記錄筆數，這個值等一下要應用在取得目前頁面要顯示的資料是由第幾筆開始。

14 佈置要取得資料內容的 SQL 敘述，要特別注意的是這裡要利用「album_id」欄位來關聯「album」與「albumphoto」二個資料表。

在 $query_RecAlbum 字串中，選取了「album」資料表中所有欄位，「albumphoto」資料表的「ap_picurl」檔名欄位，並依使用 count() 函式統計「ap_id」欄位的筆數 (即為照片總數)。

接著使用「album_id」欄位將二個資料表 LEFTJOIN 關聯起來。

最後再 GROUPBY「album」資料表中所有欄位，再依相簿時間遞減排序。

16 剛才的 SQL 敘述句中並沒有設定資料的筆數限制，所以是取得所有資料。這裡再設定另一個敘述句 $query_limit_RecAlbum 以原來的 $query_RecAlbum 再加上筆數限制的指令:「LIMIT」，由本頁開始筆數顯示，一共顯示 $pageRow_records 所設定的筆數。

18 用 $db_link->query() 方法執行 $query_limit_RecAlbum 加上限制顯示筆數的 SQL 敘述句，並將取得的資料儲存到 $RecAlbum 中。

20 用 $db_link->query() 方法執行執行 $query_RecAlbum 取得所有資料儲存到 $all_RecAlbum 中。

23 讀取 $all_RecAlbum 的 num_rows 屬性，其值為資料筆數，並儲存到 $total_records 中。

24~25 計算總頁數，方式是利用 $total_records 總筆數 /$pageRow_records 每頁筆數，再使用 ceil() 函式將結果無條件進位到整數。

這個程式區段中最複雜的是第 14 行要關聯二個資料表的語法，這個部分建議初學者不要太急，仔細看清楚再撰寫就不容易出錯。

在頁面一開始先將本頁中所需要的資料繫結完畢，並為分頁的導覽列設定好所有需要的變數，以下就要進入顯示頁面的製作。

17.3.2 設定資料顯示

資料繫結後，就可以在頁面上顯示資料的內容。在以下程式碼中，我們雖然會列示所有的原始碼內容，但是主要說明的是 PHP 程式碼內容。

顯示相簿內容

在 27~49 行中主要是 HTML 一開始進來時的內容，其中 46 行是顯示目前資料筆數。接下來由 48~56 行中將使用 while() 迴圈將 $RecAlbum 中的資料一筆一筆取出，並佈置顯示在頁面上：

程式碼：index.php	儲存路徑：C:\htdocs\phpalbum

(接續前程式碼) 前略 ...

```
44 <td><div class="subjectDiv"> 網路相簿總覽 </div>

45  <div class="actionDiv">相簿總數：<?php echo $total _ records;?></
    div>

...

47 <?php while($row _ RecAlbum=$RecAlbum->fetch _ assoc()){ ?>

48 <div class="albumDiv">

49 <div class="picDiv"><a href="albumshow.php?id=<?php
   echo $row _ RecAlbum["album _ id"];?>"><?php if($row _
   RecAlbum["albumNum"]==0){?><img src="images/nopic.png" alt=" 暫
   無圖片 " width="120" height="120" border="0" /><?php }else{?><img
   src="photos/<?php echo $row _ RecAlbum["ap _ picurl"];?>"
   alt="<?php echo $row _ RecAlbum["album _ title"];?>" width="120"
   height="120" border="0" /><?php }?></a></div>

50 <div class="albuminfo"><a href="albumshow.php?id=<?php echo
   $row _ RecAlbum["album _ id"];?>"><?php echo $row _ RecAlbum
   ["album _ title"];?></a><br />

51 <span class="smalltext"> 共 <?php echo $row _ RecAlbum
   ["albumNum"];?> 張 </span><br>

...

56  <?php }?>...
```

程式說明

45	顯示相簿總數，即為目前頁面資料筆數：$total _ records。
47	使用 $RecAlbum->fetch _ assoc() 方法將資料以欄位名稱為索引鍵的陣列一筆一筆取出，每執行一次就取出一筆資料，並將指標往下移動一筆，一直到資料底端為止。

49 顯示該相簿代表照片。在 `<img>` 的標籤中，設定以下屬性：

「src」圖片來源：先要以統計相簿照片的總數「albumNum」欄位來判斷，若等於 0 表示沒有照片，即顯示「src」圖片來源為 `<images/nopic.png>` 的圖片，否則屬性為「photos/」資料夾名稱加上「ap_picurl」檔名欄位。

「alt」圖片說明：若沒有照片，即顯示「暫無圖片」，否則為「album_title」標題欄位。為圖片加上連結，目的頁面 `<albumshow.php>` 並將「album_id」的值以 URL 參數「id」帶去。

50 將「album_title」相簿標題設定點選時可以前往 `<albumshow.php>` 並將「album_id」的值以 URL 參數「id」帶去的連結。

51 顯示「albumNum」本相簿的照片張數。

顯示分頁導覽列

最後要顯示資料總筆數及分頁導覽列，讓使用者可以進行分頁瀏覽的動作：

程式碼：index.php	儲存路徑：C:\htdocs\phpalbum

(接續前程式碼)...

```
56    <div class="navDiv">
57    <?php if ($num_pages > 1) { // 若不是第一頁則顯示 ?>
58      <a href="?page=1">|&lt;</a> <a href="?page=<?php echo $num_pages-1;?>">&lt;&lt;</a>
59    <?php }else{?>
60      |&lt; &lt;&lt;
61    <?php }?>
62    <?php
63      for($i=1;$i<=$total_pages;$i++){
64        if($i==$num_pages){
65          echo $i." ";
66        }else{
67          echo "<a href=\"?page=$i\">$i</a> ";
68        }
69      }
70    ?>
71    <?php if ($num_pages < $total_pages) { // 若不是最後一頁則顯示 ?>
72      <a href="?page=<?php echo $num_pages+1;?>">&gt;&gt;</a> <a href="?page=<?php echo $total_pages;?>">&gt;|</a>
```

73	`<?php }else{?>`
74	`&gt;&gt; &gt;|`
75	`<?php }?>`
76	`        </div>`

程式說明

57~61	以目前頁數：$num _ pages 來判斷，若不在第一頁就顯示第一頁及上一頁的連結。第一頁連結「page」的參數是 1，上一頁的連結「page」的參數，就是將目前的頁數減 1。這裡要特別注意的是分頁的連結不是以文字來顯示，而是以「|<」為第一頁，「<<」為上一頁，但是在網頁上要以實體參照來顯示，所以「|<」為「<|」，「<<」為「<<」。
63	中間我們使用頁碼分頁，設定一個 for 迴圈，定義 $i 變數由 1 一直到小於或等於總頁數為止，每次迴圈加 1。
64~65	若是 $i 的值等於目前的頁數，即顯示 $i 而不加上連結。
66~67	若是 $i 的值不等於目前的頁數則顯示 $i 並加上文字連結，連結的內容是目前頁面是加上「page」的 URL 參數，值為 $i。
71~75	以目前頁數：$num _ pages 來判斷，若不在最後一頁就顯示最末頁及下一頁的連結。最末頁連結「page」的參數是總頁數：$total _ pages，下一頁的連結「page」的參數，就是將目前的頁數加 1。

這裡要特別注意的是這裡以「>\|」為最後一頁，「>>」為下一頁，但是在網頁上要以實體參照來顯示，所以「>\|」為「>\|」，「> >」為「>>」。

如此即完成網路相簿系統主頁面的製作。

17.4 網路相簿瀏覽所有照片頁面的製作

當瀏覽者由主頁面挑選了某一個相簿時即會進入這個頁面,這裡除了要顯示該相簿的主要資訊外,還要顯示所有的照片內容。

17.4.1 設定資料繫結

由 <index.php> 來到本頁時,會帶一個 URL 參數:「id」,其值就是在「album」與「albumphoto」二個資料表都有的「album_id」相簿編號。這裡的資料繫結動作就是要利用接收 URL 的參數值,由「album」與「albumphoto」二個資料表取出相關的資料來顯示相簿資訊與所有照片。

程式碼:albumshow.php	儲存路徑:C:\htdocs\phpalbum

```php
1 <?php
2 function GetSQLValueString($theValue, $theType) {
3   switch ($theType) {
4     case "string":
5         $theValue = ($theValue != "") ? filter_var($theValue,
   FILTER_SANITIZE_ADD_SLASHES) : "";
6       break;
7     case "int":
8         $theValue = ($theValue != "") ? filter_var($theValue,
   FILTER_SANITIZE_NUMBER_INT) : "";
9       break;
10    case "email":
11        $theValue = ($theValue != "") ? filter_var($theValue,
   FILTER_VALIDATE_EMAIL) : "";
12      break;
13    case "url":
14        $theValue = ($theValue != "") ? filter_var($theValue,
   FILTER_VALIDATE_URL) : "";
15      break;
16  }
```

```
17   return $theValue;

18 }

19 require _ once("connMysql.php");

20 $sid = 0;

21 if(isset($ _ GET["id"])&&($ _ GET["id"]!="")){

22   $sid = GetSQLValueString($ _ GET["id"],"int");

23 }

24 // 計算點閱數

25 if(isset($ _ GET["action"])&&($ _ GET["action"]=="hits")){

26   $query _ hits = "UPDATE albumphoto SET ap _ hits=ap _ hits+1
     WHERE ap _ id={$sid}";

27   $db _ link->query($query _ hits);

28   header("Location: albumphoto.php?id={$sid}");

29 }

30 // 顯示相簿資訊 SQL 敘述句

31  $query _ RecAlbum = "SELECT  *  FROM  album  WHERE  album _
     id={$sid}";

32 // 顯示照片 SQL 敘述句

33 $query _ RecPhoto = "SELECT  *  FROM  albumphoto  WHERE  album _
     id={$sid} ORDER BY ap _ date DESC";

34 // 將二個 SQL 敘述句查詢資料儲存到 $RecAlbum、$RecPhoto 中

35 $RecAlbum = $db _ link->query($query _ RecAlbum);

36 $RecPhoto = $db _ link->query($query _ RecPhoto);

37 // 計算照片總筆數

38 $total _ records = $RecPhoto->num _ rows;

39 // 取得相簿資訊

40 $row _ RecAlbum=$RecAlbum->fetch _ assoc();

41 ?> ...
```

程式說明

2~18	自製 GetSQLValueString() 函式，當接受到由外部所傳入的資料時可以先進行輸入過濾、輸出轉義的動作，提高資安的保護。
19	設定使用資料連線引入檔。
20~23	過濾 URL 參數「id」，並將結果儲存在 $sid 變數中。

25~29	計算照片的點閱數，只要瀏覽者本頁點選任何一張照片，即會帶 URL 參數「id」值 (變數 $sid) 為該照片的編號「ap _ id」，與「action=hits」回到原頁來計數點閱數。再前往照片的詳細頁面。
25	如果接收到 URL 參數「action」，而其值為「hits」，就往下執行計次的動作。
26	佈置計次的 SQL 指令字串，當「ap _ id」的值等於 $sid，就更新「albumphoto」資料表將「ap _ hits」次數加 1。
27	使用 $db _ link->query() 執行更新的動作。
28	重新導向頁面前往 <albumphoto.php>，並將「ap _ id」的值以 URL 參數「id」(變數 $sid) 帶去。
31	本頁中要顯示相簿資訊，所以要佈置其 SQL 指令：請選取「album」資料表中所有欄位，並設定篩選條件為主鍵欄位「album _ id」的值要等於由前一頁帶來的 URL 參數：「id」(變數 $sid)。
33	本頁中要顯示所屬照片內容，所以要佈置其 SQL 指令：請選取「albumphoto」資料表中所有欄位，並設定篩選條件為主鍵欄位「album _ id」的值要等於由前一頁帶來的 URL 參數：「id」(變數 $sid)。
35~36	用 $db _ link->query() 執行 SQL 指令繫結資料到 $RecAlbum 與 $RecPhoto。
38	由 $RecPhoto 的 num _ rows 屬性取得照片總數儲存到 $total _ records 中。
40	用 $RecAlbum 的 fetch _ assoc() 方法取出資料存為 $row _ RecAlbum 陣列。

17.4.2 顯示相簿及照片內容

接下來要利用繫結的資料到頁面上顯示相簿及照片內容：

程式碼：albumshow.php	儲存路徑：C:\htdocs\phpalbum

(接續前程式碼) 前略 ...

56	`<table width="90%" border="0" align="center" cellpadding="4" cellspacing="0"><tr>`
57	
58	`<td><div class="subjectDiv">` `<?php echo $row _ RecAlbum ["album _ title"];?>`
59	`</div>`
60	`<div class="actionDiv">`照片總數:`<?php echo $total _ records;?></div>`
61	`<div class="normalDiv">`
62	`<p><strong>` 拍攝時間 `</strong>`:`<?php echo $row _ RecAlbum ["album _ date"];?>` `<strong>` 拍攝地點 `</strong>`:`<?php echo $row _ RecAlbum["album _ location"];?></p>`

```
63        <p><?php echo nl2br($row _ RecAlbum["album _ desc"]);?></p>
64        </div>
65        <?php while($row _ RecPhoto=$RecPhoto->fetch _ assoc()){?>
66        <div class="albumDiv">
67        <div class="picDiv"><a href="?action=hits&id=<?php echo
   $row _ RecPhoto["ap _ id"];?>"><img src="photos/<?php echo $row _
   RecPhoto["ap _ picurl"];?>" alt="<?php echo $row _ RecPhoto["ap _
   subject"];?>" width="120" height="120" border="0" /></a></a></
   div>
68        <div class="albuminfo"><a href="?action=hits&id=<?php
   echo $row _ RecPhoto["ap _ id"];?>"><?php echo $row _
   RecPhoto["ap _ subject"];?></a><br />
69        <span class="smalltext">點閱次數:<?php echo $row _
   RecPhoto["ap _ hits"];?></span></div>
70        </div>
71        <?php }?></td>
72      </tr>
73    </table> ...
```

程式說明

58	顯示 $row _ RecAlbum 中「album _ title」相簿標題欄位。
60	顯示照片總數,即照片筆數:$total _ records。
62	顯示「album _ date」拍攝時間,「album _ location」拍攝地點欄位。
63	顯示 $row _ RecAlbum 中「album _ desc」相簿說明欄位。
65	用 $RecPhoto 的 fetch _ assoc() 將資料以欄位名稱為索引鍵的陣列一筆筆取出,每執行一次就取出一筆資料,並將資料指標往下移動一筆,一直到資料底端為止。
67	顯示照片。在 <img> 的標籤中,設定以下屬性: 「src」圖片來源屬性為「photos/」資料夾名稱加上 $row _ RecPhoto 的「ap _ picurl」檔名欄位。 「alt」圖片說明欄位為 $row _ RecPhoto 的「ap _ subject」標題欄位。 並為圖片加上連結,目的頁面為本頁加上「action=hits」參數,並設定「id」為第二個參數,其值為 $row _ RecPhoto 的「ap _ id」欄位,以便計次。
68	顯示 $row _ RecPhoto 的「ap _ subject」標題欄位,並加上計次的連結。
69	顯示 $row _ RecPhoto 的「ap _ hits」點閱次數欄位。

如此即完成網路相簿瀏覽頁面的製作。

17.5 網路相簿瀏覽單張照片頁面的製作

當瀏覽者由相簿中點選某張照片後,會進行計次動作再進入這個頁面,可以完整瀏覽點選的照片內容。

設定資料繫結

由 <albumshow.php> 到本頁時會帶 URL 參數:「id」,其值就是「albumphoto」資料表的「ap_id」照片編號。因為還是必須顯示照片所屬的相簿名稱,但是這裡沒有複雜的統計,只需要利用接收 URL 的參數值,由「album」及「albumphoto」資料表取出照片及其資訊來顯示。

程式碼:albumphoto.php	儲存路徑:C:\htdocs\phpalbum

```php
1 <?php
2 function GetSQLValueString($theValue, $theType) {
3   switch ($theType) {
4     case "string":
5         $theValue = ($theValue != "") ? filter_var($theValue,
   FILTER_SANITIZE_ADD_SLASHES) : "";
6       break;
7     case "int":
8         $theValue = ($theValue != "") ? filter_var($theValue,
   FILTER_SANITIZE_NUMBER_INT) : "";
9       break;
10    case "email":
11        $theValue = ($theValue != "") ? filter_var($theValue,
   FILTER_VALIDATE_EMAIL) : "";
12      break;
13    case "url":
14        $theValue = ($theValue != "") ? filter_var($theValue,
   FILTER_VALIDATE_URL) : "";
15      break;
16  }
```

```
17    return $theValue;
18 }
19 require _ once("connMysql.php");
20 $pid = 0;
21 if(isset($ _ GET["id"])&&($ _ GET["id"]!="")){
22  $pid = GetSQLValueString($ _ GET["id"],"int");
23 }
24 // 顯示照片 SQL 敘述句
25 $query _ RecPhoto = "SELECT album.album _ title,albumphoto.* FROM
   album,albumphoto WHERE (album.album _ id=albumphoto.album _ id)
   AND ap _ id={$pid}";
26 // 將 SQL 敘述句查詢資料到 $result 中
27 $RecPhoto = $db _ link->query($query _ RecPhoto);
28 // 取得相簿資訊
29 $row _ RecPhoto=$RecPhoto->fetch _ assoc();
30 ?> ...
```

程式說明

2~18	自製 GetSQLValueString() 函式，當接受到由外部所傳入的資料時可以先進行輸入過濾、輸出轉義的動作，提高資安的保護。
19	設定使用資料連線引入檔。
20~23	過濾 URL 參數「id」，並將結果儲存在 $sid 變數中。
25	本頁中要顯示照片及所屬相簿的名稱，SQL 指令內容為：選取「album」的「album _ title」欄位與「albumphoto」中所有欄位，並設定篩選條件為「album」與「albumphoto」資料表的「album _ id」欄位要相等，「albumphoto」資料表主鍵欄位「ap _ id」的值要等於由前一頁帶來的 URL 參數：「id」(變數 $sid)。
27	利用 $db _ link->query() 執行繫結資料到 $RecPhoto 中。
29	利用 $RecPhoto 的 fetch _ assoc() 取出資料儲存到 $row _ RecPhoto 陣列。

顯示照片內容

程式碼：albumphoto.php	儲存路徑：C:\htdocs\phpalbum

(接續前程式碼) 前略 ...

```
45 <table width="90%" border="0" align="center" cellpadding="4"
   cellspacing="0">
46    <tr>
```

```
47        <td><div class="subjectDiv"><?php echo $row _ RecPhoto
    ["album _ title"];?></div>
48        <div class="actionDiv"><a href="albumshow.php?id=<?php echo
    $row _ RecPhoto["album _ id"];?>">回上一頁 </a></div>
49        <div class="photoDiv"><img src="photos/<?php echo $row _
    RecPhoto["ap _ picurl"];?>" /></div>
50        <div class="normalDiv">
51        <p align="center"><?php echo $row _ RecPhoto["ap _ subject"];
    ?></p>
52        </div></td>
53    </tr>
54  </table> ...
```

程式說明

47	顯示「album _ title」相簿標題欄位。
48	設定「回上一頁」文字連結，其目的頁為 <albumshow.php> 並將「album _ id」的值以 URL 參數「id」帶去。
49	顯示照片。<img> 的「src」圖片來源為「photos/」資料夾加上「ap _ picurl」檔名欄位。
51	顯示「ap _ subject」照片標題欄位。

如此即完成網路相簿瀏覽照片的製作。

17.6 網路相簿登入頁面的製作

管理者可以使用網路相簿的管理介面進行相簿的新增、修改或是刪除的動作，但是為了區隔使用者是否有管理的權限，我們必須使用登入頁面。

透過登入的動作可以檢查使用者是否有足夠的權限，一旦通過驗證就能進入畫面執行管理功能的操作，否則就會被退回到一般的瀏覽頁面。在程式中，管理者的帳號、密碼會儲存在 phpalbum 資料庫中的 admin 資料表，目前預設的管理帳號為：「admin」，密碼為：「admin」。

設定登入系統的動作

這裡是登入動作最重要的程式區段，除了要比對資料庫中的資料是否與接收的表單值相同，還要利用 Session 來記錄登入者的帳號，將使用者的頁面導向管理頁面，以下就先介紹程式內容：

程式碼：login.php　　　　　　　　　　　儲存路徑：C:\htdocs\phpalbum

```php
1  <?php
2  session _ start();
3  // 如果沒有登入 Session 值或是 Session 值為空則執行登入動作
4  if(!isset($ _ SESSION["loginMember"]) || ($ _ SESSION["loginMember"]
   =="")){
5    if(isset($ _ POST["username"]) && isset($ _ POST["passwd"])){
6      require _ once("connMysql.php");
7      // 選取儲存帳號密碼的資料表
8      $sql _ query = "SELECT * FROM admin";
9      $result = $db _ link->query($sql _ query);
10     // 取出帳號密碼的值
11     $row _ result=$result->fetch _ assoc();
12     $username = $row _ result["username"];
13     $passwd = $row _ result["passwd"];
14     $db _ link->close();
15     // 比對帳號密碼，若登入成功則進往管理介面，否則就退回主畫面。
```

```
16    if(($ _ POST["username"]==$username)  &&  ($ _ POST["passwd"]==
      $passwd)){
17        $ _ SESSION["loginMember"]=$username;
18        header("Location: admin.php");
19    }else{
20        header("Location: index.php");
21    }
22 }
23 }else{
24    // 若已經有登入 Session 值則前往管理介面
25    header("Location: admin.php");
26 }
27 ?> ...
```

程式說明

2	啟動 Session。
4	以 $ _ SESSION["loginMember"] 來記錄登入者的帳號，如果沒有登入 Session 值或是 Session 值為空則往下執行。
5	若接收到表單傳來「username」及「passwd」的值即執行以下的登入動作。
6	設定使用資料連線引入檔。
7~9	佈置選取管理者帳號、密碼的 SQL 指令的字串，由「admin」資料表取出資料將結果儲存在 $resul 中。因為只有一筆，所以如此即可調出管理者資料。
10~14	將由資料表取出的帳號、密碼資料分別儲存在 $username、$passwd 變數中。
15~21	如果由「admin」資料表中取出的帳號、密碼與表單接收的帳號、密碼相同，表示登入成功，就將表單傳送帳號儲存到 $ _ SESSION["loginMember"] 之中，並將頁面導向管理頁面，否則將頁面重新導向主頁面。
24~25	若一開始檢查時已經有登入 Session 值則前往管理介面。

第一次進入本頁面時，因沒有登入的 **Session** 值，所以程式不會執行登入動作而往下執行，一直到送出本頁的表單回到原頁，才會執行登入的動作。

設定登入的表單

接下來的頁面中，要佈置登入的表單，最重要的表單部分程式碼如下：

程式碼：login.php	儲存路徑：C:\htdocs\phpalbum

(接續前程式碼) 前略 ...

```
47  <form id="form1" name="form1" method="post" action="">
48  <table border="0" align="center" cellpadding="4" cellspacing=
    "0">
49    <tr>
50      <td><p>管理者帳號</p></td>
51      <td><p>
52      <input type="text" name="username" id="username" />
53      </p></td>
54    </tr>
55    <tr>
56      <td><p>管理者密碼</p></td>
57      <td><p>
58      <input type="password" name="passwd" id="passwd" />
59      </p></td>
60    </tr>
61    <tr>
62      <td colspan="2" align="center"><p>
63      <input type="submit" name="button" id="button" value="登入管
    理" />
64       <input type="button" name="button2" id="button2" value="回
    上一頁" onClick="window.history.back();" />
65      </p></td>
66    </tr>
67  </table>
68  </form>
```

...後略

程式說明

47~68	輸入帳號、密碼的表單。
47	表單設定開始，其中「action」為空，表示資料送出的目的頁面為本頁。
52	可填寫「username」帳號的文字方塊。
58	可填寫「passwd」密碼的文字方塊，其屬性「type="password"」表示輸入時文字會以符號代表。

如此即完成登入頁面的製作。

17.7 網路相簿管理主頁面的製作

網路相簿管理的頁面是給系統管理員使用的，在這個頁面中您可以前往新增或修改網路相簿資料的頁面，甚至刪除整本相簿的資料。

17.7.1 登入檢查及登出管理的製作

程式碼：admin.php	儲存路徑：C:\htdocs\phpalbum

```php
1  <?php
2  function GetSQLValueString($theValue, $theType) {
...略
18 }
19 require _ once("connMysql.php");
20 session _ start();
21 // 檢查是否經過登入
22 if(!isset($ _ SESSION["loginMember"]) || ($ _ SESSION["loginMember"]
   =="")){
23  header("Location: login.php");
24 }
25 // 執行登出動作
26 if(isset($ _ GET["logout"]) && ($ _ GET["logout"]=="true")){
27  unset($ _ SESSION["loginMember"]);
28  header("Location: index.php");
29 } ...
```

程式說明

2~18	自製 GetSQLValueString() 函式，當接受到由外部所傳入的資料時可以先進行輸入過濾、輸出轉義的動作，提高資安的保護。
19	設定使用資料連線引入檔。
20	啟動 Session。
22~24	$ _ SESSION["loginMember"] 是記錄登入者的帳號，如果沒有登入 Session 值或是 Session 值為空則代表目前的使用者並沒有經過登入的過程，如此一來就將目前的頁面導向瀏覽的主頁面 <index.php>。

26~29　當接收到 URL 的參數「logout」，而且其值為「true」時就執行登出的動作。這裡使用 unset() 函式將 $ _ SESSION["loginMember"] 的記錄刪除，再將目前的頁面導向瀏覽的主頁面 <index.php>，完成登出的動作。

所謂登出管理，並不是將頁面導到一般瀏覽的頁面即可，因為使用者可以直接在網址列輸入管理頁面的網址，即可直接到達管理頁面，執行管理的動作。

17.7.2 網路相簿刪除的處理

本頁將把網路相簿刪除的動作也放置在同一頁中，其中以是否接收到一個 URL 的參數的值為判斷是否執行刪除網路相簿的動作，否則就會跳過這個程式區段先往下執行。

但是要注意的是，過去我們在刪除資料時，只注意到刪除資料庫中相關的資料，但是在網路相簿中刪除相簿，應連同所屬的照片檔案一起刪除。

以下是刪除網路相簿的程式區段：

程式碼：admin.php	儲存路徑：C:\htdocs\phpalbum

```
(接續前程式碼)...
30  $sid = 0;
31  if(isset($ _ GET["id"])&&($ _ GET["id"]!="")){
32    $sid = GetSQLValueString($ _ GET["id"],"int");
33  }
34  // 刪除相簿
35  if(isset($ _ GET["action"])&&($ _ GET["action"]=="delete")){
36    // 刪除所屬相片
37    $query _ delphoto = "SELECT  *  FROM  albumphoto  WHERE  album _
      id={$sid}";
38    $delphoto = $db _ link->query($query _ delphoto);
39    while($row _ delphoto=$delphoto->fetch _ assoc()){
40      unlink("photos/".$row _ delphoto["ap _ picurl"]);
41    }
42    // 刪除相簿
43    $query _ del1 = "DELETE FROM album WHERE album _ id={$sid}";
44    $query _ del2 = "DELETE FROM albumphoto WHERE album _ id={$sid}";
45    $db _ link->query($query _ del1);
46    $db _ link->query($query _ del2);
```

```
47   // 重新導向回到主畫面
48   header("Location: admin.php");
49   } ...
```

程式說明

30~33	過濾 URL 參數「id」，並將結果儲存在 $sid 變數中。
35	如果接收到 URL 參數值：$_GET["action"]，而且其值為「delete」，即可往下執行刪除資料的動作。
37~46	先將要刪除相簿中所有照片都查詢出來，再一筆筆將檔案由資料夾中刪除。
37	設定 SQL 指令：選取「albumphoto」資料表中所有欄位當「album_id」欄位等於 URL 參數「id」(變數 $sid)。
38	使用 $db_link->query() 執行 SQL 指令儲存到 $delphoto 中。
39	使用 $delphoto 的 fetch_assoc() 將資料以欄位名稱為索引鍵的陣列一筆筆取出，每執行一次就取出一筆資料，並將資料指標往下移動一筆，一直到資料底端為止。
40	使用 unlink() 函式刪除 \<photos> 資料夾中「ap_picurl」欄位的檔案。隨著迴圈的執行能將所屬照片全部刪除。
43	接收 URL 參數並佈置 SQL 指令的字串，將由「album」資料表中刪除資料，條件是「album_id」值等於 URL 參數值「id」(變數 $sid)，如此可以刪除相簿主要資料。
44	接收 URL 參數並佈置 SQL 指令的字串，將由「albumphoto」資料表中刪除資料，條件是「album_id」值等於 URL 參數值「id」(變數 $sid)，如此可以刪除所屬照片的資料。
45~46	使用 $db_link->query() 分別執行二個刪除資料的 SQL 指令。
48	刪除完畢後重新導向回到主畫面 \<admin.php>。

17.7.3 設定關聯式資料繫結與資料顯示

在程式碼行號 50~71 中要設定關聯式的資料繫結，這個部分與 \<index.php> 相同，其中要注意的還是關聯式資料繫結的設定，說明請參閱 17.3.1 節。這個程式區段中最複雜的是第 61 行要關聯二個資料表的語法，這個部分建議初學者不要太急，仔細看清楚再撰寫就不容易出錯。在頁面一開始先將本頁中所需要的資料繫結完畢，並為分頁的導覽列設定好所有需要的變數，以下就要進入顯示頁面的製作。

17.7.4 設定資料顯示

資料顯示的部分還是與 \<index.php> 大部分雷同，僅加上刪除相簿的連結，與確定刪除資料的 JavaScript 較為特別，其他說明可以參考 17.3.2 節。

在程式碼行號 73~77 中是 HTML 開始的內容，在 \<head> 的區域中內含了一個確定刪除的 Javascript 程式：

程式碼：admin.php	儲存路徑：C:\htdocs\phpalbum

(接續前程式碼) 前略 ...

```
78 <script language="javascript">
79 function deletesure(){
80     if (confirm('\n 您確定要刪除整個相簿嗎 ?\n 刪除後無法恢復 !\n'))
   return true;
81     return false;
82 }
83 </script>
... 略
96 <td><div class="subjectDiv"> 網路相簿管理介面 </div>
97    <div class="actionDiv"> 相簿總數：<?php echo $total_records;
   ?>'<a href="adminadd.php"> 新增相簿 </a></div>
98    <div class="normaldesc"></div>
99    <?php while($row_RecAlbum=$RecAlbum->fetch_assoc()){ ?>
100   <div class="albumDiv">
101   <div class="picDiv"><a href="adminfix.php?id=<?php echo $row_
   RecAlbum["album_id"];?>"><?php if($row_RecAlbum["albumNum"]
   ==0){?><img src="images/nopic.png" alt=" 暫無圖片 " width="120"
   height="120" border="0" /><?php }else{?><img src="photos/<?php
   echo $row_RecAlbum["ap_picurl"];?>" alt="<?php echo $row_
   RecAlbum["album_title"];?>" width="120" height="120" border="0"
   /><?php }?></a></div>
102   <div class="albuminfo"><a href="adminfix.php?id=<?php echo
   $row_RecAlbum["album_id"];?>"><?php echo $row_RecAlbum
   ["album_title"];?></a><br />
103   <span class="smalltext"> 共 <?php echo $row_RecAlbum
   ["albumNum"];?> 張 </span><br>
```

```
104    <a href="?action=delete&id=<?php echo $row _ RecAlbum["album _
       id"];?>" class="smalltext" onClick="javascript:return
       deletesure();">(刪除相簿)</a><br>
105    </div>
106    </div>
107 <?php }?> ...後略
```

程式說明

80~83 客戶端的 JavaScript:deletesure()，其目的是為了在按刪除文字連結時能顯示一個要求確認的文字方塊，當按確定鈕時才會真的執行刪除功能。

99~107 使用 while() 迴圈將 $RecAlbum 中的資料一筆一筆取出，並佈置顯示在頁面上。

104 設定刪除相簿的連結，目的頁面為本頁加上「action=delete」參數，並設定「id」為第二個參數，其值為「album _ id」欄位，以便回到原頁執行刪除相簿的動作。在這個連結加上了 onClick 的屬性，也就是在按時會執行 deletesure() 的 Javascript 來詢問您是否真的要執行刪除的動作。

17.8 網路相簿新增頁面的製作

網路相簿的新增不僅僅只有將相簿的基本資訊加入而已，還必須有上傳相關圖片的功能，所以這個新增頁面會比一般程式只有新增資料的動作更為複雜。

17.8.1 網路相簿資料新增及多檔上傳

本頁在程式碼行號 1~29 中設定登入檢查及登出管理與 <admin.php> 相同。本頁將把網路相簿新增的動作也放置在同一頁中，其中以是否接收到一個 URL 的參數的值為判斷是否執行，否則就會跳過這個程式區段先往下執行。

但是要注意的是，過去在新增資料時，只注意新增資料到資料庫中，但是在網路相簿中還必須顧及照片檔案的上傳，以下是新增網路相簿的程式區段：

網路相簿資料新增

首先是新增網路相簿的主資料到「album」資料表中：

程式碼：adminadd.php	儲存路徑：C:\htdocs\phpalbum

```
(接續前程式碼)...

30  // 新增相簿
31  if(isset($_POST["action"])&&($_POST["action"]=="add")){
32   $query_insert = "INSERT INTO album (album_title, album_
     date, album_location, album_desc) VALUES (?, ?, ?, ?)";
33   $stmt = $db_link->prepare($query_insert);
34   $stmt->bind_param("ssss",
35    GetSQLValueString($_POST["album_title"], "string"),
36    GetSQLValueString($_POST["album_date"], "string"),
37    GetSQLValueString($_POST["album_location"], "string"),
38    GetSQLValueString($_POST["album_desc"], "string"));
39   $stmt->execute();
```

程式說明

31	如果接收到 URL 參數值：$_GET["action"]，而且其值為「add」，即可往下執行新增資料的動作。

32~33	新增相簿主要資訊，接收表單的參數並佈置 SQL 指令的字串。這裡採用預備語法，最重要的是將要插入的資料欄位對應「?」來代表。接著用 $db_link->prepare() 方法將該字串設定為預備語法。
34~38	接著用 $db_link->bind_Param() 方法來綁定參數，其中第一個參數要設定各個欄位的資料屬性。因為表單的名稱將以欄位名稱命名，在這裡可以使用 $_POST[欄位名稱] 來進行接收，分別再使用 GetSQLValueString() 函式進行過濾。
39	執行預備語法完成資料新增。

上傳照片檔案並新增照片資料

在下方的表單中有多個檔案欄位供管理者上傳多個檔案，而在程式端除了要接收這些檔案，並儲存到指定資料夾中，也要接收照片檔案的資料，儲存到「albumphoto」資料表中，以下是新增的程式碼：

程式碼：adminadd.php	儲存路徑：C:\htdocs\phpalbum

```
(接續前程式碼)...
41  // 取得新增的相簿編號
42  $album_pid = $stmt->insert_id;
43  $stmt->close();
44
45  for ($i=0; $i<count($_FILES["ap_picurl"]["name"]); $i++) {
46    if ($_FILES["ap_picurl"]["tmp_name"][$i] != "") {
47      $query_insert = "INSERT INTO albumphoto (album_id, ap_
    date, ap_picurl, ap_subject) VALUES (?, NOW(), ?, ?)";
48      $stmt = $db_link->prepare($query_insert);
49      $stmt->bind_param("iss",
50       GetSQLValueString($album_pid, "int"),
51       GetSQLValueString($_FILES["ap_picurl"]["name"][$i],
    "string"),
52       GetSQLValueString($_POST["ap_subject"][$i], "string"));
53      $stmt->execute();
54      if(!move_uploaded_file($_FILES["ap_picurl"]["tmp_name"]
    [$i] , "photos/" . $_FILES["ap_picurl"]["name"][$i])) die("檔案上
    傳失敗！");
55      $stmt->close();
56    }
57  }
```

```
58
59    // 重新導向到修改畫面
60    header("Location: adminfix.php?id={$album_pid}");
61  }
62  ?> ...
```

程式說明

42	使用 insert_id 方法取得「album」資料表中最新產生的主索引欄值，儲存到 $album_pid 中。等一下要使用這個編號，新增到「albumphoto」資料表中，那麼新增的照片檔案就知道屬於哪個相簿了。
45~57	因為接收的 $_FILES["ap_picurl"] 為二維陣列，所以利用 count() 函式計算第二維陣列的檔案名稱數量，如此即為上傳檔案的個數。使用 for 計次迴圈，由 0 開啟計數，每次增 1，到小於檔案個數為止。在迴圈中執行新增照片資料並上傳照片檔案。
46	以上傳檔案的暫存檔是否存在，若存在就往下執行新增資料及上傳檔案的動作。
47~52	接收表單的參數並佈置 SQL 指令的字串，這裡採用預備語法，最重要的是將要插入的資料欄位對應「?」來代表。其中較為特別的欄位設定如下： 「album_id」相簿編號欄位就以剛才取得的編號：$album_pid 來存入。 「ap_date」上傳時間欄位使用 NOW() 函式取得目前時間存入。 「ap_picurl」檔名欄位使用檔案原來的名稱存入。
53	執行預備語法完成資料新增。
54	以 move_uploaded_file() 執行暫存檔移動的動作，存檔的檔名以原檔案名稱為準，存檔的位置為目前網頁所在資料夾。若移動成功即顯示成功訊息。若失敗即顯示失敗訊息。
60	新增及上傳完畢後，重新將頁面導向 <adminfix.php>，並將新產生的相簿編號：$album_pid 以 URL 參數「id」帶去。

17.8.2 設定新增資料的表單

以下將要顯示設定新增資料的表單，其中要注意的，是表單在上傳檔案時的傳輸設定與多檔上傳時的欄位設定：

程式碼：adminadd.php	儲存路徑：C:\htdocs\phpalbum

（接續前程式碼）前略 ...

```
82  <div class="normalDiv">
83  <form action="" method="post" enctype="multipart/form-data"
      name="form1" id="form1">
```

```
84  <p>相簿名稱:<input type="text" name="album_title" id="album_
    title" /></p>

85  <p>拍攝時間:<input name="album_date" type="text" id="album_
    date" value="<?php echo date("Y-m-d H:i:s");?>" /></p>

86  <p>拍攝地點 :<input type="text" name="album_location" id=
    "album_location" /></p>

87  <p>相簿說明:<textarea name="album_desc" id="album_desc"
    cols="45" rows="5"></textarea></p>

88  <hr />

89  <p>照片1<input type="file" name="ap_picurl[]" id="ap_picurl[]" />

90  說明1:<input type="text" name="ap_subject[]" id="ap_subject[]"
    /></p>

91  <p>照片2<input type="file" name="ap_picurl[]" id="ap_picurl[]" />

92  說明2:<input type="text" name="ap_subject[]" id="ap_subject[]"
    /></p>

93  <p>照片3<input type="file" name="ap_picurl[]" id="ap_picurl[]"
    />

94  說明3:<input type="text" name="ap_subject[]" id="ap_subject[]"
    /></p>

95  <p>照片4<input type="file" name="ap_picurl[]" id="ap_picurl[]" />

96  說明4:<input type="text" name="ap_subject[]" id="ap_subject[]"
    /></p>

97  <p>照片5<input type="file" name="ap_picurl[]" id="ap_picurl[]"
    />

98  說明5:<input type="text" name="ap_subject[]" id="ap_subject[]"
    /></p>

99  <p>

100 <input name="action" type="hidden" id="action" value="add">

101 <input type="submit" name="button" id="button" value=" 確定新增 "
    />

102 <input type="button" name="button2" id="button2" value=" 回上一頁
    " onClick="window.history.back();" />

103 </p>

104 </form>

105 </div></td> ...後略
```

83	設定表單開始，傳送方式屬性必須要設定為「method="post"」，因為檔案上傳的表單的傳送一定要使用 POST 的方法。因為傳送檔案所以要設定傳遞時資料的編碼方式，這裡要加上「enctype="multipart/form-data"」的屬性，才能正確地讓檔案欄位送出。
84	設定「album _ title」相簿名稱的文字欄位。
85	設定「album _ date」拍攝時間的文字欄位，使用 date("Y-m-dH:i:s") 取得目前時間當作預設值。
86	設定「album _ location」拍攝地點的文字欄位。
87	設定「album _ desc」相簿說明的多行文字欄位。
89~98	設定 5 個檔案上傳的欄位及 5 個說明的文字欄位，因為在送出後表單接收時要以陣列的方式進行接收，所以檔案欄位的名稱：「ap _ picurl」要加上「[]」符號，說明的文字欄位的名稱：「ap _ subject」也要加上「[]」符號，如此就可以陣列的方式將這些值送出。
100	設定隱藏欄位：「action」，其值為「add」，目的是讓表單值重新送回本頁時能讓最上方的程式接收判斷表單已經送回，並進行資料新增的動作。

101~102 設定送出按鈕與回上一頁的按鈕。

如此即完成網路相簿新增頁面的製作。

17.9 網路相簿修改頁面的製作

網路相簿的修改除了可以更新原來的相簿資訊，還可以更新照片的
資料，甚至能夠一次刪除多個照片檔案。

17.9.1 網路相簿資料更新及多檔上傳

本頁在程式碼行號 1~29 中設定登入檢查及登出管理與 <admin.php> 相同。本
頁將網路相簿新增的動作也放置在同一頁中，其中以是否接收到一個 URL 的參
數的值為判斷是否執行，否則就會跳過這個程式區段先往下執行。

這裡的程式會比新增相簿時更加複雜，除了可以個別更新照片資訊，也可以執行
多個照片刪除的動作：

網路相簿資料更新

程式碼：adminfix.php	儲存路徑：C:\htdocs\phpalbum

```
(接續前程式碼)...
30  // 更新相簿
31  if(isset($_POST["action"])&&($_POST["action"]=="update")){
32    // 更新相簿資訊
33    $query_update = "UPDATE album SET album_title=?, album_
      date=?, album_location=?, album_desc=? WHERE album_id=?";
34    $stmt = $db_link->prepare($query_update);
35    $stmt->bind_param("ssssi",
36      GetSQLValueString($_POST["album_title"], "string"),
37      GetSQLValueString($_POST["album_date"], "string"),
38      GetSQLValueString($_POST["album_location"], "string"),
39      GetSQLValueString($_POST["album_desc"], "string"),
40      GetSQLValueString($_POST["album_id"]), "int"));
41    $stmt->execute();
42    $stmt->close();
```

程式說明

31	如果接收到 URL 參數值：$_GET["action"]，而且其值為「update」，即可往下執行新增資料的動作。
33~34	更新相簿主要資訊，接收表單的參數並佈置 SQL 指令的字串。這裡採用預備語法，最重要的是將要插入的資料欄位對應「?」來代表。因為是更新的動作，所以要加上篩選值，一般都接收資料表的主鍵欄位，這裡為「album_id」，如此即不會更新到別的資料。接著用 $db_link->prepare() 方法將該字串設定為預備語法。
35~40	接著用 $db_link->bind_Param() 方法來綁定參數，其中第一個參數要設定各個欄位的資料屬性。因為表單的名稱將以欄位名稱命名，在這裡可以使用 $_POST[欄位名稱] 來進行接收，分別再使用 GetSQLValueString() 函式進行過濾。
41	執行預備語法完成資料更新。

照片資料更新

程式碼：adminfix.php　　　　　　**儲存路徑：C:\htdocs\phpalbum**

(接續前程式碼)...

```
43  // 更新照片資訊
44  for ($i=0; $i<count($_POST["ap_id"]); $i++) {
45    $query_update = "UPDATE albumphoto SET ap_subject='{$_POST["update_subject"][$i]}' WHERE ap_id={$_POST["ap_id"][$i]}";
46    $db_link->query($query_update);
47  }
```

程式說明

44~47	照片的資料欄位是二維陣列，所以利用 count() 函式計算第二維陣列的照片數量，再使用 for 計次迴圈，由 0 開始計數，每次增 1，到小於檔案個數為止。在迴圈中執行更新照片資料。
45	目前更新照片的資料只有照片標題，這裡設定更新的 SQL 指令，並設定篩選為主索引欄位等於該照片的「ap_id」值。
46	最後使用 $db_link->query() 執行 SQL 指令完成更新資料。

刪除照片資料及檔案

在下方的表單中，每個照片會多一個「delcheck」核選欄位，用來檢查是否刪除。其值為該照片的由 0 算起的流水號，核選即可在接收後刪除指定的資料與檔案。

程式碼：adminfix.php　　　　　　　　　　　　　儲存路徑：C:\htdocs\phpalbum

（接續前程式碼）...

```
48   // 執行檔案刪除
49   for ($i=0; $i<count($_POST["delcheck"]); $i++) {
50     $delid = $_POST["delcheck"][$i];
51     $query_del = "DELETE FROM albumphoto WHERE ap_id={$_
       POST["ap_id"][$delid]}";
52     $db_link->query($query_del);
53     unlink("photos/".$_POST["delfile"][$delid]);
54   }
```

程式說明

49~54	檢查刪除的核選欄位是二維陣列，所以利用 count() 函式計算第二維陣列的核選數量，再使用 for 計次迴圈，由 0 開啟計數，每次增 1，到小於核選數量為止。在迴圈中執行刪除照片資料及檔案。
50	接收有傳送來的「delcheck」核選欄位值，並儲存在 $delid 中。
51	設定刪除的 SQL 指令，由「albumphoto」中刪除資料，其篩選為主索引欄位等於表單中「ap_id」的值。
52	最後使用 $db_link->query() 執行 SQL 指令完成刪除資料。
53	使用 unlink() 函式刪除在 <photos> 資料夾中，檔名為「delfile」欄位值的檔案。

新增照片資料

在下方的表單中，即程式碼行號 **55~67** 中仍有多個檔案欄位供管理者上傳多個檔案，而在程式端除了要接收這些檔案，並儲存到指定資料夾中，也要接收照片檔案的資料，儲存到「albumphoto」資料表中。

設定資料繫結

由 <admin.php> 或 <adminadd.php> 來到本頁時，會帶一個 URL 參數：「id」，其值就是在「album」與「albumphoto」二個資料表都有的「album_id」相簿編號。這裡的資料繫結的動作就是要利用接收 URL 的參數值，由「album」與「albumphoto」二個資料表取出相關的資料來顯示相簿資訊與顯示所有照片。

程式碼：adminfix.php　　　　　　　　　　　　　儲存路徑：C:\htdocs\phpalbum

（接續前程式碼）...

```
72   // 顯示相簿資訊 SQL 敘述句
```

```
73 $sid = 0;
74 if(isset($_GET["id"])&&($_GET["id"]!="")){
75   $sid = GetSQLValueString($_GET["id"],"int");
76 }
77 $query_RecAlbum = "SELECT * FROM album WHERE album_id={$sid}";
78 // 顯示照片 SQL 敘述句
79 $query_RecPhoto = "SELECT * FROM albumphoto WHERE album_id={$sid} ORDER BY ap_date DESC";
80 // 將二個 SQL 敘述句查詢資料到 $RecAlbum、$RecPhoto 中
81 $RecAlbum = $db_link->query($query_RecAlbum);
82 $RecPhoto = $db_link->query($query_RecPhoto);
83 // 計算照片總筆數
84 $total_records = $RecPhoto->num_rows;
85 // 取得相簿資訊
86 $row_RecAlbum=$RecAlbum->fetch_assoc();
62 ?> ...
```

程式說明

73~76	過濾 URL 參數「id」，並將結果儲存在 $sid 變數中。
77	本頁中要顯示相簿資訊，所以要佈置其 SQL 指令：請選取「album」資料表中所有欄位，並設定篩選條件為主鍵欄位「album_id」的值要等於由前一頁帶來的 URL 參數：「id」（變數 $sid）。
79	本頁中還要顯示所屬照片內容，所以要佈置其 SQL 指令：請選取「albumphoto」資料表中所有欄位，並設定篩選條件為主鍵欄位「album_id」的值要等於由前一頁帶來的 URL 參數：「id」（變數 $sid）。
81~82	利用 $db_link->query() 執行以上二個 SQL 指令繫結資料到 $RecAlbum 與 $RecPhoto 中。
84	用 $RecPhoto 的 num_rows 屬性取得照片總數，儲存到 $total_records 中。
86	用 $RecAlbum 的 fetch_assoc() 取出資料儲存為 $row_RecAlbum 陣列。

17.9.2 設定修改資料的表單

以下將要顯示設定修改資料的表單：

程式碼：adminfix.php	儲存路徑：C:\htdocs\phpalbum

（接續前程式碼）前略 ...

```
106 <div class="actionDiv"> 相片總數： <?php echo $total_records;?></div>
107 <form action="" method="post" enctype="multipart/form-data"
    name="form1" id="form1">
108 <div class="normalDiv">
109     <p class="heading"> 相簿內容 </p>
110     <p> 相簿名稱:<input name="album_title" type="text" id="album_
    title" value="<?php echo $row_RecAlbum["album_title"];?>" />
111     <input name="album_id" type="hidden" id="album_id"
    value="<?php echo $row_RecAlbum["album_id"];?>" /></p>
112     <p> 拍攝時間:<input name="album_date" type="text" id="album_
    date" value="<?php echo $row_RecAlbum["album_date"];?>" /></p>
113     <p> 拍攝地點  :<input name="album_location" type="text"
    id="album_location" value="<?php echo $row_RecAlbum["album_
    location"];?>" /></p>
114     <p> 相簿說明:<textarea name="album_desc" id="album_desc"
    cols="45" rows="5"><?php echo $row_RecAlbum["album_desc"];?></
    textarea></p>
116     </div>
117     <?php
118         $checkid=0;
119         while($row_RecPhoto=$RecPhoto->fetch_assoc()){
120     ?>
121     <div class="albumDiv">
122     <div class="picDiv"><img src="photos/<?php echo $row_
    RecPhoto["ap_picurl"];?>" alt="<?php echo $row_RecPhoto["ap_
    subject"];?>" width="120" height="120" border="0" /></div>
123     <div class="albuminfo">
125         <input name="ap_id[]" type="hidden" id="ap_id[]" value=
    "<?php echo $row_RecPhoto["ap_id"];?>" />
126         <input name="delfile[]" type="hidden" id="delfile[]"
    value="<?php echo $row_RecPhoto["ap_picurl"];?>">
```

```
127        <input name="update _ subject[]" type="text" id="update _
    subject[]" value="<?php echo $row _ RecPhoto["ap _ subject"];?>"
    size="15" />

128

129        <input name="delcheck[]" type="checkbox" id="delcheck[]"
    value="<?php echo $checkid;$checkid++?>" /> 刪除？

130    </div>

131

132    <?php }?>

133    <div class="normalDiv">

134

135    <p class="heading"> 新增照片 </p>

136    <div class="clear"></div>

137    <p> 照片 1<input type="file" name="ap _ picurl[]" id="ap _ picurl[]" />

138    說明 1:<input type="text" name="ap _ subject[]" id="ap _
    subject[]" /></p>

139    <p> 照片 2<input type="file" name="ap _ picurl[]" id="ap _ picurl[]" />

140    說明 2:<input type="text" name="ap _ subject[]" id="ap _
    subject[]" /></p>

141    <p> 照片 3<input type="file" name="ap _ picurl[]" id="ap _ picurl[]" />

142    說明 3:<input type="text" name="ap _ subject[]" id="ap _
    subject[]" /></p>

143    <p> 照片 4<input type="file" name="ap _ picurl[]" id="ap _ picurl[]" />

144    說明 4:<input type="text" name="ap _ subject[]" id="ap _
    subject[]" /></p>

145    <p> 照片 5<input type="file" name="ap _ picurl[]" id="ap _ picurl[]" />

146    說明 5:<input type="text" name="ap _ subject[]" id="ap _
    subject[]" /></p>

148    <input name="action" type="hidden" id="action" value="update">

149    <input type="submit" name="button" id="button" value=" 確定修改 " />

150    <input type="button" name="button2" id="button2" value=" 回上
    一頁 " onClick="window.history.back();" /></p>

152    </div>

153 </form></td> ... 後略
```

程式說明

106	顯示照片總數,即照片筆數:`$total_records`。
107	設定表單開始,因為檔案上傳的表單的傳送一定要使用 POST 的方法,傳遞時資料的編碼方式為「enctype="multipart/form-data"」的屬性。
110~114	設定表單欄位:「`album_title`」相簿名稱、「`album_id`」相簿編號、「`album_date`」拍攝日期、「`album_location`」拍攝地點,「`album_desc`」相簿說明欄位,預設值分別為 `$row_RecAlbum` 中的「`album_title`」、「`album_id`」、「`album_date`」、「`album_location`」及「`album_desc`」。
117~132	設定更新及刪除照片區段的迴圈。
118	設定 `$checkid` 的值,預設值為 0,作為迴圈內的照片編號,更新或刪除時使用。
119	用 `$RecPhoto` 的 `fetch_assoc()` 將資料以欄位名稱為索引鍵的陣列一筆筆取出,每執行一次就取出一筆,並將資料指標往下移動一筆,一直到資料底端為止。
122	顯示照片。在 `<img>` 的標籤中,設定以下屬性:「`src`」圖片來源屬性為「photos/」資料夾名稱加上 `$row_RecPhoto` 的「`ap_picurl`」檔名欄位。「`alt`」圖片說明欄位為 `$row_RecPhoto` 的「`ap_subject`」標題欄位。
125	設定記錄照片編號的隱藏欄位,在多張照片狀況下,表單送出後程式接收將以陣列的方式進行接收,所以欄位的名稱:「`ap_id`」要加上「[]」,其值為 `$row_RecPhoto` 中「`ap_id`」照片編號欄位值。
126	設定記錄檔案名稱的隱藏欄位,在多張照片狀況下,表單送出後程式接收將以陣列的方式進行接收,所以欄位的名稱:「`delfile`」要加上「[]」,其值為 `$row_RecPhoto` 中「`ap_picurl`」照片檔名欄位值。
127	設定記錄照片標題的文字欄位,在多張照片狀況下,表單送出後程式接收將以陣列的方式進行接收,所以欄位的名稱:「`update_subject`」要加上「[]」,其值為 `$row_RecPhoto` 中「`ap_subject`」照片檔名欄位值。
129	設定記錄自訂編號的隱藏欄位,在多張照片狀況下,表單送出後程式接收將以陣列的方式進行接收,所以欄位的名稱:「`delcheck`」要加上「[]」,其值為 `$checkid` 自訂編號欄位值。顯示完畢後利用 `$checkid++` 將值加 1,再進入下一個迴圈。
137~146	設定 5 個檔案上傳的欄位及 5 個說明的文字欄位,因為在送出後表單接收時要以陣列的方式進行接收,所以檔案欄位的名稱:「`ap_picurl`」要加上「[]」符號,說明的文字欄位的名稱:「`ap_subject`」也要加上「[]」符號,如此就可以陣列的方式將這些值送出。
148	設定隱藏欄位:「`action`」,其值為「update」,目的是讓表單值重新送回本頁時能讓最上方的程式接收判斷表單已經送回,並進行資料新增的動作。
149~150	設定送出按鈕與回上一頁的按鈕。

如此即完成網路相簿修改頁面的製作。

18

專題：購物車的製作

想要在網站上自己開店當老闆嗎？那麼購物車就是您網站必須具備的主要功能之一，它可以讓顧客直接在線上完成採購作業，24 小時開店，隨時來隨時買！

會不會很複雜呢？其實不會的，只要跟著我們的步驟，就可以幫助您輕鬆完成購物流程的規劃與製作，僅需要少許的動作就能夠完成網路開店的夢想喔！

⊙ 專題說明及準備工作
⊙ 資料連線引入檔的製作
⊙ 購物車類別及功能介紹
⊙ 購物車主頁面的製作
⊙ 購物車商品頁面的製作
⊙ 檢視購物車清單頁面的製作
⊙ 購物車結帳頁面的製作
⊙ 完成購物車資料儲存及寄發通知信

18.1 專題說明及準備工作

在本章的範例中,我們將以顧客的購物流程製作為重點,完成一個完整的購物系統。

18.1.1 認識購物車及學習重點

什麼是購物車?

想要在網站上自己開店當老闆嗎?那麼購物車就是您網站必須具備的主要功能之一,它可以讓顧客直接在線上完成採購作業,24 小時開店,隨時來隨時買!那麼會不會很複雜呢?其實不會的,只要跟著我們的步驟,就可以幫助您輕鬆完成購物流程的規劃與製作,只需要少許的動作就能夠完成網路開店的夢想喔!

在本章的範例中,我們將以顧客的購物流程製作為重點,至於商品庫存控管、客戶管理或是訂單處理等問題,則不在此章討論範圍中。您可以藉由本書其他章節中的說明來參考,繼續開發購物程式中的其他部分,完成一個完整的購物系統。

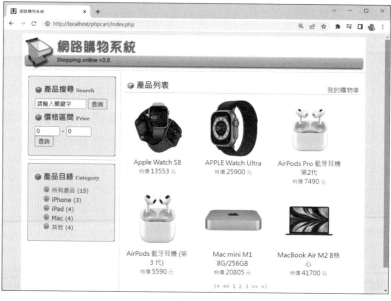

▲ 購物車完成圖

本章學習重點

在購物車的程式設計中，有幾個學習重點：

1. 利用關聯式資料的語法計算每個類別中的商品總數。

2. 讓商品能依類別顯示。

3. 使用關鍵字及價格區間搜尋符合的商品。

4. 使用現成的購物車類別開發購物車功能。

5. 購物車結帳訂單以電子郵件通知。

18.1.2 程式環境及資料庫分析

程式環境

本書把每個不同的程式以資料夾的方式完整地整理在 <C:\htdocs\> 裡，我們已經將作品完成檔放置在本章範例資料夾 <phpcart> 中，您可以將它整個複製到 <C:\htdocs\> 裡，就可以開始進行網站的規劃。

匯入程式資料庫

本書所有範例中，一律將程式使用資料庫備份檔 <*.sql> 放置在各章範例資料夾的根目錄中，在這裡請將 <phpcart> 資料夾中資料庫的備份檔 <phpcart.sql> 匯入，其中包含了四個資料表：「category」、「product」、「orders」及「orderdetail」。

1 首先要新增一個資料庫，請輸入資料庫名稱：「phpcart」，並設定校對為：「utf8_unicode_ci」，最後按 **建立** 鈕。

2 選取左側「phpcart」資料庫後，選按 **匯入** 連結執行備份匯入的動作，按 **瀏覽** 鈕來選取本章範例資料庫檔案 <phpcart.sql>，最後按 **執行** 鈕。

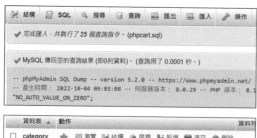

3 畫面上顯示了執行成功的訊息，馬上可以在左列看到四個新增的資料表。

4 請按 **結構** 文字連結來看看這資料表的結構。

請開啟瀏覽器進入 phpMyAdmin 的管理介面，使用設定的帳號、密碼登入。

資料表分析

請分別選按四個資料表後方的 **屬性** 圖片連結，觀看資料表內容。

1. **category 資料表**：儲存商品分類的主要資訊，「categoryid」(分類編號)為主索引，設定為「UNSIGNED」(正數)、「auto_increment」(自動編號)。「categoryname」(分類名稱)為字串，「categorysort」(排序)為整數。

2. **product 資料表**：儲存商品的主要資訊，「productid」(商品編號)為主索引，設定為「UNSIGNED」(正數)、「auto_increment」(自動編號)。「categoryid」(分類編號)是用來記錄目前的商品是屬於哪一個分類的，所以將使用這個欄位的值與「category」資料表進行關聯。「productprice」(商品單價)型態為整數，「productname」(商品名稱)、「productimages」(圖片檔名)型態為字串。「description」(商品說明)的設定型態為「text」。

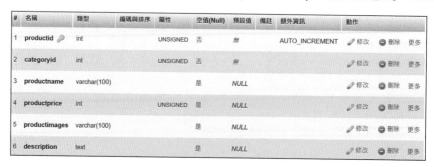

3. **orders 資料表**：儲存訂單的主要資訊，以「orderid」(訂單編號)為主索引，並設定為「UNSIGNED」(正數)、「auto_increment」(自動編號)。其中「total」(總計)欄位是記錄費用，「customername」(客戶名稱)、「customeremail」(客戶郵件)、「customeraddress」(客戶住址)與「customerphone」(客戶電話)型態為字串。付費方式「paytype」欄位，是單選的列舉資料型態，在這裡設定值為「ATM匯款」、「線上刷卡」及「貨到付款」。

#	名稱	類型	編碼與排序	屬性	空值(Null)	預設值	備註	額外資訊	動作		
1	orderid 🔑	int		UNSIGNED	否	無		AUTO_INCREMENT	🖉修改	⊖刪除	更多
2	total	int		UNSIGNED	是	NULL			🖉修改	⊖刪除	更多
3	customername	varchar(100)			是	NULL			🖉修改	⊖刪除	更多
4	customeremail	varchar(100)			是	NULL			🖉修改	⊖刪除	更多
5	customeraddress	varchar(100)			是	NULL			🖉修改	⊖刪除	更多
6	customerphone	varchar(100)			是	NULL			🖉修改	⊖刪除	更多
7	paytype	enum('ATM匯款', '線上刷卡', '貨到付款')			是	ATM匯款			🖉修改	⊖刪除	更多

4. **orderdetail 資料表**：儲存訂單商品的主要資訊，以「orderdetailid」(訂單商品編號)為主索引，並設定為「UNSIGNED」(正數)、「auto_increment」(自動編號)。較特別的是「orderid」(訂單編號)，它是用來記錄目前的商品是屬於哪一個訂單的，所以我們將使用這個欄位的值與「order」資料表進行關聯。「productname」(商品名稱)型態為字串，「unitprice」(單價)、「quantity」(數量)型態為整數。

#	名稱	類型	編碼與排序	屬性	空值(Null)	預設值	備註	額外資訊	動作		
1	orderdetailid 🔑	int		UNSIGNED	否	無		AUTO_INCREMENT	🖉修改	⊖刪除	更多
2	orderid	int		UNSIGNED	是	NULL			🖉修改	⊖刪除	更多
3	productid	int		UNSIGNED	是	NULL			🖉修改	⊖刪除	更多
4	productname	varchar(254)			是	NULL			🖉修改	⊖刪除	更多
5	unitprice	int		UNSIGNED	是	NULL			🖉修改	⊖刪除	更多
6	quantity	int		UNSIGNED	是	NULL			🖉修改	⊖刪除	更多

相關資訊整理

最後我們將相關的資訊再做一次整理，讓您在開發時參考：

1. 本機伺服器網站主資料夾是 <C:\htdocs\>，程式所儲存的資料夾為 <C:\htdocs\phpcart\>，本章的測試網址會變為：<http://localhost/phpcart/>。

2. 商品圖片規劃放在本作品資料夾下的 <proimg> 資料夾。

3. 目前 MySQL 是架設在本機上，其伺服器位址為：「localhost」，為了安全性考量我們修改了它的管理帳號：「root」的密碼為：「1234」。

4. 目前使用的是「phpcart」資料庫，並匯入了四個資料表「category」、「product」、「order」與「orderdetail」。

18.1.3 購物車程式流程圖分析

以下是整個購物車程式運作的流程圖：

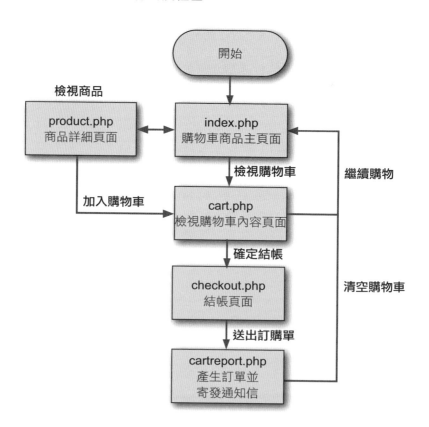

18.2 資料連線引入檔的製作

在這個作品中無時無刻都要使用 PHP 連結 MySQL 資料庫，取得相關資料。若能將連結 MySQL 的動作整理成一個單獨檔案，在每一頁開始時即引入使用，讓該頁享有使用資料庫資源的能力。

<connMysql.php> 即是這個程式中的資料連線引入檔，其內容如下：

程式碼：connMysql.php	儲存路徑：C:\htdocs\phpcart

```php
1  <?php
2    // 資料庫主機設定
3    $db_host = "localhost";
4    $db_username = "root";
5    $db_password = "1234";
6    $db_name = "phpcart";
7    // 連線資料庫
8    $db_link = new mysqli($db_host, $db_username, $db_password, $db_name);
9    // 錯誤處理
10   if ($db_link->connect_error != "") {
11     echo "資料庫連結失敗！";
12   }else{
13     // 設定字元集與編碼
14     $db_link->query("SET NAMES 'utf8'");
15   }
16 ?>
```

程式說明

2~6	因為整個程式都使用同一個資料庫，所以這裡先將 MySQL 資料庫伺服器主機的位址、資料庫名稱、使用帳號與密碼都宣告到變數中。
8~15	建立資料連線，使用 mysqli() 類別並利用宣告的資料庫伺服器主機位址、使用帳號與密碼進行連結新增 $db_link 物件，新增失敗即顯示錯誤訊息並停止程式。
14	設定 MySQL 資料庫的編碼為 utf-8。

18.3 購物車類別及功能介紹

購物車的功能在製作時有一定的難度，但若是懂得使用已經有人釋出並免費提供使用的購物車類別，即可以縮短開發時程，讓作品的完成更有效率而完美。

18.3.1 關於 Cart 類別元件

Cart 類別元件的介紹

Cart (https://github.com/seikan/Cart) 是一個可免費使用的 PHP 購物車類別元件，它可以快速達到以下功能：

1. 將選取商品快速加入購物車清單。

2. 由購物車清單中刪除選取商品。

3. 更新購物車清單中商品的數量。

4. 能一次清空購物車清單中的商品。

5. 在加入、刪除、或更新商品數量時，都能同步更新購物車中購買商品的總價。

18.3.2 Cart 類別元件的使用方式

Cart 類別元件的安裝方式

當您由 https://github.com/seikan/Cart 下載程式解壓縮後，其中會有一個 <class.Cart.php>，這個程式即是 Cart 的類別元件程式，我們預設已經放置在本書範例資料夾中。

在頁面中若使用到 Cart 的功能時，必須先引入這個檔案：

```
require _ once("class.Cart.php");
```

建立購物車清單元件

建立購物車物件後首先要設定系統預設值，包含了可增加到購物車的商品最大值 (cartMaxItem)、增加到購物車的每個商品數量最大值 (itemMaxQuantity)，以及是否使用 Cookie 來保存購物車內容 (useCookie)，語法與建議值如下：

```
$cart = new Cart([
    // 可增加到購物車的商品最大值，0 = 無限
    'cartMaxItem' => 0,
    // 可增加到購物車的每個商品數量最大值，0 = 無限
    'itemMaxQuantity' => 0,
    // 不要使用 cookie，關閉瀏覽器後購物車物品將消失
    'useCookie' => false,
]);
```

將商品加入購物車清單

在頁面上啟用了 Cart 後，您可以使用下列的方式來操作購物車。首先是將商品加入購物車清單的函式：

```
$cart->add( string 編號 [, int 數量 ][, array 自訂屬性 ]);
```

加入購物車商品的內容，除了編號 ($id) 及數量 ($quantity) 是固定欄位之外，其他的屬性可以自行定義成屬性欄位陣列儲存，很彈性。例如，將編號為 P1、數量為 1、價格為 10 元的鉛筆加入購物車，語法為：

```
$cart->add _ item('P1', 1, ['pname'=>'鉛筆', 'price'=>10]);
```

更新購物車清單中指定商品的數量

若要更新購物車清單中某項商品的數量時，可以使用更新函式：

```
$cart->update( string 編號, int 數量 [, array 自訂屬性 ] );
```

例如我們要將購物車清單中編號 P1 的商品數量更改為 2，語法為：

```
$cart->update('P1', 2);
```

將商品由購物車清單移除

若要將商品由購物車清單中移除的函式：

```
$cart->remove( string 編號, array 自訂屬性 );
```

移除一個項目，要注意的是必須提供屬性才能刪除指定的商品。例如我們要刪除剛才加入購物車清單中編號為 P1 的商品，語法為：

```
$cart->remove('P1', ['pname'=>'鉛筆', 'price'=>10]);
```

取得購物車清單內商品所有內容

您可以使用以下方式，取得購物車中所有加入的內容：

```
$cart->getItems( );
```

回傳值是一個陣列，例如：

```
// 取得購物車內所有內容
$allItems = $cart->getItems();
// 顯示目前購物車內商品所有內容
foreach ($allItems as $items) {
  foreach ($items as $item) {
    echo '編號：'.$item['id'].'<br />';
    echo '數量：'.$item['quantity'].'<br />';
    echo '名稱：'.$item['attributes']['pname'].'<br />';
    echo '價格：'.$item['attributes']['price'].'<br />';
  }
}
```

取得購物車清單中指定商品內容

您可以使用以下方式，取得購物車中指定商品的內容，回傳值是一個陣列：

```
$cart->getItem( string 編號 );
```

取得購物車清單的商品項目數量、商品總數量

您可以使用以下方式，取得購物車中商品項目數量：

```
$cart->getTotalItem();
```

取得購物車中商品總數量：

```
$cart->getTotalQuantity();
```

取得購物車中所有商品指定欄位的總合

在 Cart 類別元件中，固定的欄位只有編號 ($id) 及數量 ($quantity)，其他的欄位可以靈活定義成屬性欄位陣列，一般在使用時可以加入產品名稱、單價、成本等欄位。如果有需要將指定欄位進行加總，可以使用：

```
$cart->getAttributeTotal( string 屬性欄位 )
```

注意，要進行加總屬性的資料型態必須是數值。

例如，將編號為 P1、數量為 1、價格為 10 元的鉛筆，及編號為 P2、數量為 1、價格為 20 元的原子筆加入購物車，語法為：

```
$cart->add_item('P1', 1, ['pname'=>'鉛筆', 'price'=>10]);
$cart->add_item('P2', 1, ['pname'=>'原子筆', 'price'=>20]);
```

如果想要知道購物車中所有商品的總價，語法為：

```
$cart->getAttributeTotal('price');
```

檢查購物車清單的狀態

在購物車的使用過程中，常會有檢查購物車內狀態的需求，整理如下：

1. 如果想要知道購物車的內容是否為空，語法為：

```
$cart->isEmpty();
```

　　回傳值為布林值，如此即能應用在判斷式之中。例如，檢查若是購物車內容為空時即顯示相關訊息：

```
if ($cart->isEmpty()) {
  echo '購物車是空的';
}
```

2. 如果想要知道購物車中是否存在某項指定商品，語法為：

```
$cart->isItemExists( string 編號 [, array 自訂屬性] );
```

　　例如，想知道編號為 P1 的商品是否在購物車中：

```
if ($cart->isItemExists('P1')) {
  echo '這項商品已經存在購物車中';
}
```

清空與刪除購物車清單元件的函式

1. 若要清空整個購物車清單，語法如下：

```
$cart->clear();
```

2. 若要刪除整個購物車清單元件，語法如下：

```
$cart->destroy();
```

18.4 購物車主頁面的製作

在購物車主頁面中，會將目前資料庫中所有的商品顯示在頁面上，每一頁會顯示六項商品的內容，可以藉由分頁導覽列的幫忙進行翻頁瀏覽。

最重要的是商品搜尋功能的製作：瀏覽者可以利用左方的關鍵字欄位與價格區間欄位設定要查詢的商品，並將結果顯示在頁面。

另外還有商品分類顯示功能的製作：在左方還會顯示商品的分類，每個類別名稱還會顯示該類別的商品數量，在選按後即可顯示該類別的資料。

18.4.1 設定接收查詢條件的資料繫結

查詢表單的佈置與參數形成的方法

在本頁中有二個查詢表單，第一個是使用「keyword」文字欄位來輸入關鍵字，查詢商品名稱及商品說明中是否包含這個關鍵字內容的資料。

1 在關鍵字的欄位輸入要查詢的字串後，按 **查詢** 鈕。

2 關鍵字搜尋表單是以 GET 的方式傳送，會將欄位名稱「keyword」加上欄位值放在 URL 後以參數的方式顯示，程式頁即可以接收這個參數來進行查詢的動作。

另一個是使用「price1」及「price2」文字欄位來輸入二個價格，查詢價格介於這二個價格之間的商品。

① 在價格區間的二個欄位輸入要查詢的價格後，按 **查詢** 鈕。

② 關鍵字搜尋表單是以 GET 的方式傳送，會將欄位名稱「price1」、「price2」加上欄位值放在 URL 後以參數的方式顯示，程式即可以接收參數來進行查詢的動作。

除了使用表單傳送查詢參數外，下方的分類項目中，也以該分類的編號以「cid」為參數做為查詢的條件，程式頁也可接收這個參數篩選出屬於該分類的商品進行瀏覽。

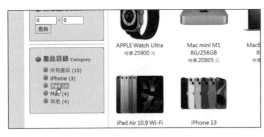

① 選按商品分類的文字連結，在狀態列您可以看到它是用「cid」參數加上分類編號來製作連結。

② 選按後程式頁面就可以接收「cid」欄位值進行查詢的動作。

依不同查詢參數形成不同 SQL 查詢指令

在設定 SQL 指令查詢前，先判斷是否有查詢的參數，若有則依狀況來設定不同的 SQL 指令進行查詢，否則就以單純的查詢語法進行商品資料繫結：

程式碼：index.php　　　　　　　　　　　儲存路徑：C:\htdocs\phpcart

```php
1  <?php
2  require _ once("connMysql.php");
3  // 預設每頁筆數
4  $pageRow _ records = 6;
5  // 預設頁數
6  $num _ pages = 1;
7  // 若已經有翻頁，將頁數更新
8  if (isset($ _ GET['page'])) {
9    $num _ pages = $ _ GET['page'];
10 }
11 // 本頁開始記錄筆數 = (頁數 -1)* 每頁記錄筆數
12 $startRow _ records = ($num _ pages -1) * $pageRow _ records;
13 // 若有分類關鍵字時未加限制顯示筆數的 SQL 敘述句
14 if(isset($ _ GET["cid"])&&($ _ GET["cid"]!="")){
15   $query _ RecProduct = "SELECT * FROM product WHERE categoryid=?
     ORDER BY productid DESC";
16   $stmt = $db _ link->prepare($query _ RecProduct);
17   $stmt->bind _ param("i", $ _ GET["cid"]);
18 // 若有搜尋關鍵字時未加限制顯示筆數的 SQL 敘述句
19 }elseif(isset($ _ GET["keyword"])&&($ _ GET["keyword"]!="")){
20   $query _ RecProduct = "SELECT * FROM product WHERE productname
     LIKE ? OR description LIKE ? ORDER BY productid DESC";
21   $stmt = $db _ link->prepare($query _ RecProduct);
22   $keyword = "%".$ _ GET["keyword"]."%";
23   $stmt->bind _ param("ss", $keyword, $keyword);
24 // 若有價格區間關鍵字時未加限制顯示筆數的 SQL 敘述句
25 }elseif(isset($ _ GET["price1"]) && isset($ _ GET["price2"]) && ($ _
     GET["price1"]<=$ _ GET["price2"])){
26   $query _ RecProduct = "SELECT * FROM product WHERE productprice
     BETWEEN ? AND ? ORDER BY productid DESC";
27   $stmt = $db _ link->prepare($query _ RecProduct);
28   $stmt->bind _ param("ii", $ _ GET["price1"], $ _ GET["price1"]);
29 // 預設狀況下未加限制顯示筆數的 SQL 敘述句
```

```
30  }else{
31  $query_RecProduct = "SELECT * FROM product ORDER BY productid
    DESC";
32  $stmt = $db_link->prepare($query_RecProduct);
33  }
34  $stmt->execute();
35  // 以未加上限制顯示筆數的 SQL 敘述句查詢資料到 $all_RecProduct 中
36  $all_RecProduct = $stmt->get_result();
37  // 計算總筆數
38  $total_records = $all_RecProduct->num_rows;
39  // 計算總頁數 = ( 總筆數 / 每頁筆數 ) 後無條件進位。
40  $total_pages = ceil($total_records/$pageRow_records); ...
```

程式說明

2	設定使用資料連線引入檔。
3~12	因為資料顯示要分頁，這裡要分別設定並計算每頁的資料筆數、預設頁數及資料開始筆數。
4	設定每頁顯示筆數 $pageRow_records，也就是一頁有幾筆資料，這裡設定為 6，若要更改顯示筆數可以直接更改這個值。
6~10	在翻頁時，會在本頁的網址後方加上 URL 參數：「page」，舉例來說若目前是第 2 頁時網址為「index.php?page=2」，程式會接收這個參數值為目前頁數。在預設的狀況下 $num_pages 為 1，若接收到參數值時，則取得參數值儲存更新到 $num_pages 中。
12	要計算目前頁數顯示的資料，由第幾筆開始。公式為：(頁數 –1)* 每頁記錄筆數，這個值等一下要應用在取得目前頁面要顯示的資料是由第幾筆開始。
13~17	若接收到分類的 URL 參數「cid」，則製作顯示該分類商品的 SQL 查詢指令。這裡採用預備語法：內容為選取「product」資料表所有的欄位，當「categoryid」分類編號等於 URL 參數「cid」的資料並依「productid」商品編號遞減排序。
18~23	若接收到關鍵字的 URL 參數「keyword」，則製作顯示商品的名稱或說明含有關鍵字的 SQL 查詢指令。這裡採用預備語法：內容為選取「product」資料表所有的欄位，當「productname」商品名稱或「description」商品說明中有包含 URL 參數「keywrod」的資料並依「productid」商品編號遞減排序。
24~28	若接收到關鍵字的 URL 參數「price1」及「price2」，而且「price2」的值大於或等於「price1」，則製作顯示商品價格介於二個數值之間的 SQL 查詢指令。這裡採用預備語法：內容為選取「product」資料表所有的欄位，當「productprice」商品價格介於「price1」及「price2」之間的資料並依「productid」商品編號遞減排序。

30~32	若沒有接收任何關鍵字,這裡採用預備語法,製作顯示「product」資料表所有欄位並依「productid」商品編號遞減排序的 SQL 指令。
34	執行頁面剛才條件式處理完的預備語法成為 mysqli_stmt 物件。
36	使用 mysqli_stmt 物件的 get_result() 方法將預備語法所取得的資料儲存到 $RecProduct 中。
38	取得 $RecProduct 的 num_rows 資料總筆數儲存到 $total_records 中。
40	計算總頁數,方式是利用 $total_records 總筆數 /$pageRow_records 每頁筆數,再使用 ceil() 函式將結果無條件進位到整數。

在查詢時使用 SQL 的 LIKE 指令搭配「%」萬用字元來查詢包含的關鍵字。

18.4.2 設定關聯式資料繫結

接下來要顯示各個分類的名稱及該分類中商品總數,所以要使用「**category**」商品分類資料表來顯示名稱,還必須連結到「**product**」商品資料表統計總數。

程式碼:index.php　　　　　　　　　　　　　儲存路徑:C:\htdocs\phpcart

(接續前程式碼)...

```
41 // 繫結產品目錄資料
42 $query_RecCategory = "SELECT category.categoryid, category.
   categoryname, category.categorysort, count(product.productid)
   as productNum FROM category LEFT JOIN product ON category.
   categoryid = product.categoryid GROUP BY category.categoryid,
   category.categoryname, category.categorysort ORDER BY category.
   categorysort ASC";
43 $RecCategory = $db_link->query($query_RecCategory);
44 // 計算資料總筆數
45 $query_RecTotal = "SELECT count(productid) as totalNum FROM
   product";
46 $RecTotal = $db_link->query($query_RecTotal);
47 $row_RecTotal = $RecTotal->fetch_assoc(); ...
```

程式說明

42	佈置要取得資料內容的 SQL 敘述,要特別注意的是這裡要利用「categoryid」欄位來關聯「category」與「product」二個資料表。
	在 $query_RecCategory 字串中,選取了「category」資料表中所有欄位,並依使用 count() 函式統計「product」資料表中「productid」欄位的筆數 (即為商品總數)。

接著使用「categoryid」欄位將二個資料表 LEFTJOIN 關聯起來。

最後再 GROUPBY「category」資料表中所有欄位，再依分類遞增排序。

43 以 $db _ link->query() 方法執行 $query _ RecCategory 取得所有資料儲存到 $RecCategory 中。

45 這裡要設定一個計算所有商品總數的 SQL 指令：使用 count() 函式統計「product」資料表中「productid」欄位的筆數（即為商品總數）並命名為 totalNum。

46 以 $db _ link->query() 方法執行取得資料儲存到 RecTotal 中。

47 使用 fetch _ assoc() 方法由 $RecTotal 取出資料存為 $row _ RecTotal 陣列。

18.4.3 收集 URL 參數的自訂函式

由剛才的說明中可以知道本頁資料的顯示，URL 中所顯示的參數是十分重要的。因為頁面的下方會製作分頁導覽列，當查詢的結果有分頁顯示，在點選連結時，因為原來的分頁只有設定「**page**」參數，在進行翻頁的動作後因為查詢參數消失，顯示的頁面就不會依照理想的查詢結果來顯示。所以最好的方式就是在分頁的參數中能保持現有的 URL 參數，跟著前往下一個頁面。

這個自訂的函式會自動收集目前的 URL 參數成為字串，當程式中呼叫時即可馬上返回其值，對於連結的設定十分有幫助。

程式碼：index.php	儲存路徑：C:\htdocs\phpcart

```
(接續前程式碼)...
48  // 返回 URL 參數
49  function keepURL(){
50    $keepURL = "";
51    if(isset($ _ GET["keyword"]))  $keepURL.="&keyword=".urlencode($ _
      GET["keyword"]);
52    if(isset($ _ GET["price1"]))$keepURL.="&price1=".$ _ GET["price1"];
53    if(isset($ _ GET["price2"]))$keepURL.="&price2=".$ _ GET["price2"];
54    if(isset($ _ GET["cid"]))  $keepURL.="&cid=".$ _ GET["cid"];
55    return $keepURL;
56  }
57  ?> ...
```

程式說明

48~57 收集 URL 參數並返回的函式。

50	定義 $keepURL 空白字串，準備來收集 URL 參數。
51	如果有「keyword」參數將 $keepURL 變數加上「&keyword=」再加上接收值。其中接收值是關鍵字，可能會包含中文、雙位元文字或其他保留字，所以要使用 urlencode() 函式計進行編碼才能接收正確。
52	如果有「price1」參數將 $keepURL 變數加「&price1=」再加上接收值。
53	如果有「price2」參數將 $keepURL 變數加「&price2=」再加上接收值。
54	如果有「cid」參數將 $keepURL 變數加「&cid=」再加上接收值。
55	返回 $keepURL。

18.4.4 設定資料顯示

資料繫結後，就可以在頁面上顯示資料的內容。在以下的程式碼中，會簡化顯示原始碼內容，主要是說明 PHP 的程式碼內容。

搜尋表單的佈置

首先是二個搜尋表單的佈置：

程式碼：index.php　　　　　　　　　　　　　儲存路徑：C:\htdocs\phpcart

```
(接續前程式碼) 前略 ...
74 <div class="categorybox">
75  <p class="heading"><img src="images/16-cube-orange.png" width=
    "16" height="16" align="absmiddle"> 產品搜尋 <span class=
    "smalltext">Search</span></p>
76  <form name="form1" method="get" action="index.php">
77  <p>
78  <input name="keyword" type="text" id="keyword" value=" 請輸入關
    鍵字 " size="12" onClick="this.value='';">
79  <input type="submit" id="button" value=" 查詢 ">
80  </p>
81  </form>
82  <p class="heading"><img src="images/16-cube-orange.png" width=
    "16" height="16" align="absmiddle"> 價格區間 <span class=
    "smalltext">Price</span></p>
83  <form action="index.php" method="get" name="form2" id="form2">
84  <p>
85  <input name="price1" type="text" id="price1" value="0" size="3">
```

```
86  -
87  <input name="price2" type="text" id="price2" value="0" size="3">
88  <input type="submit" id="button2" value=" 查詢 ">
89  </p>
90  </form>
91  </div> ...
```

程式說明

76~81	關鍵字查詢的表單。
76	設定表單開始，「action="index.php"」欄位為空，表示表單送出的目的頁面為 \<index.php\>。傳送方式屬性為「method="get"」，送出後會將表單的欄位名稱加上值接在目的網址的後方。
78	設定「keyword」關鍵字的文字欄位，預設值是「請輸入關鍵字」說明文字。
79	設定送出表單按鈕。
83~90	價格區間查詢的表單。
83	設定表單開始，「action="index.php"」欄位為空，表示表單送出的目的頁面為 \<index.php\>。傳送方式屬性為「method="get"」，送出後會將表單的欄位名稱加上值接在目的網址的後方。
85	設定「price1」價格 1 的文字欄位，預設值是「0」。
87	設定「price2」價格 2 的文字欄位，預設值是「0」。
88	設定送出表單按鈕。

顯示分類連結

接下來會以商品分類來顯示連結，選按時可以只顯示該分類的商品：

程式碼：index.php　　　　　　　　　　　儲存路徑：C:\htdocs\phpcart

(接續前程式碼) 前略 ...

```
97   <div class="categorybox">
98    <p class="heading"><img src="images/16-cube-orange.png"
     width="16" height="16" align="absmiddle"> 產品目錄 <span
     class="smalltext">Category</span></p>
99    <ul>
100     <li><a href="index.php">所有產品 <span class="categorycount">
      (<?php echo $row _ RecTotal["totalNum"];?>)</span></a></li>
101    <?php while($row _ RecCategory=$RecCategory->fetch _ assoc()){ ?>
```

```
102   <li><a href="index.php?cid=<?php echo $row _ RecCategory["ca
      tegoryid"];?>"><?php echo $row _ RecCategory["categoryname"];?>
      <span class="categorycount">(<?php echo $row _
      RecCategory["productNum"];?>)</span></a></li>
103   <?php }?>
104   </ul>
105 </div> ...
```

程式說明

100	先顯示所有商品的連結，其連結頁面為「index.php」，並不需要有任何參數，也就是回到首頁即可顯示所有商品的連結。但是在後方要顯示所有商品的數量：$row _ RecTotal["totalNum"]。
101	使用 fetch _ assoc() 方法將 $RecCategory 中的資料以欄位名稱為索引鍵的陣列一筆筆取出，每執行一次就取出一筆資料，並將資料指標往下移動一筆，一直到資料底端為止。
102	顯示「categoryname」分類名稱及「productNum」商品總數，連結設定為「index.php?cid=」加上「categoryid」分類編號。

顯示商品列表

接下來由 106~118 行中將使用 while() 迴圈將 $RecProduct 中的資料一筆一筆取出，並佈置顯示在頁面上：

程式碼：index.php	儲存路徑：C:\htdocs\phpcart

```
(接續前程式碼)...
109 <div class="actionDiv"><a href="cart.php"> 我的購物車 </a></div>
110 <?php
111 // 加上限制顯示筆數的 SQL 敘述句，由本頁開始記錄筆數開始，每頁顯示預設筆數
112 $query _ limit _ RecProduct = $query _ RecProduct." LIMIT
    {$startRow _ records}, {$pageRow _ records}";
113   // 以加上限制顯示筆數的 SQL 敘述句查詢資料到 $RecProduct 中
114 $stmt = $db _ link->prepare($query _ limit _ RecProduct);
115   // 若有分類關鍵字時未加限制顯示筆數的 SQL 敘述句
116   if(isset($ _ GET["cid"])&&($ _ GET["cid"]!="")){
117 $stmt->bind _ param("i", $ _ GET["cid"]);
118   // 若有搜尋關鍵字時未加限制顯示筆數的 SQL 敘述句
119   }elseif(isset($ _ GET["keyword"])&&($ _ GET["keyword"]!="")){
```

```
120  $keyword = "%".$ _ GET["keyword"]."%";

121  $stmt->bind _ param("ss", $keyword, $keyword);

122  // 若有價格區間關鍵字時未加限制顯示筆數的 SQL 敘述句

123  }elseif(isset($ _ GET["price1"]) && isset($ _ GET["price2"]) && ($ _
     GET["price1"]<=$ _ GET["price2"])){

124  $stmt->bind _ param("ii", $ _ GET["price1"], $ _ GET["price2"]);

125  }

126 $stmt->execute();

127 $RecProduct = $stmt->get _ result();

128 while($row _ RecProduct=$RecProduct->fetch _ assoc()){

129 ?>

130  <div class="albumDiv">

131    <div class="picDiv"><a href="product.php?id=<?php echo $row _
       RecProduct["productid"];?>">

132    <?php if($row _ RecProduct["productimages"]==""){?>

133    <img src="images/nopic.png" alt=" 暫無圖片 " width="120" height=
       "120" border="0" />

134    <?php }else{?>

135    <img src="proimg/<?php echo $row _ RecProduct["productimages"];
       ?>" alt="<?php echo $row _ RecProduct["productname"];?>"
       width="135" height="135" border="0" />

136    <?php }?>

137    </a></div>

138  <div class="albuminfo"><a href="product.php?id=<?php echo $row
     _ RecProduct["productid"];?>"><?php echo $row _ RecProduct
     ["productname"];?></a><br />

139 <span class="smalltext"> 特價 </span><span class="redword"><?php
    echo $row _ RecProduct["productprice"];?></span><span class=
    "smalltext"> 元 </span> </div>

140 </div>

141 <?php }?> ...
```

程式說明

112~114 這裡採用預備語法再設定另一個敘述句 $query _ limit _ RecProduct 以原來
的 $query _ RecProduct 再加上筆數限制的指令：「LIMIT」，由本頁開始筆數顯示，
一共顯示 $pageRow _ records 所設定的筆數。

115~125 根據不同的參數來判斷進行預備語法的參數綁定。

126 　　執行剛才的預備語法成為 `mysqli_stmt` 物件。

127 　　使用 `mysqli_stmt` 物件的 `get_result()` 方法將預備語法所取得的資料儲存到 `$RecProduct` 中。

128 　　使用 `fetch_assoc()` 方法將 `$RecProduct` 中的資料以欄位名稱為索引鍵的陣列一筆筆取出，每執行一次就取出一筆資料，並將資料指標往下移動一筆，一直到資料底端為止。

132~136 顯示該商品代表照片。在 `<img>` 的標籤中，設定以下屬性：

「`src`」圖片來源：若「`productimages`」圖片檔名為空表示沒有照片，即顯示 `<images/nopic.png>` 的圖片，否則屬性為「`proimg/`」資料夾名稱加上「`productimages`」檔名欄位。「`alt`」圖片說明：若沒有照片，即顯示「暫無圖片」，否則為「`productname`」商品名稱欄位。為圖片加上連結，目的頁面 `<product.php>` 並將「`productid`」的值以 URL 參數「`id`」帶去。

138 　　將「`productname`」商品名稱設定點選時可以前往 `<product.php>` 並將「`productid`」的值以 URL 參數「`id`」帶去的連結。

139 　　顯示「`productprice`」商品價格。

顯示分頁導覽列

最後要顯示資料總筆數及分頁導覽列，讓使用者可以進行分頁瀏覽的動作：

程式碼：index.php	儲存路徑：C:\htdocs\phpcart

```
(接續前程式碼)...
143 <?php if ($num_pages > 1) { // 若不是第一頁則顯示 ?>
144 <a href="?page=1<?php echo keepURL();?>">|&lt;</a> <a href="
    ?page=<?php echo $num_pages-1;?><?php echo keepURL();?>">
    &lt;&lt;</a>
145 <?php }else{?>
146 |&lt; &lt;&lt;
147 <?php }?>
148 <?php
149   for($i=1;$i<=$total_pages;$i++){
150     if($i==$num_pages){
151       echo $i." ";
152     }else{
153       $urlstr = keepURL();
154       echo "<a href=\"?page=$i$urlstr\">$i</a> ";
```

```
155    }
156  }
157 ?>
158 <?php if ($num_pages < $total_pages) { // 若不是最後一頁則顯示 ?>
159 <a href="?page=<?php echo $num_pages+1;?><?php echo keepURL();
    ?>">&gt;&gt;</a> <a href="?page=<?php echo $total_pages;?><?php
    echo keepURL();?>">&gt;|</a>
160 <?php }else{?>
161 &gt;&gt; &gt;|
162 <?php }?> ...後略
```

程式說明

143~147 以目前頁數：$num_pages 來判斷，若不在第一頁就顯示第一頁及上一頁的連結。第一頁「page」的參數是 1，上一頁「page」的參數，就是將目前的頁數減 1。這裡要特別注意的是分頁的連結不是以文字來顯示，而是以「|<」為第一頁，「<<」為上一頁，但是在網頁上要以實體參照來顯示，所以「|<」為「|<」，「<<」為「<<」。

另外在連結中最後加上 keepURL() 函式來顯示保持原來 URL 參數的動作，分頁時即可帶著原來的關鍵字 URL 參數到下一頁去。

149 中間使用頁碼分頁，設定一個 for 迴圈，定義 $i 變數由 1 一直到小於或等於總頁數為止，每次迴圈加 1。

150~151 若是 $i 的值等於目前的頁數，即顯示 $i 而不加上連結。

152~155 若是 $i 的值不等於目前的頁數則顯示 $i 並加上文字連結，連結的內容是目前頁面是加上「page」的 URL 參數，值為 $i。先使用 $urlstr 接收 keepURL() 函式返回原來 URL 參數，再將 $urlstr 加入在連結中，分頁時即可帶著原來的關鍵字 URL 參數到下一頁去。

158~162 以目前頁數：$num_pages 來判斷，若不在最後一頁就顯示最末頁及下一頁的連結。最末頁「page」的參數是總頁面：$total_pages，下一頁「page」的參數，就是將目前的頁數加 1。這裡要特別注意的是分頁的連結不是以文字來顯示，而是以「>|」為最後一頁，「>>」為下一頁，但是在網頁上要以實體參照來顯示，所以「>|」為「>|」，「>>」為「>>」。在連結中最後加上 keepURL() 函式來顯示保持原來 URL 參數的動作，分頁時即可帶著原來的關鍵字 URL 參數到下一頁去。

如此即完成購物車主頁面的製作。

18.5 購物車商品頁面的製作

當瀏覽者由商品中點選某張照片後，會進入這個頁面瀏覽商品完整內容，也可將商品加入購物車清單中。

設定購物車功能

因為本頁中會有加入購物車清單的動作，所以在頁面上必須設定購物車的功能：

程式碼：product.php	儲存路徑：C:\htdocs\phpcart

```php
1   <?php
2   require _ once("connMysql.php");
3   // 購物車開始
4   require _ once("class.Cart.php");
5   // 購物車初始化
6   $cart = new Cart([
7       // 可增加到購物車的商品最大值，0 = 無限
8       'cartMaxItem' => 0,
9       // 可增加到購物車的每個商品數量最大值，0 = 無限
10      'itemMaxQuantity' => 0,
11      // 不要使用 cookie，關閉瀏覽器後購物車物品將消失
12      'useCookie' => false,
13  ]);
14  // 新增購物車內容
15  if(isset($ _ POST["cartaction"]) && ($ _ POST["cartaction"]=="add"))
    {
16      $cart->add($ _ POST['id'], $ _ POST['qty'], [
17          'price' => $ _ POST['price'],
18          'pname' => $ _ POST['name'],
19      ]);
20      header("Location: cart.php");
21  }
22  // 購物車結束 ...
```

程式說明

2	設定使用資料連線引入檔。
4	設定使用購物車類別引入檔。
6~13	建立購物車清單元件並設定初始化的預設值
15	如果接收到表單參數值：$_POST["cartaction"]，而且其值為「add」，即可往下 執行新增購物車內容的動作。
16~19	接收表單傳來的編號、數量、價格與商品名稱後加入購物車。
20	頁面重新導到購物車內容的頁面：<cart.php>。

設定資料繫結

由 <index.php> 來到本頁時會帶一個 URL 參數「id」，就是「product」資料表的「productid」商品編號。此外，因為要顯示商品分類，所以要繫結分類的資料。

程式碼：**product.php**　　　　　　　　　　儲存路徑：**C:\htdocs\phpcart**

(接續前程式碼)...

```
23  // 繫結產品資料

24  $query_RecProduct = "SELECT * FROM product WHERE productid=?";

25  $stmt = $db_link->prepare($query_RecProduct);

26  $stmt->bind_param("i", $_GET["id"]);

27  $stmt->execute();

28  $RecProduct = $stmt->get_result();

29  $row_RecProduct = $RecProduct->fetch_assoc();

30  // 繫結產品目錄資料

31  $query_RecCategory = "SELECT category.categoryid, category.
    categoryname, category.categorysort, count(product.productid)
    as productNum FROM category LEFT JOIN product ON category.
    categoryid = product.categoryid GROUP BY category.categoryid,
    category.categoryname, category.categorysort ORDER BY category.
    categorysort ASC";

32  $RecCategory = $db_link->query($query_RecCategory);

33  // 計算資料總筆數

34  $query_RecTotal = "SELECT count(productid) as totalNum FROM
    product";

35  $RecTotal = $db_link->query($query_RecTotal);

36  $row_RecTotal = $RecTotal->fetch_assoc();

37  ?> ...
```

程式說明

24~26	設定顯示商品內容的 SQL 指令內容，採用預備語法：選取「product」的所有欄位，並篩選條件為「productid」商品編號欄位等於由前一頁帶來的 URL 參數：「id」。
27~28	執行預備語法成為 mysqli_stmt 物件，使用 get_result() 方法將預備語法所取得的資料儲存到 $RecProduct 中。
29	用 fetch_assoc() 方法將 $RecProducts 取出以名稱為索引鍵的陣列資料。
34~36	繫結分類連結的資料及計算資料總筆數，請參考 18.4.2 節。

顯示商品內容

接下來行號 38~89 顯示搜尋表單與產品目錄的部分與 <index.php> 中設定相同，這裡省略顯示與說明，請參考 18.4.4 節。以下要顯示商品內容，程式碼如下：

程式碼：product.php　　　　　　　　　　　　儲存路徑：C:\htdocs\phpcart

(接續前程式碼) 前略 ...

```
92  <div class="albumDiv">
93    <div class="picDiv">
94      <?php if($row_RecProduct["productimages"]==""){?>
95      <img src="images/nopic.png" alt=" 暫無圖片 " width="120"
    height="120" border="0" />
96      <?php }else{?>
97      <img src="proimg/<?php echo $row_
    RecProduct["productimages"];?>" alt="<?php echo $row_
    RecProduct["productname"];?>" width="135" height="135"
    border="0" />
98      <?php }?>
99    </div>
100   <div class="albuminfo"><span class="smalltext"> 特價 </span>
    <span class="redword"><?php echo $row_
    RecProduct["productprice"];?></span><span class="smalltext">
    元 </span></div>
101 </div>
102 <div class="titleDiv">
103   <?php echo $row_RecProduct["productname"];?></div>
104 <div class="dataDiv">
105   <p><?php echo nl2br($row_RecProduct["description"]);?></p>
106   <hr width="100%" size="1" />
```

```
107   <form name="form3" method="post" action="">
108      <input name="id" type="hidden" id="id" value="<?php echo
   $row _ RecProduct["productid"];?>">
109      <input name="name" type="hidden" id="name" value="<?php
   echo $row _ RecProduct["productname"];?>">
110      <input name="price" type="hidden" id="price" value="<?php
   echo $row _ RecProduct["productprice"];?>">
111      <input name="qty" type="hidden" id="qty" value="1">
112       <input name="cartaction" type="hidden" id="cartaction"
   value="add">
113      <input type="submit" name="button3" id="button3" value=" 加
   入購物車 ">
114      <input type="button" name="button4" id="button4" value=" 回
   上一頁 " onClick="window.history.back();">
115   </form>
116   </div> ... 後略
```

程式說明

93~99 顯示該商品代表照片。在 <img> 的標籤中，設定以下屬性。「src」圖片來源：若「productimages」圖片檔名為空即顯示 <images/nopic.png> 的圖片，否則為「proimg/」資料夾名稱加上「productimages」檔名欄位。「alt」圖片說明：若沒有照片即顯示「暫無圖片」，否則為「productname」商品名稱欄位。

100 顯示「productprice」商品價格。

103 顯示「productname」商品名稱。

105 顯示「description」商品說明，並利用 nl2br() 自動分行。

107~115 設定加入購物車的表單。

108 設定「id」商品編號的隱藏欄位，預設值是 $row _ RecProduct 中「productid」商品編號欄位值。

109 設定「name」商品名稱的隱藏欄位，預設值是 $row _ RecProduct 中「productname」商品名稱欄位值。

110 設定「price」商品價格的隱藏欄位，預設值是 $row _ RecProduct 中「productprice」商品價格欄位值。

111 設定「qty」商品數量的隱藏欄位，預設值是「1」。

112 設定「cartaction」購物車動作的隱藏欄位，預設值是「add」。

113~114 設定送出表單 (即加入購物車) 及回上一頁的按鈕。

如此即完成購物車商品頁面的製作。

18.6 檢視購物車清單頁面的製作

當瀏覽者將商品加入購物車後會前往的頁面，您可以在這個頁面中檢視商品的內容，並可移除項目、更新數量，或是清空購物車。

設定購物車功能

因為本頁中會有處理購物車相關的動作，所以在頁面上必須要設定購物車的更新、移除與清空等功能：

程式碼：cart.php　　　　　　　　　　　　　　　　儲存路徑：C:\htdocs\phpcart

```php
1   <?php
2   require_once("connMysql.php");
3   // 購物車開始
4   require_once("class.Cart.php");
5   // 購物車初始化
6   $cart = new Cart([
7       // 可增加到購物車的商品最大值，0 = 無限
8       'cartMaxItem' => 0,
9       // 可增加到購物車的每個商品數量最大值，0 = 無限
10      'itemMaxQuantity' => 0,
11      // 不要使用 cookie，關閉瀏覽器後購物車物品將消失
12      'useCookie' => false,
13  ]);
14  // 更新購物車內容
15  if (isset($_POST["cartaction"]) && ($_POST["cartaction"] ==
    "update")) {
16    if (isset($_POST["updateid"])) {
17      $i = count($_POST["updateid"]);
18      for ($j = 0; $j < $i; $j++) {
19        $product = $cart->getItem($_POST['updateid'][$j]);
20        $cart->update($product['id'], $_POST['qty'][$j], [
21          'price' => $product['attributes']['price'],
```

```
22         'pname' => $product['attributes']['pname'],
23       ]);
24     }
25   }
26   header("Location: cart.php");
27 }
28 // 移除購物車內容
29 if (isset($_GET["cartaction"]) && ($_GET["cartaction"] ==
   "remove")) {
30   $rid = intval($_GET['delid']);
31   $cart->remove($rid);
32   header("Location: cart.php");
33 }
34 // 清空購物車內容
35 if (isset($_GET["cartaction"]) && ($_GET["cartaction"] ==
   "empty")) {
36   $cart->clear();
37   header("Location: cart.php");
38 }
39 // 購物車結束 ...
```

程式說明

2	設定使用資料連線引入檔。
4	設定使用購物車類別引入檔。
6~13	建立購物車清單元件並設定初始化的預設值
14~27	設定更新購物車內容的動作
15	如果接收到表單參數值:$_POST["cartaction"]，而且其值為「update」，即可往下執行更新購物車內容的動作。
16	檢查表單參數值 $_POST["updateid"] 要更新的商品編號是否存在。
17	如果有則使用 count() 函式計算數量。
18	使用 for 計次迴圈，由 0 開啟計數，每次增 1，到小於計算出的數量為止。
19~23	接收表單傳來的編號、數量、價格與商品名稱後加入購物車。
26	頁面重新導到購物車內容的頁面:<cart.php>。
28~23	設定移除購物車項目的動作

29	如果接收到 URL 參數值:$ _ GET["cartaction"],而且其值為「remove」,即可往下執行移除購物車項目的動作。
30	接收 URL 參數值 $ _ GET['delid'] 要移除商品編號的。
31	使用該參數由購物車清單中移除。
32	頁面重新導到購物車內容的頁面:<cart.php>。
34~38	設定清空購物車項目的動作
35~36	如果接收到 URL 參數值:$ _ GET["cartaction"],而且其值為「empty」,即可往下執行清空購物車項目的動作。
37	頁面重新導到購物車內容的頁面:<cart.php>。

顯示購物車清單內容

接下來在程式行號 40~104 中要設定資料繫結、搜尋表單的佈置與顯示分類連結,這個部分與 <index.php> 中設定相同,說明請參考 18.4.2 節與 18.4.4 節。

這是本頁最重要的地方,就是將目前的購物車清單顯示出來,瀏覽者還能更新購買商品數量或是移除購物商品,甚至清空購物車:

程式碼:cart.php	儲存路徑:C:\htdocs\phpcart

```
(接續前程式碼) 前略 ...
105 <div class="normalDiv">
106 <?php if ($cart->getTotalitem() > 0) { ?>
107     <form action="" method="post" name="cartform" id="cartform">
108        <table width="98%" border="0" align="center"
    cellpadding="2" cellspacing="1">
109           <tr>
110           <th bgcolor="#ECE1E1"><p> 刪除 </p></th>
111           <th bgcolor="#ECE1E1"><p> 產品名稱 </p></th>
112           <th bgcolor="#ECE1E1"><p> 數量 </p></th>
113           <th bgcolor="#ECE1E1"><p> 單價 </p></th>
114           <th bgcolor="#ECE1E1"><p> 小計 </p></th>
115           </tr>
116           <?php
117           $allItems = $cart->getItems();
118           foreach ($allItems as $items) {
119              foreach ($items as $item) {
120           ?>
```

```
121          <tr>
122              <td align="center" bgcolor="#F6F6F6" class="tdbline">
123                  <p><a href="?cartaction=remove&delid=<?php echo
     $item['id']; ?>">移除 </a></p>
124              </td>
125              <td bgcolor="#F6F6F6" class="tdbline">
126                  <p><?php echo $item['attributes']['pname']; ?></p>
127              </td>
128              <td align="center" bgcolor="#F6F6F6" class="tdbline">
129                  <p><input name="updateid[]" type="hidden"
     id="updateid[]" value="<?php echo $item['id']; ?>"><input
     name="qty[]" type="text" id="qty[]" value="<?php echo
     $item['quantity']; ?>" size="1"></p>
130              </td>
131              <td align="center" bgcolor="#F6F6F6" class="tdbline">
132                  <p>$ <?php echo number _ format($item['attributes']
     ['price']); ?></p>
133              </td>
134              <td align="center" bgcolor="#F6F6F6" class="tdbline">
135                  <p>$ <?php echo number _ format($item['quantity'] *
     $item['attributes']['price']); ?></p>
136              </td>
137          </tr>
138          <?php }} ?>
139          <tr>
140              <td align="center" valign="baseline"
     bgcolor="#F6F6F6"><p> 總計 </p></td>
141              <td valign="baseline" bgcolor="#F6F6F6"><p> </
     p></td>
142              <td align="center" valign="baseline"
     bgcolor="#F6F6F6"><p> </p></td>
143              <td align="center" valign="baseline"
     bgcolor="#F6F6F6"><p> </p></td>
144              <td align="center" valign="baseline"
     bgcolor="#F6F6F6"><p class="redword">$ <?php echo number _
     format($cart->getAttributeTotal('price')); ?></p></td>
```

```
145          </tr>
146       </table>
147       <hr width="100%" size="1" />
148       <p align="center">
149          <input name="cartaction" type="hidden" id="cartaction"
   value="update">
150          <input type="submit" name="updatebtn" id="button3"
   value=" 更新購物車 ">
151          <input type="button" name="emptybtn"
   id="button5" value=" 清空購物車 " onClick="window.location.
   href='?cartaction=empty'">
152          <input type="button" name="button" id="button6" value="
   前往結帳 " onClick="window.location.href='checkout.php';">
153          <input type="button" name="backbtn" id="button4"
   value=" 回上一頁 " onClick="window.history.back();">
154       </p>
155     </form>
156 </div>
157 <?php } else { ?>
158 <div class="infoDiv"> 目前購物車是空的。</div>
159 <?php } ?> ... 後略
```

程式說明

106	利用 $cart->getTotalitem() 取得目前購物商品數量，若大於 0 時即往下執行顯示購物車內容清單。
107~155	將購物車的內容清單放置在表單中，若更新時能送出回原頁執行更新的動作。
117	使用 $cart->getItems() 取得購物車清單內容儲存成陣列：$allItems，並利用 foreach() 迴圈資料一一讀出。
123	設定移除購物車商品的連結，連結頁面沒有設定表示連回本頁，參數為「action=remove」，程式接收後會執行移除商品動作，而「delid」會帶該商品的「id」編號，如此一來在移除時就能知道要移除哪件商品了。
126	顯示陣列中「pname」商品名稱。
129	若要更新商品數量時，必須要知道更新的是何項商品，所以設定「updateid」商品編號的隱藏欄位。當有多個商品時就會有多個，所以要加上「[]」符號，讓送出的資料為陣列形式。預設值是「id」商品編號陣列值。 設定「qty」商品數量的文字欄位，當有多個商品時就會有多個，所以要加上「[]」符號，讓送出的資料為陣列形式。預設值是「qty」商品數量陣列值。

132	顯示陣列中「price」商品單價，以 number _ format() 函式加上千位元符號。
135	將「quantity」*「price」相乘得到小計，顯示時以 number _ format() 函式加上千位元符號。
144	以 $cart->getAttributeTotal('price') 取得購物清單中所有商品的總計，以 number _ format() 函式加上千位元符號。
150	設定送出鈕，功能為更新購物車。
151	設定清空購物車鈕，按後會回到原頁帶 URL 參數「?cartaction=empty」讓頁面接收並執行清空購物車的動作。
152	設定前往結帳鈕，按後會回到前往 <checkout.php>。
153	設定回上一頁鈕。
157~159	若 $cart->getTotalitem() 取得目前購物商品數量不大於 0 時即顯示購物車內清單為空的訊息。

如此即完成檢視購物車清單頁面的製作。

18.7 購物車結帳頁面的製作

在檢視購物車頁面中按 **前往結帳** 鈕後會來到結帳頁面 \<checkout. php\>，在這個頁面中除了可以檢視購物的內容與金額是否正確外，還必須在填寫完購買人的基本資料後才能完成購物的動作。

顯示購物車清單內容

因為本頁中要顯示購物車內容，所以程式碼行 2~13 中必須要設定購物車的功能，說明可參考 18.5。而程式碼行號 15~110 是設定資料繫結、搜尋表單的佈置與顯示分類連結，這個部分與 \<index.php\> 中設定相同，請參考 18.4.2 節與 18.4.4 節的說明。

本頁中最重要的功能是要將目前的購物車清單顯示出來讓瀏覽者檢查：

程式碼：checkout.php	儲存路徑：C:\htdocs\phpcart

```php
(接續前程式碼)前略 ...
112 <div class="normalDiv">
113    <?php if( $cart->getTotalitem( ) > 0) {?>
114    <p class="heading"><img src="images/16-cube-orange.png"
       width="16" height="16" align="absmiddle"> 購物內容 </p>
115    <table width="90%" border="0" align="center" cellpadding="2"
       cellspacing="1">
116       <tr>
117       <th bgcolor="#ECE1E1"><p>編號 </p></th>
118       <th bgcolor="#ECE1E1"><p>產品名稱 </p></th>
119       <th bgcolor="#ECE1E1"><p>數量 </p></th>
120       <th bgcolor="#ECE1E1"><p>單價 </p></th>
121       <th bgcolor="#ECE1E1"><p>小計 </p></th>
122       </tr>
123    <?php
124    $i=0;
125    $allItems = $cart->getItems();
126    foreach ($allItems as $items) {
```

```
127     foreach ($items as $item) {
128         $i++;
129     ?>
130         <tr>
131             <td align="center" bgcolor="#F6F6F6"
    class="tdbline"><p><?php echo $i;?>.</p></td>
132             <td bgcolor="#F6F6F6" class="tdbline"><p><?php echo
    $item['attributes']['pname'];?></p></td>
133             <td align="center" bgcolor="#F6F6F6"
    class="tdbline"><p><?php echo $item['quantity'];?></p></td>
134             <td align="center" bgcolor="#F6F6F6" class="tdbline"><p>$
    <?php echo number _ format($item['attributes']['price']);?></p></
    td>
135             <td align="center" bgcolor="#F6F6F6" class="tdbline"><p>$
    <?php echo number _ format($item['quantity'] * $item['attributes']
    ['price']);?></p></td>
136         </tr>
137     <?php }}?>
138         <tr>
139             <td align="center" valign="baseline" bgcolor="#F6F6F6"><p>
    總計 </p></td>
140             <td valign="baseline" bgcolor="#F6F6F6"><p> </p></
    td>
141             <td align="center" valign="baseline"
    bgcolor="#F6F6F6"><p> </p></td>
142             <td align="center" valign="baseline"
    bgcolor="#F6F6F6"><p> </p></td>
143             <td align="center" valign="baseline" bgcolor="#F6F6F6"><p
    class="redword">$ <?php echo number _ format($cart->getAttribute
    Total('price'));?></p></td>
144         </tr>
145     </table>
146     <hr width="100%" size="1" />
147     <p class="heading"><img src="images/16-cube-orange.png"
    width="16" height="16" align="absmiddle"> 客戶資訊 </p>
```

```
148    <form action="cartreport.php" method="post" name="cartform"
    id="cartform" onSubmit="return checkForm();">
149      <table width="90%" border="0" align="center" cellpadding="4"
    cellspacing="1">
150        <tr>
151          <th width="20%" bgcolor="#ECE1E1"><p> 姓名 </p></th>
152          <td bgcolor="#F6F6F6"><p>
153            <input type="text" name="customername"
    id="customername">
154            <font color="#FF0000">*</font></p></td>
155        </tr>
156        <tr>
157          <th width="20%" bgcolor="#ECE1E1"><p> 電子郵件 </p></th>
158          <td bgcolor="#F6F6F6"><p>
159            <input type="text" name="customeremail"
    id="customeremail">
160            <font color="#FF0000">*</font></p></td>
161        </tr>
162        <tr>
163          <th width="20%" bgcolor="#ECE1E1"><p> 電話 </p></th>
164          <td bgcolor="#F6F6F6"><p>
165            <input type="text" name="customerphone"
    id="customerphone">
166            <font color="#FF0000">*</font></p></td>
167        </tr>
168        <tr>
169          <th width="20%" bgcolor="#ECE1E1"><p> 住址 </p></th>
170          <td bgcolor="#F6F6F6"><p>
171            <input name="customeraddress" type="text"
    id="customeraddress" size="40">
172            <font color="#FF0000">*</font></p></td>
173        </tr>
174        <tr>
175          <th width="20%" bgcolor="#ECE1E1"><p> 付款方式 </p></th>
```

```
176        <td bgcolor="#F6F6F6"><p>
177          <select name="paytype" id="paytype">
178            <option value="ATM 匯款 " selected>ATM 匯款 </option>
179            <option value=" 線上刷卡 "> 線上刷卡 </option>
180            <option value=" 貨到付款 "> 貨到付款 </option>
181          </select>
182        </p></td>
183      </tr>
184      <tr>
185        <td colspan="2" bgcolor="#F6F6F6"><p><font
   color="#FF0000">*</font> 表示為必填的欄位 </p></td>
186      </tr>
187    </table>
188    <hr width="100%" size="1" />
189    <p align="center">
190      <input name="cartaction" type="hidden" id="cartaction"
   value="update">
191      <input type="submit" name="updatebtn" id="button3"
   value=" 送出訂購單 ">
192      <input type="button" name="backbtn" id="button4" value="
   回上一頁 " onClick="window.history.back();">
193    </p>
194  </form>
195 </div>
196 <?php }else{ ?>
197 <div class="infoDiv"> 目前購物車是空的。</div>
198 <?php } ?> ...
```

程式說明

107　利用 $cart->getTotalitem() 取得目前購物商品數量，若大於 0 時即往下執行顯示購物車內容清單。

123~129　使用 $cart->getItems() 取得購物車清單內容儲存成將欄位名稱設定為文字索引鍵的陣列：$item，並利用 foreach() 迴圈一一讀出。

132　顯示陣列中「pname」商品名稱。

133　顯示陣列中「quantity」商品數量。

134	顯示陣列中「price」商品單價，以 number _ format() 函式加上千位元符號。
135	將「quantity」*「price」相乘得到小計，顯示時以 number _ format() 函式加上千位元符號。
143	以 $cart->getAttributeTotal('price') 取得購物清單中所有商品的總計，以 number _ format() 函式加上千位元符號。
148	設定表單開始，其中「action」設定的目的頁面為 <cartreport.php>。「onSubmit」的屬性表示為表單送出時要執行的動作，這裡設定「returnformCheck()」表示會執行表單檢查，若無誤才會送出表單中的值。
153	設定「customername」客戶姓名的文字欄位。
159	設定「customeremail」電子郵件的文字欄位。
165	設定「customerphone」電話的文字欄位。
171	設定「customeraddress」住址的文字欄位。
177~181	設定「paytype」付款方式的下拉式清單欄位，選項有「ATM 匯款」、「線上刷卡」與「貨到付款」，預設值是「ATM 匯款」。
190	設定「cartaction」隱藏欄位，值為「update」，它的值會隨著表單一起送出，讓接收頁能夠判別表單是否送出，進而執行相關的結帳動作。
191~192	設定送出及回上一頁鈕。
196~198	若 $cart->getTotalitem() 取得目前購物商品數量不大於 0 時，即顯示購物車內清單為空的訊息。

如此即完成購物車結帳頁面的製作。

18.8 完成購物車資料儲存及寄發通知信

接收到結帳頁面所傳送的客戶資料後，在本頁中我們將把購物車清單中的資料儲存到資料庫中，並將購物資訊整理後寄發購物客戶通知信，並清空購物車返回首頁，完成結帳動作。

18.8.1 將購物車清單儲存到資料庫中

資料表中我們規劃二個資料表：「order」及「orderdetail」來儲存購物車清單，它們各有不同的儲存內容。

在「order」資料表中主要儲存的是訂單的時間、客戶名稱、郵件、電話、住址等聯絡資訊，還有訂單的總價、運費、加了運費的總價與付款方式等資訊。而「orderdetail」資料表則是記錄訂單內每一個產品編號、名稱、單價及數量。

程式碼：cartreport.php	儲存路徑：C:\htdocs\phpcart

```php
1  <?php
2  require _ once("connMysql.php");
3  if(isset($ _ POST["customername"]) && ($ _ POST["customername"]!="")){
4      // 購物車開始
5      require _ once("class.Cart.php");
6      // 購物車初始化
7      $cart = new Cart([
8          // 可增加到購物車的商品最大值，0 = 無限
9          'cartMaxItem' => 0,
10         // 可增加到購物車的每個商品數量最大值，0 = 無限
11         'itemMaxQuantity' => 0,
12         // 不要使用 cookie，關閉瀏覽器後購物車物品將消失
13         'useCookie' => false,
14     ]);
15     // 購物車結束
16     // 新增訂單資料
```

```
17  $sql_query = "INSERT  INTO  `order`(`total`, `customername`,
    `customeremail`, `customeraddress`, `customerphone`, `paytype`)
    VALUES (?, ?, ?, ?, ?, ?)";

18  $stmt = $db_link->prepare($sql_query);

19  $stmt->bind_param("isssss", $cart->getAttributeTotal('price'),
    $_POST["customername"], $_POST["customeremail"], $_
    POST["customeraddress"], $_POST["customerphone"], $_
    POST["paytype"]);

20  $stmt->execute();

21  // 取得新增的訂單編號

22  $o_pid = $stmt->insert_id;

23  $stmt->close();

24  // 新增訂單內貨品資料

25  if($cart->getTotalitem( ) > 0) {

26    $allItems = $cart->getItems();

27    foreach ($allItems as $items) {

28      foreach ($items as $item) {

29        $sql_query="INSERT INTO orderdetail (orderid ,productid
    ,productname ,unitprice ,quantity) VALUES (?, ?, ?, ?, ?)";

30        $stmt = $db_link->prepare($sql_query);

31        $stmt->bind_param("iisii", $o_pid, $item['id'],
    $item['attributes']['pname'], $item['attributes']['price'],
    $item['quantity']);

32        $stmt->execute();

33        $stmt->close();

34      }

35    }

36  } ...
```

程式說明

2	設定使用資料連線引入檔。
3	如果接收到表單值:「customername」而且不為空時,即往下執行結帳動作。
5	設定使用購物車類別引入檔。
7~14	建立購物車清單元件並設定初始化的預設值

17~19	設定新增訂單資料到「order」資料表的 SQL 指令，這裡使用預備語法，在接收表單的參數後與 SQL 指令中相對的欄位進行綁定。前一頁的表單名稱以欄位名稱命名，在這裡可以使用 $_POST[欄位名稱] 來進行接收，並與 SQL 語法中的欄位名稱對應。
20	執行預備語法完成訂單資料新增。
22	使用 insert_id() 方法取得最新的「order」資料表中最新產生的主索引欄位值，儲存到 $o_pid 中。等一下要使用這個編號，新增到「orderdetail」資料表中，那麼新增的購物商品就知道屬於哪個訂單了。
25	利用 $cart->getTotalitem() 取得目前購物商品數量，若大於 0 時即往下執行顯示購物車內容清單。
26	使用 $cart->getItems() 取得購物車清單內容儲存成陣列：$allItems，並利用 foreach() 迴圈一一讀出。
27~35	設定新增訂單資料到「orderdetail」資料表的 SQL 指令，這裡使用預備語法：將購物車清單中的資料：商品編號「id」商品名稱「pname」數量「quantity」及價格「price」對應資料表欄位。其中較為特別的欄位「orderid」訂單編號欄位就以剛才取得的編號：$o_pid 來存入。
32~33	執行預備語法完成訂單內的產品資料新增。

18.8.2 寄發通知信

接著就要將購物的結果郵寄給客戶，先佈置郵寄程式的內容再執行郵寄動作：

程式碼：checkout.php　　　　　　　　　儲存路徑：C:\htdocs\phpcart

```
(接續前程式碼)...
37  // 郵寄通知
38  $cname = $_POST["customername"];
39  $cmail = $_POST["customeremail"];
40  $ctel = $_POST["customerphone"];
41  $caddress = $_POST["customeraddress"];
42  $cpaytype = $_POST["paytype"];
43  $total = $cart->getAttributeTotal('price');
44  $mailcontent=<<<msg
45  親愛的 $cname 您好：
46  感謝您的光臨
47  本次消費詳細資料如下：
48  -------------------------------------------------
49  訂單編號： $o_pid
```

```
50   客戶姓名:$cname
51   電子郵件: $cmail
52   電話: $ctel
53   住址: $caddress
54   付款方式: $cpaytype
55   消費金額: $total
56   ----------------------------------------------------
57   希望能再次為您服務
58
59   網路購物公司  敬上
60   msg;
61   $mailFrom="=?UTF-8?B?" . base64_encode("網路購物系統") . "?=
     <service@e-happy.com.tw>";
62   $mailto = $_POST["customeremail"];
63   $mailSubject="=?UTF-8?B?" . base64_encode("網路購物系統訂單通知").
     "?=";
64   $mailHeader="From:".$mailFrom."\r\n";
65   $mailHeader.="Content-type:text/html;charset=UTF-8";
66   if(!mail($mailto,$mailSubject,nl2br($mailcontent),$mailHeader))
     die("郵寄失敗!");
67   // 清空購物車
68   $cart->clear();
69 }
70 ?>
71 <script language="javascript">
72 alert("感謝您的購買,我們將儘快進行處理。");
73 window.location.href="index.php";
74 </script>
```

程式說明

37~42	接收前一頁所傳遞來的客戶名稱、電子郵件、電話、住址及付款方式到變數中。
43	由購物車物件中取得總價:$cart->getAttributeTotal('price')。
44~60	使用 heredoc 的方式定義信件內容的變數:$mailcontent,並將前方所有購物資訊的變數代入信件中。

61	設定 $mailFrom 寄件者，這是固定的資料欄位，你可以設定自訂的名稱及網站官方的郵件。要注意因為是 UTF-8 的編碼，所以要以設定格式來修改。
62	設定 $mailto 收件者，也就是接收客戶的信箱表單值。
63	設定 $mailSubject 郵件標題，可以設定自訂名稱，但是也要注意 UTF-8 編碼來設定格式修改。
64~65	設定 $mailHeader 郵件標頭，包含了寄件者與郵件編碼。
66	使用 mail() 函式執行發信的動作。
68	使用 $cart->empty _ cart() 方法清空購物車。
71~74	發信完畢後使用 JavaScript 顯示感謝訊息的對話方塊，並將頁面導回首頁。

如此即完成購物車資料儲存及寄發通知信頁面的製作了。

PHP8/MySQL 網頁程式設計自學聖經

作　　者：文淵閣工作室 編著 / 鄧文淵 總監製
企劃編輯：王建賀
文字編輯：江雅鈴
設計裝幀：張寶莉
發 行 人：廖文良

發 行 所：碁峰資訊股份有限公司
地　　址：台北市南港區三重路 66 號 7 樓之 6
電　　話：(02)2788-2408
傳　　真：(02)8192-4433
網　　站：www.gotop.com.tw
書　　號：ACL067000
版　　次：2023 年 01 月初版
建議售價：NT$680

國家圖書館出版品預行編目資料

PHP8/MySQL 網頁程式設計自學聖經 / 文淵閣工作室編著. --
初版. -- 臺北市：碁峰資訊, 2023.01
　　面　；　公分
　　ISBN 978-626-324-379-8(平裝)
　　1.CST：PHP(電腦程式語言)　2.CST：SQL(電腦程式語言)
3.CST：網頁設計　4.CST：網路資料庫
312.754　　　　　　　　　　　　　　　　　111020302

讀者服務